“十三五”国家重点出版物出版规划项目
卓越工程能力培养与工程教育专业认证系列规划教材
（电气工程及其自动化、自动化专业）

电气工程及其自动化专业导论

戈宝军　陶大军　付　敏　周永勤　刘　骥　编著
王泽忠　主审

机 械 工 业 出 版 社

本书是“十三五”国家重点出版物出版规划项目之一。本书主要介绍电气工程及其自动化专业的内涵，电气工程及其自动化专业的发展与演变，电气工程及其自动化专业的本科人才培养目标、课程体系和专业基础，电气工程及其自动化专业学生的就业以及研究生教育等，并对电气工程及其自动化专业所涵盖的电机电器及其控制、电力系统及其自动化、电力电子与电力传动、高电压与绝缘技术、电工理论与新技术等学科方向的发展历程、研究内容、特点、新技术、应用范围和未来前景等进行了阐述。本书是专业导论，没有深入的理论推演和技术原理分析，只是为使读者认识和了解电气工程及其自动化专业（学科），帮助学生在大学期间主动适应、高效学习。本书可作为电气工程及其自动化专业的教学用书，也可供需要了解电气工程及其自动化专业（学科）或教育的读者参考。

图书在版编目（CIP）数据

电气工程及其自动化专业导论/戈宝军等编著. —北京：机械工业出版社，2020.8（2024.6 重印）
“十三五”国家重点出版物出版规划项目　卓越工程能力培养与工程教育专业认证系列规划教材．电气工程及其自动化、自动化专业
ISBN 978-7-111-66427-7

Ⅰ.①电…　Ⅱ.①戈…　Ⅲ.①电工技术-高等学校-教材②自动化技术-高等学校-教材　Ⅳ.①TM②TP2

中国版本图书馆 CIP 数据核字（2020）第 162991 号

机械工业出版社（北京市百万庄大街 22 号　邮政编码 100037）
策划编辑：王雅新　责任编辑：王雅新
责任校对：樊钟英　封面设计：鞠　杨
责任印制：张　博
唐山三艺印务有限公司印刷
2024 年 6 月第 1 版第 9 次印刷
184mm×260mm · 17 印张 · 420 千字
标准书号：ISBN 978-7-111-66427-7
定价：45.00 元

电话服务　　　　　　　　网络服务
客服电话：010-88361066　　机　工　官　网：www.cmpbook.com
　　　　　010-88379833　　机　工　官　博：weibo.com/cmp1952
　　　　　010-68326294　　金　　书　　网：www.golden-book.com
封底无防伪标均为盗版　　机工教育服务网：www.cmpedu.com

“十三五”国家重点出版物出版规划项目

卓越工程能力培养与工程教育专业认证系列规划教材

（电气工程及其自动化、自动化专业）

编审委员会

序

工程教育在我国高等教育中占有重要地位，高素质工程科技人才是支撑产业转型升级、实施国家重大发展战略的重要保障。当前，世界范围内新一轮科技革命和产业变革加速进行，以新技术、新业态、新产业、新模式为特点的新经济蓬勃发展，迫切需要培养、造就一大批多样化、创新型卓越工程科技人才。目前，我国高等工程教育规模世界第一。我国工科本科在校生约占我国本科在校生总数的1/3。近年来我国每年工科本科毕业生占世界总数的1/3 以上。如何保证和提高高等工程教育质量，如何适应国家战略需求和企业需要，一直受到教育界、工程界和社会各方面的关注。多年以来，我国一直致力于提高高等教育的质量，组织并实施了多项重大工程，包括卓越工程师教育培养计划（以下简称卓越计划）、工程教育专业认证和新工科建设等。

卓越计划的主要任务是探索建立高校与行业企业联合培养人才的新机制，创新工程教育人才培养模式，建设高水平工程教育教师队伍，扩大工程教育的对外开放。计划实施以来，各相关部门建立了协同育人机制。卓越计划要求试点专业要大力改革课程体系和教学形式，依据卓越计划培养标准，遵循工程的集成与创新特征，以强化工程实践能力、工程设计能力与工程创新能力为核心，重构课程体系和教学内容，加强跨专业、跨学科的复合型人才培养，着力推动基于问题的学习、基于项目的学习、基于案例的学习等多种研究性学习方法，加强学生创新能力训练，“真刀真枪”做毕业设计。卓越计划实施以来，培养了一批获得行业认可、具备很好的国际视野和创新能力、适应经济社会发展需要的各类型高质量人才，教育培养模式改革创新取得突破，教师队伍建设初见成效，为卓越计划的后续实施和最终目标的达成奠定了坚实基础。各高校以卓越计划为突破口，逐渐形成各具特色的人才培养模式。

2016 年 6 月 2 日，我国正式成为工程教育“华盛顿协议”第 18 个成员，标志着我国工程教育真正融入世界工程教育，人才培养质量开始与其他成员达到了实质等效，同时，也为以后我国参加国际工程师认证奠定了基础，为我国工程师走向世界创造了条件。专业认证把以学生为中心、以产出为导向和持续改进作为三大基本理念，与传统的内容驱动、重视投入的教育形成了鲜明对比，是一种教育范式的革新。通过专业认证，把先进的教育理念引入我国工程教育，有力地推动了我国工程教育专业教学改革，逐步引导我国高等工程教育实现从以教师为中心向以学生为中心转变、从以课程为导向向以产出为导向转变、从质量监控向持续改进转变。

在实施卓越计划和开展工程教育专业认证的过程中，许多高校的电气工程及其自动化、自动化专业结合自身的办学特色，引入先进的教育理念，在专业建设、人才培养模式、教学内容、教学方法、课程建设等方面积极开展教学改革，取得了较好的效果，建设了一大批优质课程。为了将这些优秀的教学改革经验和教学内容推广给广大高校，中国工程教育专业认证协会电子信息与电气工程类专业认证分委员会、教育部高等学校电气类专业教学指导委员会、教育部高等学校自动化类专业教学指导委员会、中国机械工业教育协会自动化学科教学委员会、中国机械工业教育协会电气工程及其自动化学科教学委员会联合组织规划了“卓越工程能力培养与工程教育专业认证系列规划教材（电气工程及其自动化、自动化专业）”。本套教材通过国家新闻出版广电总局的评审，入选了“十三五”国家重点图书。本套教材密切联系行业和市场需求，以学生工程能力培养为主线，以教育培养优秀工程师为目标，突出学生工程理念、工程思维和工程能力的培养。本套教材在广泛吸纳相关学校在“卓越工程师教育培养计划”实施和工程教育专业认证过程中的经验和成果的基础上，针对目前同类教材存在的内容滞后、与工程脱节等问题，紧密结合工程应用和行业企业需求，突出实际工程案例，强化学生工程能力的教育培养，积极进行教材内容、结构、体系和展现形式的改革。

经过全体教材编审委员会委员和编者的努力，本套教材陆续跟读者见面了。由于时间紧迫，各校相关专业教学改革推进的程度不同，本套教材还存在许多问题。希望各位老师对本套教材多提宝贵意见，以使教材内容不断完善提高。也希望通过本套教材在高校的推广使用，促进我国高等工程教育教学质量的提高，为实现高等教育的内涵式发展贡献一份力量。

卓越工程能力培养与工程教育专业认证系列规划教材
（电气工程及其自动化、自动化专业）
编审委员会

前　言

教育部倡导大学要“严起来，难起来，实起来，忙起来，把本科教育质量实实在在提起来”，将其落实在我们的行动上，应该让电气工程及其自动化专业学生在进入大学之初就能清醒地认识到大学学什么？怎样学？走什么路径？用什么方法？未来的前途与发展会怎样？了解电气工程的学科和专业，明确自己的发展方向和奋斗目标，只有这样，才能适应大学的学习生活，甚至主动迎接挑战。基于这样的思考，我们编写了《电气工程及其自动化专业导论》一书，希望能够帮助电气工程及其自动化专业的学生在大学期间自主适应、高效地学习。

本书共分6章，第1章为电气工程及其本科教育，首先介绍电气工程及其自动化专业的内涵，然后介绍该专业的发展、演变、知识结构、课程体系、就业、考研、能力发展与质量标准等，使学生对电气工程本科教育有清晰的认识；第2~6章涵盖了电气工程及其自动化专业的全部学科领域，其中：第2章为电机电器及其控制，介绍电机电器的发展历程、分类、各种电机电器的应用和未来发展；第3章为电力系统及其自动化，介绍电力系统及发展历程、发电厂和电力网，阐述电力系统运行与控制、电力新技术等；第4章为电力电子与电力传动，分别介绍电力电子与电力传动的发展历程、研究内容、基本类型、应用领域和技术发展趋势；第5章为高电压与绝缘技术，介绍各种绝缘材料、高电压设备绝缘技术、高电压试验、过电压保护和高电压设备绝缘诊断等；第6章为电工理论与新技术，分别介绍电工理论研究内容和研究进展，以及新能源技术、无线电能传输技术、高温超导技术和脉冲功率技术等。本书适合16~32学时的教学使用。

本书编写时十分注意电气工程领域的深度和广度，以及电气工程技术知识的完整结构，内容通俗易懂、深入浅出、循序渐进，概念清晰。每章还提供了思考题，方便学生的学习和思考。

本书在编写过程中，参考了许多专家学者的论文和著作以及网上资料，在此一并表示感谢。书后仅列出了主要的参考文献，如有不妥之处我们首先表示歉意，并恳请与本书编著者或出版社联系，以便及时更正。

本书由戈宝军教授、陶大军教授、付敏教授、周永勤教授和刘骥教授编著。陶大军教授编写第2章，付敏教授编写第3章，周永勤教授编写第4章，刘骥教授编写第5、6章，戈宝军教授编写第1章，并负责组织协调工作，对全书进行规划统稿。华北电力大学王泽忠教授对本书的编写给予了大力支持和帮助，并作为本书主审，对全书进行了认真审阅，提出了许多宝贵意见，在此表示衷心的感谢。

由于编著者学识水平有限，书中难免会有错误和疏漏之处，恳请广大读者批评指正。

编著者

目　录

第 1 章 电气工程及其本科教育

1.1 电气工程及其自动化专业的内涵与发展

1.1.1 电气工程及其自动化专业的内涵

电气工程及其自动化专业，简称电气工程专业，或电气专业，是普通高等学校开设的本科专业。在电气类专业教学质量国家标准中，对电气工程及其专业的描述为“电气工程是围绕电能生产、传输和利用所开展活动的总称，涉及科学研究、技术开发、规划设计、电气设备制造、发电厂和电网建设、系统调试与运行、信息处理、保护与系统控制、状态监测、检修维护、环境保护、经济管理、质量保障、市场交易以及系统的自动化和智能化等各个方面。电气工程作为一个学科，源于19世纪中叶逐渐形成的电磁理论。在电气工程学科发展的基础上形成了电力及相关工业。20世纪是全球电气化的世纪，电气工程专业的高等教育随之迅速发展起来。”

在电气工程专业发展战略研讨中，对该专业有更通俗的描述：“电气工程及其自动化专业主要是研究电能的产生、传输、转换、控制、储存和利用的专业。该专业的前身叫电机工程，可见电机曾在其中占有核心地位，以后其名称逐步演变为电气工程。近几十年来，有关电能的转换、控制在该专业所占的地位日益重要，专业名称也因此改为电气工程及其自动化专业。”

电气工程是从人们对电磁理论的研究开始的，电磁理论是电气工程的理论基础，而电磁理论是从物理学中的电学和磁学逐步发展而形成的。

在本书的论述中，为了叙述简单或方便，将混用电气工程及其自动化专业、电气工程专业或电气专业。“电气工程”这个名称和我国现行研究生教育的学科目录中的一级学科名称是完全一致的。

人类社会的发展离不开能源，能源是人类永恒的研究对象，而电能是利用最为方便的能源形式。因此，以电能为研究对象的电气工程专业有着十分强大的生命力。

在专业细分的年代里，电气工程领域曾设过多个专业，这些专业统称电气（或电工）类专业。在现今的电气类专业中，除电气工程专业外，还包括国家特设的智能电网信息工程专业、光源与照明专业、电气工程与智能控制专业、电机电器智能化和电缆工程专业等。

电气工程专业是一个工程性很强的专业，正是因为电气工程领域的科技发展，才建立起庞大的电力工业，人类才不可逆转地进入伟大的电气化时代和信息化时代。

电气工程专业也是一个基础性很强、派生能力很强的专业。如今的自动化专业、电子科学与技术专业、通信工程专业、电子信息工程专业等都是从电气工程专业派生或再派生而形成的。这些专业在1998年专业目录中统称为电气信息类专业，而在2012年专业目录中则被分为电气类、自动化类和电子信息类。电气工程专业是自动化类专业和电子信息类专业的母体，甚至也是计算机类专业的母体，而这些专业的产生和发展又大大推动了电气工程专业的发展。

电气工程是从人们对电磁现象的研究开始的，对电磁现象的研究至今仍是电气工程专业的一项基本内容。电能是最为优质的一种能量形式，同时电还是信息的良好载体，用电或电磁承载和传递信息，也是一种电现象或电磁现象，因此，对这种现象的研究也是电气工程领域最基本的一项内容。迄今为止，通信和计算机都主要以电作为信息的载体，因此，这些专业也都属于电类专业，是从电气工程专业逐级递进发展起来的。电气工程的研究对象是电能，而对电信息的检测、处理、控制技术在电能从产生到利用的各个环节中都起着越来越重要的作用，因此，有关电信息的研究也成为了电气工程专业的重要组成部分，这集中体现在专业名称中的“及其自动化”部分。

电气工程专业的基础性决定了其具有很强的学科交叉能力。如电气工程和生命科学的交叉已经产生了生物医学工程专业，对生命中电磁现象的研究产生了生物电磁学。电气工程和材料科学的交叉形成了超导电工技术和纳米电工技术。电气工程和电子科学以及控制科学的交叉产生了电力电子技术，电力电子技术不但给电气工程的发展带来了极大的活力，同时电力电子技术也成为电气工程专业的重要分支。

1.1.2 电气工程及其自动化专业的发展

1. 电气科学与工程的产生

电气工程专业高等教育发展的基础是电气科学的发展，电气科学是从物理学中的电学和磁学为基础逐步发展而形成的。

早在1600年，英国物理学家吉尔波特（W. Gilbert，1544—1603）就出版了《论磁》一书，认为地球本身就是一个巨大的磁石，还发现了地球的磁倾角。另外，他还创造了电(electricity)这一新名词。1745年，荷兰莱顿大学物理学家马森布罗克（P. Musschenbroek，1692—1761）等人发明了可以保存电荷的莱顿瓶，使人们对电有了更为形象的认识。1747年，美国物理学家富兰克林（B. Franklin，1706—1790）提出了正电和负电的概念，并且统一了天电（雷电）和地电（在地面用摩擦等手段得到的电），还于1760年发明了沿用至今的避雷针。1785年，法国物理学家库仑（C. A. Coulomb，1736—1806）发现了静电学中的库仑定律。1800年，意大利物理学家伏打（A. Volta，1745—1827）发明了伏打电池，使人们第一次可以得到稳定的电源。1819年，丹麦物理学家奥斯特（H. C. Oersted，1777—1851）发现了电和磁的相互作用。1821年，法国物理学家安培（A. M. Ampere，1775—1836）发现了安培定律，使人们对电流的磁效应有了明确的认识，如图1-1所示。1826年，德国科学家欧姆（G. S. Ohm，1789—1854）发现了电路的欧姆定律，如图1-2所示。1831年，英国科学家法拉第（M. Faraday，1791—1867）发现了电磁感应定律，法拉第是一位杰出的实验物理学家，他还发现了载流体的自感和互感现象，创造了世界上第一部感应发电机模型——法拉第盘，如图 1-3 所示。

图 1-1　安培和他的实验装置

图 1-2　欧姆和他的实验装置

图 1-3　法拉第与他创造的发电机——法拉第盘

库仑、安培、欧姆、法拉第等人在电磁学中的重大发现成为电学和磁学的基础，也为电气工程的发展奠定了科学基础。英国科学家麦克斯韦（J. C. Maxwell，1831—1879）是电磁理论的集大成者，1873 年，他出版了《电磁通论》一书，如图 1-4 所示，这本书是他一系列重要学术论文的概括和总结。他所提出的麦克斯韦电磁场方程至今仍是电磁学的经典方程，也是电气工程的重要理论基础。另外，他提出的有关电磁波的理论也为后来的无线电技术，乃至今天的通信技术奠定了基础。目前许多国外大学的电气工程（Electrical Engineering）专业不仅包括了电能的产生、传输、转换和利用等，还包括了电子、通信等技术，因为它们共同的科学基础都是电磁理论。

图 1-4　麦克斯韦与他所著的《电磁通论》

对于许多基础研究的成果，一开始人们并不知道它们究竟会有什么实用价值。但是，人们是绝对不会放弃将科学成果进行实际应用的。电磁理论的创立者们也许开始并不清楚这些理论到底可以用来干什么，但是很快就进行了一场电力革命，把人们带入电气时代，极大地改变了人类社会和人们的生存方式。人类社会后来又先后跨入信息时代、知识经济时代，其发展变化之大也许远远超越了先哲们的想象，但这些进步又都和 19 世纪前人类在电磁理论方面取得的进步息息相关。

下面回顾一下电力革命和电气时代早期的一些发展历程。1834 年，俄国物理学家雅克比（M. H. Jacobi，1801—1874）制成了第一台实用的电动机，如图 1-5 所示。1838 年，他把改进后的电动机装在一条小船上。1850 年，美国发明家佩奇（C. G. Page，1812—1868）制造了一台 10 马力（PS，1PS = 0.735kW）的电动机，并用它来带动有轨电车。

图 1-5　雅克比制成的第一台实用电动机

发电机的发明和电动机的发明是交叉进行的。早期的电动机都由伏打电池供电，极为昂贵，因此发电机的发明意义非常重大。1832 年，法国发明家皮克希（H. Pixii，1808—1835）发明了手摇发电机，这是世界上第一台发电机。1857 年，英国电学家惠斯通（C. Wheatstone，1802—1875）发明了用伏打电池励磁的发电机。1867 年德国工程师西门子（W. Siemens，1816—1892）制造了第一台自馈式发电机，无需伏打电池，使电能可以大量、廉价地生产。

现在人们利用的电力主要是从电力网得到的，是交流电。而早期的电源是伏打电池，是直流电。因此早期的发电机和电动机均采用直流电，甚至连第一条输电线路都是直流电。1882 年，法国物理学家德波里（M. Deprez，1843—1918）在德国工厂主的资助下，建成了第一条输电线路，长 57km，输送功率不到 200W 的直流电，线路损耗达 78%。1891 年，三相交流发电机、三相异步电动机和变压器相继发明并投入使用。与直流电相比，交流电的生产、利用和远距离传输有巨大的优越性，因此得到了迅速发展，并在 20 世纪使世界进入电气化时代。

在电气工程的发展史中，美国发明家爱迪生（T. A. Edison，1847—1931）功不可没。他最著名的发明之一就是电灯。电灯给人类带来了光明，是电能早期应用中影响最大的例子。1879 年，爱迪生发明了可持续使用 4 小时的灯泡，使电灯实用化。后来又使其寿命延长到 1200 小时以上。1882 年，爱迪生还在纽约建成了当时世界上最大的电力系统，发电机功率达到了 600 多千瓦，可为数千个用户提供照明用电。

同一时期，美国另一位发明家尼古拉·特斯拉（Nikola Tesla，1856—1943）正在崛起。他继爱迪生发明直流电后不久发明了交流电，并创造了旋转磁场概念，是交流输电的发明者和推动者。1888 年特斯拉发明了以他名字命名的电动机和交流电传输系统，从此揭开交流电应用的序幕，同时也开始了与爱迪生倡导的直流电体系的激烈竞争。1891 年，特斯拉发明特斯拉变压器（又称特斯拉线圈），此发明至今仍被广泛应用于无线电、电视机以及其他电子设备中。1895 年，特斯拉为美国尼亚加拉发电站制造发电机组，该发电站至今仍是世界著名水电站之一。

在 19 世纪电气工程发展的同时，电报、电话、无线电技术等也以电磁理论为基础，取得了令人瞩目的成就，并为今天的信息时代打下了基础。

2. 电气工程专业高等教育的形成

19 世纪，通过科学家、发明家和工程师的不懈努力，电气工程的科学技术基础已经奠定，其工程应用也取得了实质性的进展。为了培养专业人才，在大学中设立电气工程专业已经势在必行。于是，从 19 世纪末到 20 世纪初，世界各国的大学相继设立了电气工程专业，表 1-1 给出了国外一些大学设立电气工程专业的时间。

表 1-1　国外一些大学设立电气工程专业的时间

国　家	大　学	年　份
英国	帝国理工学院	1878
美国	麻省理工学院	1882
德国	斯图加特大学	1882
美国	康奈尔大学	1883
美国	密苏里大学	1886
俄国	圣彼得堡电工大学	1886
日本	东京大学	1886
美国	哥伦比亚大学	1889
美国	普林斯顿大学	1889
美国	威斯康星大学	1891
美国	斯坦福大学	1892
日本	京都大学	1897
俄国	托木斯克理工大学	1903
日本	早稻田大学	1908
加拿大	多伦多大学	1909

3. 中国电气工程专业高等教育的发展

我国较早设立电气工程专业的大学及年份见表 1-2。

表 1-2　我国较早设立电气工程专业的大学及年份

大　学	年　份	备　注
交通大学	1908	当时称南洋大学
同济大学	1912	当时称同济医工学堂
浙江大学	1920	当时称公立工业专门学校
东南大学	1923	
清华大学	1932	
天津大学	1933	当时称北洋大学

在我国，从 20 世纪初到 20 世纪 70 年代中期，大学中设置电气工程专业的科系早期称为电机科，后来称为电机工程系，这和当时的教学内容大体相称。直到 1977 年后，“电气工程”这一名称才逐渐被广泛使用。例如清华大学、香港大学、台湾的一些大学，尽管专业内涵已发生了很大的变化，电机工程系这一名称仍沿用至今。

在发达国家，许多大学至今还在使用“电气工程系”这一名称，有的和计算机专业一起称为“电气工程与计算机科学系”。在这些大学的电气工程系中，大多主要是学习电子、通信等方面的内容，传统的电力方面的内容已较少，有的甚至没有关于电力的内容。而在我国，电气工程专业主要还是学习电能的产生、传输、转换、控制、储存和利用，本书中的电气工程专业主要是指这个意义上的专业。

1949 年以后，我国出现了一大批以工科为主的多科性大学，这些学校基本上都有电机工程系。1977年恢复高考制度后，大部分高校的“电机工程系”陆续改为“电气工程系”，之后又逐渐将其改为“电气工程学院”，或和自动化专业、电子信息类专业组成“电气与电子工程学院”等。

1978年以后，国家实施改革开放政策，我国高等教育事业也迎来了新的春天，在1984年、1993年、1998年和2012年先后对专业目录进行了4次大的调整。从专业口径讲，电气工程专业大体和1984年及1993年专业目录中的电工类（二级类）相对应，是1998年专业目录中的电气信息类的一个专业，2012年首次提出电气类。

1984年的专业目录共有813个本科专业。1993年，国家对专业目录进行了大规模的修订，专业总数减少了309个，变为504个。修订后的专业目录共分10个门类，和国家之前颁布的研究生的学科门类基本一致，拓宽了专业口径和业务范围，调整归并了一批专业，充实扩大了专业内涵。同时根据社会对专业人才的需要和某些门类、专业的办学现状，保留了部分范围较窄的专业，增设了少数应用性专业。1984年和1993年电工类专业目录对照见表1-3。

表1-3 1984年和1993年电工类专业目录对照（0806电工类）

专业代码（1993）	专业名称（1993）	参考专业方向	原专业代码及名称（1984—1993）
080601	电机电器及其控制	电机及其控制 电器 微特电机及控制电器	工科0801电机 工科0802电器 军工0603微特电机及控制电器
080602	电力系统及其自动化	电厂及电力系统	工科0804电力系统及其自动化 工科0805继电保护与自动远动技术
080603	高电压与绝缘技术	高电压技术及设备 电气绝缘与电缆 电气绝缘材料	工科0806高电压技术及设备 工科0803电气绝缘与电缆 工科特01电气绝缘材料
080604	工业自动化	工业电气自动化 生产过程自动化 电力牵引与传动控制	工科0807工业电气自动化 工科0808生产过程自动化 工科0811电力牵引与传动控制 工科试10工业自动化
080605	电气技术	船舶电气工程 飞机电气管理 铁道电气化	工科1804船舶电气管理 工科0809电气技术 工科0810铁道电气化

1998年，国家对普通高等学校的专业目录又进行了一次大规模的修订，共分哲学、经济学、法学、教育学、文学、历史学、理学、工学、农学、医学、管理学11个学科门类。下设二级类71个，大学本科专业总数从1993年的504个进一步调整至249个，工学门类下设二级类21个、70种专业，原来的电工类和电子与信息二级类也合并成电气信息类。在1998年颁布的专业目录中，原电工类的电机电器及其控制、电力系统及其自动化、高电压与绝缘技术、电气技术等专业合并为目前的电气工程及其自动化专业。原电工类的工业自动化专业和电子信息类的自动控制等专业合并为自动化专业。在同时颁布的工科引导性专业目

录中，又把电气工程及其自动化专业和自动化专业中的部分（主要是原工业自动化专业）合并为电气工程与自动化专业。1998 年相关专业和 1993 年电工类专业对照见表 1-4，1998 年工科引导性专业和相关基本专业对照见表 1-5。

表 1-4 1998 年电气工程专业和 1993 年电工类专业对照表（0806 电气信息类）

专业代码（1998 年）	专业名称（1998 年）	原专业代码及专业名称（1993～1998 年）
080601	电气工程及其自动化	080601 电机电器及其控制 080602 电力系统及其自动化 080603 高电压与绝缘技术 080604 工业自动化（部分） 080605 电气技术（部分） 080718W 光源与照明 080606W 电气工程及其自动化
080602	自动化	080312 流体传动及控制（部分） 080604 工业自动化（部分） 080607W 自动化 080605 电气技术（部分） 080711 自动控制 081806 飞行器制导与控制（部分）

表 1-5 1998 年工科引导性专业目录相关专业和基本专业对照表

专业代码	专业名称	覆盖原专业代码及名称
080608Y	电气工程与自动化	080601 电气工程及其自动化 080602 自动化（部分）
080609Y	信息工程	080603 电子信息工程 080604 通信工程 080602 自动化（部分）

从上述专业目录的演变可以看出，电气工程及其自动化专业和引导性专业目录中的电气工程与自动化专业大体都和 1998 年前的电工类的口径相对应，其中引导性专业目录中的电气工程与自动化专业应包括自动化方面的更多内容。

0806 电气信息类除了包括 080601 电气工程及其自动化和 080602 自动化 2 个专业外，还包括 080603 电子信息工程、080604 通信工程、080605 计算机科学与技术、080606 电子科学与技术、080607 生物医学工程等专业。

2012 年，国家对普通高等学校的专业目录又进行了一次修订，这次调整与研究生教育的学科门类基本一致。分设哲学、经济学、法学、教育学、文学、历史学、理学、工学、农学、医学、管理学、艺术学 12 个学科门类，新增了艺术学门类。专业类由修订前的 73 个增加到 92 个；专业由修订前的 635 种调减到 506 个；其中工学门类下设专业类 31 个，169 种专业。专业包括基本专业（352 种）和特设专业（154 种），特设专业在专业代码后加“T”表示，以示区别。

1998 年 0806 为电气信息类专业代码，2012 年专业目录调整后，0806 为电气类专业代码，电气类专业包括：080601 电气工程及其自动化、080602T 智能电网信息工程、080603T 光源与照明、080604T 电气工程与智能控制专业等。自动化、电子信息工程、通信工程、计算机科学与技术、电子科学与技术专业调整到 0807 电子信息类、0808 自动化类、0809 计算机类。这些专业类中都包含若干个特设专业和新专业。2012 年，国家对普通高等学校的专业目录调整取消了引导性专业目录。我国现在执行的专业名称就是 2012 年国家颁布的普通高等学校的专业目录名称，见表 1-6（电气类之外的特设专业没有列出）。

表 1-6　2012 年电气及其他相关类相关专业目录

专业代码	专业类	覆盖专业代码及名称
0806	电气类	080601　电气工程及其自动化 080602T　智能电网信息工程 080603T　光源与照明 080603T　电气工程与智能控制
0807	电子信息类	080701　电子信息工程 080702　电子科学与技术 080703　通信工程 080704　微电子科学与工程 080705　光电信息科学与工程 080706　信息工程
0808	自动化类	080801　自动化

2020 年，国家对普通高等学校的专业目录又进行了修订，电气类专业增设了 080605T 电机电器智能化和 080606T 电缆工程两个专业，其他没变。

1.2　电气工程及其自动化专业的使命

1.2.1　人才培养模式的发展历程

1. 电气工程专业人才培养口径和学制的演变

1908 年我国高等学校最早设立电机专修科时，实行的是三年制，1917 年开始改为四年制。从那时起到 1949 年，我国大学各专业的人才培养规格主要是以西方为蓝本，其中较多采用了美国的做法。

1949 年以后的一段时间，以美国为首的西方国家对我国严加封锁，我国的高等教育自然也受到了影响。这一时期，我国大学从专业设置到培养模式，主要都是向苏联学习。这一时期高等工程教育的鲜明特点之一是强调大学工程教育和国民经济的结合，大学的工程类专业基本上都是按照行业，甚至是按照产品来设置的。就电气工程而言，1952 年设置了工业企业电气化专业，1953 年设置了电气绝缘与电缆技术专业，电机工程专业也分为电机、电器两个专业方向。另外，发电厂专业、输配电专业也是在这一时期产生的。1956 年又新设置了高电压技术专业，而把发电厂和输配电两个专业合并为发电厂电力网及电力系统专业。这种格局一直延续到 1966 年。

就大学的学制而言，由于专业分得很细，专业课设置也较多，四年制本科教育的学制就显得难以满足要求。因此从 1954 年入学的新生起，开始改为五年制本科教育，这种五年制的本科教学体系一直延续到 1965 年，清华大学甚至采用六年本科教育的体制。

就五年制大学本科而言，大体上是大学一、二年级学习基础课程，三年级学习专业基础课程，四年级和五年级上学期学习专业课程，最后一学期进行毕业设计。

从 1966 年开始，我国中断了高考制度，大学也停止了招生。1972 年开始招收工农兵学员，免试推荐入学，大学也改为三年制。这一制度延续到 1976 年，前后共招收了 5 届工农兵大学生。这 5 届学生中的不少人后来也取得了杰出的成就。但总的来说，这 5 届学生入学时未进行严格的入学考试筛选，入学后花了大量时间补基础课，学制太短，对基础课和专业基础课重视不够，强调以产品带教学，因此所学的知识系统性不够，培养质量严重降低。

从 1977 年开始，中断达 11 年之久的高考制度得以恢复，大学本科教育也重新改为四年制（清华大学等个别高校沿用五年制，直到 20 世纪 90 年代中期才改为四年制），我国高等教育迎来了第二个春天。从 1977 年到 1998 年的 21 年间，我国高等教育平稳、快速发展。到 1999 年后，我国高等教育迎来了高速发展期，每年大学的招生人数都大幅增加，到 2003 年，大学新生毛入学率已突破 15%，使我国大学教育从精英教育阶段跨入大众教育阶段。2018 年大学新生毛入学率达到 48.1%，与此同时，电气工程专业的高等教育也得到了很快发展。

2. 电气工程专业人才培养模式的演变规律

电气工程专业设立近一个多世纪以来，特别是近几十年来，人才培养模式的演变规律可以概括为以下几点：

1）人才培养模式经历了“博—专—博”的演变过程。20 世纪 50 年代以前，培养模式接近美国的“通才教育”，要求学生有扎实的基础和较宽的知识面，而专业课的设置则相对较少。20 世纪 50 年代以后，由于我国实行计划经济，国民经济行业的分工越来越细，电气工程领域专业的设置也越分越细，要求学生学的专业课程也越来越多。应该说这种培养模式和当时的国民经济发展需要大体是适应的，也促进了国民经济的发展。改革开放以来，人们逐渐认识到，在大学里所学习的知识不可能享用一生，大学主要还是打好基础。因此，高等工程教育应更强调基础，强调拓宽专业面。同时，对授课时数也严加限制。在专业设置上，把原电工类中的多个专业合为一个口径较宽的专业，这样原先的专业课大多变为了选修课。与此同时，考虑到电气工程专业的实践性很强，对教学实践环节应该十分重视。教改的另一个趋势是强调专业间的交叉、融合，强调复合型人才的培养。电气工程专业的学生还要学习更多的自动化技术、信息科学、计算机科学方面的知识，也要学习经济管理乃至人文科学的知识。

2）电机工程专业由最初的三年制、四年制、五年制甚至六年制，逐渐回归到四年制，经历了“短—长—短”的演变过程。

3）研究生教育所占的地位日益重要。1977 年以前，虽然也有研究生教育，但人数极少，几乎可忽略不计。因此，一般人都认为，大学本科教育就是最终的高等教育。近二十多年来，我国研究生教育迅猛发展。目前研究生办学规模已远远超过 1966 年前的本科招生规模，甚至大大超过了 1977 年恢复高考前几年的本科招生规模。例如：1961 ~ 1965 年，大学本科招生规模保持在每年 13 万 ~ 14 万人（1962 年仅招收 7 万人）之间，1977 年恢复高考头几年的大学本科招生规模大约在 30 万人。而到 2005 年我国招收硕士生的规模已突破 31

万人，近年来每年招收博士生的人数也达到数万人，至2018年，硕士研究生招收规模已近80万人，博士研究生招收近8万人。大学本科教育不再是高等教育的最终阶段，许多大学生，特别是一流大学的本科生，毕业后还有许多人要进入研究生学习阶段。这样，本科阶段就有条件打好基础，拓宽知识面，而把更多的专业知识留待研究生阶段再继续学习。

1.2.2 相关学科与知识结构

如前所述，电气工程专业的理论基础是电气科学，电气科学的基础是物理学中的电学和磁学。电能是电气工程专业的主要研究对象。人类社会任何时候都离不开能源。作为能源的一种，电能是迄今为止使用最为方便的能源形式，另外，电能还是传递信息的最重要的载体。

在国外大学的电气工程系中，最初都是从学习和研究电能的产生、传输和利用等开始的，而电报作为通信的主要形式，很早就在电气工程专业高等教育中占有一席之地。后来，电子技术飞速发展，信息工程的重要性不断增加，而电力工程则相对成熟，发展相对减缓。发达国家大学中的电气工程系的内容逐渐演变为以电子、通信为主，电力的内容则退居次要地位。计算机科学与技术专业本来也是从电气工程专业中逐渐派生的，但后来独立成一个新的专业。

我国的情况有所不同，即使按照1998年颁布的专业口径已经大大拓宽的现行专业目录，专业范围仍比发达国家的要窄（2012年和2020年颁布的专业目录调整电气信息类的各专业口径没有实质性变化）。我国的电气信息类专业传统上分为强电专业和弱电专业，一般把电气工程专业看成强电专业，而把电子信息、通信工程等专业看成弱电专业，甚至把计算机专业也看成弱电专业中的一种。目前，电气工程专业正在逐渐演化成强弱电结合的专业。

电气工程专业是学习和研究电能的产生、传输、转换、控制、储存和利用的专业。图1-6用两个三角形对电气工程进行了描述。大三角形描述了电气工程和其他相关学科的关系，小三角形描述了电气工程内部的结构。

从图1-6的大三角形看，和电气工程关系密切的其他学科主要是信息科学和能源科学。这里所说的信息科学是广义的信息科学，也就是所谓的弱电，包括电子、通信、自动化等专业，也包括计算机网络工程等专业。如前所述，电气工程的基础是物理学中的电学和磁学，而信息科学目前所使用的主要载体是电磁，其学科基础也主要是物理学中的电学和磁学。

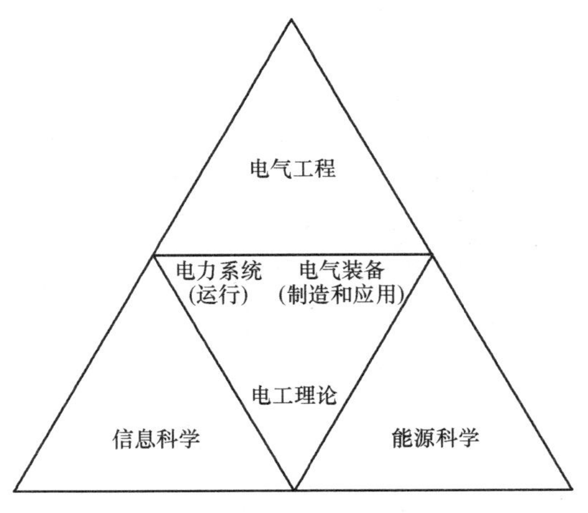

图1-6 电气工程的双三角形描述

电气工程研究的主要是电能，而信息科学则是研究如何利用电来处理信息。因此，二者同根同源。但是，如果从应用领域看，电气工程又和能源科学密切相关。电能是能源的一种，而且是使用、输送和控制最为方便的能源之一。在可以预见的将来，还没有一种能源有可能取代电能。而人类在任何时候都不可能离开能源，能源为人类提供动力，是人类永恒的研究对象。因此，人类如果关注能源，就必须关注电能，也就必须关注电气工程。正因为电气工程和能源科学有如此密切的关系，国家在划分专业或行业时，常常把电力和动力放在一起。

电气工程除了和信息科学及能源科学密切相关外，还和其他专业有很多联系。例如，近年来机械专业所学的电气知识越来越多。另外，几乎所有的非电类专业都开设电工学课程，这说明这些专业普遍需要电气工程方面的知识。

在图 1-6 的小三角形所描述的电气工程内部结构中，电工理论是电气工程的基础，主要包括电路理论和电磁场理论。这些理论是物理学中电学和磁学的发展和延伸。电气装备制造主要包括发电机、电动机、变压器等电机设备的制造，也包括开关、用电设备等电器设备的制造，还包括电力电子设备的制造、各种电气控制装置的制造等。电气装备的应用则是指上述设备和装置的应用。电力系统主要指电力网的运行和控制、电气自动化及通信等内容。当然，制造和运行是不可能截然分开的，电气设备在制造时必须考虑其运行，而电力系统是由各种电气设备组成的，其良好的运行当然依靠良好的设备。随着智能制造和智能电网的发展，智能设备及系统将得到更快地发展。

电气工程专业最初被称为电机工程专业，这是因为电机在其中占有中心地位。后来，专业的范围逐渐拓宽，因此改为电气工程更合适。随着电气工程的发展，弱电技术在其中的作用越来越重要，电力电子技术的迅速发展也使电气工程的面貌发生了很大的变化。根据 1998 年的专业目录，正式的专业名称是电气工程及其自动化，可见自动化技术在电气工程中占有越来越重要的地位。因此，认为电气工程及其自动化专业仅仅研究强电已经不太合适了，实际上它已逐渐演变为强电为主，强弱电结合的专业，随着智能制造和智能电网的发展，信息和数字等弱电技术在电气工程专业的比重会越来越大。

在 1998 年颁布的工科引导性专业目录中，把电气工程及其自动化专业和自动化专业（原电工类的工业自动化专业和电子信息类的自动控制等专业合并而成）中的部分（主要是原工业自动化专业）合并为电气工程与自动化专业。而在 1993 年的专业目录中，工业自动化专业属电工类，是由电气自动化专业发展而来的，当时工业自动化专业就被认为是强弱电结合、机电结合的专业。因此，与电气工程及其自动化专业相比，引导性专业目录中的电气工程与自动化专业更具弱电的色彩，自动化技术在其中占有更为重要的地位。因此电气工程及其自动化专业应该是强弱电结合、二者并重的专业。在 2012 年颁布的工科专业目录中，为了适应信息技术和物联网的发展，取消了引导专业目录，将电气信息类拓展成电气类、电子信息类、和自动化类三个二级类，新派生出物联网工程等多个专业，而原有的电气工程及其自动化、自动化等专业的名称不变，内涵也基本不变。

电气工程专业从原来的强电专业发展为强电为主、强弱电结合的电气工程及其自动化专业，电气工程专业的新办（办学历史较短）专业大多数培养方案是强弱电结合、二者并重，这一变化过程正反映了科学技术的不断发展和进步以及电气工程专业的演变方向。

1.2.3　培养目标与定位

在 2012 年新的高等学校本科专业目录颁布后，教育部高教司立即组织编写并出版了《普通高等学校本科专业目录和专业介绍》一书，书中对“电气工程及其自动化”专业的培养目标和培养要求作了明确地介绍。现摘录如下：

培养目标：电气工程主要是研究电能的产生、传输、转换、控制、储存和利用的学科。

本专业隶属于电气类，培养具备电气工程领域相关的基础理论、专业技术和实践能力，能在电气工程领域的装备制造、系统运行、技术开发等部门从事设计、研发、运行等工作的复合型工程技术人才。

培养要求：本专业学生主要学习电路、电磁场、电子技术、计算机技术、信号分析与处理、电机学和自动控制等方面的基础理论、专业知识和专业技能。本专业主要特点是强弱电相结合、软件与硬件相结合、元件与系统相结合。本专业学生接受电工、电子、信息、控制及计算机技术方面的基本训练，掌握解决电气工程领域中的装备设计与制造、系统分析与运行及控制问题的基本能力。学校可根据情况设置专业方向，如电力系统及其自动化、电机及其控制、高电压技术、电力电子技术等。

毕业生应获得以下几方面的知识和能力：

1）掌握较扎实的高等数学和大学物理等自然科学基础知识，具有较好的人文社会科学和管理科学基础，具有外语运用能力；

2）系统地掌握电气工程学科的基础理论和基础知识，主要包括电工理论、电子技术、信息处理、控制理论、计算机软硬件基本原理与应用等；

3）掌握电气工程相关的系统分析方法、设计方法和实验技术；

4）获得较好的工程实践训练，具有较熟练的计算机应用能力；

5）具有本专业领域内 1 ~ 2 个专业方向的知识与技能，了解本专业学科前沿的发展趋势；

6）具有较强的工作适应能力，具备一定的科学研究、技术开发和组织管理的实际工作能力。

1.2.4 素质和能力教育

现代大学教育把对学生的培养分为传授知识、培养能力和提高素质三个层次。传授知识主要通过课程设置和授课来实现，它最为具体，对其把握也相对容易、相对清晰。而培养能力和提高素质就不是仅仅通过课程可以体现的。毫无疑问，知识的积累有助于增强能力、提高素质。但能力和素质绝不是简单地和知识成正比。能力的培养、素质的提高更多地依赖于人才培养的综合环境。例如学校的学习氛围和教学氛围，学校的自然环境和人文环境，教师的敬业精神、学术水平、授课水平，教学实践条件等都和学生的能力培养和素质提高有很大的关系。另外，学生入学时的基础条件差别很大。因此，不同的学校间在培养能力和提高素质方面的差距是十分明显的，即使是同一所学校，不同专业培养出来的人才也是有差别的。

在我国，提出强调“素质教育”的时间并不长，因此，要真正抓好素质教育还有很长的路要走，而且，素质教育也并不仅是高等教育的事，高中、初中、小学、幼儿园乃至家庭教育都应该更加强调素质教育。

就能力而言，我国早在20世纪50年代的高等教育中，就开始非常注重能力的培养。对于不同的培养模式和培养目标，对能力的要求也是有一定差别的。我国电气工程专业的大学本科教育可分为科学技术型（研究型）和工程技术型（应用型）两种模式。对科学技术型而言，能力的要求主要体现在对基础理论的掌握和分析上，要求学生具有解决实际问题的能力。要求这部分学生掌握更为扎实的数理基础、电工电子和计算机知识基础。大学本科必须学习一定的专业知识，但更多的学习主要放在研究生阶段。研究生阶段更要求具有科学研究的能力，而在本科阶段就必须打好更为扎实的基础。

对于工程技术型大学的学生而言，培养实践能力则显得尤为重要，因为这部分学生毕业后即面临就业的压力，其工作岗位要求具有更强的实践能力。目前的毕业生在这方面还是有欠缺的。

1.2.5　师资队伍结构

师资队伍的学历学位结构是师资水平的重要标志之一。在发达国家，电气工程专业的大学教师一般都具有博士学位。在我国，大规模开展研究生教育的历史相对较短，因此教师的学位水平普遍偏低。就目前水平而言，在电气工程学科具有博士学位授予权的学校，教师中具有博士学位者应为很高，大约能达到 80% 以上。在电气工程学科没有博士学位授予权的学校教师中，具有硕士学位者应达到 80% 以上，具有博士学位者达不到 50%。新办院校教师博士、硕士占比可能更低。2018 年出版的电气类专业教学质量国家标准对师资队伍数量和结构要求为：专任教师数量和结构满足本专业教学需要，专业生师比不高于 28∶1。对于新开办专业，至少 10 名教师，在 240 名学生基础上，每增加 25 名学生，需增加 1 名教师。专任教师中具有硕士学位、博士学位的比例不低于 50%。专任教师中具有高级职称教师占专任教师的比例不低于 30%，年龄在 55 岁以下的教授和 45 岁以下的副教授分别占教授总数和副教授总数的比例原则上不低于 50%，中青年教师为教师队伍的主体。

但实际上，部分学校离这一基本的要求还有差距。近年来，绝大多数大学已要求新任教师具有博士学位，至少也要有硕士学位。因此，随着时间的推移，教师的学历学位结构必将大幅度改善。

不少研究型大学都存在重科研、轻教学的倾向。因此，要求教师要有较强的科研能力，要发表高水平的学术论文，否则难以晋升。近几年，随着“双一流”和“六卓越一拔尖”的建设，国家十分强调本科教学的重要性，使得大部分高校过分重科研轻教学的现象得以扭转，本科教学受到重视。

电气工程及其自动化专业是工程性、实践性很强的专业，因此要求教师最好有一定的工程背景。有些发达国家要求大学工科教授要有在公司里工作过的经历，而我国一般无此要求。近年来，本科—硕士—博士—大学任教的青年教师比例大增，缺乏工程背景的教师讲授工程课程有明显的弱点。弥补办法之一是，教师在任教后，多参加科研和工程实践，在工程实践中不断地锻炼自己，提高自身的工程实践能力。

学缘结构是学校多样发展、避免“近亲繁殖”的重要手段，学校都十分重视。

1.2.6　专业规模

自 1998 年新的专业目录公布以来，全国设置电气工程专业的大学数量从 1999 年的 123 所增加到 2004 年底的 239 所，目前超过 600 所大学设有电气工程专业。表 1-7 给出了近年来我国设置电气工程专业的高等学校数量的变化情况。需要指出的是，表中所列的 1994 年设置电气工程专业的大学数量，仅包括了设置电机电器及其控制、电力系统及其自动化、高电压与绝缘技术、电气技术专业中至少一个专业的大学，而不包括只设置工业自动化专业的大学。当年，仅设置工业自动化专业的大学就有 155 所。其他各年设置电气工程专业的大学数量，既包括设置电气工程及其自动化专业的大学，也包括设置电气工程与自动化专业的大学。之所以这样统计，是为了便于比较。1998 年专业目录调整后，虽然又经历了 2012 年和 2020 年的专业目录调整，电气工程及其自动化专业名称没有变化。

表 1-7　近年来我国设置电气工程专业的高等学校数量的变化情况

年份	1994	1999	2004	2013	2018
大学数量	90	123	239	514	608

电气类专业除电气工程专业外，还有特设专业，至 2018 年电气类特设专业高等学校数量见表 1-8。这些电气类的特设专业的学科基础课程，甚至专业基础课程都与电气工程专业类似。

表 1-8　至 2018 年电气类特设专业高等学校数量

专业名称	智能电网信息工程	光源与照明	电气工程与智能控制	电缆工程	电机电器智能化
大学数量	28	14	34	1	2

应该指出的是，在 20 世纪 80 年代以前，国家对大学毕业生的就业按照指令性计划进行分配。从 20 世纪 80 年代末到 90 年代，我国对大学毕业生的就业逐步由计划分配过渡到按市场原则双向选择。因此，大学专业的设置必须适应市场的需要才能生存和发展。设置电气工程专业的大学数量的不断增加，在很大程度上反映了随着改革开放的不断深入，市场对电气工程专业毕业生的需求越来越旺盛。

1.2.7　就业方向

电气工程专业对广大考生有很强的吸引力，属于热门专业之一，多数高校的电气工程专业高考录取分数段相对都比较高，甚至排在第一位或者前三位。电气工程专业适应范围非常广，小到一个家庭，大到整个社会，每个行业都离不开电气工程专业的知识，专业就业率比较高。电气专业的招生分数段和就业率在网上的专业排名始终是很高的，通常都能位居前 5 名。

与本专业完全对口的行业主要有两个，一个是电力系统行业，一个是电气装备制造行业。对电力系统行业而言，就业的主要去向是电力运行企业，如电网公司、发电公司、供电公司（局）、电力工程公司（局）等；对电气装备制造行业而言，就业的主要去向是电控设备、开关断路器、电机变压器以及电力电子设备（如整流器、逆变器、无功补偿器和变频器等）及其他制造电气设备的工厂和公司。

另外，由于几乎所有的行业（如冶金、石油化工、汽车、铁道、通信、航空航天、国防、机械等）都离不开电力，这些行业也需要电气工程专业的应用人才。以机械设备制造行业为例，不但作为其产品的机械设备有电控部分，企业的生产装备也离不开供电和电气部分，因此，在这些企业从事与电气有关的技术工作也是专业对口的，其他行业也大体如此。由于我国以特高压、智能电网为特征的电力系统的飞速发展，以及新能源、智能制造等领域的发展与需求，带动了电气工程的整体发展，社会对电气工程人才的需求很大，因此，近十几年来电气专业毕业生的就业情况一直是很好的。

计划经济时期，我国大学生毕业后的就业方式是指导性的按计划分配方式，现已经是市场经济方式。毕业生和需求方双向选择，毕业生有更多的择业自由。虽然大多数毕业生都愿意选择专业对口，但不少人考虑到个人爱好、工作待遇、就业地域、就业环境等因素，而不是把专业对口放在十分重要的地位。因此，就业行业的多样化，已成为现在毕业生就业的一个鲜明特点。一般说来，冷门专业的毕业生在就业时向热门行业的流动要多一些，但是热门专业毕业生在冷门行业就业的也有不少。一个专业的毕业生在就业时若有大部分毕业生专业对口，具有较高的就业率，就可以认为这个专业的就业形势是好的。

近几年，互联网、人工智能等信息产业的发展十分迅猛，对人才的需求量也很大。尽管这里面有过一些泡沫成分，其就业形势也出现过一些波动，但总体来说，信息产业对人才的需求还是呈持续上升的趋势。由于电气工程专业和电子信息类（弱电）专业的基础十分接近，因此电气工程专业的毕业生在就业时选择了信息产业的例子也不在少数。这种情况一方面说明信息产业对电气工程专业毕业生有较强的吸引力，另一方面也说明电气工程专业毕业生有较强的适应性。

1.2.8　研究生教育

在 1966 年以前，我国就已有少数大学招收和培养研究生，但数量极少，不成规模。例如在 20 世纪 50 年代和 60 年代前半期，清华大学、交通大学（后来的西安交通大学）、哈尔滨工业大学等每年仅招收很少量的研究生，学制为四年，毕业后不授予学位。从 1978 年开始，我国研究生教育进入了新的阶段，开始大规模招收和培养研究生。1980 年全国人大常委会通过“中华人民共和国学位条例”，1981 年国务院批准《中华人民共和国学位条例实施办法》。至此研究生教育逐渐成为我国高等教育的一个重要阶段。

和国际通行的情况一样，我国研究生教育也分为硕士和博士两个阶段。我国硕士研究生的培养早期实行三年制，后来为两年半制，是世界上最长的硕士研究生教育学制。现在，三年制、两年半制和两年制共存。硕士研究生分学术型和工程型，学术型硕士研究生通过全国统一考试择优录取，毕业后颁发毕业证和学位证。以往工程型硕士研究生需有两年工作经验，不用全国统一考试，由申报学校及学科负责录取，毕业后颁发学位证。2015 年硕士研究生考试“并轨”，无论是学术型还是专业型（工程型）都需要通过全国统一考试择优录取，毕业后均颁发毕业证和学位证。现在除了招收学术型博士研究生外，也招收工程型博士研究生，但数量相对较少。和国外一样，我国研究生教育实行导师制。硕士研究生培养大体分为两个阶段，第一阶段是课程学习阶段，约一年时间，第二阶段是学位论文阶段。博士研究生一般只有少量课程，主要是进行科学研究和撰写论文。

研究生教育的专业目录是按门类、一级学科、二级学科划分的。门类的划分和大学本科完全一致。电气工程是一级学科，隶属工科门类。在 1997 年前，电气工程一级学科下共设 10 个二级学科，1997 年后，调整为 5 个，见表 1-9。

表 1-9　电气工程学科中的二级学科

1997 年后	1997 年前
电力系统及其自动化	电力系统及其自动化
电机与电器	电机
	电器
高电压与绝缘技术	高电压技术
	电工材料及绝缘技术

（续）

1997 年后	1997 年前
电力电子与电力传动	电力电子技术
	电力传动及其自动化
	电磁测量技术及仪器
电工理论与新技术	理论电工
	超导技术及磁流体发电

1997 年以前，研究生的培养是按照二级学科进行的。1997 年后，在电气工程等 5 个一级学科首先开始了按照一级学科招收和培养研究生的试点。在电气工程这个一级学科中，第一批获得一级学科博士学位授予权的是清华大学、西安交通大学、华中科技大学和浙江大学四所大学。目前获得电气工程一级学科博士学位授予权的大学和科研机构已增至 40 余所。

硕士研究生招生分两种，一种是推荐免试，另一种是参加全国统一考试。推荐免试硕士研究生通常在应届本科毕业生中根据平时各科成绩、特长和综合排名等在各自学校择优推荐，推荐成功者可自由申请自己选择的学校参加复试，复试通过后即可录取。具有一定规模研究生教育的学校才有推荐免试硕士研究生的资格，而且学校的学术水平越高，研究生教育的规模越大，推荐硕士研究生的比率越大。应届本科毕业生、往届本科毕业生、甚至专科毕业生都可以通过参加全国统一硕士研究生招生考试，考试分初试和复试两个阶段，初试通过了才有资格参加复试。电气工程学科的初试科目一般为数学（学术型数学 1，专业型数学 2）、外语、政治、电工基础。前三科通常由国家统一命题，后一科由学校自主命题。复试由学校负责，复试科目各校有区别，通常选择两门专业基础课程或加外语和面试等。博士研究生招生多数学校倡导“硕博”连读和申请审核制，有些学校也通过考试录取部分博士研究生。

有些学校按一级学科招生，有些学校按二级学科招生，现在越来越主张按一级学科招生与培养。

1.3 电气工程及其自动化专业的课程体系和专业基础

人才培养需要校内教育与校外教育相结合，需要课内教育与课外教育相结合。一个专业的教学主要是通过人才培养方案体现。培养方案通常包含理论教学体系和实践教学体系，在人才培养中，它们是有机的整体。就目前我国高等学校教育的体制而言，国家并没有制定某个专业统一的人才培养方案，也没有指导性的人才培养方案。在 1998 年新的本科专业目录公布后，各校都开始按照新的专业目录制定自己的培养方案。在此期间，以教育部面向 21 世纪教学改革项目为依托，组织召开了几次全国性的电气工程专业教学改革研讨会。2001 年以后，教育部统一组织了各类专业的教学指导委员会，电气类专业教学指导委员会（2012 年以前为分委员会）每年都举办一次教学年会，会上对各校新的人才培养方案和课程体系等进行了相当充分的交流。由于互相学习、互相借鉴，所以各高校的人才培养方案在一些基本的方面大致相近。

1.3.1 理论教学体系

在人才培养方案中，通常分为通识教育课程、专业大类基础课程、专业基础课程和专业方向课程等，也有按公共基础课程、人文社科类课程、专业基础课程、专业平台课程和专业方向课程等分配，还有其他类分法，但都大同小异，区别不大，大体都分为以下几个部分：

（1）通识教育课程

有关这部分的理论教学内容，有很大一部分所有的专业都是相同的，这部分内容主要包括马列主义理论课和大学生思想品德教育课（一般称“两课”）、外语、体育、法律、文学、艺术、安全、环境以及管理等方面的内容。另一部分是自然科学部分，主要是数学、物理、化学等方面的内容，也包括创新创业、生物、天文等方面的内容。这部分内容一般也认为属于通识教育的范畴。对于文科类和理科类，其通识教育的差别是很大的，即使同属工科专业，电气类专业和机械类专业也有一定的差别。在各个大学中，通识教育课程通常都是由学校统一设计与安排，当然，不同专业也可以向学校的教务部门提出自己的要求。

（2）专业大类基础课程

这里主要是指电类专业基础。主要包括电气类专业、自动化类专业和电子信息类专业等，具体专业为电气工程及其自动化、自动化、电子信息工程、电子科学与技术、通信工程、微电子科学与工程、光电信息科学与工程、信息工程等，也有些学校把计算机类甚至仪表类和生物医学工程类专业也划入其中。电类专业的大类专业基础课主要包括电路、电磁场、模拟电子技术、数字电子技术、电子技术实验等课程，有不少学校还把信号与系统课程列入其中。这些课程是所有电类专业的共同基础，因此所有的电类专业都要学。但是，专业不同，同一门课程所学的内容也会有一些差别。

（3）专业基础课程

这是电气工程专业的必修课程，几乎在所有的大学该专业都把电机学、电力电子技术、电力系统分析、计算机原理等列入这类课程。不少学校还把电气工程基础、自动控制原理列入这类课程。也有部分学校把现代测试技术列入这类课程。

（4）专业方向课程

电气工程专业通常包括电力系统及其自动化、电机电器及其控制、高电压与绝缘技术、电力电子与电力传动等几个专业方向。有的学校还自主设立了反映其特点的专业方向。在一个专业方向中，一般都有3~5门必修课，也会有较多的选修课。在各类课程中，不同学校开设的专业方向课程差别最大，这类课程也最能反映一个学校电气专业的特点。

1.3.2 实践教学体系

电气工程专业是一个实践性、工程性很强的专业，和大多数工科专业相同，电气工程专业的实践教学环节也可大体分为课程实验、实验课程、课程设计、教学实习、生产实习、毕业设计、课外科技活动等。

课程实验是指课程中安排的实验环节，不但物理、化学等基础课的课程实验必不可少，从电路、电子技术等课程开始，几乎所有专业基础课和专业课都安排了课程实验，这些实验是相应课程必须的环节。在所有开设电气工程专业的学校中，课程实验都是不可或缺的，但开设实验的数目、实验设备和条件、每次实验的每组人数则有很大的差异。不少大学电气工程专业的实验室都分两个层次。第一层次为电工原理、电子技术等课程的实验，这些实验大都在学校的电工电子教学实验中心进行。该实验中心一般不仅是电气工程专业学生使用，电子信息类和自动化类专业的学生也使用，甚至非电类专业学生在学习电类课程时也使用。第二层次为电机学、电力电子技术及一些专业课程的实验，这些课程中的实验大多在专门建立的专业实验室中进行。

实验课程是指以实验教学为主的课程。在这些课程中，很少有理论课的讲授，主要是学生在老师的指导下做实验。电气工程专业中，有一部分学校开设“大学物理实验”课程，也有些学校开设“电子技术实验”课程，还有些学校开设综合性实验课程，当然也有些学校没有专门的实验课。

课程设计一般是一门课程中的一个大的实践环节，与课程实验相比，课程设计时间长、规模大、综合性强。我国大学的电气工程专业中，一些学校还没有课程设计这一环节。

教学实习一般安排在大学三年级上学期之前，在学校的教学实习工厂进行，大多为金工实习、电工实习、电子线路实习和认识实习等内容。教学实习时间约为两周，停课进行。该环节的目的是使学生对机械加工、电子器件和线路图、焊接等专业基础技能、专业工程概况有一个感性认识。一般在设置电气工程专业的学校，这个环节都是不可缺少的。

生产实习一般都是在企业进行，时间3～4周。以前的生产实习，学生几乎都有机会下到车间班组跟班操作，现在大多数企业认为学生的实习干扰企业的正常生产，对安全生产也有影响，因此学生下到车间班组跟班操作并不容易。另外，实习经费的不足也给安排实习带来一定困难。目前实习的主要内容已逐渐演变成现场参观。也有一些企业为了宣传和扩大影响，以及吸引学生前去就业，因而对学生实习持欢迎态度，并在实习费用上给予一定的补助和优惠，尽可能创造好的条件。

毕业设计是培养学生的一个必不可少的教学实践环节，一般大学都把最后一学期安排成毕业设计。毕业设计采取导师制，一般一个导师每一届指导2～8名学生。在学术实力较强的学校要求每个本科生毕业设计的题目都不相同，每年毕业设计的题目也不重复，但多数学校做不到这一点，可能一个毕业设计题目由几个学生同时做，这届毕业设计的题目也可能是上届题目的重复。毕业设计的题目一般比较具体，学生在进行毕业设计时，在这个毕业设计的方向上可以得到较好的训练。毕业设计题目千差万别，不可能把三年半所学的知识全都用上，毕业设计主要是培养学生在电气工程领域进行科学研究、技术开发和设计工作的能力。对不少研究型大学来说，毕业设计中主要是进行研究或技术开发，而不是“设计”，所谓“毕业设计”不过是这一教学环节的一个传统称谓的延续。对于应用型高校，毕业设计的内容以实践类和工程应用为主。在毕业设计后期，一般要根据毕业设计的内容撰写“学士学位论文”，并进行论文答辩，成绩合格后，再结合其课程学习成绩才有可能获得学士学位。

课外科技活动开展的情况因学校、因人的差别很大。即使是一流大学，也只有少部分同学有机会参加课外科技活动。课外科技活动一般包括参加大学生科技社团活动、创新和创业的案例设计与实践、参加学校、省市或全国性的数学建模竞赛、电子竞赛等学习竞赛，参加教师或研究生的科研活动等内容。课外科技活动对于培养学生的科技能力，提高科技素质，培养创新意识和能力都有十分重要的意义。一般来说，积极参加课外科技活动的学生综合能力都较强。近些年，在“大众创业、万众创新”的鼓舞下，各大学对开展课外科技活动都非常重视，将课外科技活动作为培养学生创新创业能力的重要手段和工程实践能力的最好扩展与补充，同时也是培养学生交流、沟通、策划，避免大学生“死读书”的有效措施。教育部高等学校电气类专业教学指导委员会认同的专业技能大赛是“三菱电机杯自动化大赛”，至 2019 年已举行了 13 届。

1.3.3　电气类专业教学质量国家标准与范例

2018 年教育部发布的《普通高等学校本科专业类教学质量国家标准》对电气类专业知识体系和核心课程体系建议为：

（1）通识类知识

数学与自然科学类课程（至少占总学分的 15%）。数学，包括微积分、常微分方程、级数、线性代数、复变函数、概率论与数理统计等知识领域的基本内容。物理，包括牛顿力学、热学、电磁学、光学、近代物理等知识领域的基本内容。根据需要可以补充普通化学的核心内容和生物类基础知识。

人文社会科学类课程（至少占总学分的 15%），使学生在从事电气工程设计时能够考虑经济、环境、法律、伦理等各种制约因素。

（2）学科基础知识

工程基础类课程、专业基础类课程（至少占总学分的 20%），应能体现数学和自然科学在本专业应用能力培养。学校根据自身专业特点，在下列核心知识内容中，有所侧重、取舍，通过整合，形成完整、系统的学科基础课程体系。

工程基础类课程包括工程图学基础、电路与电子技术基础、电磁场、计算机技术基础、信号分析与处理、通信技术基础、系统建模与仿真技术、检测与传感器技术、自动控制原理、电气工程材料基础等知识领域的核心内容。

专业基础类课程包括电机学、电力电子技术、电力系统基础、高电压技术、供配电与用电技术等知识领域的核心内容。

（3）专业知识

专业课程（至少占总学分的 10%），应能体现系统设计和实现能力的培养。学校完全根据自身定位和专业培养目标设置专业课，与专业基础课程相衔接，构成完整的专业知识体系。

（4）主要实践性教学环节

工程实践与毕业设计（论文）（至少占总学分的 20%），应设置完善的实践教学体系，与企业合作，开展实习、实训，培养学生的动手能力和创新能力。实践环节应包括：金工实习、电子工艺实习、各类课程设计与综合实验、工程认识实习、专业实习（实践）等。毕业设计（论文）选题要结合电气工程实际问题，培养学生的工程意识、协作精神以及综合应用所学知识解决实际问题的能力。对毕业设计（论文）的指导和考核应有企业或行业专家参与。

（5）课程体系构建原则

课程体系由学校根据培养目标与办学特色自主构建。构建电气类专业课程体系时，可参考本书附录中关于专业类知识体系的要求。特别是技术基础知识和专业基础知识，必须达到对大部分核心内容的基本涵盖。课程名称不必与知识领域完全对应，可以将知识领域进一步划分并进行组合形成课程。

课程设置应能支持专业人才基本培养要求和培养目标的达成，课程体系构建过程中应有企业或行业专家参与。

理论课学分不多于 80%，实践课学分不少于 20%。在设置必修课保证核心内容的前提下，根据学校条件逐步加大选修课比例力度。

（6）核心课程体系示例

示例一：

基本电路理论（64）、数字电子技术（48）、模拟电子技术（48）、嵌入式系统原理与实验（80）、电磁场（32）、信号与系统（48）、自动控制原理（32）、通信原理（48）、电气工程基础（96）、电机学（64）、电力电子技术基础（48）、数字信号处理（32）、电机控制技术（48）、电力系统继电保护（48）、电气与电子测量技术（32）、电力系统暂态分析（32）。

示例二：

电路理论（96）、工程电磁场（56）、模拟电子技术基础（56）、数字电子技术基础（48）、电机学（96）、电力电子技术（48）、信号分析与处理（48）、自动控制理论（48）、微机原理与接口技术（64）、电力系统分析基础（64）、电力系统暂态分析（32）、电力系统继电保护原理（48）、高电压技术（40）。

示例三：

电路原理（64）、模拟电子技术基础（64）、数字电子技术基础（56）、自动控制理论（62）、电机与电力拖动基础（62）、电力电子技术（48）、供电工程（48）、电器控制与可编程控制器（48）、单片机原理及应用（40）、电气测量技术（48）。

1.4 电气工程及其自动化专业的未来需求与教学改革

1.4.1 相关行业的现状与发展趋势

与本专业密切相关的行业主要有两个。首先是电力行业，负责生产和提供电力，所覆盖的企业主要是发电厂和各级供电部门。第二个是电气装备制造行业，这里既包括各种输变电设备的制造，也包括各种使用电力的电机和电器的制造。在我国，这一行业传统上被看作机械行业的一部分。

除电力行业和电气装备制造行业外，与本专业相关的还有一个行业群，其不但包括传统的机械、交通、冶金、化工等行业，也包括新兴的人工智能、大数据、互联网及电子、信息、生物医学工程等行业。电气工程专业不仅具有很强的工程性，也具有很强的基础性，它是高等学校工科专业中最具基础性的专业之一。电气工程专业研究的对象是电能，各行各业都需要电能，因此，几乎所有的行业都需要电气工程专业的毕业生，只是对电气工程专业毕业生的数量和知识结构的需求有所不同。

电力工业是给整个国民经济提供动力的行业，曾被称为“国民经济先行官”。改革开放 40 多年来，我国国民经济取得了飞速进步，与此同时我国电力工业的发展也十分迅速。中国现已成为世界上电力装机容量和发电量增长最快的国家，专家预测，这种趋势在未来一段时间内仍将继续。1981～1999 年，我国 GDP 的平均年增长率达到 9.8%，发电量的年均增长率为 7.7%，先后超过法国、英国、加拿大、德国、俄国和日本。2000 年，我国的装机容量和发电量都居世界第二位，仅次于美国。2011 年，我国的装机容量和发电量都超越美国，跃居世界第 1 位。截至 2019 年，我国前 8 个月的发电量就超过了美国 2018 年的全年发电量。改革开放之初的 1978 年，全国发电总装机容量约为 5712 万 kW，全国发电量 2565 亿 kWh。截至 2017 年底，全国发电总装机容量为 177703 万 kW，相较 1978 年增长超过 30 倍，2017 年全国总发电量达到 64179 亿 kWh，约是 1978 年的 25 倍。专家预测，未来 5 ~ 10 年，我国发电总装机容量和发电量仍然呈较快发展趋势，到 2025 年全国发电量将突破 100000 亿 kWh。

但是，如果按照人均统计，我国的发电水平和发达国家的差距还是十分巨大的。1994 年，世界人均用电量为 1957.69kWh，而中国仅为 670kWh，约为全世界平均值的 1/3。世界人均装机容量为 0.531kW，我国仅为 0.159kW，只是世界人均值的 29.9%。2000 年，中国人均用电量达到了 979kWh，人均装机容量 0.25kW，但也仅相当于发达国家的 1/6。2018 年中国全社会用电量为 68449 亿 kWh，大约是美国的 1.5 倍，但人均用电量仍然相对落后。

发电装机容量和发电量的快速发展只是电力工业发展的表象和结果，其实这里面包含着整个电力技术的进步与发展，比如输变电工程 500kV 超高压输电线路以及 1000kV 特高压输电线路的发展、智能电网的发展与泛在能源互联网的发展等都需要大量的电气工程人才和高素质人才。

改革开放 40 多年来，我国的电气装备制造业取得了突飞猛进的发展，除了原有的产业基地外，出现了大量新兴的产业基地，特别是在长江三角洲和珠江三角洲聚集了世界著名的跨国电气企业，也涌现出了众多的民营电气企业和基地。这一方面得益于我国电力工业的大发展，另一方面得益于全世界制造中心逐步向中国的转移。如前所述，我国电力工业近年来发展十分迅速，这就需要大量的输变电装置来支撑；另一方面，电力工业的迅猛发展也为电气装备制造业提供了必要的能源保障。这些都极大地刺激和推动了我国电气装备制造业的发展。中国已经成为世界制造业的大国和中心，这是不争的事实。在电气装备制造业方面，我国拥有大量工程技术人才和训练有素的劳动力，人力成本也相对较低，这就促成了世界电气装备制造中心向中国的转移，甚至经常会听到中国被称为“世界工厂”的说法。但是，应该清醒地看到，我国电力装备制造业的水平和发达国家仍有一定的差距，一些核心技术还掌握在发达国家手中。

目前社会正在逐步迈入信息化，而我国还要补工业化这一课。因此我国的发展策略是“信息化带动工业化”，这一发展国策是十分英明的。电气化是工业化的基础和重要组成部分，要实现工业化，就需要大量电气化及自动化方面的人才，这正是电气工程及其自动化专业培养的人才。

如前所述，除电力行业和电气装备制造行业外，其他行业也都离不开电力，都要使用电能，因而也都需要电气工程及其自动化专业的毕业生。如传统的机械行业，各种机械设备越来越离不开电力传动和控制，机械工程专业的学生也在越来越多地学习电气及自动化方面的课程。未来机械传动中的齿轮箱、液压系统等将逐渐被电动系统取代。传统的建筑行业的面貌也日新月异，在电气专业中诞生了楼宇电气自动化的新专业方向。化工、冶金行业等都对电气自动化不断提出新的要求。交通行业如汽车、高铁、舰船，甚至包括航空航天等一直都离不开电气工程，现在电驱动技术正在逐渐替代传统的发动机，电动汽车、电动舰船等正在大力发展，未来全电化发展已成为业内共识，这就意味着交通整个大行业都由机械知识为主导向电气工程及其自动化知识为主导方向转移。电子、信息、生物医学工程等新兴行业也需要大量的电气工程专业毕业生，不但这些行业的生产离不开电力，它们的产品也离不开电源部分和电气控制部分，因此，这些新兴的高科技行业对电气工程专业人才也有很多需求。

以上主要论述了和电气工程相关的行业对电气工程专业人才需求的情况。实际上，这些行业对电气工程专业毕业生知识结构的要求也发生了很大的变化。以前电力工业要求电气工程专业毕业生主要掌握电气工程的基础理论和电力系统的专业知识，电气装备制造行业要求电气工程专业毕业生除掌握本专业的知识外，还要掌握一定的机械方面的知识。而目前，信息化的潮流使这些行业已经发生了很大的变化，电力行业、电气装备制造行业要求电气工程专业毕业生除掌握电气工程的基础理论和专业知识外，还要掌握越来越多的计算机技术、自动化技术、电子技术和信息技术方面的知识。而且，今后这一趋势更加明显。

另外，由于电气工程专业与电子、信息类专业同属电类专业，有共同的专业基础，因而相互在对方的行业就业并不十分困难。近几年，电气工程专业毕业生中有相当一部分人到电子信息行业就业，并且取得了不错的成绩。在大学毕业生中，跨行业就业是一直存在的一种现象，这种现象今后也将继续存在下去，因而作为与电子信息专业有共同专业基础的电气工程专业，学生毕业后到电子信息行业就业的情况也将会持续下去。

1.4.2 未来5~10年的社会需求状况

我国电气工程高等教育大体可分为专科生、本科生和研究生三个层次，其中研究生又分为硕士生和博士生两个层次。一般来说，社会对博士毕业生的需求主要集中在高等学校及科研院所，少数高水平的大公司对博士毕业生也有一定的需求。硕士毕业生主要去向是高技术企业，也有少数在高等学校或中等专门学校工作。社会对本科生的需求量是很大的，电气工程专业的本科生就业的主要去向应该是在企业从事技术工作，也有一部分人从事企业管理、营销及其他工作。专科生主要在生产、设计、销售、技术服务等岗位工作。

专科教育和本科教育相比，一般而言，本科教育应更强调基础性和理论性，而专科教育更强调工程性和实践性。一般来说，按照企业的需求，电气工程专业的专科毕业生应比本科毕业生多很多。

目前我国电气工程类专业每年招收博士生约1000~1200人，硕士生约1万~1.3万人，本科生的年招生规模约10万人，而专科生的专业名称与本科生有很大不同，知识结构在电气类的招生人数总体也要少于本科生。从近年毕业生就业情况看，这个规模与我国国民经济的需求是基本适应的。近几年我国设置电气工程专业的大学数量持续攀升，招生人数也相应增加，这其中主要是市场经济的因素，但个别也有些盲目性。我国大学多追求专业齐全，而电气专业又是工科大学最基础的专业之一，物色相关教师也相对容易。因此，不少大学纷纷设立电气工程专业。客观说，到现在为止，“盲目性”的结果还没有显现，电气工程专业的就业率还非常高，尤其是电气工程专业大学数量的扩张，博士需求量增加；不但大型企业，包括一些中小型科技企业也需要高水平创新电气人才，博士和硕士毕业生显得有些供不应求。

随着我国电力工业的迅速发展和以特高压、智能电网和能源互联网为特征的技术发展，以及新能源、智能制造、机器人、无人机、人工智能和互联网等迅猛发展的带动下，需要大量的电气类科技人才。但是随着技术进步和智能化程度的不断提高，这种人才需求不仅体现在需要更多的人，更体现在对人才知识结构的要求上。以前电气工程专业的毕业生主要学习强电方面的知识，而现在企业要求毕业生不仅掌握扎实的强电知识，也要有较多的信息技术的知识，其中主要是关于自动化技术、计算机技术、电子信息技术和物联网方面的知识。这一“电气+信息”、强弱电兼备的要求将成为现代电气工程专业毕业生的一个十分突出的特征。

另外，企业对复合型人才的要求也空前迫切。不仅要求学生在技术业务上有很强的实力，对学生的综合素质、综合能力也提出了更高的要求。这些要求对我国高等工程教育提出了很大的挑战。

1.4.3　高等教育改革与发展

1. 构建分层次、多模式、多规格电气工程专业人才培养体系

大学本科教育也分为不同的层次，而不同层次的培养模式还是有相当大的区别的。有的人把大学本科教育的学校分研究型、研究教学型、教学研究型、应用型等多个层次，过多层次的区别较难界定。为了分析表述清晰，本书讨论本科教育研究型和应用型两个层次。至于各个大学分别处于哪个层次，这要由办学者根据本校的师资力量、办学条件、生源情况等来定位。一般说来，设立研究生院的大学和在电气工程专业实力雄厚的学校可以属于研究型，而新办本科、普通院校专业学术能力一般的属于应用型，介于两者之间的则为研究教学型和教学研究型（怎么分层也是有争议的）。

1977 年恢复了大学招生的高考制度，同时大学本科的学制也和国际接轨，从五年制改为四年制。这样，本科阶段所学的专业知识必然减少。近年来大学实行了加强基础、拓宽专业口径的教学改革，导致大学本科所学的专业课进一步减少，专业主干课的内涵也在不断拓宽。另一方面，近年来我国研究生的招生规模迅速扩大，其规模已远远超过 1976 年以前的本科教育规模。

目前，研究型大学电气工程专业本科毕业生的一半左右还要继续深造，攻读硕士学位，少部分人还要攻读博士学位。考虑我国研究生教育的规模还在不断发展，研究型大学电气工程专业的本科毕业生将有一半以上要继续攻读研究生。因此，本科教育应该重点考虑这部分人的需求。在本科阶段应强调打好基础，而把较多的专业课学习放在研究生阶段进行。不同研究型大学的电气工程专业在专业方向上可能各具特色，但因为更加强调基础，因此这些特色在本科阶段的体现就可能不十分突出，而趋同性则更加显著。当然，研究型大学的本科毕业生中还有近一半人不再攻读研究生，而直接参加工作，和应用型大学的毕业生相比，这部分毕业生的优点是基础扎实、知识面宽、专业适应性强，不足之处是专业知识学习的较少，毕业后要胜任工作一般还要经历一个再学习过程。

相对于研究型大学的毕业生而言，应用型大学的电气工程专业应该更强调工程性和实践性。各个不同的大学办学历史不同，和行业的密切程度不同，优势专业方向不同，即使是同一名称的专业也应具有不同的特点。这类大学不应因为加强基础、拓宽专业口径的教学改革而放弃自己的特色，相反应该充分发挥自己的行业或区域优势，以利于学生毕业后尽快适应企业的要求。这种类型的大学毕业生继续攻读研究生的人数较少，不应在以后继续深造方面有过多地考虑。在培养模式和培养规格方面，应用型大学应呈现出更明显的多样性。

无论哪种类型的人才培养模式和培养方案，根据社会的发展和自身的定位都是一直在调整，改革永远在路上。

2. 以《华盛顿协议》为切入点，积极开展专业认证

（1）《华盛顿协议》的基本内容

《华盛顿协议》是一项工程教育本科专业认证的国际互认协议，于1989年由来自美国、英国、加拿大、爱尔兰、澳大利亚、新西兰6个国家的民间工程专业团体发起和签署。该协议主要针对国际上本科工程学历资格互认，确认由签约成员认证的工程学历基本相同，毕业于任一签约成员认证课程的人员均应被其他签约国视为已获得从事初级工程工作的学术资格，各缔约方所采用的工程教育认证标准、政策和程序基本等效；承认缔约方所认证的工程专业培养方案的认证结果具有实质等效性。2016年6月，中国成为国际本科工程学位互认协议《华盛顿协议》的正式会员。

（2）《华盛顿协议》的基本理念

1）以学生为中心的教育理念。是从学生入学到学生毕业为时间段，贯穿于学生成长的各个环节，涵盖了大学四年的方方面面。教育工作者要牢固树立“以本科生为本”的教育理念，所有工作都要以本科生教学为中心。学生的范围应是全体本科生，要保障所有毕业生能力的达成，防止只重视培养少数拔尖人才而忽视全体学生的发展，使教学改革的成果惠及全体学生。

2）以学生学习成果为教育导向。《华盛顿协议》采用“以成果输出为导向”的认证标准，更加强调教育的“产出”质量，也就是毕业生离校时具备了什么能力，能干什么，会做什么。《华盛顿协议》规定了12项毕业生能力要求，毕业生能力是一系列独立均具可评价性成果的组合，这些成果是体现毕业生潜在能力的重要因素，内容涉及工程知识、工程能力、通用技能、工程态度，所规定的毕业生要求与协议的范例有实质等效性。

3）持续质量改进。《华盛顿协议》规定学校必须有自己的质量保证体系，并能够持续改进，这是一所学校成熟和负责的表现。持续改进的实现，质量监控与评估是基础，反馈机制是核心。学校要把促进质量提升作为一种价值追求和行动自觉的质量文化，建立发现问题—及时反馈—敏捷响应—有效改进的持续质量改进循环机制。

（3）加入《华盛顿协议》，开展专业认证的意义

专业认证是发达国家对高等教育进行专业评价的基本方式。某一专业通过专业认证，意味着其毕业生达到行业认可的质量标准。

2016年，我国正式加入国际工程教育《华盛顿协议》组织，这标志着中国工程教育质量认证体系实现了国际实质等效。作为《华盛顿协议》正式成员，中国工程教育质量认证的结果已得到其他18个成员国（地区）认可。引进国际标准，学生按照这个标准来学习，老师按照这个标准的导向和要求去授课，学校也按照这个标准安排实践环节来提高人才培养质量，这样的人才培养模式对解决我国实际工程应用方面的需求将起到很好的作用。

加入《华盛顿协议》只是我国工程人才国际化的第一步，后续还有很多事情要做，最终的目的是要实现职业工程师的国际互认。“中国是世界第二大经济体，正在往创新型国家发展，但我们的工业化进程并没有完成，在这个时候强调工程教育的认证和国际的互认意义显著，我们想在国际上发出声音，就要走出去，也要请进来，相互之间建立一些规则，这方面发达国家有很多好的经验供我们参考，我们有好的经验也可以贡献到国际上去，今后我们有了话语权，就可以参与制定规则，这对中国未来的发展将起到重要的推动作用。”

随着中国实施更加开放的人才政策，工程技术人才国际交流合作日益频繁，加入《华

盛顿协议》是提高中国工程教育质量、促进中国工程师按照国际标准培养、提高中国工程技术人才培养质量的重要举措，是推进工程师资格国际互认的基础和关键，对中国工程技术领域应对国际竞争走向世界具有重要意义。

目前我国每年有近 200 万名工科专业本科毕业生。通过认证专业的毕业生在《华盛顿协议》相关国家和地区申请工程师执业资格或申请研究生学位时，将享有当地毕业生同等待遇，这为中国工科学生走向世界提供了国际统一的“通行证”。截至 2018 年底，教育部高等教育教学评估中心和中国工程教育专业认证协会共认证了全国 227 所高校的 1170 个工科专业（电气类专业 36 所高校通过了专业认证）。通过专业认证，标志着这些专业的质量实现了国际实质等效，已进入全球工程教育的“第一方阵”。

（4）电气工程及其自动化专业培养目标

培养目标需要体现的内容包括：毕业生毕业 5 年左右所能达到的对应职业岗位所对应的能力、知识、素质要求，具体包括职业领域、职业特征、职业定位、职业能力四个方面。

示例：某高校电气工程及其自动化专业培养目标

培养具有扎实的自然科学基础和良好的人文素养，掌握电气工程及其自动化领域专业基础知识，具有社会责任感和国际交流能力，能够在电气工程、电气控制、工业自动化等相关领域从事科学研究、工程设计、系统运行、技术开发、项目管理等工作的高级复合型专业人才。

（5）工程教育认证通用标准对学生的毕业要求

专业必须有明确、公开、可衡量的毕业要求，毕业要求应能支撑培养目标的达成。专业制定的毕业要求应完全覆盖以下内容：

1）工程知识：能够将数学、自然科学、工程基础和专业知识用于解决复杂工程问题。

2）问题分析：能够应用数学、自然科学和工程科学的基本原理，识别、表达、并通过文献研究分析复杂工程问题，以获得有效结论。

3）设计/开发解决方案：能够设计针对复杂工程问题的解决方案，设计满足特定需求的系统、单元（部件）或工艺流程，并能够在设计环节中体现创新意识，考虑社会、健康、安全、法律、文化以及环境等因素。

4）研究：能够基于科学原理并采用科学方法对复杂工程问题进行研究，包括设计实验、分析与解释数据、并通过信息综合得到合理有效的结论。

5）使用现代工具：能够针对复杂工程问题，开发、选择与使用恰当的技术、资源、现代工程工具和信息技术工具，包括对复杂工程问题的预测与模拟，并能够理解其局限性。

6）工程与社会：能够基于工程相关背景知识进行合理分析，评价专业工程实践和复杂工程问题解决方案对社会、健康、安全、法律以及文化的影响，并理解应承担的责任。

7）环境和可持续发展：能够理解和评价针对复杂工程问题的工程实践对环境、社会可持续发展的影响。

8）职业规范：具有人文社会科学素养、社会责任感，能够在工程实践中理解并遵守工程职业道德和规范，履行责任。

9）个人和团队：能够在多学科背景下的团队中承担个体、团队成员以及负责人的角色。

10）沟通：能够就复杂工程问题与业界同行及社会公众进行有效沟通和交流，包括撰写报告和设计文稿、陈述发言、清晰表达或回应指令。并具备一定的国际视野，能够在跨文化背景下进行沟通和交流。

11）项目管理：理解并掌握工程管理原理与经济决策方法，并能在多学科环境中应用。

12）终身学习：具有自主学习和终身学习的意识，有不断学习和适应发展的能力。

（6）电气工程类专业工程认证的补充要求

课程由学校根据培养目标与办学特色自主设置。本专业补充标准只对“数学与自然科学、工程基础、专业基础、专业”四类课程，按照知识领域提出基本要求。

1）数学与自然科学类课程。

① 数学：微积分、常微分方程、级数、线性代数、复变函数、概率论与数理统计等知识领域的基本内容。

② 物理：牛顿力学、热学、电磁学、光学、近代物理等知识领域的基本内容。

2）工程基础类课程。各专业根据自身特点，包括工程图学基础、电路与电子技术基础、电磁场、计算机技术基础、通信技术基础、信号与系统分析、系统建模与仿真技术、控制工程基础等知识领域中的至少 5 个知识领域的核心内容。

3）专业基础类课程。包括电机学、电力电子技术、电力系统基础等知识领域的核心内容。各学校根据自身的专业优势与特点，设置专业必修课程和专业选修课程。

4）实践环节与毕业设计（论文）。

① 实践环节：具有面向工程需要的完备的实践教学体系，包括金工实习、电子工艺实习、各类课程设计与综合实验、工程认识实习、专业实习（实践）等。

② 毕业设计（论文）：毕业设计（论文）选题要有一定的知识覆盖面，要结合本专业类领域的工程实际问题，包括系统、产品、工艺、技术和设备等进行研究、设计和开发；同时，也要考虑诸如经济、环境、职业道德等方面的各种制约因素。毕业设计（论文）应由具有丰富教学和实践经验的教师或企业工程技术人员指导。

5）对教师的要求。从事本专业教学工作的教师须具有硕士及以上学位，其学士、硕士或博士学位之一应属于电子信息与电气工程类专业，具有企业或相关工程实践经验的教师应占总数 20% 以上。

6）支持条件。在实验条件方面具有物理实验室、电工电子实验室、电子信息与电气工程类专业基础与各专业实验室，实验设备完好、充足，能满足各类课程教学实验和实践的需求。

专业的人才培养模式与方案需要满足国家的专业质量标准、专业认证的通用标准和补充标准，才有机会通过专业认证。顺便指出，这些标准也会根据发展而改进或调整，例如 2019 年 10 月，中国工程教育专业认证协会印发了《工程教育认证通用标准解读及使用指南（2020 版，试行）》的通知，为贯彻落实全国教育大会精神，强化立德树人有关要求，对《工程教育认证通用标准解读及使用指南》进行了修订，2020 年认证时就要考虑这一新要求。

（7）通过工程认证的电气工程类专业人才培养方案案例

现在各高校都十分重视专业工程认证，都在积极准备申请专业认证，那么通过专业认证电气工程专业的人才培养方案是什么样的呢？现给出4个案例，他们都是第一批国家级一流专业建设高校。其中第1个案例为某国家级一流大学建设高校人才培养方案，第2个案例为某国家级一流学科建设高校人才培养方案，第3个案例为某省级一流大学建设高校人才培养方案，第4个案例为应用型本科院校的人才培养方案。通过这4个案例可以让学生了解不同层次和特点高校电气工程专业的课程体系和培养目标等，也可供各校教师参考。由于四个案例篇幅和图表较多，列于附录，分别见附录A～D。

3. 终身教育问题

我国自古以来就有“活到老，学到老”的说法，这其中蕴含着朴素的“终身教育”的想法，但还不能称其为“思想”。在1966年以前，大学本科教育基本就是最终教育，人们希望在大学中所学到的知识能享用终生。1977年以后，我国逐步从国外借鉴了“终身教育”的思想，目前这一教育思想正在深入人心，为更多的人所接受。

现在的时代是一个“知识爆炸”的时代，知识的产生、更新速度非常快。几年前学习的新鲜知识，几年后可能就已经落伍了。

近几年我国研究生教育的发展十分迅速，大学本科教育已远不是最终教育，进入硕士、博士阶段学习的人越来越多，大学本科教育更像是教育长链中的中间一环。这一情况对大学本科教育的安排产生了较大的影响。

但是终身教育主要并不是说大学本科教育尚未到头，后面还有研究生阶段的教育。而是指就业以后还要继续学习，要一直学习到退休，甚至到生命终结。

学习的目的有两个，一个是就业的需要，一个是人生的自我完善。从就业需要看，新的知识层出不穷，人的就业岗位也可能发生变化，大学里学的知识就需要不断充实、不断更新，这样才能不断适应就业的需要。其实，就业只是获得工作的底线，很多人还会追求创业和事业，从人生的完善看，是一个更高的境界。学海无涯，学无止境。

人的一生可分为四个阶段，即学前阶段、学习阶段、就业（工作）阶段、退休阶段。终身教育主要指就业阶段而言，也包括退休阶段的教育。终身教育又包括两个方面，一方面是指自学能力的培养，使得受教育者在学习阶段结束后，仍可依靠自身的能力，不断学习，终身学习，这是终身教育最重要的方面；另一方面，是社会要为毕业生就业后建立良好的再教育体系，如各种培训班、成人教育学校、职业培训等。

终身教育思想对大学本科生的培养主要体现在对学生自学能力的培养。另外，相当大数量的本科毕业生还要进入研究生阶段学习，在安排本科培养方案时必须考虑这一情况。当然，也要考虑毕业生就业后还可能接受各种培训这一重要情况。

在电气工程及其自动化专业，其终身教育的必要性显得更为突出，从专业名称的变化也可以看出其重要性。以前本专业多被称为“电机工程”，后来改为“电气工程”，专业口径有所拓宽。目前的名称是在“电气工程”后增加了“及其自动化”，可见自动化技术、信息技术在该专业中的地位越来越重要。在20世纪七八十年代受过电气工程高等教育的人中，大学所学的知识已严重老化，只有不断更新其知识才能与时俱进，跟上时代的步伐。在本专业大学里学习的知识中，数理基础理论知识最为稳定，虽然也有不少发展，但总的变化不大。其次是电工基础理论知识也相对稳定，而电子技术、自动化技术、计算机技术等新技术的发展日新月异，必须不断“充电”。本专业知识更新的速度非常之快，这就决定了大学后继续教育，乃至终身教育的思想在本专业尤显重要。

思考题

1-1　电气工程及其自动化专业的内涵是什么?

1-2　为什么在19世纪后半叶开始设立电气工程专业?

1-3　试阐述电气工程及其自动化专业的发展历程、名称的变迁及包含的意义。

1-4　电气工程及其自动化专业的培养目标和定位是什么?

1-5　结合专业学习与思考，试说明怎样理解知识、能力和素质教育?怎样才能提升自己的知识、能力和素质?

1-6　怎样理解电气工程及其自动化专业的课程体系及专业基础?

1-7　为什么现在工科高校都十分重视工程教育专业认证?专业认证对提升本科生教学质量有哪些好处?

1-8　怎样理解终身教育?

参考文献

[1] 教育部高等学校教学指导委员会. 普通高等学校本科专业类教学质量国家标准 [M]. 北京：高等教育出版社，2018.

[2] 王先冲. 电工科技简史 [M]. 北京：高等教育出版社，1995.

[3] 戴庆忠. 电机史话 [M]. 北京：清华大学出版社，2016.

[4] 范瑜. 电气工程概论 [M]. 北京：高等教育出版社，2006.

[5]《中国电子工业高等教育简史》编委会. 中国电子工业高等教育简史 [M]. 成都：电子科技大学出版社，1995.

[6] 国家教育委员会高等教育司. 中国普通高等学校本科专业设置大全 [M]. 北京：高等教育出版社，1994.

[7] 中华人民共和国教育部高等教育司. 普通高等学校本科专业目录和专业介绍 [M]. 北京：高等教育出版社，1998.

[8] 中华人民共和国教育部高等教育司. 普通高等学校本科专业目录和专业介绍 [M]. 北京：高等教育出版社，2012.

[9] 国务院学位委员会第六届学科评议组. 学位授予和人才培养一级学科简介 [M]. 北京：高等教育出版社，2013.

第 2 章 电机电器及其控制

在我国较早开设电气工程教育的高等学校里，电机电器及其控制专业一般被称为电机系，随着电磁理论与电磁装置的成熟和发展，电气工程的内涵也随之不断扩展，电机与电器学科发展成为电气工程一级学科下的二级学科之一，主要研究电机、电器及其系统的运行理论、电磁问题、设计与控制理论，主要涉及电机电器的基本理论、特种电机及其控制系统、电机计算机辅助设计及优化技术、电机电磁场数学模型与数值分析、电机的控制理论及方法、特种电机设计、电机电器可靠性理论与检测技术等研究领域。电机电器及其控制一般是电气工程及其自动化本科（或电气工程与自动化）专业的一个专业方向。

该专业方向主要学习与电机、电器，以及与控制相关的学科基础课程和专业方向课程，开设的课程一般包括电机学、电力电子技术、自动控制原理、PLC 电气控制、电机设计、电机运动控制、电机测试技术、电机与电力拖动、特种电机或永磁电机、电机控制、控制电机、电机结构工艺学等课程，其中电机学或电机与电力拖动、电力电子技术、自动控制原理三门课程是《电气类教学质量国家标准》对电气工程及其自动化专业要求开设的核心课程。

电机学课程是该专业方向的核心课程之一，主要学习四类基本类型电机（变压器、感应电机、同步电机、直流电机）的结构、电磁关系、基础理论知识、基本运行特性和基本分析方法以及基本的工程思维，从而为学习后续的专业方向课程和将来从事专业工作奠定良好基础。与电机学相关的课程还有电力系统分析、PLC 电气控制、电机设计、电机运动控制、电机测试技术、电机结构工艺学、控制电机等。不同学校会依据培养学生的服务面向、就业去向及办学特色，对开设的课程会有所侧重。

电机电器及其控制专业方向的毕业生可以进入一些电气装备制造行业，从事与电机、电器等设备相关的设计、开发、控制、运行、检测维护等方面的工作，也可以进入电力系统运行与维护行业，从事运行监测、系统维护、经济运行、质量保障以及技术管理等工作。

2.1 电机的作用和发展历程

2.1.1 电机的主要作用

电机是以电磁理论为基础，实现机械能与电能的相互转换或电能变换的一种电磁装置。电机主要包括发电机、变压器和电动机等类型。发电机是将其他形式的能源转换成电能的机械设备，而电动机的能量转换方向与发电机相反，它是把电能转换成为机械能，用以驱动各种用途的生产和生活机械。由于电能具有大规模集中生产、远距离经济传输、智能化自动控制、高效转换等优势，纵观自然界中各种形式的能源，到目前为止，并且在可预见的未来相当长一段时间内，电能仍然是人类生产、生活的主要能源，而且是推动近代以来人类文明产生和发展的重要力量之一。

在现代工业化社会中，各种自然资源一般都需要先转换为电能，然后再将电能转变为所需要的能量形态（如机械能、热能、声能、光能等）加以利用。电机是实现电能与机械能互相转换或电能形式变换的直接装备，它是工业、农业、交通运输、国防军事、医疗设备以及日常生活中常用的重要设备。

电机作为电能产生、传输、使用和特性变换的核心装备，其在现代社会的各行各业中均占据重要的地位。随着智能时代的逐步到来，电机的应用范围将会进一步扩大，同时对电机在不同环境下的运行要求也将不断提高，电机拓扑结构类型将更加多样化，理论研究也将会不断深入。特别是近40年来，随着计算机技术、电力电子技术、控制理论、芯片的发展和进步，尤其是超导技术和材料的突破和发展，以及新原理、新材料、新结构、新工艺、新方法、新的传动方案不断出现，电机的种类和应用领域也进一步拓展。

一般可以把电机的主要作用概括为以下三个方面：

1）用于电能的产生、传输、和分配。在发电厂（场）中，首先由汽轮机、燃气轮机、柴油机、水轮机或风机等将燃料燃烧、原子核裂变、自然风能以及水的势能转化为机械能，驱动发电机旋转产生电能，再经过升压变压器升高电压，并入电网或专用输电线，调配送往各用电区域，并经变压器降低电压，供给用户使用。

2）用于驱动各种生产机械或装备。在工业、农业、交通运输、国防等部门和生活设施中，极为广泛地应用各种电动机来驱动生产机械、设备和装置。例如，机床驱动、电力机车牵引、高速列车驱动、电驱动汽车、农田排灌、农副产品加工、矿山采掘、金属冶炼、石油开采、造纸卷筒、电梯升降、医疗化工设备及办公家用设备的运行等一般都需要由电动机来拖动。

3）用以作为各种控制系统或自动化、智能化装置的重要元件。主要在控制系统、智能化装置、自动化设备、精密仪器及伺服机构中作为执行元件、信号检测元件、信号放大变换元件以及信号处理解算元件使用。这类电机一般功率较小，但品种繁多、控制输出性能好、用途各异。例如，机器人的关节驱动、数控车床的进给定位、飞行器的发射和姿态控制以及自动化、智能化办公设备、各种自动记录仪表、音像录放设备、医疗器械和现代智能家用电器等运行控制、检测和记录显示等。

2.1.2 电机的发展历程

电机的产生伴随着电磁现象的发现与电磁理论的完善过程，1820年，丹麦物理学家、化学家汉斯·克里斯蒂安·奥斯特（Hans Christian Oersted，1777—1851）发现了电流的磁效应。随后，法国物理学家、化学家和数学家安德烈·玛丽·安培（André-Marie Ampère，1775—1836）总结了载流回路中电流元在电磁场中的运动规律——安培定律。

1821年9月，英国物理学家、化学家迈克尔·法拉第（Michael Faraday，1791—1867）发现通电的导线能绕永久磁铁旋转和永磁体绕载流导体运行的现象，第一次实现了电磁能量向机械运动的转换。1831 年，迈克尔·法拉第利用电磁感应原理发明了世界上第一台真正意义上的电机，即法拉第圆盘发电机，如图 2-1 所示。

图 2-1 法拉第圆盘发电机

随着社会经济的快速发展，电机的研究和应用在 19 世纪迅速发展起来，电也作为一种全新的强大能源推动着人类的生产、生活不断进步，在提高工农业生产效率，快速改善人们的生活状态方面逐步展现出巨大的作用。

电机初期的发展主要是以直流电机为主。自 1821 年法拉第首次利用电流磁效应将电能转换为旋转运动的机械能，直流电机即进入了快速发展时期。

在直流电动机方面，1822 年巴洛制成巴洛星形轮电动机，1823 年斯特金制成圆盘式直流电动机，1831 年亨利引入“电动机”（electric motor）这个名词，提出了制造电动机的设想，并预言了电动机广泛的应用前景；同年，亨利制成首台摆动式直流电动机。1832 年斯特金制成首台带换向器的电动机。1833 年里奇发明旋转电磁针，同年制成一台旋转直流电动机，该电动机已经具有现代旋转电动机的结构雏形。1834 年达文波特制成一台直流电动机，并尝试用直流电动机作为原动机驱动轮子前进。1837 年达文波特的直流电动机发明获得美国专利（No. 132），该专利是人类历史上第一个电动机专利。1839 年雅可比进行了电动轮船实验，该实验成为人类历史上第一次电动机实际应用的大型实验，开启了电动机应用的大门。

在直流发电机方面，1831 年法拉弟在发现电磁感应定律后，制成了第一台圆盘式单极直流发电机。1832 年皮克西制成永久磁铁手摇直流发电机，成为世界上首台报道制造的直流发电机。1845 年惠斯通制成了首台电磁铁励磁的直流发电机。1852 ~ 1856 年英法联盟公司成立，开发了蒸汽机驱动的电磁式直流发电机，至此，发电机首次进入工商业应用领域。

在直流电机可逆性方面，1838 年楞次提出了电机既可用作发电机，也可用作电动机的可逆性原理。1851 年辛斯特登提出利用通电线圈代替永磁体作为电机的励磁。1860 年巴辛诺应用电机的可逆性原理，制成第一台既可作发电机运行，也可作电动机运行的直流电机。1866 年怀尔德、W. 西门子（W. Siemens）、瓦里（Varley）兄弟和惠斯通（S. C. Wheatstone）几乎同时提出直流电机利用电机剩磁进行自励的基本原理，且先后研制成具有自励能力的直流发电机（Dynamo）。1869 年法国电气工程师格拉姆（Z. T. Gramme）制成了第一台实用的直流发电机，对电力发展起到了重要的推动作用。1873 年方丹在维也纳世界博览会上用直流发电机发出的电使直流电动机运转，解决了直流电动机的电源问题，快速推动了直流电动机的工商业应用。

1882 年，美国发明家爱迪生（T. A. Edison）在纽约曼哈顿市区指挥建造了第一个用于商业中心的直流照明系统。随着发电、供电技术的发展，电机的设计和制造也日趋完善。1878 年出现了铁心开槽法，即把绕组嵌入槽内，以加强绕组的稳固并减少导线内部的涡流损耗。1880 年爱迪生提出了薄片叠层铁心法，马克西提出铁心径向通风道原理，解决了铁心的散热问题。1882 年提出了双层电枢绕组，1883 年发明了叠片磁极，1884 年发明了补偿绕组和换向极，1885 年发明了炭粉末制造电刷，1836 年确立了磁路计算方法，1891 年建立了直流电枢绕组的理论。到 19 世纪 90 年代，直流电机已具有了现代直流电机的一切主要结构特点。在直流电机的发展过程中，电枢和励磁方面出现了重大的改进，随着直流电机的广泛应用，直流电机很快暴露出其固有的缺点，即在当时的工程技术条件下，它不能解决远距离输电以及电压高低变换的问题。

随着单机容量的日益增大，直流电机的换向也越来越困难，于是交流电机获得了迅速发展。1880年前后，英国的费朗蒂改进了交流发电机，并提出交流高压输电的概念。

1882年，英国的高登制造出了大型两相交流发电机。同年，法国人高兰德（1850—1888）和英国人约翰·吉布斯获得了“照明和动力用电分配办法”的专利，并研制成功了第一台具有实用价值的变压器，它是交流输配电系统中最关键的设备。变压器把发电机输出的电压升高，而在用户端又把电压降低。有了变压器可以说就具备了高压交流输电的基本条件。

1883年，塞尔维亚裔美国发明家特斯拉（N. Tesla）研制出第一台两相感应电动机。1884年，英国人埃德瓦德·霍普金生（1859—1922）又发明了具有封闭磁路的变压器。后来，威斯汀豪斯（1846—1914）对吉布斯变压器的结构进行了改进，使之成为一台具有现代性能的变压器。

1885年，意大利物理学家加利莱奥·费拉里斯（1841—1897）提出了旋转磁场原理，并研制出两相感应电动机模型，1886年移居美国的尼古拉·特斯拉也独立地研制出两相感应电动机。1888年，俄国电气工程师多利沃·多勃罗夫斯基制成一台三相感应电动机。

1891年，布洛在瑞士制造出高压油浸式变压器，后来又研制出巨型高压变压器。由于变压器、交流电机的研制和发展的不断改进，特别是三相交流电机的研制成功，为远距离输电创造了条件，使远距离高压交流输电取得了长足的进步，同时把电工技术提高到一个新的阶段。到20世纪初叶，在电力工业中，交流三相制已占据了绝对统治地位。

在19世纪90年代初期，三相同步电机的结构逐渐划分为高速和低速两类，高速的以汽轮发电机为代表，低速的以水轮发电机为代表。由于工业和运输方面的需要，19世纪90年代还出现了由交流变换为直流的旋转变流机，以及变流换向器电机。总的来讲，至19世纪末，直流电机、感应电机（也称为异步电机）、同步电机、变压器等常规电机都已得到迅速发展和应用，相应的基本理论和设计方法也已初步建立。

20世纪是电机发展的新时期。由于工业的高速发展，对电机提出了各种新的和更高的要求，人们对电机内部的电磁过程、发热过程进行了深入的研究，对材料和冷却技术进行了不断的改进，电机的单机容量、功率密度、材料利用率等都得到很大提高，电机的性能也明显改进和完善。20世纪80年代以后，由于永磁材料、超导材料、电力电子技术、计算机技术和自动控制技术的发展，使永磁电机和开关磁阻电机等新型电机得到较快的发展。

进入21世纪，电机工业面临巨大的机遇和挑战。超导技术的实用化将有助于大容量超导电机的研制；使用新原理、新结构、新材料、新工艺的各种新型特种电机将使电机的应用范围进一步扩大；电力电子技术、微电子技术、计算机技术和电机的结合将使电机从单机到系统，并趋向智能化。电机是已有近200年历史的电气装备，若将其技术与现代最新的科学技术相结合，电机工业将会得到更大的发展，在国民经济中将起到更为重要的作用。目前，就单机容量来说，水轮发电机的最大单机容量在20世纪初不超过1MW，而发展到现在已达到1000MW（我国白鹤滩水电站）；汽轮发电机的单机容量在20世纪初不超过5MW，1930年提高到100MW，20世纪40年代和50年代，由于采用了氢冷、氢内冷、油冷和水冷等冷却方法，单机容量进一步提高，目前汽轮发电机的单机容量已超过 1000MW。大型交、直流电机的制造工业也得到快速发展，在中小型和微型电机方面，已开发和制成上百个系列，上千个品种，几千个规格的各种电机。在特殊电机方面，由于新的永磁材料的出现，制成了许多高效节能、维护简单的永磁电机。由于电机和电力电子装置、单片机相组合，出现了各种性能和形态迥异的“一体化电机”。同时，随着科学技术的进步、原材料性能的提高和制造工艺的改进，电机正以数以万计的品种规格、大小悬殊的功率等级（从百万分之几瓦到 1000MW 以上）、极为宽广的转速范围（从数天一转到每分钟几十万转）、非常灵活的环境适应性（如平地、高原、空中、太空、水下、油中，寒带、温带、湿热带、干热带，室内、室外，车上、船上、飞机上、太空飞行器上，各种不同媒质中），满足着国民经济各部门和人们生活的需要。

2.2　电机的分类和主要类型

2.2.1　电机的分类

电机是进行机电能量转换或电能变换的电磁机械装置的总称。依据不同的分类标准，电机有不同的分类方法：

（1）按照所通入的电流种类

电机可以分为直流电机和交流电机。

（2）按照在应用中的功能

电机可以分为下列各类：

1）将机械能转换为电能——发电机。

2）将电能转换为机械能——电动机。

3）按照将电能变换为另一种形式的电能，又可分为：

① 输出和输入有不同的电压——变压器；

② 输出与输入有不同的波形，如将交流变为直流——变流机；

③ 输出与输入有不同的频率——变频机；

④ 输出与输入有不同的相位——移相机。

4）在机电系统中起调节、放大和控制作用的电机——控制电机。

（3）按运行速度

电机又可以分为：

1）静止设备——变压器。

2）没有固定的同步速度——直流电机。

3）转子速度永远与同步速度有差异——感应电机（异步电机）。

4）速度等于同步速度——同步电机。

（4）按功率大小

可以分为大型电机、中小型电机和微型电机。

随着电力电子技术、电工材料、电机拓扑结构的发展，出现了较多特殊类型的电机，它们并不属于上述传统的电机类型，包括步进电动机、无刷电机、开关磁阻电机、超声波电机等，这些电机通常被称为特种电机。

2.2.2 电机的主要类型

1. 发电机

发电机是实现机械能转换为电能的主要机械装备，发电机发出的电一般经变压器升高电压后并入电能传输系统——电网。提供机械能的机械装备通常称为原动机，主要有水轮机、汽轮机、风机等。

人们所用的交流电绝大多数是由交流发电机发出的。这些发电机都是接入到交流电网，它们必须以固定的速度旋转，在任何时候都产生相同频率的交流电，这类电机称为同步发电机。大型发电机主要是同步发电机，单机容量可达数十万至百万千瓦。小容量发电机用于独立电源系统，如柴油发电机、风力发电机等。由于同步发电机需要励磁装置，在部分场合，如风力发电机，也可使用感应发电机进行发电。现代发电厂已经不再采用直流发电机，仅仅在一些特殊场合才用到小型直流发电机。

大型同步发电机的定子铁心由硅钢片叠压而成，铁心的槽内放置对称三相绕组。转子由铁磁材料制成，放置励磁绕组，励磁绕组经过集电环接入直流励磁电源。当发电机由原动机拖动旋转时，励磁绕组产生的磁力线切割三相定子绕组导体，在定子绕组中产生感应电动势。由于定子绕组为对称三相绕组，感应出的电动势为对称的三相电动势。大型同步发电机的转子构造有两种类型：隐极式和凸极式。隐极式转子为圆柱形，发电机的气隙为均匀气隙，这类发电机多用于高速大容量汽轮发电机。凸极式转子多用于水轮发电机，这种发电机的转速较低，电机极数较多，转子通过轴与原动机连接。图 2-2 所示为隐极式和凸极式同步发电机的结构。

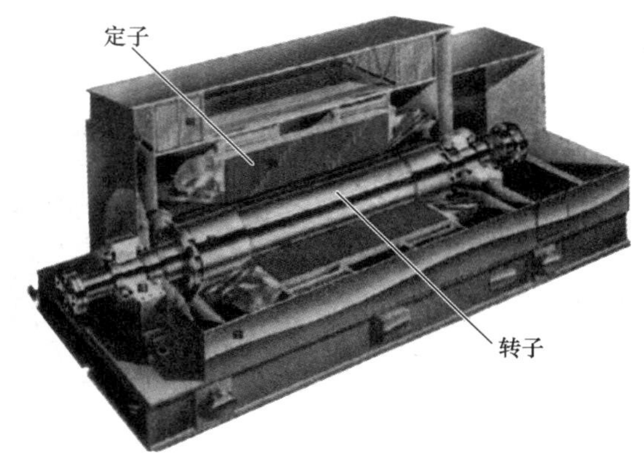

a) 隐极式同步发电机

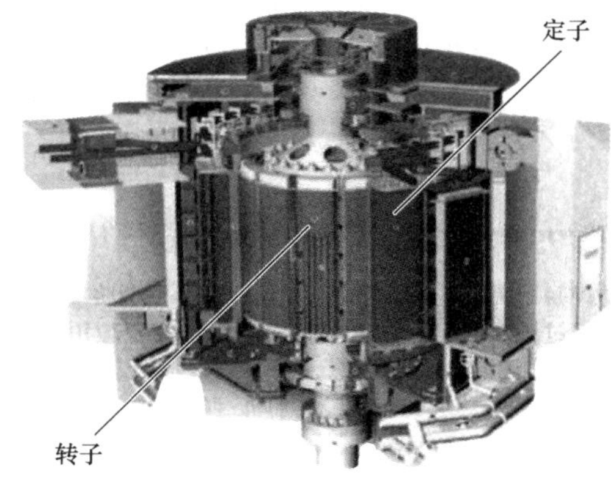

b) 凸极式同步发电机

图 2-2 隐极式和凸极式同步发电机的结构

2. 电动机

电动机的作用是将电能转换为机械能。现代各种生产机械都广泛应用电动机来驱动。小功率电动机常常被用于电动工具与家用电器中，也可以用在自动控制系统或计算装置中作为检测、放大、执行元件等。

目前，在生产上用的电动机主要是感应电动机，占世界电动机容量的 60% 以上。由于它结构简单、成本低廉、坚固耐用，所以广泛地用于驱动各种金属切削机床、起重机、锻压机、传送带、铸造机械、通风机及水泵等。图 2-3 所示为小型感应电动机的结构。

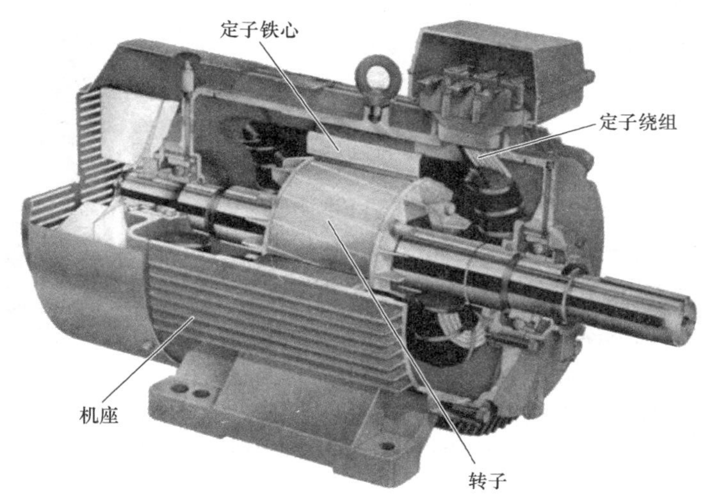

图 2-3　小型感应电动机的结构

单相感应电动机常用于功率较小的电动工具和某些家用电器中。在需要均匀调速的生产机械上，如龙门刨床、轧钢机及某些重型机床的主传动机构，以及在某些电力牵引和起重设备中，传统上采用直流电动机，但随着电力电子技术的不断发展，已经逐步由变频器控制的交流电动机取代。同步电动机主要应用于功率较大、不需调速、长期工作的各种生产机械，如压缩机、水泵、风机等。

3. 变压器

变压器是一种静止的电机，其主要组成部分是铁心和绕组。按绝缘和冷却条件，变压器可分为油浸式和干式两种。为了改善绝缘和散热条件，大部分电力变压器采用油浸式结构，变压器的铁心和绕组浸在盛满变压器油的封闭油箱中，各绕组对外线路的连接由绝缘套管引出。为了使变压器安全可靠地运行，还设有储油柜、安全气道、气体继电器等附件。图 2-4 所示为三相油浸式电力变压器，图 2-5 是干式电力变压器。

图 2-4　三相油浸式电力变压器

变压器主体是铁心及套在铁心上的绕组。电源输入侧的绕组称为一次绕组；电源输出侧的绕组称为二次绕组。当一次绕组接通交流电源时，在一次绕组中就有交变电流通过，这个电流将在铁心中产生交变的磁通，该磁通同时与一、二次绕组交链，并分别在一次侧绕组和二次侧绕组中产生感应电动势，如果二次侧绕组电路通过负载闭合，便会产生二次电流供给负载，因一、二次侧绕组的匝数不同，故二次侧绕组输出电压与一次侧绕组电压不同，从而达到改变二次侧输出电压值的目的。

变压器只能传递交流电能，而不能产生电能；它只能改变交流电压和电流的大小，而不改变电压和电流的频率。

图 2-5　干式电力变压器的铁心和绕组

4. 特种电机

（1）永磁无刷电动机

无刷电动机诞生于 20 世纪 60 年代后期，并伴随着永磁材料技术、微电子及电力电子技术、电机技术等迅速发展起来。无刷电动机是一种典型的机电一体化产品，主要由电动机本体、位置传感器、控制器及相关线路组成。转子采用永磁材料的无刷电动机，称为永磁无刷电动机，其转子结构既有传统的内转子结构，又有盘式结构、外转子结构和直线结构等新型结构形式，其外形示例如图 2-6 所示。

图 2-6　永磁无刷电动机外形示例

永磁无刷电动机可分为方波（注入电动机本体定子为方波形电流）驱动无刷直流电动机（BLDCM）和正弦波驱动的永磁同步电动机（PMSM）两种类型，与传统有刷直流电动机相比，无刷直流电动机（BLDCM）用电子换向取代传统直流电动机的机械换向；并将传统有刷直流电动机的定、转子安装位置颠倒（转子采用永久磁铁），从而省去机械换向器和电刷。而永磁同步电动机（PMSM）则是用永磁体取代原绕线式同步电动机转子中的励磁绕组，定子保持不变，因而省去了励磁线圈、集电环和电刷。由于 BLDCM 定子电流为方波驱动，相对于 PMSM 的正弦波驱动，在相同条件下逆变器获取方波要容易得多，加之其控制也较永磁同步电动机（PMSM）简单（但其低速运行时性能较永磁同步电动机差，主要是受脉动转矩的影响），因此，无刷直流电动机更受人们关注。永磁无刷电动机拥有卓越的性能和不可替代的技术优势。特别是自 20 世纪 70 年代后期以来，随着稀土永磁材料技术、电力电子技术、计算机技术等支撑技术的快速发展及微电机制造工艺水平的不断提高，永磁无刷电动机技术的发展及其性能也在不断提高，最初在中、小磁浮驱动领域与航空、航天、机器人、家用电器中获得应用，如今已广泛应用于电动汽车、动车组列车、电动舰船等领域。今后，随着永磁无刷直流电机技术及相关支撑技术等的不断发展以及人类社会的不断进步，永磁无刷电动机将获得更广泛的应用。

（2）直线电动机

直线电动机的历史，最早可追溯到 1840 年惠斯登开始提出和制作的略具雏形但并不成功的直线电机，至今已有近 200 年的历史。在这段历史过程中，直线电动机经历了探索实验、开发应用和实用商品化三个时期。从 1840 ~ 1955 年的 116 年间，直线电动机从设想到实验，又到部分实验性应用，经历了一个不断探索、屡遭失败的过程。20 世纪 50 年代以后，以英国莱思韦特为代表的研究人员在直线电动机基础理论研究方面取得了重要的研究成果，在电机设计理论上取得了很多进展，对直线电动机的应用起到了推动作用，也使直线电动机再一次受到各国的重视。

近年来，直线电动机在工业机械、轨道交通、电梯、电磁炮、导弹发射架、电磁推进潜艇等方面的应用都已经实用化。而美国等正在研究的所谓“太空电梯”，则是用直线电动机将航天飞机或宇航飞船发射到太空的计划。采用电磁弹射的航空母舰，是用直线电动机代替蒸汽弹射装置，使舰载机形成较高的起飞初始速度。在计算机磁盘驱动器内，有一种驱动磁头的电动机称为音圈电动机，也可以被看成是直线电动机的一种。直线电机并不限于电动机，也有直线发电机。直线电动机外形示例如图 2-7 所示。

图 2-7　直线电动机外形示例

（3）步进电动机

步进电动机是把电脉冲信号变换成角度位移的一种旋转电机，一般在自动控制装置中作执行元件使用。每输入一个脉冲信号，步进电动机就前进一步，故又称为脉冲电动机。随着电子技术和计算机技术的发展，步进电动机的需求量与日俱增，在国民经济各领域都有应用。步进电动机外形示例如图 2-8 所示。

步进电动机的驱动源由变频信号源、脉冲分配器及脉冲放大器组成，由此驱动电源向电动机绕组提供脉冲电流。步进电动机的运行性能取决于电动机与驱动电源间的良好配合。步进电动机分为机电式及电磁式两种类型。机电式步进电动机由铁心、线圈、齿轮机构等组成。螺线管线圈通电时将产生磁力，推动其铁心芯子运动，通过齿轮机构使输出轴转动一个角度，通过旋转齿轮使输出转轴保持在新的工作位置；线圈再通电，转轴又转动一个角度，依次进行步进运动。电磁式步进电动机主要有永磁式、反应式和永磁感应式三种形式。

图 2-8　步进电动机外形示例

(4) 超导电动机

超导电动机在机电能量转换原理上与普通电动机没有什么区别，只是绕组采用超导材料，可以大大减小体积，节约资源。由于实现超导需要制冷设备，因此结构比较复杂，一般仅用于大型发电机或者电动机。图 2-9 所示为美国近期研制成功的世界首台 36.5MW 高温超导船用推进电机。与使用铜绕组的常规电动机相比，高温超导电动机的重量和体积还不到常规电动机的 1/2，且具有功率密度高、噪声低、同步电抗小、无谐波、循环负载不敏感、没有热疲劳、维修工作量少、不需经常检修转子、也不需要绕组重绕或再绝缘等优点。

图 2-9　美国 36.5MW 高温超导船用推进电机

(5) 超声波压电电动机

超声波压电电动机是 20 世纪 80 年代中期发展起来的一种全新概念的新型驱动装置，它没有磁场与绕组，与传统电磁式电动机原理完全不同。它是利用压电材料的逆压电效应，将电能转化为弹性体的超声振动，并将摩擦传动转换为运动体的旋转或直线运动。这类电动机具有运行速度低、出力大、结构紧凑、体积小、噪声小等优点，而且不受环境磁场的影响，可以应用于生命科学、光学仪器、高精度机械等领域。图 2-10 所示是微型超声波压电电动机。

(6) 音圈电动机

音圈电动机（Voice Coil Motor）是一种特殊形式的直接驱动电机，如图 2-11 所示。其

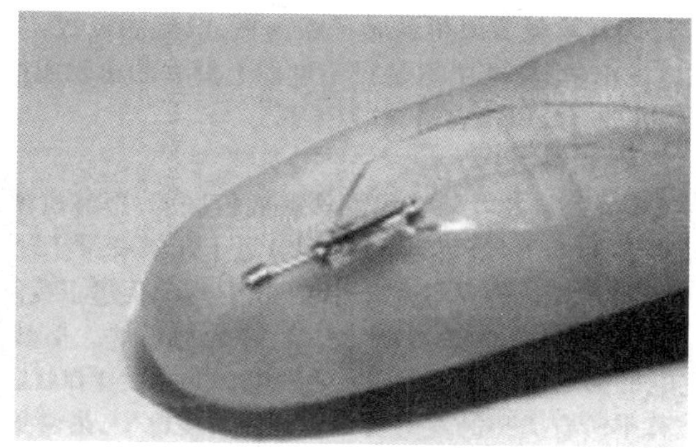

图 2-10　微型超声波压电电动机

具有结构简单、体积小、高速、高加速、响应快等特性。其工作原理是，通电线圈（导体）放在磁场内就会产生力，力的大小与施加在线圈上的电流成比例，基于此原理制造的音圈电动机运动形式可以为直线或者圆弧。

图 2-11　音圈电动机外形示例

近年来，随着对高速高精度定位系统性能要求的提高，以及音圈电动机技术的迅速发展，音圈电动机不仅被广泛用在磁盘、激光唱片定位等精密定位系统中，在许多不同形式的高加速、高频激励上也得到广泛应用。如光学系统中透镜的定位；机械工具的多坐标定位平台；医学装置中精密电子管、真空管控制；柔性机器人中为使末端执行器快速、精确定位，还可以用音圈电动机来有效地抑制振动。

2.3　电机的主要应用

2.3.1　电力工业

在电力工业中，电机主要作为电力的产生装备——发电机。依据驱动发电机的原动机能量来源的不同，主要有汽轮发电机、水轮发电机、风力发电机三大类型。汽轮发电机又可根据产生蒸汽所消耗的能源种类的不同，分为燃煤火力发电机、燃气火力发电机、燃油火力发电机、核能发电机。

汽轮发电机是一种同步发电机。由于原动机（汽轮机）转速很高，我国电网电源频率为 50Hz，汽轮发电机的转速一般为 3000r/min，为减小转子表面线速度，汽轮发电机转子通常设计成细而长的结构。图 2-12 所示为一台由上海电气集团股份有限公司生产的 100 万 kW 超超临界燃煤汽轮发电机的转子。图 2-13 所示为一台由哈尔滨电机厂有限责任公司生产的 60 万 kW 汽轮发电机定子。目前世界上最大的汽轮发电机容量已经超过 140 万 kW。

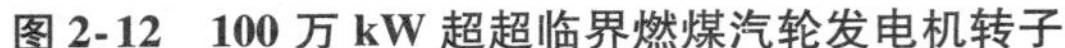

图 2-12　100 万 kW 超超临界燃煤汽轮发电机转子

图 2-13　60 万 kW 汽轮发电机定子

水轮发电机用于水力发电厂，也是同步电机的一种。图 2-14 所示为哈尔滨电机厂生产的三峡 26 号水轮发电机定子实物图。由于原动机（水轮机）转速较低，一般为每分钟几百转，甚至每分钟几十转，因此水轮发电机的转子呈圆盘状，电机磁极数较多。图 2-15 所示是一台在三峡电站安装的水轮发电机。目前世界上最大的水轮发电机组拟安装在我国白鹤滩电站，单机功率达到 100 万 kW。

图 2-14　三峡 26 号水轮发电机定子

图 2-15　三峡电站安装的水轮发电机

风力发电是通过捕风装置的叶轮将风能转换成机械能，再将机械能转换成电能的过程。风能是一种廉价、清洁、具有较高开发价值的新能源。近十几年来，我国政府加快了对风力发电的支持，陆上风电和海上风电均安装了大容量、技术先进的风电机组，风电市场发展迅速，我国风电装机和并网运行容量均位居世界首位。

按装机容量分，风力发电机有小型、中型、大型、特大型系列。小型风力发电机容量为 0.1～1kW，中型风力发电机容量为 1～100kW，大型风力发电机容量为 100～1000kW，特大型风力发电机容量为 1000kW 以上。几乎所有类型的发电机都用到风力发电中，最常见的有永磁直驱同步发电机和双馈感应发电机。图 2-16 所示为永磁直驱风力发电机组。图 2-17 为湘潭电机集团 7～8MW 风电机组结构方案示意图。

图 2-16　永磁直驱风力发电机组

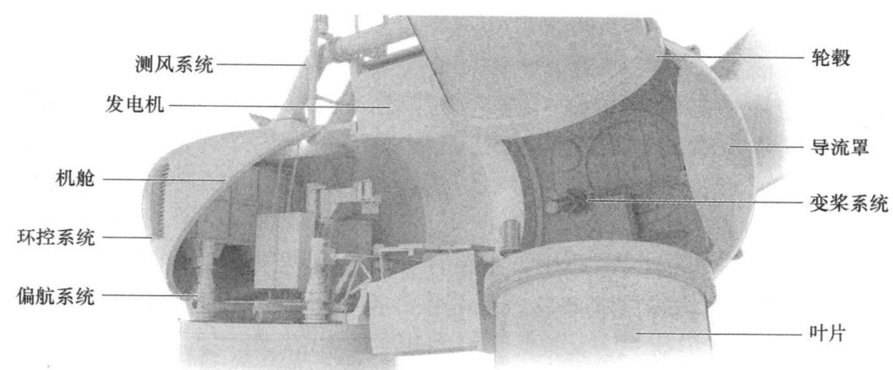

图 2-17　湘潭电机集团 7～8MW 风电机组结构方案示意图

2.3.2　工农业生产

在工农业中，中、小功率的感应电动机在工农业生产中有着极其广泛的应用，在工业车床、鼓风机、磨面机、电风扇、行车（吊车）、球磨机、数控机床、油压机、提升机、电拖车、制砖机、压风机等设备的驱动中，均使用了大量的感应电动机。这是因为感应电动机结构简单可靠、维护方便、成本低。感应电动机占所有电气负荷功率的 60% 以上。近年来，为了提高电能使用效率，各类新型高效电动机（永磁电机、同步磁阻电机等）也开始使用。

机械制造厂中的机床，从传统的车床、铣床、刨床、磨床、冲压机，到现代化的数控机床和自动生产线，全部采用电动机作为动力。而车间的吊车等辅助设备也全部都用电动机作为动力。即便是一些液压设备，其油泵也是用电动机驱动的。图 2-18 是大型机械加工厂常用的龙门铣床，铣床中驱动各个铣刀旋转的均采用电动机，机床中的位置控制、移动等还有很多其他类型的电动机。

2.3.3　交通运输

作为 21 世纪的绿色交通工具，电动汽车在各国受到普遍重视，电动车辆驱动用电

图 2-18　大型机械加工厂常用的龙门铣床

机主要是大功率永磁无刷直流电机、永磁同步电机、开关磁阻电机、高效感应电机等，这类电机的发展趋势是高效率、高出力、智能化。国内电动自行车近年来发展迅猛，电动自行车主要使用绕线盘式永磁直流电机或永磁无刷直流电机驱动；此外，特种电机在机车驱动、舰船推进中也得到了广泛应用，如直线电机用于磁悬浮列车、地铁列车的驱动。

电机在现代汽车中有着广泛的应用，主要有直流电机和交流电机两种。汽车零部件中电机主要位于汽车的发动机、底盘和车身三大部位。据统计，一般的普通汽车通常有 15 ~ 28 台电机，高档汽车用到的电机更多，高达 100 台以上。

以内燃机为驱动的大部分交通工具都需要起动电机。发动机是使曲轴在电机的帮助下达到最低转速才能起动，电车更是需要电机来运转。传统起动电机是电磁式直流串励电机，随着钕铁硼稀土永磁材料的应用，便产生了高性能的稀土永磁式直流电动机，它有着结构简单、效率高、起动转矩大、起动平稳等优点。而汽车以及其他交通工具均具有的功能是，在发动机正常运转时，向所有用电设备供电，同时给蓄电池供电，这是发电机的作用。以前的汽车发电机是直流发电机，用换向器整流，20 世纪 70 年代起被逐渐淘汰，现在大部分是交流发电机，用半导体整流，具有体积小、功率大、故障少和低速充电性能好的优点。

汽车、公交电车等电动助力转向系统也是需要电力辅助的系统，用电动机提供助力，力的大小由电控单元 ECU 控制，其不使用发动机动力，而是依靠蓄电池作为电源，控制电机输出转矩大小，实现辅助转向。还有现在应用广泛的 ABS 制动、电动后视镜、电动雨刷器、车窗玻璃升降，都是由电动机来实现，大部分是永磁式直流电动机。

现代城市发展中城市轨道交通系统也需要电机，根据交通工具的多样性，比如地铁、轻轨、单轨交通、磁悬浮交通系统，直线电机作为驱动电机又提供了新的选择。通常，电动机是旋转型的。定子包围着圆筒形的转子，定子形成磁场，在转子中流过电流，使转子产生旋转力矩。而直线电机则是将两个圆筒形部件展开成平板状，面对面，定子在相应于转子移动的长度方向上延长，转子通过一定的方式被支承起来，并保持稳定，形成转子和定子之间的空隙。直流电机、感应电机、同步电机等都可以做成直线电机，但由于结构上无法做成无整流子结构，所以一般为感应电动机和同步电动机。图 2-19 为株洲所核心部件的 CRH380A 动车组示意图，图 2-20 为悬浮列车的实物图及其原理示意图。

图 2-19　CRH380A 动车组示意图

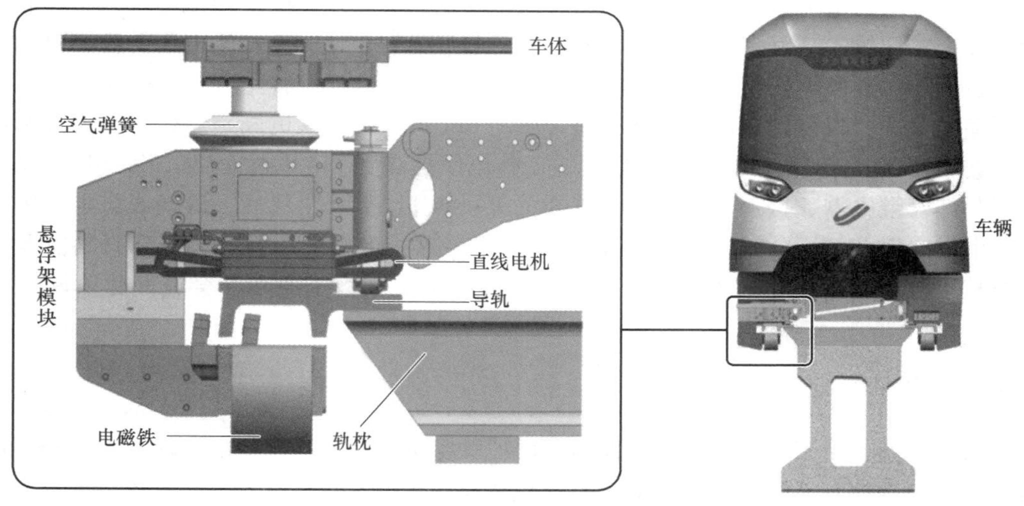

图 2-20　悬浮列车实物图及其原理示意图

2.3.4　其他领域

除工农业及交通等领域外，电机在其他领域也有着非常广泛的应用，例如消费电子领域，电唱机、录音机、VCD 视盘和 DVD 视盘等影音设备，配套电机主要为永磁直流电动机、印制绕组电动机、绕线盘式电动机、无刷直流电动机等，图 2-21 为 CD 播放机用直流电机。

图 2-21　CD 播放机用直流电机

2.4 电器的分类及主要类型

电器（electric apparatus）泛指所有用电的器具，但是在电气工程领域中，主要指用于对电路进行接通、分断，对电路参数进行变换，以实现对电路或用电设备的控制、调节、切换、检测和保护等作用的电工装置、设备和元器件。早期的电器主要是指各类刀闸开关、熔断器等。随着电能在社会生产和人类生活中应用的发展，各种能够完成不同功能的电器也随之出现，电力系统中应用较多的高压断路器，低压系统中应用的开关，以及在各类工业过程控制中的继电器等。随着计算机技术和网络技术的发展，各类工业应用中需要具有的采集电气装备运行信息的能力，甚至需要具有一定的智能控制运算能力，集成中央处理器或智能芯片的智能型电器不断涌现，特别是随着智能制造工业和智能家居的不断推进，智能型电器必将呈现出更加丰富多样的类型。

19 世纪中期，随着电能的推广应用，各种电器也相继问世。但这一时期的电器容量小，都是手动式，电路的保护也主要采用熔断器（俗称保险）。20 世纪以来，由于电能的应用在社会生产和人类生活中显示出巨大的优越性，并迅速发展普及，适应各种不同要求的电器也不断出现。大的有电力系统中所用的二、三层楼高的超高压断路器、换流站等，小的有普通转换开关、按钮等。一百多年来，电器发展的总趋势是容量增大，传输电压升高，自动化程度提高。例如，开关电器由 20 世纪初采用空气或变压器油做灭弧介质，经过多油式、少油式、压缩空气式，发展到利用真空做灭弧介质和 SF_6 做灭弧介质的断路器，其最大开断容量从初期约 20～30kA 到现在的 100kA 以上，工作电压提高到 1150kV。又如，20 世纪 60 年代出现了晶体管继电器、接近开关、晶闸管开关等；20 世纪 70 年代后，出现了机电一体化的智能型电器，以及 SF_6 全封闭组合电器（GIS）等。这些电器的出现与电工新材料以及电工制造新技术、新工艺相互依赖、相互促进，适应了整个电力工业和社会电气化不断发展的需求。

2.4.1 电器的分类

电器是接通和断开电路或调节、控制和保护电路及电气设备用的电工器具。完全由控制电器组成的自动控制系统，称为继电器—接触器控制系统，简称电器控制系统。

电器的用途广泛，功能多样，种类繁多，结构各异。以下是几种常用的电器分类。

1. 按工作电压等级分类

1）高压电器：用于交流电压为 1200V 及以上、直流电压为 1500V 及以上电路中的电器，例如高压断路器、高压隔离开关、高压熔断器等。

2）低压电器：用于交流 50Hz（或 60Hz）、额定电压为 1200V 以下以及直流额定电压为 1500V 以下的电路中的电器，例如接触器、继电器等。

2. 按用途分类

1）控制电器：用于各种控制电路和控制系统的电器，例如接触器、继电器、电动机起动器等。

2）主令电器：用于自动控制系统中发送动作指令的电器，例如按钮、行程开关、万能转换开关等。

3）保护电器：用于保护电路及用电设备的电器，如熔断器、热继电器、避雷器等。

4）执行电器：用于完成某种动作或传动功能的电器，如电磁铁、电磁离合器等。

5）配电电器：用于电能的输送和分配的电器，例如高压断路器、隔离开关、刀开关等。

3. 按动作原理分类

1）手动电器：用手或依靠机械力进行操作的电器，如手动开关、控制按钮、行程开关等主令电器。

2）自动电器：借助于电磁力或某个物理量的变化自动进行操作的电器，如接触器、各种类型的继电器、电磁阀等。

4. 按工作原理分类

1）电磁式电器：依据电磁感应原理来工作，如接触器、各种类型的电磁式继电器等。

2）非电量控制电器：依靠外力或某种非电物理量的变化而动作的电器，如刀开关、行程开关、按钮、速度继电器、温度继电器等。

5. 按功能分类

1）用于接通和分断电路的电器，主要有刀开关、接触器、负荷开关、隔离开关、断路器等。

2）用于控制电路的电器，主要有电磁起动器、星三角起动器、自耦减压起动器、频敏起动器、变阻器、控制继电器等（用于电机的各种起动器正越来越多地被电力电子装置所取代）。

3）用于切换电路的电器，主要有转换开关、主令电器等。

4）用于检测电路参数的电器，主要有互感器、传感器等。

5）用于保护电路的电器，主要有熔断器、断路器、限流电抗器、热继电器和避雷器等。

2.4.2　高压电器

1. 高压开关设备

高压开关设备主要用于在额定电压 3000V 以上的电力系统中关合及开断正常电力线路，以及输送倒换电力负荷；从电力系统中退出故障设备及故障线段，保证电力系统安全、正常的运行；将两段电力线路以至电力系统的两部分隔开；将已退出运行的设备或线路进行可靠接地，以保证电力线路、设备和运行维修人员的安全。

高压开关设备的器件主要有断路器、隔离开关、重合器、分段器、接触器、熔断器、负荷开关和接地开关等，以及由上述产品与其他电器产品组合的系统。它们在结构上相互依托，有机地构成一个整体，如隔离负荷开关、熔断器式开关、敞开式组合电器等。

电力系统中用得最多的高压开关设备是断路器和隔离开关。断路器是正常电路条件下或规定的异常电路条件下（如短路），在一定时间内接通、分断线路承载电流的机械式开关电器。由导电回路、可分触头、灭弧装置、绝缘部件、底座、传动机构及操作机构等组成的隔离开关是没有专门灭弧装置的开关电器，因此一般不能带负荷操作。隔离开关主要用于设备或线路的检修和分段进行电气隔离，使检修人员能清晰判断隔离器开关是否处于分闸装置，达到安全操作和安全检修的目的。

随着产品成套性的提高，常将上述单个的高压开关（电器）与其他电器产品（诸如电流互感器、电压互感器、避雷器、电容器、电抗器、母线和进、出线套管或电缆终端等）合理配置，有机地组合在一起。除进、出线外，所有高压电器器件完全被接地的金属外壳封闭，并配置二次监测及保护器件，组成一个具有控制、保护及监测功能的金属封闭开关设备。

为了使高压开关设备的成套性进一步提高，近年来，人们将容量不是很大的整个变电站包括电力变压器在内，制作成一个整体，在制造厂预制、调试好后整体运到现场，这样可显著地降低在运行现场的安装及调试工作量，使安装调试周期大为缩短，减少了在现场安装、调试工作中的失误及偏差，从而提高了设备在运行中的可靠性。这类成套设备占地面积和常规设备相比，也显著减少。特别是在建筑稠密地区，如居民小区、商业区等，采用无人值守的小型箱式变电站代替传统的土建结构变电所，不仅可以节省建设和维护费用，还可以进行灵活组合，互换性强。

2. 互感器

互感器是电力系统中供测量和保护用的设备，分为电压互感器和电流互感器两大类。互感器的作用是：

1）向测量、保护和控制装置传递信息。

2）使测量、保护和控制装置与高电压之间隔离。

3）有利于仪器、仪表和保护、控制装置小型化、标准化。

常用的电流互感器是按电磁变换原理工作的，结构与变压器相同，称为电磁式电流互感器，而电压互感器除了电磁式以外，还有电容式互感器。

3. 避雷器

电力系统输变电和配电设备在运行中受到 4 种电压的作用，分别是：

1）长期作用的工作电压。

2）由于接地故障、甩负载、谐振以及其他原因产生的暂时过电压。

3）雷电过电压。

4）操作过电压。

雷电过电压和操作过电压可能有非常高的数值，单纯依靠提高设备绝缘水平来承受这两种过电压，不仅在经济上不合理，而且在技术上也常常是不可行的。一般采用避雷器将过电压限制在一个合理的水平上，过电压过去之后，避雷器立即恢复截止状态，电力系统随即恢复正常状态。避雷器是在与被保护设备绝缘配合的基础上，通过有效地改善其保护特性，一方面可以提高被保护设备的运行可靠性，同时可以降低设备的绝缘水平，从而减轻其重量、降低造价。目前常用的避雷器主要有碳化硅阀式避雷器和金属氧化物避雷器。

2.4.3 低压电器

低压电器通常是指交流电压 1200V 以下、直流 1500V 以下配电和控制系统中的电器设备。它对电能的产生、输送、分配起着开关、控制、保护、调节、检测及显示等作用。

低压电器广泛应用于发电厂、变电所及工矿企业、交通运输、农村等电力系统中。发电厂发出的电能，80% 以上要通过各种低压电器传送与分配。据统计，每增加 1 万 kW 发电设备，大约需要 4 万件以上各类低压电器与之配套。所以，随着电气化程度的提高，低压电器的用量会急剧增加，继电器与接触器即为低压电器。

继电器是在自动控制电路中起控制与隔离作用的执行部件，它实际上是一种可以用低电压、小电流来控制大电流、高电压的自动开关，是现代自动控制系统中最基本的电器元件之一，广泛用于电力系统保护装置、自动化装置以及各类运动控制装置。继电器种类繁多，简单地可分为电气量继电器（其输入量可为电流、电压、频率、功率等）和非电气量继电器（其输入量可分为温度、压力、速度等）。但继电器都有一个共同的特点，即它是一种当输入的物理量达到规定值时，其电气输出电路被接通或阻断的自动电器。

接触器是用于远距离、频繁地接通和分断交、直流主电路和大电容量控制电路的电器，其主要的控制对象为电动机，也可用作控制电热设备、电照明、电焊机和电容器组等电力负载。接触器具有较高的操作频率，最高可达每小时 1200 次。接触器的寿命很长，机械寿命一般为数百万次至一千万次，电寿命一般为数十万次至数百万次。

根据在电气线路中所处的地位和作用，低压电器可分为低压配电电器和低压控制电器两大类。由于这两类低压电器在电路中所处的地位不同，对它们的性能要求也有较大的差异。配电电器一般不需要频繁操作，承担保护功能的配电电器应有较高的分断能力。控制电器一般不分断大电流，动作相对频繁，因此要求控制电器有较高的操作寿命。按照动作方式低压电器可分为机械动作电器（有触点开关电器）和非机械动作电器。机械动作电器又可分为自动切换电器和非自动切换电器。自动切换电器在完成接通、分断动作时，依靠本身参数的变化或外来信号而自动进行工作；非自动切换电器依靠外力完成动作。

目前，世界各国都十分重视低压电器的发展，并注意将微电子等新技术以及新工艺、新材料应用于低压电器的改进与新产品开发，特别是在低压电器智能化、模块化、组合化、电子化、多功能化等方面已取得了很大进展。

2.4.4　可编程控制器

可编程控制器全称为可编程逻辑控制器（Programmable Logic Controller，PLC），是一种专门为在工业环境下应用而设计的数字运算操作电子系统。它采用一种可编程的存储器，在其内部存储执行逻辑运算、顺序控制、定时、计数和算术运算等操作的指令，通过数字式或模拟式的输入输出来控制各种类型的机械设备或生产过程。

20 世纪 60 年代，美国通用汽车公司在对工厂生产线调整时，发现继电器、接触器控制系统修改难、体积大、噪声大、维护不方便以及可靠性差，于是提出了著名的“通用十条”招标指标。1969 年，美国数字化设备公司研制出第一台可编程控制器（PDP-14），在通用汽车公司的生产线上试用后，效果显著。1971 年，日本研制出第一台可编程控制器（DCS-8）。1973 年，德国研制出第一台可编程控制器。1974 年，我国开始研制可编程控制器；1977 年，我国在工业应用领域推广 PLC。

当代工业上使用的可编程逻辑控制器已经相当或接近于一台紧凑型电脑的主机，其在扩展性和可靠性方面的优势使其被广泛应用于目前的各类工业控制领域。不管是在计算机直接控制系统，还是集中分散式控制系统（DCS），或者现场总线控制系统（FCS）中，总是有各类 PLC 的大量使用。PLC 的生产厂商很多，如西门子、施耐德、三菱、台达等，几乎涉及工业自动化领域的厂商都有 PLC 产品提供。

2.5 电机电器及其控制发展趋势

2.5.1 智能交通驱动

我国车用电机具有明显的比较优势，发展潜力较大。从新能源汽车的产业链来看，受益端将主要集中在核心零部件领域。国内车用驱动电机行业是电机业中的小行业，制造门槛高，电机驱动系统虽然存在较多差距与不足，但国内政策扶持将加快产业步伐。

新能源汽车驱动电机目前的发展方向有以下几方面：小型轻量化；高效性；更出色的转矩特性；使用寿命长，可靠性高；噪声低；价格低廉。随着汽车驱动电机技术的发展，新能源驱动电机的发展呈现了以下趋势：

1）电机本体永磁化：永磁电机具有高转矩密度、高功率密度、高效率、高可靠性等优点。我国拥有丰富的稀土资源，因此高性能永磁电机是我国车用驱动电机的重要发展方向。

2）电机控制数字化：专用芯片及数字信号处理器的出现，促进了电机控制器的数字化，提高了电机系统的控制精度，有效减小了系统体积。

3）电机系统集成化：通过机电集成（电机与发动机集成或电机与变速箱集成）和控制器集成，有利于减小驱动系统的重量和体积，可有效降低系统制造成本。

随着新能源汽车驱动技术的快速发展，许多新结构或新概念电机已经投入研究，包括混合励磁型、轮毂型、双定子型、记忆型以及磁性齿轮复合型等。此外非晶电机也开始走进新能源汽车领域，作为新一代高性能电机，其自身的优越性必将对新能源汽车产业的发展起到巨大的推动作用。

（1）混合励磁电机

混合励磁电机是在保持电机较高效率的前提下，改变电机的拓扑结构，由两种励磁源共同产生电机主磁场，实现电机主磁场的调节和控制，改善电机调速、驱动性能或调压特性的一类新型电机。其不仅继承了永磁电机的诸多特点，而且还具有电励磁电机气隙磁场平滑可调的优点。如永磁开关磁阻电机和永磁同步磁阻电机。

（2）双定子永磁电机

双定子永磁电机是在现有电机体积不变的基础上增加定子的个数，使气隙数量由一层变为两层或者多层的一种新型永磁无刷电机。由于转矩的叠加，作用于转子上的电磁转矩也会相应增加，从而提高电机整体的转矩密度和功率密度。由于这种电机的机械集成度较高，所以其具有响应快、动态特性好、结构材料利用率高和驱动灵活等特点。

（3）记忆电机

记忆电机又称为磁通可控永磁电机，与一般永磁电机的区别在于，永磁材料本身的磁化程度能够在很短的时间内通过施加充磁或者去磁电动势而得到改变，并且充磁和去磁之后其磁化程度也能被保留。因此具有更宽的调速范围，同时可以避免产生额外的励磁损耗，实质上是一种新的简单高效的弱磁控制技术。

（4）磁性齿轮永磁无刷复合电机

该电机是一种集成无刷直流驱动电机和共轴磁性齿轮的复合电机。所谓共轴磁性齿轮是一种基于调磁谐波原理的高性能、无接触的变速传递装置。这种电机巧妙地利用了共轴磁性齿轮内转子的中空部分，将电机定子嵌入其中，将轮胎直接铆合在齿轮外转子上，实现了电机、磁性齿轮、轮胎的一体化，有效地提高了空间利用率。

（5）非晶电机

非晶电机是一种利用非晶合金取代传统硅钢片作为铁心材料的高效、节能、无污染的新型电机。其在高频下的损耗极低，具有很高的效率。与相同标准的普通电机相比，非晶电机体积和质量大大减小，极大地提高了能源和资源的利用率。

对于同样的新能源汽车，若使用非晶电机可以增加其行驶里程 30% 以上，而在相同行驶里程的情况下，电池可以节省 30% 的电池费用。总之，非晶电机凭借其高效率、高功率密度等优势将成为替代传统电机的下一代高效电机。

2.5.2　人类辅助力量驱动

机械外骨骼是一种由钢铁的框架构成并且可让人穿上的机器装置，该装备可以提供额外能量来供四肢运动。机械外骨骼常称为强化服、动力服、动力装甲。凭借这套“服装”，人类就可以成为所谓的“铁人”，从而极大程度提高人类的运动能力和力量，如图 2-22 所示。

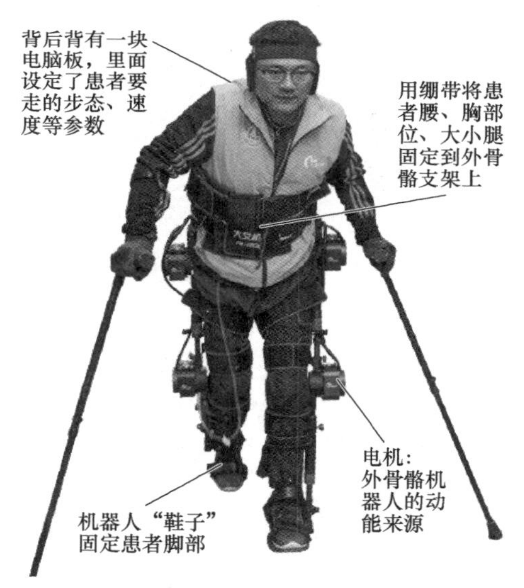

图 2-22　辅助力量驱动的救援机器人装备示意图

外骨骼的发展和相关关键技术的发展密不可分，机械结构技术、驱动技术、人机交互以及安全性技术的不断改进，推动了外骨骼的变革。外骨骼上常用的电机有直线电机、内置行星减速器的盘式电机、超薄外转子电机等多种高性能电机。

思　考　题

2-1　电机的基本原理是什么？电机的主要作用有哪些？

2-2　交流电机、直流电机的主要区别是什么？工业上为什么直流发电机用的较少？

2-3　假设没有电机，试想人类社会又将是什么状态？

2-4 电机的主要分类有哪些标准？请根据不同标准对日常见到的电机进行分类举例。

2-5 电机的主要应用领域除了本书介绍的内容，还有哪些应用领域？

2-6 试述电机电器及其控制专业方向主要的发展方向及可能的就业方向。

2-7 试述今后电机的发展趋势。

2-8 试述今后电器的发展趋势。

参考文献

[1] 范瑜. 电气工程概论 [M]. 北京：高等教育出版社，2006.

[2] 陈虹. 电气学科导论 [M]. 北京：机械工业出版社，2006.

[3] 孙元章，李裕能. 走进电世纪：电气工程与自动化（专业）概论 [M]. 北京：中国电力出版社，2015.

[4] 肖登明. 电气工程概论 [M]. 北京：中国电力出版社，2007.

[5] 戈宝军，梁艳萍，温嘉斌. 电机学 [M]. 北京：中国电力出版社，2016.

第 3 章 电力系统及其自动化

电力系统及其自动化是电气工程学科中历史悠久、研究领域宽广的技术应用学科，并随着电力工业的发展与改革，逐渐成为与数学、计算机、自动化、管理及经济等学科密切相关的交叉学科。

该专业既涉及电力系统分析、电气设备运行与选择、高电压技术、新能源发电，又涉及电力系统继电保护、自动化装置、通信、综合自动化等弱电控制的内容，做到强电与弱电相结合，设计与实施相结合，控制运行与管理相结合。在确保基础扎实的前提下，根据市场经济的需要，在热能动力、通信、用电管理和远动等方面调整和拓宽其专业方向，以适应社会对专业人才的需求变化。

“电力系统分析”“电力系统继电保护”“发电厂电气部分”和“电力系统自动化”是电力系统及其自动化方向的核心主干课程。

“电力系统分析”课程主要包括：电力网元件的参数和等效电路，电力系统在稳态运行时的电压和功率分布计算，电力系统的电压调整、频率调整，以及经济运行，电力系统短路和稳定性分析与计算。通过学习，使学生对电力系统的组成、稳态运行和短路故障有全面的了解，掌握电力系统稳态运行、故障状态的基本理论及计算方法，明确提高电力系统稳定性的有效措施。

“电力系统继电保护”课程内容包括：各类继电器工作原理，电网的相间电流、电压保护，输电线路的接地保护、距离保护、纵联保护和自动重合闸的基本工作原理，以及对发电机、变压器、母线等电气主设备所设置的保护。通过本课程使学生了解电力系统继电保护的作用，依据电力系统继电保护的基本原理，能够熟练设计各种电流保护、距离保护、差动保护和自动重合闸。

“电力系统自动化”课程内容包括：发电机的自动并列、同步发电机的励磁自动控制系统、电力系统频率及有功功率的自动调节、电力系统电压调整和无功功率控制技术、电力系统调度自动化。通过学习，使学生掌握电力系统并列操作，完成对发电机励磁系统、频率和电压的控制以保证系统安全可靠运行。

“发电厂电气部分”课程内容包括：电气主接线、载流导体的发热和电动力计算、导体和电器的选择、配电装置的构成、发电厂和变电所的控制与信号等。通过学习使学生能够对发电厂、变电站电气部分进行熟练设计。

3.1 电力系统的发展历程

随着社会生产力的不断发展，人类从远古时代钻木取火获得热能，到18世纪蒸汽机将热能转换为机械能，开创了具有划时代意义的工业革命，再到19世纪发电机将机械能转变为电能，促使生产力得到了空前发展。

太阳能、水能、风能等自然界蕴含的资源，以及煤炭、石油、天然气等随自然界演化生成的动力资源，是能量的直接提供者，这样的能源称之为一次能源。而由一种或多种一次能源经过转换或加工得到的能源，称为二次能源。电能就是一种被广泛使用的二次能源。电能可以方便地转换成机械能、光能等其他形式的能量供人们使用。电能的生产和使用具有易于转换、便于输送、控制灵活、生产成本低的优势，因此电能成为工业、农业、交通运输、国防科技以及人民生活等各方面不可缺少的能源。

电力工业是生产和销售电能的行业，是将自然界提供的能源转换为便于人们直接使用的电能的产业。作为一种先进的生产力代表和基础产业，电力行业对促进国民经济的发展和社会进步起到重要作用。随着我国经济的不断发展，对电的需求量及电力销售市场的扩大，又刺激了整个电力生产的发展。

我国的电力工业经历了如下几个阶段：起步阶段（1879～1949年）、艰苦创业阶段（1949～1978年）、高速发展阶段（1978年至今）。

我国电力工业起步于19世纪70年代。1879年5月上海虹口装设的7.5kW直流发电机供电的弧光灯是中国使用电照明的开始。1882年7月26日，上海外滩6.4km的供电线路上串联的15盏弧光电灯亮起，这代表着中国电力事业的起步，如图3-1所示。路灯的电由上海乍浦路上的装机容量为12kW的发电厂供给，这是中国第一个发电厂，该电厂属于英国人创办的上海电气公司。同期，1875年巴黎火车站建成世界上第一个火电厂，用直流发电供附近照明；1879年旧金山建成世界上第一座商用发电厂，两台发电机对22盏电弧灯供电；1882年9月爱迪生在美国纽约珍珠街建成世界上第一座正规发电厂。可见，我国在电力工业的开端几乎与世界同步。

图3-1 上海街上的路灯

新中国成立之前，我国电力工业的发展处于落后地位。电厂凋零，设备残缺，电网瘫痪，运行维艰，技术水平相当落后，与发达国家差距较大。到1949年新中国成立，全国发电装机容量185万kW，全年发电量43亿kWh，分别位居世界第21位和第25位。

新中国成立后，我国电力工业迅速发展。到1978年，全国电力装机容量已达5712万kW，比1949年增长近30倍；年发电量2566亿kWh，增长近59倍。特别是改革开放以来，我国电力工业得到了迅猛发展。

在电源建设方面，1990～2018年，我国全年发电量和装机容量如图3-2所示，截至2018年底，全国发电装机容量19.0亿kW，发电总量6.994万亿kWh。1989年，我国第一台 60 万 kW 亚临界机组在安徽平圩电厂建成投运。1992 年，我国第一台 60 万 kW 超临界机组在上海石洞口电厂建成投运。2000 年，我国第一台 65 万 kW 核电汽轮机研制成功，这是我国自主研制设计的核电机组，安装于浙江秦山核电站。2006 年，我国首台国产化 100 万 kW 超超临界机组在浙江玉环电厂建成投产。1998 年，当时的万里长江第一坝——葛洲坝水利枢纽工程建成，装机容量 271.5 万 kW（如图 3-3 所示）。2003 年三峡左岸 1 号 70 万 kW 机组并网发电，2012 年三峡电站 32 台 70 万 kW 和 2 台 5 万 kW 机组全部投入运行，总装机容量达到 2250 万 kW，年发电量约 1000 亿 kWh，约占全国年发电总量的 3%，占全国水力发电的 20%，是世界上最大的水电站（如图 3-4 所示）。1991 年，我国自行设计建造的 30 万 kW 秦山核电站并网发电，实现中国内地核电零的突破。1994 年，引进国外技术建成内地第二座核电站——大亚湾核电站（如图 3-5 所示）。此外，还投入了风能、地热能、太阳能、潮汐能等新能源发电站（场），形成多种能源互补发展的局面，图 3-6 给出了截至 2018 年底我国各能源发电容量所占百分比，可见化石能源发电仍然占有大比重。但近 5 年来新能源发电得到了飞速发展，如图 3-7 及图 3-8 所示。

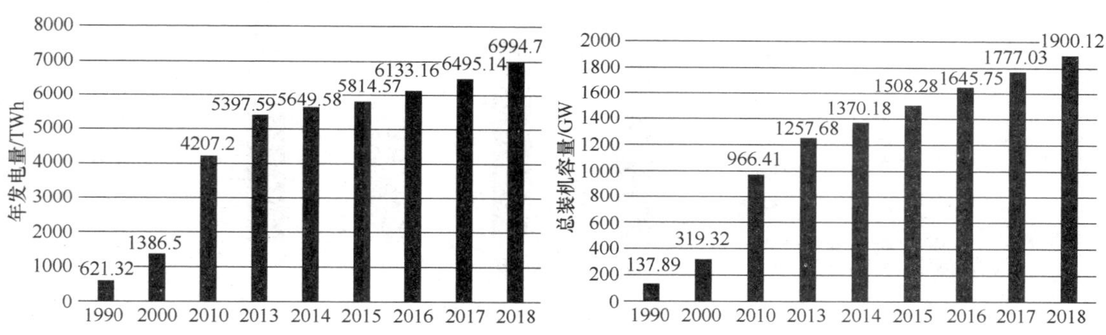

图 3-2　1990 ~ 2018 年全国发电量和装机容量

图 3-3　葛洲坝水电站

图 3-4　长江三峡水电站

在电网建设方面，我国已形成了东北、华北、西北、华东、华中、南方 6 个跨省区电网，以及山东、福建、云南、贵州、广西、广东、海南、川渝 8 个独立省区电网。1954 年辽南地区建成我国第一条 220kV 输电线路，1972 年西北地区建成我国第一条 330kV 高压交流输电线路，1981 年东北地区建成我国第一条 500kV 超高压交流输电线路。至此，500kV 超高压交流输电线路逐渐成为各大区域电网的骨干网架和跨省、跨地区的联络线。1989 年 9 月

图 3-5　大亚湾核电站

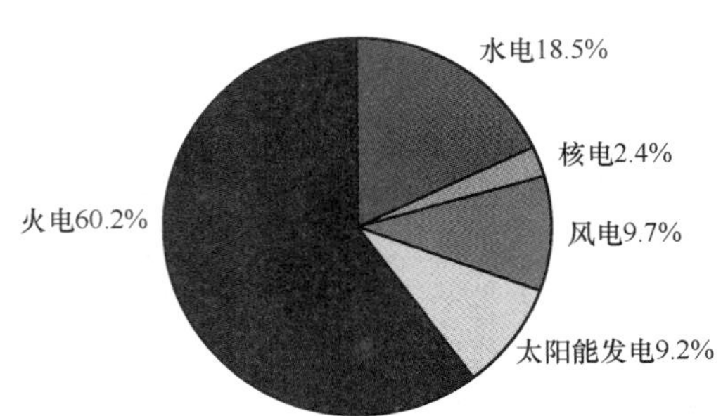

图 3-6　2018 年全国发电装机容量构成

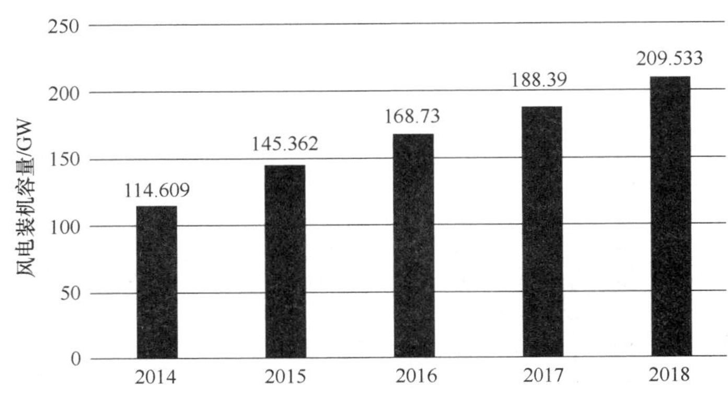

图 3-7　2014～2018 年全国风电装机容量

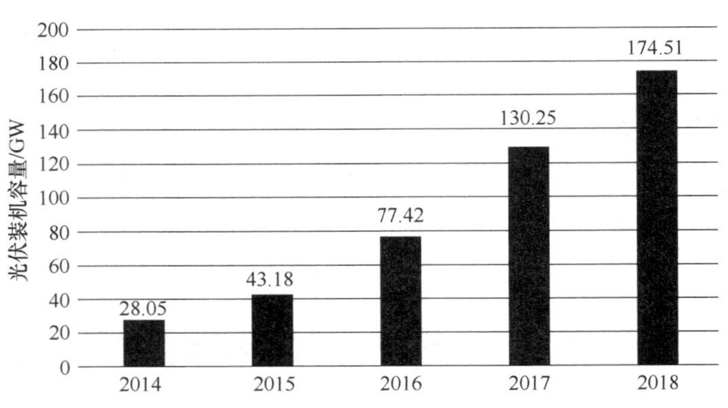

图 3-8　2014～2018 年全国光伏装机容量

华中与华东电网之间 ±500kV 超高压直流输电工程投入运行，在中国首次实现非同步跨大区联网。进入 21 世纪，中国电网遵循西电东送、南北互供、全国联网、超高压网架、同步电网结构的方针，以三峡为中心，向东西南北四个方向辐射，形成区域电网互联的送电通道为主体、南北电网间多点互联、纵向通道紧密联系的大区电网框架，直至 2018 年底已建成的特高压远距离输电线路共 21 条，其中交流 8 条，直流 13 条（国家电网 10 条，南方电网 3

条），具体线路见表 3-1 及表 3-2。

表 3-1　特高压交流（1000kV）工程

工　程	投运时间	工　程	投运时间
晋东南-南阳-荆门	2009. 1	淮南-浙北-上海	2013. 9
浙北-福州	2014. 12	淮南-南京-上海	2016. 11
锡盟-山东	2016. 7	蒙西-天津南	2016. 11
榆横-潍坊	2017. 8	锡盟-胜利	2017. 7

表 3-2　特高压直流（±800kV）工程

工　程	投运时间	工　程	投运时间
向家坝-上海	2010. 7	锦屏-苏南	2012. 12
哈密南-郑州	2014. 1	溪洛渡-浙江金华	2014. 7
宁东-浙江绍兴	2016. 9	酒泉-湖南湘潭	2017. 6
晋北-南京	2017. 6	锡盟-泰州	2017. 9
上海庙-山东临沂	2017. 12	扎鲁特-山东青州	2017. 12
云南-广东	2010	糯扎渡-广东	2013
滇西北-广东深圳	2017		

还需一提的是，2016 年 1 月 11 日开工，2018 年 12 月 31 日完成带电试运行的准东—皖南（新疆昌吉—安徽古泉）±1100kV 特高压直流线路，全长 3293km，输电能力达到 1200 万 kW，是迄今为止世界上电压等级最高、输送容量最大、输电距离最远、技术水平最高的特高压直流线路。

3.2　电力系统简介

完成电能的生产、输送、分配以及消费的设备连在一起构成的系统就是电力系统。电力系统的电可分为直流电和交流电。1882 年爱迪生在纽约建造的珍珠港电站，生产的就是电压为 110V 的直流电，用于 6200 盏电灯照明。19 世纪 90 年代，三相交流发电、输电系统完成之后，很快以其传输功率大，电压易于调节等优势取代了直流发电和输电。随着输电距离的加大、电气设备制造技术及电力电子技术的提高，进入 21 世纪，直流输电、交直流互联输电应用得越来越多。一般提到的电力系统如无特殊说明均指的是交流电。

3.2.1　电力系统的组成

在电力工业发展的初期，由于对电能的需求量不大，发电厂都建设在用户附近，规模也小，而且孤立运行，各电厂间没有联系。随着工农业的发展和科学技术的进步，对电力的需求量和发电厂容量都在不断增大。为了节省燃料的运输费用，发电厂建设在蕴藏动力资源所在地，而这些地区往往远离电力用户。为了减少远距离电能输送过程中的功率损耗和电压损耗，需要提高输电电压，因此在发电厂和输电线路间必须建设升压变电所，实现电能的远距离输送。而当电能输送到负荷中心后，为满足用户对电压的要求，又必须经过降压变电所降压后由配电线路向用户供电。另外，随着用电量的增多，发电厂的数量也逐渐增多，同时电力用户对供电的可靠性也提出了更高的要求。于是，将彼此孤立运行的发电厂通过输电线路和变电所相互连接起来，形成现代的电力系统。图 3-9 所示为一个电力系统接线图。

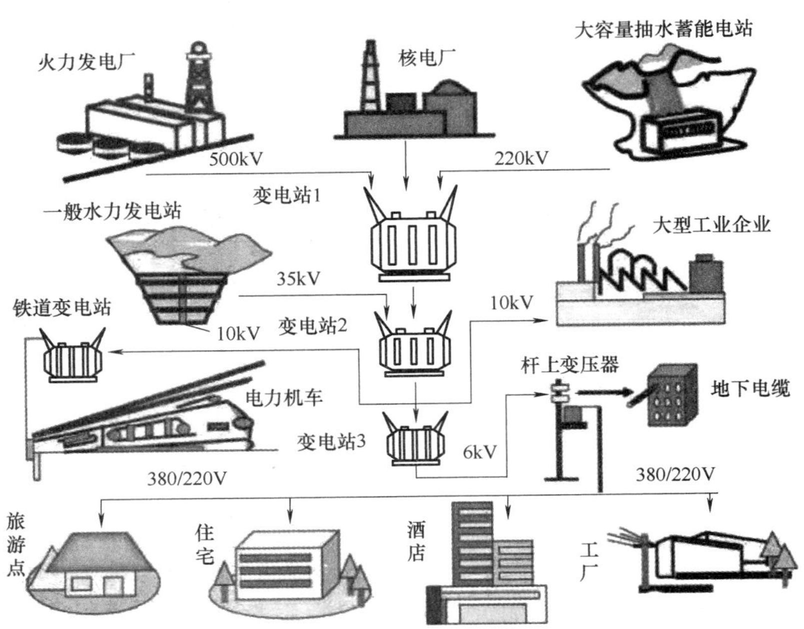

图 3-9　电力系统接线图

图 3-9 中的电力系统由大容量的火力发电厂、核电厂、抽水蓄能电站和一般水力发电站生产电能。其中，火力发电厂由于其容量大、输电距离远，因此将电压升高到 500kV；核电站和抽水蓄能电站距离电力用户也较远，电压升高到 220kV，分别经过输电线路送到变电站 1。变电站 1 将接收的电能降低到 35kV 向变电站 2 输送电能；另外水力发电站的电能升压至 35kV 后由线路送到变电站 2；同时变电站 2 将接收到的电能降低到 10kV，一部分分配给大型工业、交通企业，另一部分分配给变电站 3；而变电站 3 再次将接收到的电能降压为 6kV 进行电能分配，最后经再次降压后向各个电力用户供电。由图可见，电力系统是由多个发电设备、输变电设备和用电设备等组成的系统，完成了电能的生产、输送、分配以及消费任务。具体说电力系统就是由发电机、变压器、输电线路和用电设备组成的系统。

现代电力系统具有大电网、大容量、大机组、高电压、远距离的特点。形成大电网的好处是提高了供电可靠性、可充分利用新能源、减少了容量、提高了系统的经济性能。

交流电力系统都是三相输送电能的，但为了简单、清晰地表示设备之间的连接关系，同时系统正常运行时三相系统是对称的，因此一般情况下常将其接线图画成单相的接线图。为了便于讨论分析，常用图 3-10 来描述一个简单的电力系统。

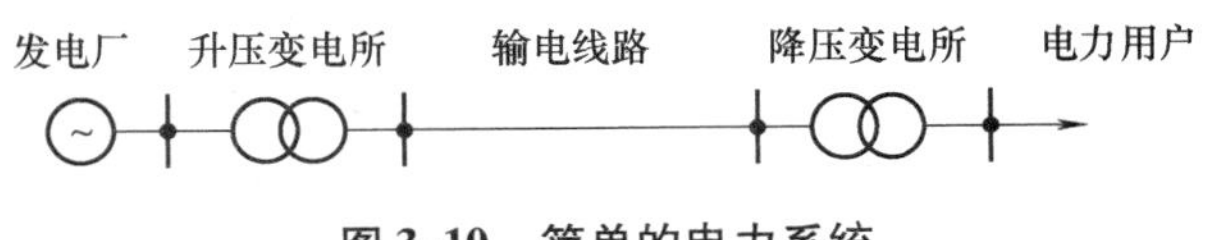

图 3-10　简单的电力系统

3.2.2 电力系统的电气设备

电力系统的电气设备分为一次设备和二次设备两大类。

一次设备是指直接参与生产、输送和分配电能的高压设备。电能生产和转换的设备、接通或断开电路的开关设备、限制过电流和防御过电压的保护设备、载流导体和接地装置等都属于一次设备。

用于电能生产和转换的设备包括发电机、电动机和变压器等。其中，发电机将机械能等其他能源转换为电能；电动机是将电能转换为机械能，而变压器是将电压升高或降低用于电能的输送和分配。系统正常运行或发生事故时用于接通或断开电路的开关设备包括断路器、隔离开关、负荷开关、熔断器和接触器等。限制过电流和防御过电压的保护设备包括用于限制短路过电流的电抗器和防御过电压的避雷器等。用于传输电能或连接电气设备的载流导体，包括架空线路、电缆和母线等。用于保证系统安全可靠运行的中性点接地或保护人身安全的保护接地的接地装置。

二次设备是对一次设备的工作进行监测、控制、调节、保护以及为运行、维护人员提供运行状况或信号的低压电器设备。测量仪表、继电器和自动装置、直流电源设备、操作电器、信号设备及控制电缆属于二次设备。

用于测量电路中电气量的测量仪表包括电压表、电流表、功率表等。继电器和自动装置能对系统不正常情况进行监控和调节，或作用于断路器跳闸将故障切除。供给控制、保护用的直流电源和厂用直流负荷、事故照明用电的直流电源设备，包括直流发电机组、蓄电池组和硅整流装置等。操作电器（如各种类型的操作把手、按钮等）实现对电路的操作控制。信号设备给出信号或显示运行状态标志。而控制电缆用于连接二次设备。

3.2.3 电气的一次系统和二次系统

由一次设备相互连接，完成电能生产、输送、分配和消费任务的电气回路称为一次系统或一次回路。一次系统是电力系统的主体，高电压大电流是一次系统的主要特征。

由二次设备相互连接，实现对一次系统的监测、控制、调节和保护的电气回路称为二次系统，或二次回路。二次系统是电力系统不可缺少的重要组成部分，是由继电保护、安全自动控制、系统通信、调度自动化和 DCS 控制系统等组成的，人与一次系统的联系是通过二次系统实现的，并保证一次系统能安全可靠经济地运行。

电气一次系统和二次系统并不是独立的，它们之间通过高电压的电压互感器和电流互感器联系。

3.2.4 电力系统运行及参数

电力系统运行是指电力系统在充分、合理地利用能源和运行设备能力条件的前提下，尽可能安全、经济地向电力用户提供持续、充足、符合质量标准的电力和电能。通常利用电压、电流、阻抗（电阻、电抗和容抗）、功率（视在功率、有功功率和无功功率）以及频率等电气量来反应电力系统运行的状况。描述一个具体电力系统采用下面的基本参数：

总装机容量：系统中实际安装的所有发电机组额定有功功率总和，常用单位有 kW、MW、GW。

年发电量：系统中所有发电机组全年实际发出的电能总和，常用单位有 kWh、MWh、GWh、TWh。

最大负荷：在规定时间（一天、一月或一年）内，系统总用功功率负荷的最大值，常用单位有 kW、MW、GW。

年用电量：接在系统上所有用户全年所用电能的总和，常用单位有 kWh、MWh、GWh、TWh。

额定频率：我国规定的交流电力系统的额定频率为 50Hz，国外则有额定频率为 60Hz 和 25Hz 的电力系统。

最高电压等级：指系统中最高电压等级的电力线路的额定电压，单位为 kV。

3.2.5 电力系统的特点

电能在生产、输送、分配及使用过程中表现出与其他工业部门产品有明显的不同，即电力系统具有以下几个特点：

1. 电能不能大量储存

电能的生产、输送、分配和使用是同时完成的。发电厂任意时刻所发出的电量取决于电力用户在同一时刻使用的电量和电力系统自身损耗的电量，即电力系统中功率时时保持平衡。因而电力系统中任何环节发生元件故障都会影响电力系统的正常工作。

迄今为止，尽管人们对电能存储进行了大量的研究，并在一些电能的储存方式上，如抽水蓄能、飞轮储能、压缩空气储能以及化学电池储能等有了某些突破性的进展，但仍没有完全解决经济、高效、大容量的电能储存问题。因此，电能不能大量储存是电能生产的最大特点。

基于此特点，电力系统调度部门通过预测用电负荷，分配发电任务，安排运行计划采用分级调度、分层控制的方式保证电能的产、消平衡。

2. 过渡过程非常迅速

电能是以电磁波的形式传播的，其传播速度为光速（3×10^8m/s），因此运行过程中任何变化引起系统在电磁和机电方面的过渡过程都十分短暂。发电机、变压器、输电线路以及电力设备的投入或退出运行、负荷的增减都在瞬间完成，电力系统发生异常和故障所引发的过渡过程更是非常短暂，往往用 ms、μs 甚至 ns 来计量。因此，不论是正常运行时所进行的调整和切换操作，还是故障时所做的切除及恢复操作，必须采用先进的信息控制技术和各种自动装置来迅速、准确地完成。

3. 与国民经济各部门及人民生活关系极为密切

由于具有易于集中生产、便于远距离输送、易于转换成其他形式能量等优势，电能已经成为国民经济各部门以及人民生活不可或缺的能源，如果电能供应不足或突然停电将给国民经济造成巨大损失，同时给人民生活带来不便。

4. 具有明显的地区性特点

由于各个电力系统的能源结构、负荷结构不同，因而各个电力系统的组成也各不相同，甚至是完全不同。

3.2.6　电力系统的基本要求

1. 保证供电可靠性

保证供电可靠性就是不间断地向用户供电，这是电力系统运行的首要任务。电力系统运行过程中，由于设备受自然灾害或人为误操作等影响，不可避免地会发生各种各样的故障，轻者造成局部停电，重者会导致设备损坏或大面积停电，造成经济上的严重损失和政治上的不良影响。因此，电力系统的各个部门应加强现代化管理，提高设备的运行和维护质量，尽可能避免系统发生故障，一旦发生故障也要尽量缩小故障影响的范围。

2. 保证良好的电能质量

频率、电压和电压波形是电能质量的三个基本指标。当系统的频率、电压和电压波形不符合电气设备额定值的要求时，往往会影响设备的正常工作，甚至危及设备和人身安全，影响用户的产品质量等。因此，为保证电力系统安全、经济、可靠的运行，要求系统所提供的电压、频率和电压波形必须在所允许的变化范围内。

（1）电压

电力系统各点的实际运行电压允许在一定程度上偏离其额定电压，在这一允许偏离范围内，各种电力设备及电力系统本身仍能正常运行。我国目前所规定的用户供电电压允许的变化范围见表3-3。

表3-3　用户供电电压允许变化范围

线路额定电压	电压允许变化范围（%）
35kV及以上	±5
10kV及以下	±7
低压照明	+5～－10
农业用户	+5～－10

由于输电过程中存在电压损耗，电网中各节点的电压将随着运行方式的改变而发生变化，为了保证电压质量满足要求，需要采取一定的调压措施。

（2）频率

目前世界上大多数国家规定的额定频率为50Hz（美国为60Hz），而各国对频率变化的容许偏差规定不一，有的国家规定不超过±0.5Hz，也有一些国家规定为不超过±(0.2～0.5)Hz。我国的技术标准规定电力系统的额定频率为50Hz，大容量系统允许频率偏差为±0.2Hz，中小容量系统允许频率偏差为±0.5Hz。

（3）电压波形

规定电力系统给用户供电的电压波形为正弦波形。系统中尽管发电机发出符合标准的正弦波形，但由于系统中有许多电压与电流成非线性关系的电气元件（如电弧炉、电焊设备等），都是电力系统谐波电流和电压的来源，特别是电力电子装置大量使用后，系统中产生了大量谐波，造成系统电压波形的畸变，从而使供电的电压达不到正弦波形。为保证电能质量，必须采取措施对谐波进行抑制或补偿。电压波形质量用波形总畸变率来表示，正弦波的畸变率是指各次谐波有效值的方均根值占基波有效值的百分比。

要求电压波形总畸变率不大于4%；380V/220V线路额定电压允许偏差为±7%，电压波形总畸变率不大于5%。

3. 保证充足的电力

最大限度地满足用户的电力需求，为国民经济的各部门提供充足的电力。为此，首先应按照电力先行的原则做好电力系统发展的规划设计，认真搞好电力建设，以确保电力工业的建设优先于其他的工业部门。其次，还要加强现有设备的维护，以充分发挥潜力，确保足够的备用容量，以防止事故的发生。

4. 保证电力系统运行的经济性

为使电能在生产、传输和分配过程中损耗小、效率高，以期最大限度地降低电能成本。电能成本的降低不仅会使各用电部门的成本降低，更重要的是节省了能量资源，因此会带来巨大的经济效益和长远的社会效益。为了实现电力系统的经济运行，除了进行合理的规划设计外，还须对整个系统实施最佳经济调度，实现火电厂、水电厂及核电站负荷的合理分配，同时还要提高整个系统的管理技术水平。

概括地说，对电力系统的基本要求就是：保证对用户不间断地供给可靠、优质、充足而又价廉的电能。

3.3 发电厂

发电厂是电能的生产者，它将化石能源（煤、石油、天然气）、自然能源（水能、风能、太阳能等）以及核能源等一次能源转换为易于传输、便于使用的电能。

3.3.1 火力发电厂

将煤、石油、天然气等作为燃料的发电厂称为火力发电厂，简称火电厂。该类电厂通过燃烧燃料，将燃料内储存的化学能转换为热能，再借助于汽轮机等热力机械将热能变换为机械能，最后再由发电机将机械能变为电能。火电厂在电力系统中所占比重最大。

火电厂可分为凝汽式火电厂和热电厂。凝汽式火电厂是单一生产电能的电厂，而热电厂既生产电能，又向用户提供热能。由于供热距离不能很远，一般热电厂建在临近热负荷的地区，装机容量也不大。凝汽式火电厂一般建在燃料产地，以节省燃料运输费用，往往这类电厂的装机容量很大，通常所说的火电厂指的就是凝汽式火电厂。按主蒸汽温度和压力，火电厂又可分为低温低压电厂、中温中压电厂、高温高压电厂、超高压电厂、亚临界压力电厂和超临界压力电厂。主蒸汽温度和压力越高，单机发电容量越大。

火电厂包括锅炉、汽轮机、发电机以及相应的辅助设备，这些设备通过管道或线路连接，完成化学能→热能→机械能→电能的能量转换，其生产过程如图3-11所示。

原煤从产地运进电厂后，先放入原煤仓，然后经输煤带送入原煤斗并落入磨煤机，煤被磨成很细的煤粉后，由排粉机将其抽出，随同热空气送入锅炉的燃烧室进行燃烧。燃烧时放出的热量一部分被燃烧室四周的水冷壁吸收，一部分加热燃烧室顶部和烟道入口处的过热器中的蒸汽，余下的热量被烟气携带穿过省煤器、空气预热器，把热量传递给这两个设备内的蒸汽、水和空气。烟气经除尘器净化处理后，由引风机导入烟囱，并排入大气。燃烧时所生成的灰渣和除尘器收集下来的细灰，用水冲进灰沟排到场外灰场。

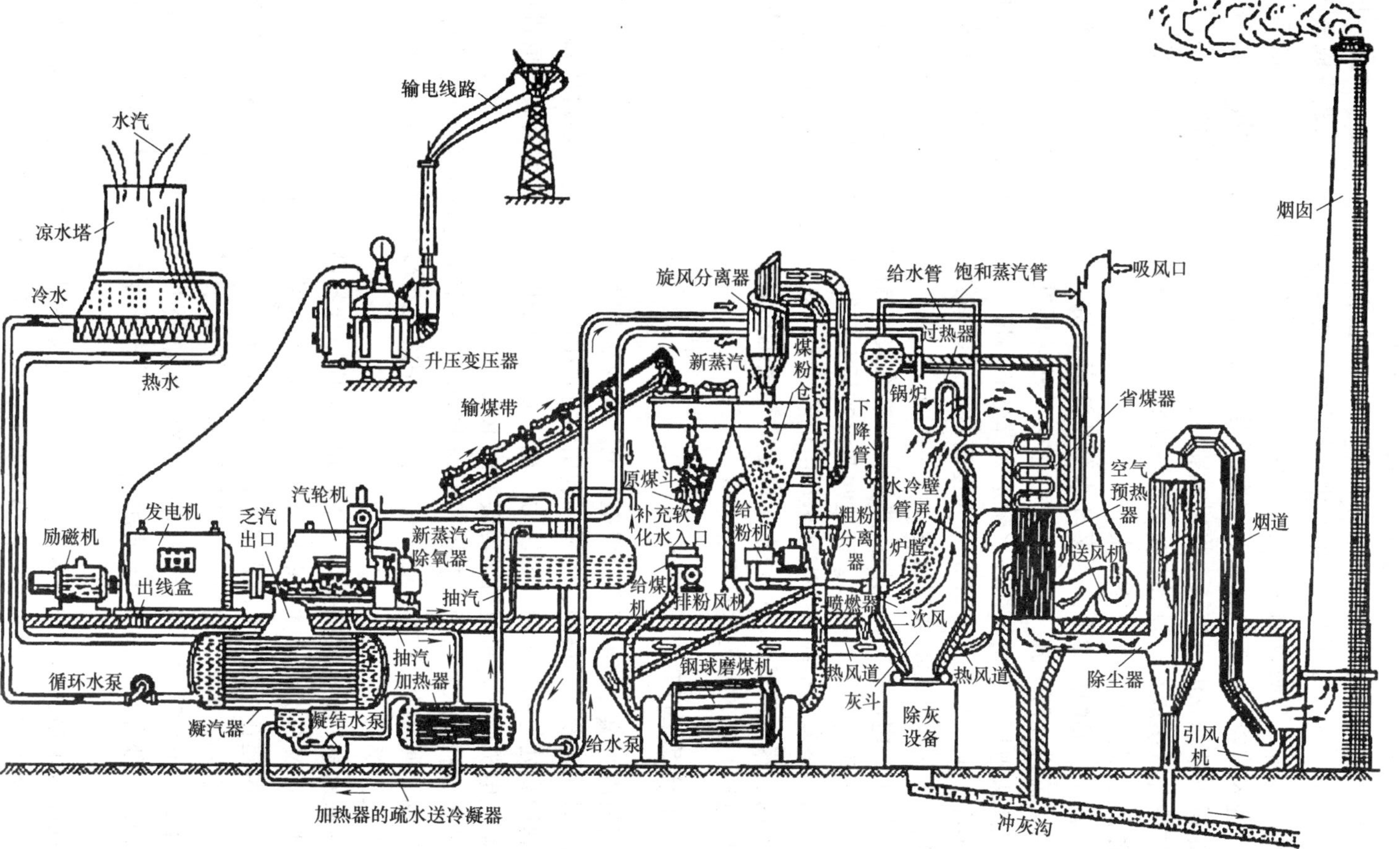

图 3-11　凝汽式火电厂生产过程示意图

燃烧用的助燃空气，由送风机送入空气预热器加热，加热后的热空气小部分进入磨煤机用于干燥和输送煤粉，大部分则进入燃烧室参与助燃。

水和蒸汽是热能转化成机械能的重要工质。净化后的给水，先送入省煤器预热，然后进入锅炉顶部的汽包，再降入水冷壁管中，待其吸收燃烧室内的热能后蒸发成蒸汽。该蒸汽流经过热器时，进一步吸收烟气的热量而变为高温高压的过热蒸汽，然后经过主蒸汽管道进入汽轮机。进入汽轮机的蒸汽在喷管里膨胀而推动汽轮机转子高速旋转，将热能转换为机械能。汽轮机再带动发电机旋转，将机械能转换成电能。做完功后的蒸汽（称为乏汽）在冷凝器中被冷却凝结成水。凝结水经除氧器除氧，再经加热器加热后，用给水泵重新送入省煤器进行预热，以便被继续循环使用。

冷凝器所需要的冷却水，由循环水泵从江河上游（或冷水池）打入，冷却水在冷凝器中吸热后，流进江河下游（或冷却塔）散热，然后再进入循环水泵。

凝汽式火电厂中，由于循环水带走大部分的热量，造成了热能的损失。因而这类电厂的热效率不高，通常为30%～32%。为提高电厂热效率，可采用高温高压的蒸汽参数和大容量的汽轮发电机组，此时效率可达34%～40%。

热电厂生产电能的同时也生产热能，与凝汽式火电厂生产过程不同之处是，在汽轮机的中段抽出了供热能用户的蒸汽，而这些蒸汽实际上已经在汽轮机中做了一部分功，再将这些蒸汽引入到一个给水加热器中去加热热用户的用水，或直接把蒸汽供给热用户。显然，因进入冷凝器内的蒸汽量减少，循环水所带走的热量也随之减少，从而提高了热电厂的热效率。现代化热电厂的热效率可达60%～70%。

3.3.2 水力发电厂

利用河流所蕴含的水能资源发电的电厂称为水力发电厂，简称水电厂。水能资源是一种廉价的、对环境没有污染的、可循环利用的可再生能源。这类电厂通过从高处的河流或水库引水，利用高处与低处之间水的压力或流速冲动水轮机旋转，将水能转变成机械能，然后水轮机带动发电机旋转，再将机械能转变成电能。

为了充分利用水能资源，获得尽可能大的上、下游水位差（落差），针对河流的自然条件建造适合于河流特点的水工建筑物。按照集中落差方式的不同，水电厂分为堤坝式、引水式和混合式三类。

堤坝式水电厂利用拦河筑坝的方式建成水库以保持高水位。根据厂房与坝的位置不同，堤坝式水电厂又分为坝后式水电厂和河床式水电厂两类。坝后式水电厂单独筑坝，坝身高，水位高，厂房建在坝后，不承担水压，如图3-12所示。这类电厂在我国应用较多，如三峡、三门峡、刘家峡、丰满、白山、丹江口等水电厂均属于坝后式水电厂。

河床式水电厂适用于河床平缓地区，由于水落差小，将厂房和坝建在一起，厂房就是拦河建筑物的一部分，如图3-13所示。我国的葛洲坝水电厂、西津水电厂就属于河床式水电厂。

在河流的上游，当河床坡度较大时，不用建筑堤坝，只通过建隧洞或渠道就能获得较大水落差，这种方式建造的水电厂称为引水式水电厂，如图3-14所示。

根据河流的特点也可建造兼有堤坝式和引水式两种特点的水电厂，称为混合水电厂。

往往一条河流的天然落差很大，受技术条件和自然环境因素的制约，可对河流进行合理

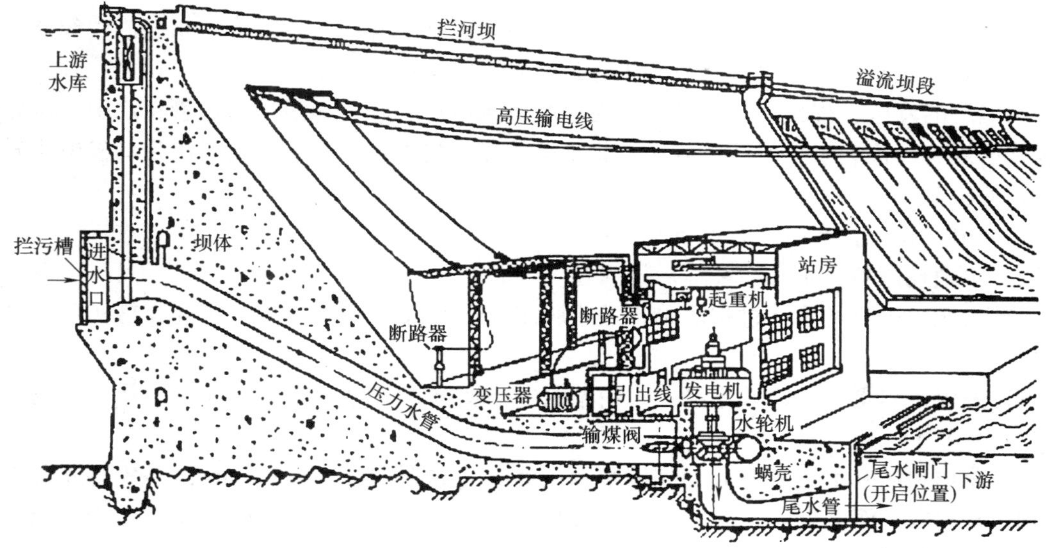

图 3-12　坝后式水电厂

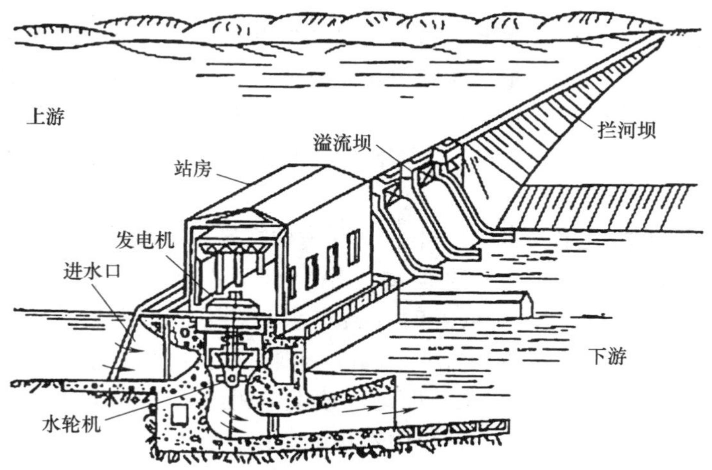

图 3-13　河床式水电厂

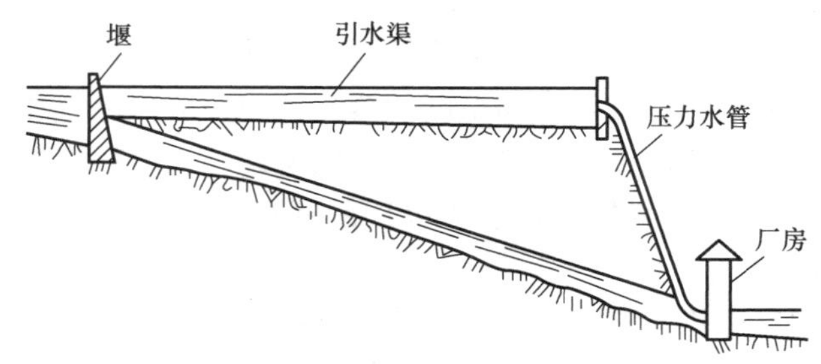

图 3-14　引水式水电厂

的分段开发利用。在河段上有若干个不同类型的水电厂，一个接一个，成阶梯状的分布，将这类水电厂称为梯级水电厂。目前在金沙江下游已经开始梯级开发建造乌东德、白鹤滩、溪洛渡、向家坝四座大型水电厂，总装机容量将是三峡电站的两倍。

水电厂的发电过程比火电厂简单。无论哪类水电厂，均是通过压力水管将水引入水轮机的螺旋形蜗壳，推动水轮机转子旋转，将水能转变为机械能，水轮机转子再带动发电机转子旋转，使机械能变为电能。

与火电厂相比，水电厂有如下几个特点：

1）不消耗燃料，不存在环境污染问题。

2）由于水电厂的生产过程简单，因此所需的运行维护人员较少，并且容易实现生产自动化。

3）发电成本低，生产效率高，大中型水电厂发电效率约为80%～90%，成本约为火电厂的1/3～1/4。

4）水电机组从静止状态起动到满负荷运行，正常时只需要4～5min，事故时还可以缩短到1min左右，而火电厂则需数小时，因此水电厂能适应负荷的急剧变化，适于承担系统的峰荷和备用作用。

5）解决了发电、防洪、灌溉、航运等多方面问题，从而实现河流的综合利用，使国民经济取得更大效益。

但是，需要指出的是，由于水电厂需要建设大量的水工建筑物，因此相较于火电厂，水电厂建设工期长、投资大，特别是水库建设将淹没一部分土地，从而给农业生产带来不利影响；另外，水电厂运行方式受气象、水文等条件影响，有丰水期、枯水期之分，因而发电出力不如火电厂稳定；更不容忽视的是，大型水电工程的兴建，在一定程度上破坏了自然界的生态平衡。

除上面提到的用于发电用的水电厂外，还有一种特殊形式的水电厂——抽水蓄能电厂。该电厂在上、下游均有水库和引水建筑物，并配有可逆式水轮发电机组，其示意图如图3-15所示。当电力系统负荷处于低谷时（或丰水时期），利用系统内多余电力，将下游水库中的水抽到上游水库，以水的位能形式储存起来；当电力系统负荷处于高峰时（或枯水时期），再将上游水库中的水放出来，驱动水轮发电机组发电，此时做过功的水又回到下游水库。显然，抽水蓄能电厂在电力系统中不仅能蓄能，而且还能起到调峰平谷的作用。

3.3.3 核电站

自1951年在美国加利福尼亚州建成世界上第一个实验性100kW核电站以来，许多国家纷纷建设了核电站。核电站利用核燃料在反应堆内发生核裂变释放出大量热能，这些热量将蒸汽发生器内的水加热成具有一定压力和温度的蒸汽，与一般火电厂相同，蒸汽推动汽轮机旋转，再带动发电机旋转，从而产生电能。可见，核电站与火电厂不同之处在于所使用的燃料为核燃料，并且核-蒸汽发生系统替代了火电厂的锅炉生产蒸汽系统。所以，核电站中的反应堆又被称为原子锅炉。

能够控制核裂变的反应堆是核电站的重要核心设备。世界上使用的核反应堆有轻水堆型、重水堆型和石墨气冷堆等。其中，目前使用较多的反应堆是将水作为慢化剂和冷却剂的轻水堆型，它又包括沸水堆型和压水堆型两种。图3-16为沸水堆型核电站的生产过程示意

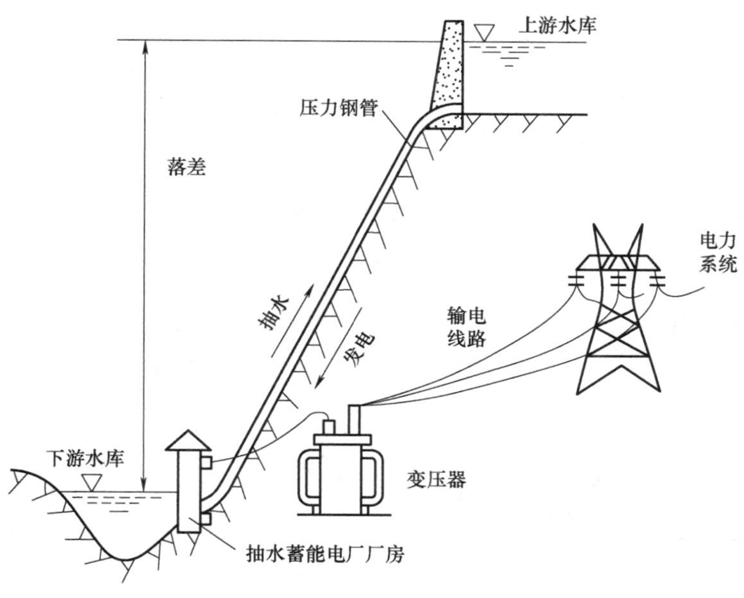

图 3-15　抽水蓄能电厂

图，在沸水堆内水被加热沸腾成为蒸汽，直接引入汽轮机做功，工作过的乏汽经冷凝成水后，再用泵打回反应堆。整个热力系统简单，由单回路构成，但有可能使汽轮机等设备受到放射性污染，从而使这些设备的运行、维护和检修复杂化。为了克服此缺点，采用图 3-17 所示的双回路系统的压水堆。这种堆型增设了一个蒸汽发生器，从反应堆引出来的高温水在蒸汽发生器内将热量传递给另一个独立回路的水，使其被加热成为高温蒸汽，以推动汽轮机，做完功的乏气冷凝成水后，再用泵打回蒸汽发生器中。由于在蒸汽发生器内两个回路彼此独立、互相隔离，所以汽轮机等设备不会受到放射性污染。

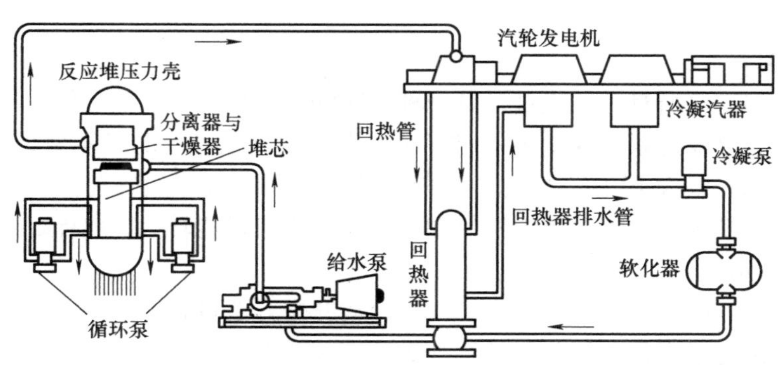

图 3-16　沸水堆型核电站的生产过程

核电站有许多优点，首先，可以节省大量煤、石油和天然气，并节省了燃料运输费用。例如，一座容量为 500MW 的火电厂一年耗煤 150 万吨左右，而同容量的核电站只需要核燃料 600kg。其次，反应堆不需要空气助燃，所以核电站可建在地下、山洞中、水下或空气稀薄的高原地区。另外，尽管核电站的建设投资比火电厂和水电站高，但发电成本低，并且电

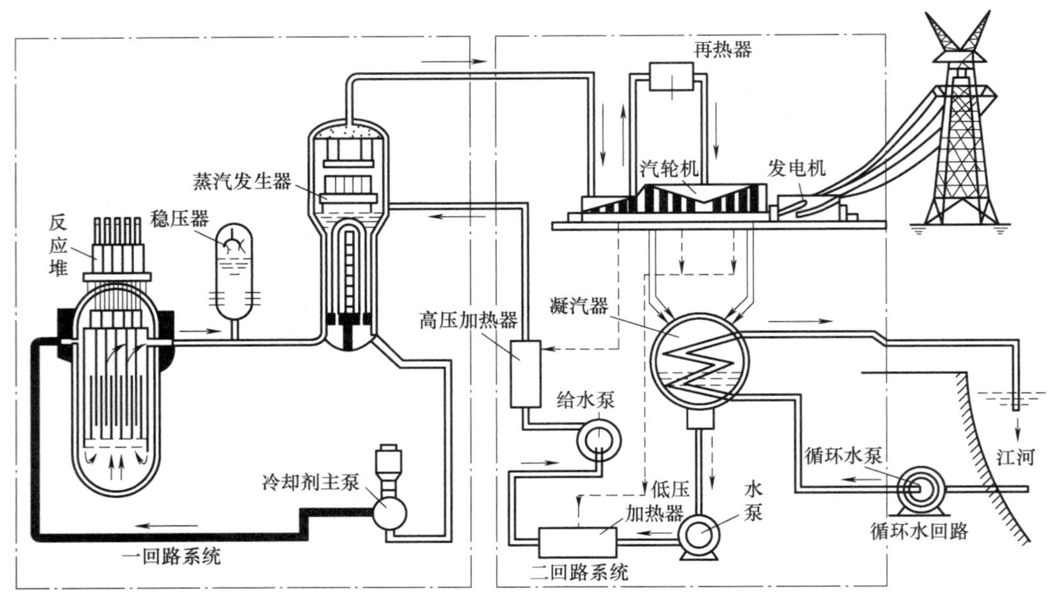

图 3-17 双回路系统的压水堆

站规模越大，每千瓦投资费用下降越多。

3.3.4 其他可再生能源发电

进入 21 世纪以来，利用化石能源发电正面临着资源日益枯竭和环境污染日趋严重的双重压力，以环保和可再生为特质的新能源越来越得到重视。新能源在中国是指除常规化石能源和大中型水力发电、核裂变发电之外的风能、太阳能、地热能、生物质能以及潮汐能等一次能源。这些能源资源丰富、可以再生、清洁干净，其替代化石能源是历史发展的必然趋势。

1. 风力发电

风能是流动的空气所具有的能量，是一种洁净的、可再生的自然能源，同时风能的储量十分丰富。全世界风能总量约为 2.74×10^9MW，其中可开发利用的风能为 2×10^7MW，比地球上可利用的水能总量大 10 倍。因此，风能的开发利用有着广阔的前景。风力发电，就是利用风轮将风能转换为机械能，风力机带动发电机再将机械能转换为电能。风力发电的基本原理如图 3-18 所示。

在风能资源良好的地区，将几十台、几百台或几千台单机容量从数十千瓦、数百千瓦直至兆瓦级以上的风力发电机组按一定的阵列布局方式成群安装而组成的风力发电机群体，称为风力发电场，简称风电场。风电场发出的电能经变电设备送往大电网，更加充分地开发可利用的风能资源，是近年来风力发电发展的主要方向。

风力发电系统可分为恒速恒频风力发电系统和变速恒频风力发电系统。

恒速恒频风力发电系统的基本结构如图 3-19 所示。自然风吹动风力机旋转，风能转化为机械能，再经齿轮箱升速后驱动异步发电机将机械能转化为电能。其发电机组具有结构简单、成本低、过负荷能力强以及运行可靠性高等优点，是目前主要的风力发电设备。

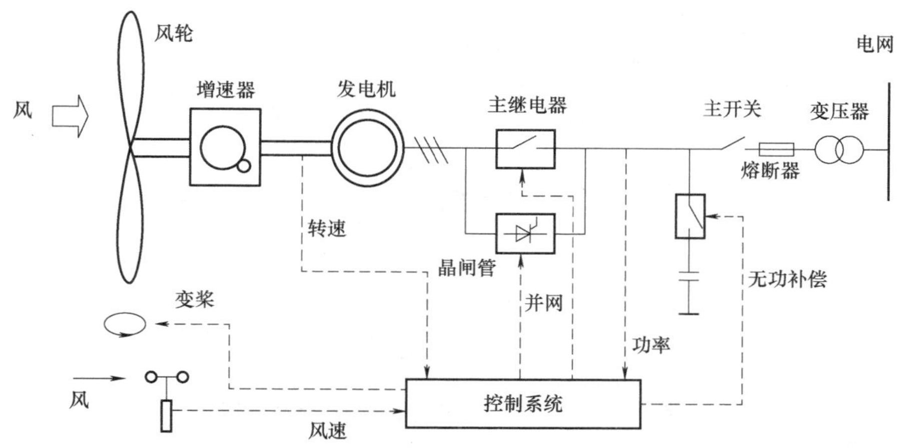

图 3-18　风力发电基本原理

变速恒频风力发电系统的发展主要依赖于大容量电力电子技术的成熟，从结构和运行方面可分为直接驱动的同步发电机系统和双馈感应发电机系统。在如图 3-20 所示的直接驱动的同步发电机系统中，风力机与发电机直接相连，不需要经过齿轮箱升速，发电机输出电压的频率随发电机转速而变化，再通过交-直-交或者交-交变频器与电网相连，在电网侧得到频率恒定的电压。

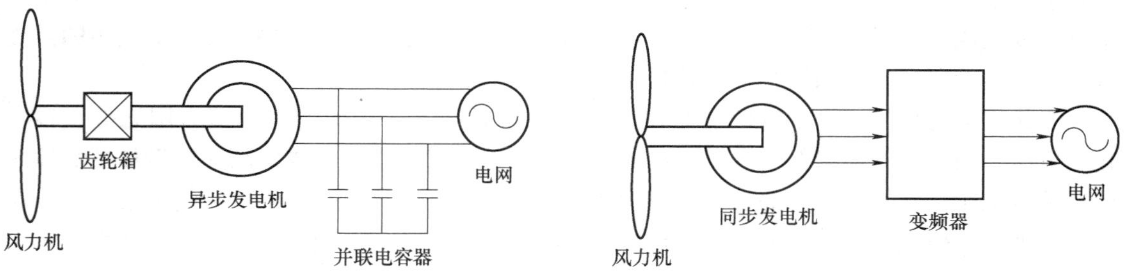

图 3-19　恒速恒频风力发电系统的基本结构

图 3-20　直接驱动的同步发电机系统

双馈感应风力发电机组的基本结构如图 3-21 所示。其定子绕组直接接入电网，转子采用三相对称的绕组，经背靠背式的双向电压源变频器与电网相连接，从而向发电机转子绕组提供交流励磁电流。发电机既可以低于同步转速（亚同步）运行，也可以高于同步转速（超同步）运行，变速范围宽。

变速恒频风力发电机组实现了发电机转速与电网频率的解耦，降低了风力发电机和电网之间的相互影响，但它的结构复杂、成本高、技术难度大。随着电力电子技术的不断提高，特别是双馈感应发电机系统，不仅改善了风力发电机组的运行性能，还大大降低了变频器的容量，成为今后主要的风力发电设备。

2. 太阳能发电

在太阳内部连续不断的核聚变释放出巨大的能量，该能量以光辐射的形式向宇宙空间发射，太阳光辐射的这种能量就是太阳能。太阳能不仅资源丰富而且还是地球上许多能源的来

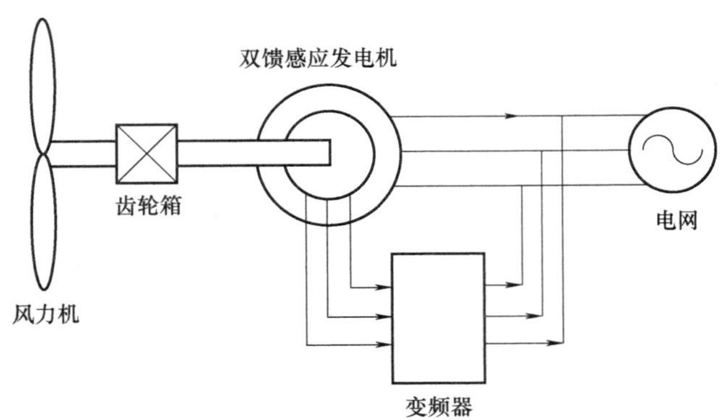

图 3-21　双馈感应风力发电机组的基本结构

源，如风能、水的势能等，它既可以免费使用，又无需运输，对环境无任何污染，因此太阳能发电对我国电力行业实现可持续发展具有重大的意义。但太阳能的能流密度较低，还具有间歇性和不稳定性，给开发利用带来困难。

太阳能转换为热能、电能以及化学能后可以被人们所使用。目前太阳能发电形式主要有太阳能光发电和太阳能热发电。

（1）太阳能光发电

太阳能光发电是一种光能转换成电能的太阳能发电方式，包括光伏发电、光感应发电、光化学发电和光生物发电，其中光感应发电和光生物发电还处于原理性实验阶段，光化学发电具有发电成本低、工艺简单等优点，但工作稳定性等问题有待于解决，被广泛应用的是光伏发电，通常所说的太阳能光发电就是指光伏发电。

光伏发电是根据光生伏打效应原理，利用太阳能电池（光伏电池）将太阳光能直接转化为电能。当太阳光照射在半导体材料的太阳能电池上时，电池吸收了的光能破坏了晶体内的共价键电子，激发出更多的自由电子和空穴，自由电子与空穴在 PN 结两侧集聚形成电位差，当外部电路接通时，在该电压的作用下，将会有电流流过，向外部电路输出功率。单个的太阳能电池不能作为电源使用，而要用若干片电池组成电池阵进行发电。

由于在白天和夜间、晴天和阴天以及不同的季节，太阳的照射强度不相同，因此为了保证供电可靠性，光伏发电需要蓄电池来存储太阳能电池受光照时所发出的电能。太阳能电池产生的是直流电，而大多用电设备用的是交流电，所以光伏发电系统中需要有逆变装置，将直流电转换为交流电以供给交流负载。图 3-22 给出了光伏发电系统的组成结构。

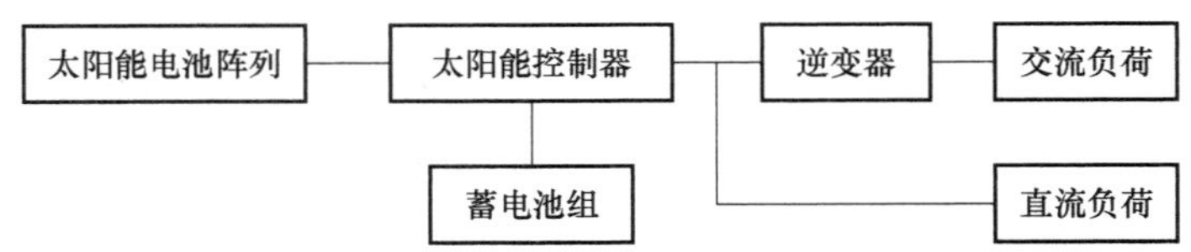

图 3-22　光伏发电系统的组成结构

光伏发电也有离网和并网两种运行方式。离网运行方式大多用于偏远的无电地区，而且以户用和村庄用的中小系统居多。采用并网运行的光伏发电系统不需要配备蓄电池，逆变器的输出通过分电盘分别与本地负荷和电网相连。当光伏发电功率大于本地负荷时，输出的电量一部分供本地负荷使用外，剩余的电量流向电网；当光伏发电功率小于本地负荷时，不足的电量部分由电网提供。

（2）太阳能热发电

太阳能热发电是将太阳辐射能转换为热能，再通过各种发电装置将热能转换为电能的发电技术。

太阳能热发电有两种类型，一类是将聚集的太阳能由热能直接转换为电能进行发电，如半导体或金属材料的温差发电、真空器件中的热电子和热离子发电以及碱金属热电转换和磁流体发电等。这类发电的特点是发电装置本体没有活动部件，该发电技术暂时还不成熟，尚处于原理试验阶段。另一类是利用太阳热能间接发电，将太阳热能转变为工质的热能，通过热力机（如涡轮）将热能转换成机械能，再通过发电机将机械能转换为电能，现在所说的太阳能热发电就是指该类发电。在这类发电中能量转换过程与火力发电相类似，只是其热能是由聚集的太阳能转换而来，也可以说用“太阳锅炉”代替了火电厂的常规锅炉，图3-23所示为典型太阳热发电站热力循环系统原理图。

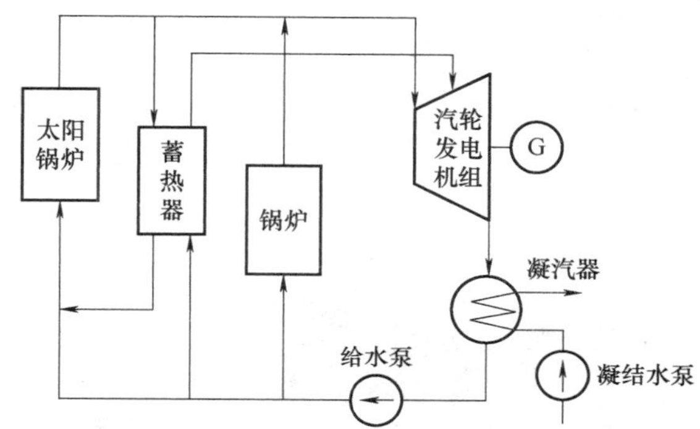

图3-23　典型太阳热发电站热力循环系统原理图

太阳能热发电的种类不少，但总是经过太阳辐射能→热能→机械能→电能的能量转换。

3. 地热发电

地球是一个巨大的热仓库，根据科学家的推算，全球潜在地热能源的资源量约为 14.5×10^{25}J，相当于 4.948×10^{16}t 标准煤的热量。地热发电是利用超过沸点的中、高温地热蒸汽直接进入并推动汽轮机，从而带动发电机发电，或者通过热交换利用地热来加热某种低沸点的工作流体，使之变成蒸汽，然后进入并推动汽轮机，带动发电机发电。发电过程如图3-24所示，其生产过程与火电厂相似，不同之处在于使用的燃料不同。

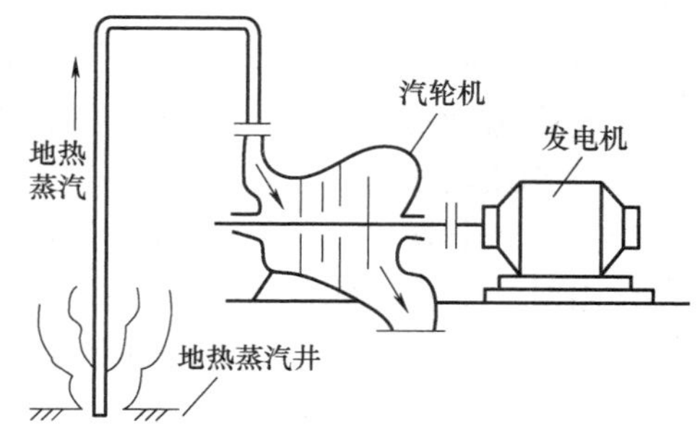

图3-24　地热发电过程示意图

在我国的地热资源开发中，经过多年的技术积累，地热发电效益显著提升。除地热发电外，还可以直接利用地热能进行建筑供暖、发展温室农业和温泉旅游等。目前对地热能的直接利用发展十分迅速，已有着广泛的应用，并收到了良好的经济技术效益。

全国已经基本形成以西藏羊八井为代表的地热发电、以天津和西安为代表的地热供暖、以东南沿海为代表的疗养与旅游和以华北平原为代表的种植与养殖的开发利用格局。

4. 潮汐发电

广阔的海洋是地球的资源宝库，海洋中蕴藏着巨大的能源，现代海洋能源开发主要是指利用海洋能发电。利用海洋能发电的方式很多，其中包括波浪发电、潮汐发电、海水温差发电和海水含盐浓度差发电等，而目前已开发利用海洋能发电主要是潮汐发电。全球海洋中潮汐能的理论蕴藏量约有27亿kW，可开发利用的约为5400万kW。我国潮汐能资源丰富，理论蕴藏量约为1.1亿kW，可开发利用的约为2179万kW。

在涨潮的过程中，汹涌而来的海水具有很大的动能，而随着海水水位的升高，就把海水的巨大动能转化为势能；在落潮的过程中，海水奔腾而去，水位逐渐降低，势能又转化为动能。潮汐发电，就是利用海水涨落及其所造成的水位差来推动水轮机，再由水轮机带动发电机发电。其发电原理与一般的水力发电相类似，只是一般的水力发电水流的方向是单向的，而潮汐发电则不同。如果建一条大坝，把大海与临近的海湾隔开，形成一个水库，安装上水轮发电机组，那么涨潮时，海水从大海流向水库，冲击水轮机转动，从而带动发电机发电；而在落潮时，海水又从水库流向大海，则又可从相反的方向带动发电机组发电。在海水潮涨潮落的过程中，电能从电站发出来，发电原理如图3-25所示。

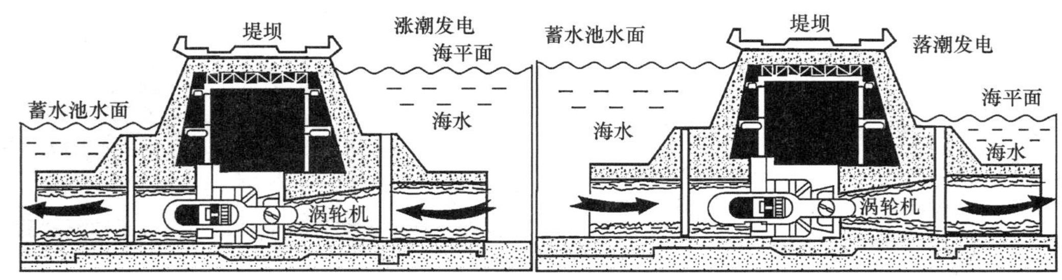

图3-25　潮汐发电原理示意图

潮汐发电有以下三种形式：①单库单向发电，即只用一个水库，仅在涨潮（或落潮）时发电；②单库双向发电，用一个水库，但是涨潮与落潮时均可发电，只是在平潮时不能发电；③双库双向发电，它是用两个相邻的水库，使一个水库在涨潮时进水，另一个水库在落潮时放水，这样前一个水库的水位总比后一个水库的水位高，故前者称为上水库，后者称为下水库。水轮发电机组放在两水库之间的隔坝内，两水库始终保持着水位差，故可以全天发电。

5. 生物质能发电

所谓生物质能，就是所有来源于植物、动物和微生物、除矿物燃料外的可再生物质，即光合作用而产生的各种有机体的总称，是太阳能以化学能形式储存在生物质中的能量形式。它直接或间接地来源于绿色植物的光合作用，可转化为常规的固态、液态和气态燃料，取之不尽、用之不竭，是一种可再生能源，同时也是目前唯一的一种可再生碳源。

生物质能的发电形式有很多种，主要包括农林废弃物燃烧发电、农林废弃物气化发电、垃圾焚烧发电、垃圾填埋气发电、沼气发电等。燃烧发电是将生物质在锅炉中直接燃烧，生产蒸汽带动蒸汽轮机及发电机发电，如城市垃圾发电、秸秆燃烧发电。直接燃烧发电的生产过程如图3-26所示。气化发电是指生物质在气化炉中转化为气体燃料，经净化后进入燃气机中燃烧发电或者直接进入燃料电池发电，如秸秆气化发电。沼气发电技术是近年来兴起的新型发电技术。主要是利用有机废弃物发酵产生沼气，通过沼气在内燃机中燃烧，产生大量的热量，带动汽轮机和发电机转动发电，从而实现了能量的转换，即从化学能转换成方便利用的电能。

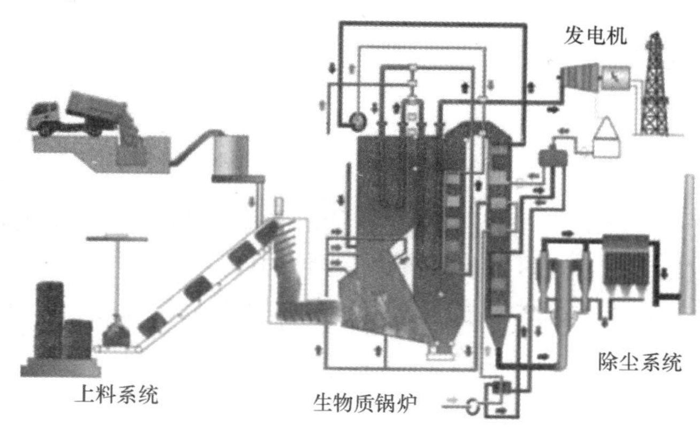

图3-26 直接燃烧发电的生产过程

6. 燃料电池发电

燃料电池中的“燃料”，不同于生活中通过燃烧产生能量的煤、油、气等传统燃料。燃料电池的原理正好和水电解过程相反，是通过特殊的装置，使燃料中的氢和空气中的氧发生化学反应，直接将燃料中的化学能转变成电能。因此，氢和氧是产生电能的“燃料”，而且，它们的化学反应并不发生燃烧。燃料电池产生能量的过程，既不像火力发电那样通过燃料的燃烧将其内部的化学能转变成热能再转变成电能，也不像普通电池那样没有反应物质的输入和生成物的排出，一次性装填化学反应物质后，通过化学反应进行发电，并且化学反应结束就意味着使用寿命到限，同时和蓄电池或锂电池反复充电的方式也不同。实际上，燃料电池并不能“储电”，它更像是一个可大可小的“发电站”。只要源源不断地为燃料电池输入燃料——氢（或其他燃料）和氧，氢和氧反应形成水的过程中会伴随着带电粒子的移动，从而就能持续地输出电能。燃料电池发电如图3-27所示。

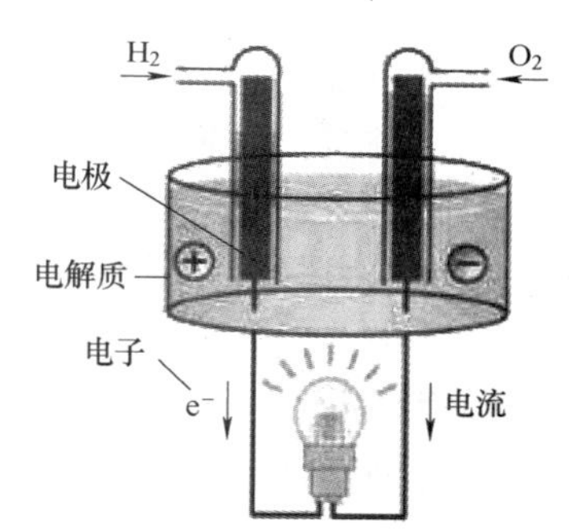

图3-27 燃料电池发电示意图

水中有大量的氢，空气中有大量的氧，这两种“燃料”可以说是取之不尽、用之不竭。因此，燃料电池的燃料是可持续再生的，其发电后所产生的水还可以不断地循环利用，从中再提取氢燃料。燃料电池发电是继火力发电、水力发电和原子能发电后的第四大发电方式。

燃料电池发电的特点是：

1）能量转化率高。由于燃料电池直接将燃料的化学能转化为电能，中间不经过燃烧过程，因而电能转换效率在45%～60%，而火力发电和核能发电的效率在30%～40%。

2）安装地点灵活，燃料电池电站占地面积小，建设周期短，电站功率可根据需要由电池堆组装，十分方便。燃料电池无论作为集中电站还是分布式电站，或是作为小区、工厂、大型建筑的独立电站都非常合适。

3）负荷响应快，运行质量高，燃料电池在数秒钟内就可以从最低功率变换到额定功率。

3.4 电力网和变电站

3.4.1 电力网

在电力系统中，通常将输送电能和分配电能的设备（输电线路和变电设备）组成的网络称为电力网（简称电网）。由图3-9可清晰看到，电力网由输电线路以及由其所联系起来的各级变电站构成，在电力系统中担负着对电能的输送和分配任务，因此电力网可分为输电网和配电网。

1. 输电网

输电网主要是将远离负荷中心的发电厂的大量电能经过升压变压器，再通过高压输电线路送到邻近负荷中心的枢纽变电站。同时，输电网还具有连接相邻电力系统和连接相邻变电站的作用，又或向容量特大的用户直接供电。输电网的额定电压通常在220kV及以上的电压等级，其结构直接与电力系统运行的安全性和经济性密切相关，是整个电力系统的骨架或主干电网。按供电范围和电压等级可将输电网分为三类：地方电力网、区域电力网和超高压远距离输电网。

1）地方电力网是指电压不超过110kV、供电半径在20～50km以内的电力网。一般城市、工矿区和农村配电网属于地方电力网。

2）区域电力网是指电压在110～220kV、供电半径超过50km的电力网。这类电力网联系发电厂较多，目前，我国大部分省（自治区）的电力网属于区域电力网。

3）超高压远距离输电网是指电压在330kV以上，由远距离输电线路连接构成的电力网。该类电力网往往联系几个区域性电力网形成跨省（自治区）的电力网，如我国的东北、华北、华中等大区电力系统就属于这一类型。

2. 配电网

配电网是指电力系统中与用户相连并向用户分配电能的电网，按电压高低可分为：高压配电网，电压一般在35～110kV；中压配电网，电压一般在1～10kV；低压配电网，电压为220/380V。

3.4.2 变电站

变电站在电力网中起着变换和分配电能的作用，其除有升压和降压之分外，还可分为区域变电站、地方变电站以及终端变电站等。

1）区域变电站（又称枢纽变电站）位于联系电力系统各部分的枢纽点，地位重要，电压等级为330kV及以上，进出线回路数多，一般汇集多个电源和大容量联络线。该变电站一旦停电，将引起整个系统解列，甚至造成部分系统瘫痪。枢纽变电站对电力系统的稳定性和可靠性起重要作用。

2）地方变电站（又称二次变电站），是一个地区或一个中小城市的主要变电站，电压等级一般为110～220kV，主要向地区或城市用户供电。该变电站停电将造成该地区或城市供电的紊乱。

3）终端变电站（又称配电站），是电力系统最末端的用户变电站，多数是工业企业变电站和城市居民小区、商业网点及农村的乡镇变电站，电压等级一般为 110kV，直接向一个局部地区用户供电，不承担转送功率任务。该变电站停电将造成用户供电的中断。

图 3-28 为变电站内示意图。变电站内除变换电压作用的主要变电设备变压器之外，还有闭合和断开电路的开关设备、汇集电能的母线、计量和控制用的互感器和仪表、继电保护装置和防雷保护装置以及调度通信等装置。另外，有的变电站还设有无功补偿设备（同步调相机、静电电容器等）。

图 3-28　变电站内示意图

1. 变压器

变压器是电力系统中的重要电器设备，其功能是将电力系统中的电压升高或降低，以利于电能的合理输送和分配。

由于制造上的困难，发电机的电压不可能很高（目前在 20kV 以下），所以在发电厂中要用升压变压器将发电机的电压升高，才能将大量的电能送往远处的用电地区。而在用电负荷处，再用降压变压器将电压降低到适当的数值供用户电气设备使用。变压器的结构图如图 3-29 所示。

变压器的调压方式有无载调压和有载调压两种，无载调压是指变压器在停电、检修情况进行调节分接开关位置，从而改变变压器电压比，以实现调压目的；有载调压是指变压器在运行中可以通过调节机构直接调节分接开关位置，从而改变变压器电压比，以实现调压目的。无载调压的调压范围较窄，调节级数较少，通常额定调压范围以变压器额定电压的百分数表示为 $\pm 2\times 2.5\%$；有载调压的调压范围较宽，调节级数较多，通常额定调压范围以变压器额定电压的百分数表示为 $\pm 8\times 1.25\%$。

2. 高压断路器

高压断路器是发电厂、变电站一次系统中的重要开关设备，它用来切断和接通负荷电路，以及切断故障电路，防止事故扩大，保证安全运行。为实现正常及故障情况下电路的开断和闭合，断路器必须具有熄灭电弧的能力，否则长时间燃烧的电弧不仅烧毁断路器本身，还会给系统运行带来不堪设想的严重后果。

高压断路器之所以能熄灭电弧，在于其结构中有灭弧室。高压断路器按灭弧介质的不同

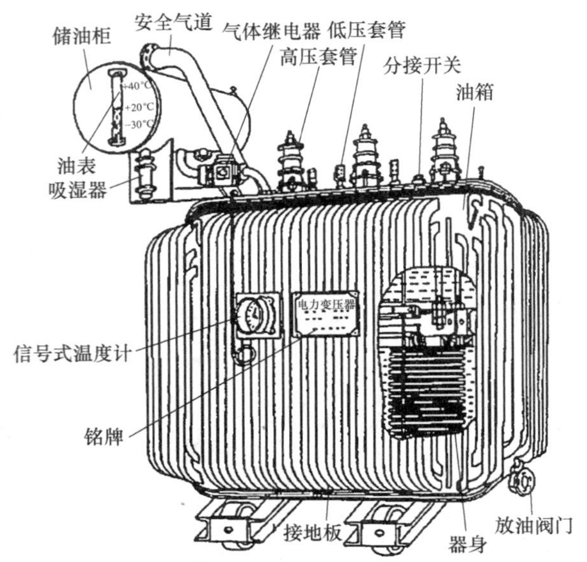

图 3-29　变压器的结构图

可分为以下几类：

1）油断路器，指触头在变压器油中开断，利用变压器油为灭弧介质的断路器。如以油为灭弧介质的少油断路器，和以油为灭弧介质及绝缘介质的多油断路器。少油断路器重量轻、体积小、用钢和油量少、价格低，但是不能频繁操作，主要用于 6～35kV 的室内配电装置。多油断路器结构简单、工艺要求低，但体积大、用钢和油量较多、检修工作量大、易发生爆炸和火灾，一般情况下不采用。

2）压缩空气断路器，指利用高压力的空气来吹弧的断路器。吹弧所用的空气压力一般在 1013～4052kPa 范围内。这种断路器的断路能力大、动作时间快、尺寸小、重量轻、无火灾危险，但结构复杂、价格贵、需要装设压缩空气系统，主要用于 110kV 及以上对电气参数和断路器时间有较高要求的系统中。

3）六氟化硫（SF_6）断路器，指利用高压力的 SF_6 来吹弧的断路器。其压力一般在 1013～1519.5kPa 的范围内。该断路器的断流能力强、灭弧速度快、操作维护和检修都很方便，但检修周期长、加工精度和密封性能要求高、价格昂贵，适用于频繁操作及有易燃易爆的危险场合。SF_6 断路器外形结构如图 3-30 所示。

图 3-30　SF_6 断路器外形结构

4）真空断路器，指触头在真空中开断，以真空为灭弧介质和绝缘介质的断路器，要求真空度在 10^{-4}Pa 以上。真空断路器的静触头和动触头均放置在真空的玻璃泡中，因而熄弧快，触头不致氧化，也没有变压器油的火灾危险性。但由于真空度要求高，所以密封比较困难，主要用于操作频繁的配电系统上。

5）磁吹断路器，指在空气中由磁场将电弧吹入灭弧栅中使之拉长、冷却而熄灭的断路器。

高压断路器按照安装地点又分为屋内式和屋外式，使用时必须结合断路器各自的特点及使用的具体条件来选用。

3. 隔离开关

隔离开关（又称为刀闸）是一种没有灭弧装置的开关设备，一般只用来闭合和开断有电压无负荷的线路，而不能用来开断负荷电流和短路电流。它需要与断路器配合使用，由断路器来完成闭合和开断任务。隔离开关是电力系统中使用较多的电器，主要是为了将停役的电气设备与带电电网隔离，以形成安全的电气设备检修断口，建立可靠的绝缘回路。隔离开关在使用时应注意以下几方面：

1）合闸时，静触头与闸刀接触要紧密。

2）分闸时，静触头与闸刀之间距离要远，必须达到一定的安全距离。

3）绝缘子要保持清洁。

4）操作时严格遵守倒闸操作顺序。

隔离开关按使用场所分为户内式和户外式两大类；按绝缘支柱数目分为单柱、双柱及三柱式（如图3-31所示）；按闭刀的运动方式分为水平旋转式、垂直旋转式、摆动式和插入式；按有无接地闸刀分为有接地闸刀和无接地闸刀；按操作机构不同分为手动、电动和气动等类型。

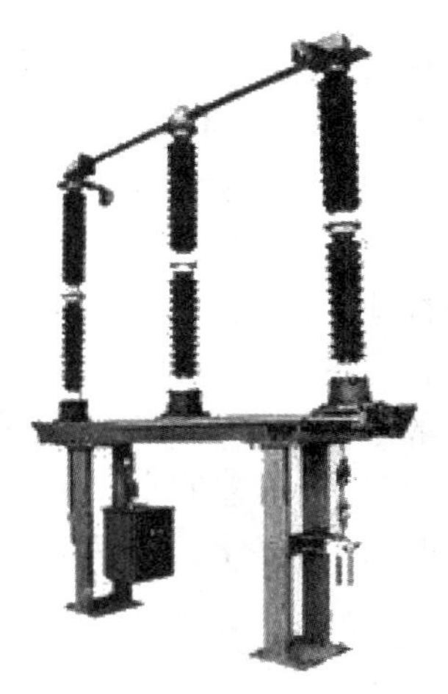

图3-31 三柱式户外隔离开关

4. 互感器

互感器是一种电压电流变换设备，原理上类似于变压器。变电站中各种测量、保护和监视设备都属于低压系统，这些设备都不能直接接入到变电站的高压系统上，需通过互感器把高压设备上的大电压、大电流转换为各种仪器仪表能接受的小电压、小电流。另外经过互感器把高压系统和二次回路隔离开，可以有效地保证人员和设备的安全。

同时，为了确保工作人员在接触测量仪表和继电器时的安全，互感器的二次侧线圈必须可靠地接地。以防止互感器的一、二次绕组间的绝缘损坏时，一次电路上的高压加到测量仪表和继电器上，危及工作人员的安全。

互感器分为电压互感器（TV）和电流互感器（TA）。

（1）电压互感器

电力系统中的电压互感器按其工作原理分为电磁式和电容式两种，其中采用较多的是电磁式电压互感器。类似一台小容量变压器，由于其二次侧负荷比较恒定，所接测量仪表和继电器的电压线圈阻抗很大，通过的电流很小，因此在正常运行时，电压互感器接近于空载状态。为规范起见二次侧额定电压规定值为100V和$100/\sqrt{3}$V。

电压互感器在运行中，二次侧绝对不能短路。这是因为如果短路，在二次回路中会产生很大的短路电流，使互感器的线圈烧毁。

按照绝缘结构形式，电压互感器可分为干式、浇注式、充气式和油浸式等几种；按照相数，电压互感器可分为单相和三相。

（2）电流互感器

电流互感器同样是根据变压器原理工作的，只是其二次绕组仅与仪表及继电器的电流线圈相串联，仪表和继电器电流线圈的阻抗值很小，因此电流互感器正常运行时二次绕组相当于短路状态，这是它与变压器的主要区别。电流互感器二次侧的额定电流一般为5A或1A。

电流互感器在运行中绝对不允许开路。为了防止二次侧开路，规定电流互感器的二次侧不能装设熔断器。并且，在运行中，若需拆除仪表或继电器，必须先用导线或短路压板将二次回路短接，以防止开路。

电流互感器的种类很多，根据安装地点可分为户内式和户外式；根据安装方式可分为穿墙式、母线式、支持式和装入式；根据绝缘结构可分为干式、浇注式和油浸式；根据原边绕组的匝数可分为单匝式和多匝式等。

5. 防雷设备

为了防止雷电对设备的损害，在电力设备及建筑物上都设置了相应的防雷设备。防雷设备主要有避雷针、避雷线和避雷器。

1）避雷针是防直击雷最常见的措施，它由镀锌圆钢或镀锌钢管制成，安装在高建筑物的最顶端，经接地引下线与接地体很好的连接。由于避雷针离雷云较近，其尖端放电特性可将雷电吸引到自己身上再经接地引下线流入大地，从而达到保护设备的目的。避雷针的保护范围大小，与避雷针的高度、数量及相对位置有关。

2）避雷线是用来保护架空电力线路和露天配电装置免受直击雷的装置，由悬挂在空中的接地导线、接地引下线和接地体等组成，因而也被称为“架空地线”。避雷线和避雷针一样，将雷电引向自身，并将雷电导入大地，使其保护范围内地导线或设备免遭雷击。避雷线一般采用镀锌钢绞线，架设在架空线的上方。

3）避雷器的主要作用是限制过电压以保护电气设备。在被保护设备附近的线路上，落雷时雷电波会沿导线对电气设备形成雷电过电压。另外，断路器操作等也会引起过电压。当过电压超过一定限值时，避雷器自动对地放电降低电压，保护设备；而当放电结束后又迅速自动熄灭电弧，保证系统正常运行。一般避雷器安装在各段母线与架空线的进出口处，靠近被保护设备的电源侧，并且与被保护设备并联。目前使用的避雷器主要有管型避雷器、阀型避雷器和金属氧化物避雷器。

6. 母线

在发电厂和变电站的各级电压配电装置中，将发电机、变压器与各种电气设备连接的导线就称为母线，它起到汇集和分配电能的作用。由于在发电厂和变电站内，进出线之间需要一定的电气安全间隔，所以无法从一处同时引出多个回路；而只有采用母线装置才能保证电路接线的安全性和灵活性，因此在复杂的系统中有必要设置母线。母线有较大功率通过，短路时又承受很大的发热和电动力效应，所以要合理选择母线，以达到安全、经济运行的目的。

母线按照结构分为硬母线和软母线。其中，硬母线多用于电压较低（20kV及以下）的户内配电装置上；而采用多股绞线或钢芯铝绞线制成的母线称为软母线，应用于电压较高（35kV及以上）的户外配电装置上。

母线按照材料分为铜母线、铝母线和钢母线。铜的电阻率低、机械强度高、抗腐蚀性强，但价格高；铝的电阻率略高于铜，但重量轻、价格便宜。因此铝母线应用广泛，只有在大电流和腐蚀性强的环境下采用铜母线。钢的电阻率大，但机械强度高、价格低廉，仅适用于高压小容量电路（如电压互感器）和电流在200A以下的低压及直流电路中，接地装置的接地线多用钢母线。

对于硬母线，按照截面的形式可分为矩形母线、双槽形母线和圆管形母线，散热效果与母线截面形状相关。一般在35V及以下的户内配电装置中采用矩形母线；50MW及以下的发电机出口回路采用单根或多根矩形母线；100MW发电机电流较大，采用双槽形母线；当单机容量在200MW及以上时，由于电流很大，为满足减少周围钢结构件涡流发热、抗短路时母线间巨大电动力的要求，需采用圆管形母线或封闭母线。对于矩形、双槽形、圆管形的硬母线，都要涂上不同颜色的油漆来识别相序，增加辐射散热能力和防腐蚀。其颜色标识如下：

1）三相交流：A相—黄色，B相—绿色，C相—红色。

2）直流：正极—红色，负极—蓝色。

3）中性线：接地中性线—紫色，不接地中性线—白色。

3.4.3 输电线路

输电线路按架设方式的不同可分为架空线路和电缆线路。

1. 架空线路

架空线路主要由导线、架空地线（避雷线）、杆塔、绝缘子和金具等组成如图3-32所示。

（1）导线

导线的作用是传导电流、输送电能，所以要求它们具有良好的导电性能。导线常由铝、钢等材料制成，铜只有在特殊要求时才使用。电压等级（35kV及以上）较高的架空线路大都采用钢芯铝绞线，其内部为单股或多股镀锌钢绞线，以承受拉力；外部为单层或多层铝绞线，以传导电流。这种导线既充分利用了铝线良好的导电性能又具备钢线高强度的机械性能。另外，铝合金绞线（纯铝中加入少量的镁、硅或镁、硅、稀土元素等）和钢芯铝合金绞线也应用得越来越多。

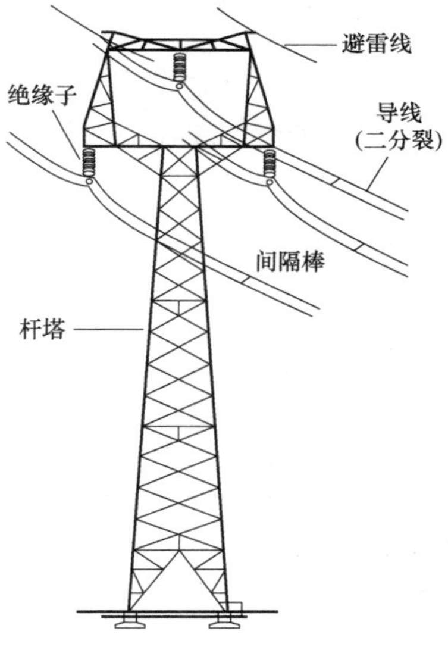

图3-32 架空输电线路结构

需要指出的是，在220kV及以上的输电线路中，为了避免发生电晕现象，通常采用扩径导线和分裂导线，图3-32所示的就是一个二分裂导线。

（2）架空地线（避雷线）

架空地线（避雷线）悬挂于杆塔顶端，当雷击线路时，因其位于导线的上方，雷首先击中架空地线，并将雷电流引入大地，以保护电力线路免受雷击。架空地线一般采用镀锌钢绞线。目前，光纤复合地线（OPGW）在我国得到快速推广应用。它主要包括光纤和金属两部分，光纤完成通信和传输信号，金属部分既保护光纤，又起到避雷线的作用，因此这类地线既是避雷线又是通信线。

(3) 杆塔

杆塔的作用是支撑导线和避雷线，并使导线之间、导线与大地之间保持一定的安全距离。根据杆塔的使用目的和受力情况的不同，架空线路的杆塔大致又可分为直线杆塔、耐张杆塔、转角杆塔、终端杆塔、跨越杆塔和换位杆塔等，如图 3-33 所示。

a) 直线杆塔　b) 耐张杆塔　c) 转角杆塔

d) 终端杆塔　e) 跨越杆塔　f) 换位杆塔

图 3-33　各类杆塔

直线杆塔置于线路走向成直线处。在正常情况下直线杆塔只承受导线自重、覆冰重以及导线所承受的风压，所以这种杆塔在机械强度上要求较低。

耐张杆塔又叫承力杆塔，它是每隔几个直线杆塔就设置的一种能承受较大拉力的杆塔，一个耐张段内的直线杆塔和耐张杆塔布置示意图如图 3-34 所示。耐张杆塔的作用是当线路发生断线或直线杆塔倒塌时，在两侧拉力不平衡的情况下将故障段限制在两个耐张杆塔之间，并便于施工、检修。这种杆塔对机械强度要求较高，结构也较复杂。

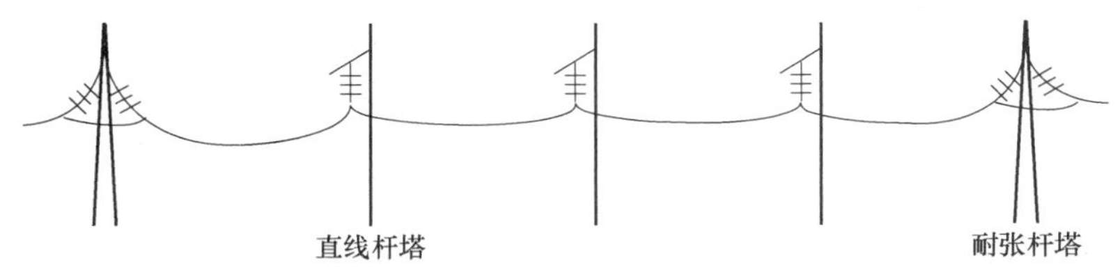

图 3-34　直线杆塔和耐张杆塔布置示意图

另外，装设在线路转角处的转角杆塔，以及发电厂或变电站内承受最后一个耐张档距中导线拉力的终端杆塔，都属于耐张杆塔。跨越杆塔是为了线路跨越河流或山谷等地段时，跨越档距很大所采用的一种特殊杆塔。换位杆塔是为了在一定长度内实现三相导线的轮流换位，以便三相导线的电气参数平衡。

(4) 绝缘子

绝缘子的作用是支撑固定导线并使导线与杆塔之间保持良好的绝缘，它由绝缘部分和金属附件构成。绝缘材料有瓷、钢化玻璃、树脂以及合成材料等。金属附件包括铁脚、钢帽、法兰等。架空线路常用的绝缘子有针式绝缘子、悬式绝缘子、瓷横担、合成绝缘子以及棒式绝缘子等。

(5) 金具

金具用于连接导线，或将导线固定在绝缘子上以及将绝缘子固定在杆塔上，也可用作连接绝缘子或保护绝缘子和导线等。线路金具有很多种，按照用途的不同可分为支持金具、紧固金具、连接金具、接续金具、保护金具等。

2. 电力电缆

电力电缆多用于跨越大的江、湖、海峡等架空线路不能通过的特殊区域、自然环境特别恶劣或严重污染地区、城市居民人口稠密区、线路走廊拥挤地段等。

一般来说，电缆线路的造价较之架空输电线路要高，电压等级越高，二者的差别也越大，且电缆线路的检修也费事、费时。但由于电缆线路不需要在地面上架设杆塔，占用土地面积少、美观、调和绿色的居住环境，且极少受到各种气象因素与外力的影响，因而供电可靠性高，对人身也较安全，其优越性很突出。另外，在过江、穿越海峡以及发电厂、变电站内部，也常用电缆线路。关于电缆结构等知识在第 5 章中有详细介绍。

3.5　电力系统运行与控制

3.5.1　交流系统与直流系统

现代的输电系统输送的电能分为直流电和三相交流电。三相交流输电通过变压器实现了高电压等级输电，提高了输电效率，克服了直流供电容量小、距离短的缺点，同时也比单相交流电更经济。图 3-10 为三相交流输电系统简图。

直流输电不存在交流输电同步发电机并列运行的稳定性问题，但直流输电系统不同于原来的直流系统。现代的直流输电系统中，三相交流电通过换流站整流成直流电，经过高压直流输电线路送到负荷中心所在的另一个换流站，再逆变成三相交流电以供电力用户使用。直流输电系统示意图如图 3-35 所示。

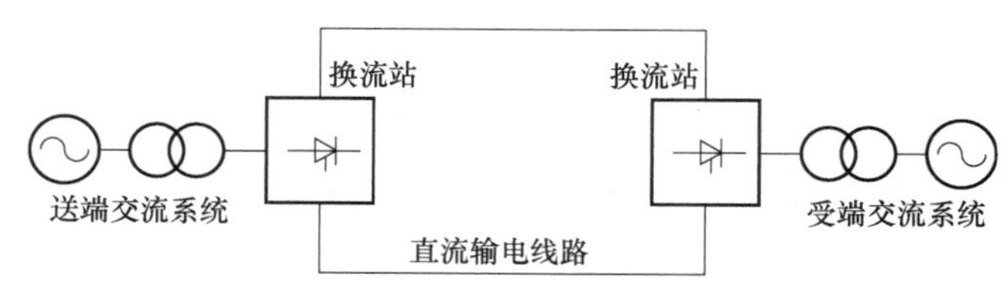

图 3-35　直流输电系统示意图

伴随着特高压交直流快速发展，交直流、送受端耦合日益紧密，故障对电网运行的影响由局部转为全局，新能源特高压直流输电大规模投产，“强直弱交”问题使电网频率和电压稳定问题日益突出。“强直弱交”指的是，超特高压交直流电网中，交流与直流两种输电形态在其结构发展不均衡的特定阶段，直流有功、无功受扰后大幅变化引发起的超出既定设防标准或设防能力的强扰动，冲击承载能力不足的交流薄弱环节，使连锁故障风险加剧，全局性安全水平明显下降的混联电网运行新特性。

特高压直流输电系统为完成可靠的换相，既需要交流电网的电压支持，又需要消耗大量的无功功率。同时，根据特高压直流设计原则，正常工况下直流换流站与系统间不进行无功功率交换，直流本身不向系统提供动态无功，而在系统发生故障的动态过程中，直流需要从系统吸收大量的无功。因此为保证大规模的有功输送，必须匹配大规模的动态无功，即“大直流输电，强无功支撑”。

作为旋转元件的新一代同步调相机，既可以为系统提供短路容量，增大系统有效短路比，又具有更好的无功出力特性，在降低暂态过电压、抑制直流换相失败、利用强行励磁提高系统稳定性等方面具有更强的优势。调相机固有的无功输出特性恰好符合故障期间电网对动态无功的需求。因此，根据国家电网公司战略规划，在“十三五”期间，将在多回超/特高压直流的送受端换流站加装调相机。

3.5.2 电力系统运行状态

电力系统运行时的状态有三种：正常状态、事故状态和事故后状态。

1. 正常状态

在正常状态下，电力系统中有功功率和无功功率的供需达到平衡，电力系统的各母线电压和频率均在正常运行的允许偏差范围内，各电源设备和输配电设备均在规定的限额内。并且电力系统有足够备用容量，使系统能承受正常的干扰，如无故障开断一台发电机或一条线路，不会产生系统中各设备的过载，或电压和频率偏差超出允许范围。同时，电力系统对不大的负荷变化能通过调节手段，从一个正常运行状态连续变化到另一个正常运行状态。

在正常运行状态下，电力系统处于安全、可靠、经济的运行状态。

2. 事故状态

电力系统遭受严重的故障（或事故），其正常运行状态将被破坏从而进入事故状态。电力系统的严重故障主要有：各类的短路故障、突然跳开大容量发电机或大负荷导致电力系统的有功功率和无功功率严重不平衡、发电机失步（不能保持同步运行）等。在事故状态下，如不及时采取相应的控制措施或措施不够有效，电力系统将会失去稳定性。而电力系统稳定性的破坏对电力系统安全运行将产生严重后果，甚至可能导致全系统崩溃，造成大面积停电事故。

电力系统进入事故状态后，应及时通过继电保护和安全自动装置有选择地、快速地切除故障，采取提高安全稳定性措施，避免事故的进一步扩大和发生系统瓦解性的连锁故障。

3. 事故后状态

在事故状态后，借助继电保护装置、自动装置或人工干预，将故障部分从电力系统中切除，从而使电力系统非故障部分可以继续稳定运行。这时，部分发电机或线路（变压器）仍处于断开状态，部分用户仍然停电。严重情况下电力系统可能被分解成几个独立部分。

当电力系统进入事故后状态时，要采取一系列操作和措施恢复电力系统出力和送电能力，尽快恢复对用户的供电，使系统恢复到正常运行状态。

3.5.3　电力系统安全控制

电力系统安全控制的目的是采取各种措施使系统尽可能运行在正常运行状态。在正常运行状态下，通过制定运行计划和运用计算机监控系统实时进行电力系统运行信息（发电机出力、母线电压、系统频率、线路潮流、系统间交换功率等）的收集和处理，在线进行安全监视和安全分析等，使系统处于最优的正常运行状态。同时，在正常运行时，确定各项预防性控制，以应对可能出现的紧急状态，提高处理能力。这些控制内容包括：调整发电机出力、切换网络和负荷、调整潮流、改变保护整定值、切换变压器分接开关等。

当电力系统一旦出现故障进入紧急状态后，则靠紧急控制来处理。这些控制措施包括继电保护装置正确快速动作和各种自动控制装置启动。通过紧急控制将系统恢复到正常状态或事故后状态。当系统处于事故后状态时，还需要用恢复控制手段，使其重新进入正常运行状态。

1. 发电设备的基本控制

发电设备最基本的控制包括频率调节和电压调节。

电力系统的频率调整通过控制电力系统有功功率平衡来实现。系统中的频率是统一的，所有发电机组的原动机均装有调速器，能根据系统负荷的变化自动地调整发电机的输出功率，改变电机的转速，从而将系统的频率控制在一定范围内，这就是电力系统频率的一次调整。对于系统内比较大的负荷变动，仅靠调整原有调速器特性不能够满足对频率的要求，此时还需要人工或自动调频装置改变某些发电厂中发电机调速器特性，将频率调整到要求的范围内，这属于电力系统频率的二次调整。

电力系统的电压调整通过控制电力系统中的无功功率平衡来实现。与频率控制不同，电力系统中各点电压不同，所以电压控制是通过对分布在电力系统各处的电压或无功功率设备进行调节，实现电压稳定。无功功率设备可分为无功功率调节设备和电压调节设备。无功功率调节设备主要包括：发电机、同步调相机、电力电容器、静止无功补偿器和静止无功发生器等。电压调节设备包括带有分接头的变压器、感应调压器等。

2. 设备的继电保护控制

为了准确、快速、灵敏地反应电力系统中发电机、变压器、输电线路等各个主要电气设备的运行状态，对这些设备配置了继电保护，继电保护装置能在设备处于故障以及不正常运行状态时能有选择地动作于跳闸或发出报警信号。继电保护装置是电力系统安全稳定运行不可缺少的重要组成部分。

电力系统的常见故障主要指的是短路故障和断线故障；电力系统不正常的运行状态有过负荷、过电压、非全相运行、非同步运行、同步发电机的短时失磁异步运行等。

继电保护的基本任务是：①自动、迅速、有选择地跳开特定的断路器，将故障元件从系统中切除，保证无故障部分正常运行，减少停电时间，提高系统供电可靠性；②反应电器元件的不正常运行状态，并根据运行维护条件动作于信号、减负荷、跳闸等。

此外，为了保证电力系统安全稳定运行，还装设了自动重合闸、备用电源自动投入、按频率自动减负载、自动发电控制、自动励磁调节、电力系统稳定器等电力系统自动装置。

3. 电网的调度管理

为了保证电力系统安全、可靠、经济向电力用户供电，电力生产过程有着严格统一的调度。系统内各个电厂、变电站都必须接受统一的调度，执行调度命令。在正常运行条件下，随时保持电力供需平衡，保证所有运行设备的电压、电流以及频率都在允许的范围内，同时必须保持系统的稳定性，即同步发电机组的同步并列稳定、电压稳定、频率稳定。除此之外，电力系统的运行也必须满足环境保护要求。而当出现故障以及处于非正常运行时，按调度命令，迅速处理事故，使事故的影响控制在最小范围内，以减少事故损失。

电网调度是指电网调度机构为保障电网的安全、优质、经济运行和事故处理的问题，对电网进行的计划、指挥、控制和协调等工作。其主要任务包括：

1）充分利用发供电设备的能力和调节手段向电力用户提供高质量的电能，满足电力用户需求。

2）在发生不超过设计规定的事故条件下，使电力系统安全可靠运行并向电力用户连续不断供电。

3）合理开发和使用燃料、水能等资源，使电力系统在安全稳定运行的前提下达到最大的经济性和较小的环境污染。

4）保证发电、供电、用电等各有关方面的合法权益。

3.5.4 电力市场

电力系统完成的是电能的生产、输送、分配和消费，电力系统各企业间存在着以电能为商品的交易关系，因此随着电力工业的发展，电力市场也逐渐兴旺起来。

我国从1992年开始引入了电力市场的概念。狭义的电力市场一般是指发电市场、输配电市场、用电市场、电建市场等。广义的电力市场是采用法律、经济等手段，本着公平竞争、自愿互利的原则，对电力系统中发电、输电、配电和用电等各环节的成员，组织协调运行的管理机制和执行系统的总和。其中，电力市场的管理机制是指借助经济手段进行管理，不同于传统的行政管理机制；电力市场的执行系统包括贸易场所、计量系统、计算机系统和通信系统等。

电力市场的基本特征是：开放性、竞争性、计划性和协调性。与传统垄断的电力系统相比，电力市场最大的特征是具有开放性和竞争性。与普通商品市场相比，电力市场具有计划性和协调性。

电力市场的总体目标是：打破垄断，引入竞争，提高效率，降低成本，健全电价机制，优化资源配置，促进电力发展，推进全国联网，构建政府监管下的政企分开、公平竞争、开放有序、健康发展的电力市场体系。近年来进行了四个阶段的电力体制改革：

第一阶段：1985年到20世纪90年代初期的集资办电阶段，目的在于根除缺电和拉闸限电现象，解决最基本的电力短缺问题。

第二阶段：20世纪90年代初期到1997年，成立国家电力公司，实行企业改制和现代企业管理。

第三阶段：1998年撤销电力工业部到2001年，实行“厂网分开、竞价上网”试点。

第四阶段：2002年至今，中国电力新组建并成立大量电网公司和若干发电公司以及国家电力监管委员会，标志着中国初级电力市场正式启动并实施。

相应地，现代电力市场的建设和发展大致经历了：模拟市场阶段、电厂上网售电的趸售市场阶段（发电市场阶段）、电网企业向供电企业和大用户售电的趸售市场阶段（输电市场）、发电市场与输电市场合一，两项交易合并成一次交易的阶段（供电企业和大用户向发电企业直接购电，电网退出电力交易，只承担电力的运输职能，收取“过网费”）、完全竞争阶段（发电企业向终端用户竞争售电，输电企业和供电企业均退出电力市场交易）。

3.6 电力新技术

3.6.1 储能

自人类应用电力以来，电力极大地影响了日常生活。但是，如何方便经济地储存电力，仍然是困扰科学家的难题，目前人们还无法实现大规模的储存电能。由于受环境影响较大，很少能利用自然资源直接作为电能存储的媒介，比如太阳能、风能、潮汐能，这些类型的能源都必须结合合适的电能存储设备才能充分发挥调峰的功效。电能的存储设备通常需要将电能转化为其他类型的能量，在特定时间段内，将此种类型的能量再次转化为电能以用于生产生活所需。

全球储能技术主要有化学储能（如钠硫电池、液流电池、铅酸电池、镍镉电池等）、物理储能（如抽水蓄能、压缩空气储能、飞轮储能等）、电磁储能（如超导电磁储能、超级电容器等）和相变储能。

1. 化学储能

目前技术进步最快的是化学储能，其中钠硫、液流及锂离子电池技术在安全性、能量转换效率和经济性等方面取得重大突破，产业化应用的条件也日趋成熟。

电池储能是运用电气化学原理，将电能转变为化学能，然后通过逆反应将化学能转化为电能的一种技术。常规的电气化学元件是蓄电池。钠硫电池是美国福特公司于1967年首先发明的，至今才40多年的历史。电池通常是由正极、负极、电解质、隔膜和外壳等几部分组成。一般常规二次电池如铅酸电池、镉镍电池等都是由固体电极和液体电解质构成。而钠硫电池则与之相反，它是由熔融液态电极和固体电解质组成的，构成其负极的活性物质是熔融金属钠，正极的活性物质是硫和多硫化钠熔盐。钠硫电池作为新型化学电源家族中的一个新成员出现后，已在世界上许多国家受到极大的重视和发展。但随着时间的推移表明，钠硫电池在移动场合下（如电动汽车）使用条件比较苛刻，无论从使用可提供的空间、电池本身的安全等方面均有一定的局限性。所以在20世纪80年代末和90年代初开始，国外重点发展钠硫电池作为固定场合下（如电站储能）应用，并越来越显示其优越性。

2. 物理储能

物理储能包括飞轮储能、抽水蓄能和压缩空气储能。

（1）飞轮储能

飞轮储能的关键部件包括高速、高储能密度飞轮，高可靠性、长寿命、低损耗轴承，高速电机及其控制系统等，其基本原理是把电能转换成旋转体（飞轮）的动能进行存储。当发电大于负荷所需时，通过电动机拖动飞轮，使飞轮本体加速到一定的转速，将电能转化为动能，此时电机工作在电动机状态；当发电小于负荷所需时，飞轮减速，电动机作发电机运行，将动能转化为电能，此时电机工作在电动机状态，如图3-36所示。飞轮储能具有功率密度高、能量转换效率高、使用寿命长、对环境友好等优点，缺点主要是储能能量密度低、自放电率较高。

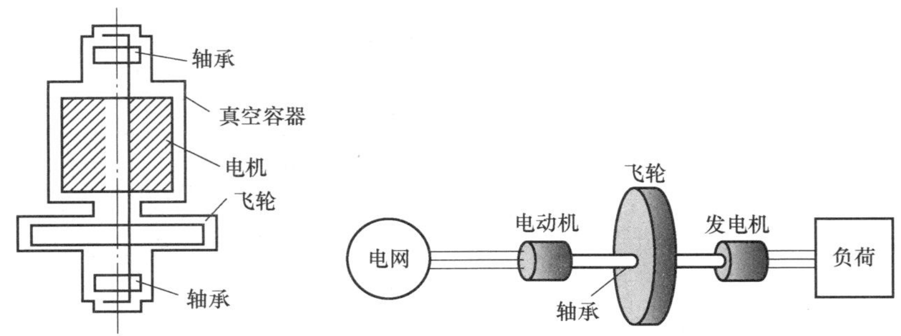

图 3-36 飞轮储能电源系统的原理图

目前，中小容量的飞轮储能系统已实现商品化，常用在相对小型的风电场、光伏电站、或者微电网内。大容量的飞轮储能系统已进入工业试运行阶段。

（2）抽水蓄能

抽水蓄能电站通常由上水库、下水库和输水及发电系统组成，上、下水库之间存在一定的落差。在电力负荷低谷时段把下水库的水抽到上水库内，以水力势能的形式蓄能；在负荷高峰时段，再从上水库放水至下水库进行发电，将水力势能转换为电能。其工作示意图如图 3-15 所示。抽水蓄能在电力系统中可以起到调峰填谷、调频、调相、紧急事故备用、黑启动和为系统提供备用容量等多重作用。

抽水蓄能的优点是技术相对成熟，设备寿命可达 30 ~ 40 年，功率和储能容量规模可以非常大，仅受水库库容的限制，通常在 100 ~ 2000MW 之间。缺点是抽水蓄能受地理条件的限制较大，必须具有合适建造上、下水库的地理条件。抽水蓄能电站的关键技术主要包括抽水蓄能电站主要参数的选择、工程地质技术以及抽水蓄能机组技术等。

（3）压缩空气储能

压缩空气储能系统是基于燃气轮机技术发展起来的一种能量存储系统，其工作原理是：当电力系统的用电处于低谷时，利用富余电量驱动空气压缩机，把能量以高压空气的形式存储起来；当用电负荷处于高峰时，将储气空间内的高压空气释放出来，驱动发电机发电，如图 3-37 所示。

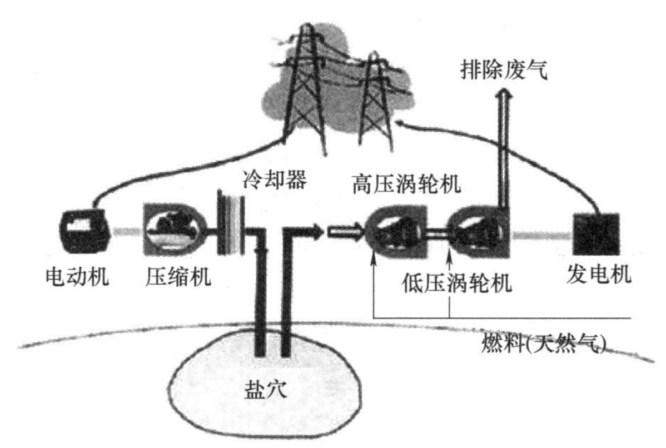

图 3-37 压缩空气储能系统工作原理图

压缩空气储能的储能效率（超过 70%）略高于抽水蓄能，但它需要相当大的空气储存库；受地理条件限制，还需要配以天然气或油等非可再生一次能源；此外技术上较为复杂，因而至今没有大的发展。

3. 电磁储能

电磁储能包括超导磁储能和超级电容器储能。

（1）超导磁储能

超导磁储能系统（Superconducting Magnetic Energy Storage，SMES）是利用超导线圈通过变流器将电网能量以电磁能的形式存储起来，需要时再通过变流器将存储的能量转换并馈送给电网或其他电力装置的储能系统。在超导状态下超导线圈无焦耳热损耗，其电流密度比一般常规线圈高1~2个数量级，因此超导储能具有响应速度快、转换效率高（不小于95%）、功率密度高等优点。缺点是：超导材料成本高、超导态低温条件的冷却装置未国产化、超导磁体的失超保护尚未解决。

超导磁储能系统主要组成单元包括超导储能磁体、低温系统、电力电子变流系统和监控保护系统。由于导体的超导性能必须在绝对零度才能实现阻抗接近于零，因此超导体对冷却条件要求较高。国内目前还不具备独立制造超导冷却装置的技术条件，限制了国内对超导储能装置的研究与应用。

（2）超级电容器储能

电容器储能的原理是：采用两块导电极板之间夹有绝缘材料层的平板型电容结构，当在两个电极之间施加电压时，极板上就有电荷逐渐储存起来。所谓超级电容器就是有超大电容量的电容器，超级电容器是近年来受到国内外研究人员广泛关注的一种新型储能元件。按照储能原理可以分为双电层电容器和法拉第准电容器两大类，其中，后者通常被称作电化学电容器。超级电容器的优点是充放电速度快、功率密度高、循环使用寿命长、环境友好、工作温度范围宽等优点；缺点是能量密度低、成本高、放电时间短。

4. 相变储能

相变储能时利用材料在相变时吸收或放热来储能或释能的，因此，它的核心和基础是相变储能材料，简称相变材料。相变材料是在一定温度范围内，利用材料本身相态或结构变化，向环境自动吸收或释放潜热，从而实现调控环境温度的物质。具体相变过程是：当环境温度高于相变温度时，材料吸收并储存能量，以降低环境温度；当环境温度低于相变温度时，材料释放储存的热量，以提高环境温度。相变储能技术可以解决能量供给在时间和空间上失衡的矛盾，是提高能源利用效率和保护环境的重要技术之一。

3.6.2 电能传输新技术

1. 特高压输电技术

从发电站发出的电能，一般都要通过输电线路送到各个用电地方。根据输送电能距离的远近，采用不同的电压等级。将交流电压220kV的电网称为高压电网；交流电压为330kV、500kV、750kV，直流电压为±600kV的电网称为超高压电网；交流电压为1000kV及以上，直流电压为±800kV及以上的电网称为特高压电网。

由于我国西部地区地广人稀、能源丰富，而东、中部地区经济发达、人口密集，能源资源与负荷中心呈现出逆向分布的明显特征，负荷中心与能源基地相距1000km以上，并且中间缺乏电源支撑，较难实现500kV交流接力送电，因此建设以特高压电网为骨干网架的坚强电网，将大大提高远距离、大容量输电效率，减少电能损耗，降低输电成本，实现高效节能输电和更大范围优化资源配置。

2. 柔性输电技术

“柔性”一词来源于英文Flexible，表示应用先进的电力电子技术为电网提供灵活的控制手段。柔性输电技术可提高输配电系统的可靠性、可控性、运行性能及电能质量，包括柔性交流输电技术和柔性直流输电技术。

（1）柔性交流输电技术

柔性交流输电技术（Flexible Alternating Current Transmission System，FACTS）又称为灵活交流输电技术。利用柔性交流输电技术通过对交流电网的电压、电抗和相位进行快速、连续、精确的控制，提高交流系统的稳定性，并有助于在事故发生时防止连锁反应造成的大面积停电。柔性交流输电技术还可在对电网设备不进行重大改动的情况下，通过控制潮流方向提升电网的功率输送能力，从而满足电力系统远距离、大容量、安全稳定输送电力的要求，使电力系统的运行方式更加灵活。

（2）柔性直流输电技术

柔性直流输电技术是20世纪90年代发展起来的一种新型直流输电技术，国际上也称为轻型直流输电（HVDC Light）、新型直流输电（HVDC Plus），国内将其命名为柔性直流输电（Voltage Source Converter-High Voltage Direct Current，VSC-HVDC）。

柔性直流输电技术是一种以电压源换流器、自关断器件和脉宽调制技术为基础的新型直流输电技术。与传统直流输电技术相比，柔性直流输电技术具有能够瞬时实现有功和无功功率独立耦合控制、可向无源网络供电、不会出现换相失败、换流站间无需通信、易于构成多端直流系统等优点。同时还能向系统提供有功功率和无功功率的紧急支援，适用于可再生能源并网、分布式发电并网、孤岛供电等。

3. 半波长输电技术

半波长输电技术（Half-Wave-Length AC Transmission，HWACT）是针对我国一次能源基地与负荷中心相距甚远情况，实现超远距离、超大容量的电力输送的一种输电方法。

从理论上分析，当输送距离为工频半波长，即3000km（50Hz）时，该线路输电特性等同于一条极短电气距离输电线路的特性。对于理想的无损线路，此时其输电功率可达到无穷大，但实际的输送功率要受到沿线电压分布和线路绝缘水平等因素的制约。

对于理想半波长输电线路，其首端和末端的电压、电流幅值都相等，相位差180°。因此，末端电压和末端电流之间的夹角与首端电压和首端电流之间的夹角相同，电源与负荷之间的电气距离接近于零。可见，采用半波长交流输电方式，远方电源在某些电气特性上几乎等同于受端本地电源。对无损半波输电线路来说，输电过程既不消耗和吸收有功功率，也不消耗和吸收无功功率，有功和无功都无损耗地从首端传到末端。

4. 多相输电方式

相对于传统的三相输电方式而言，多于三相的输电方式可以称之为多相输电。因为实现三相与3的倍数相之间的多相变换很容易通过改变三相变压器的接线方式得到。现有的多相输电方式的研究，限于相数为3的倍数相，例如6、9、12、24相的高相数输电。

多相输电的概念于1972年在国际大电网会议（CIGRE）上首次被提出。与三相输电线路相比，多相输电具有较低的相间电压、轻巧的杆塔结构、较窄的线路走廊、大功率输送能力、易于与三相现存系统协调兼容运行、对高压断路器触头断流容量的要求较低等优势。此外，在运行线路的噪声、地面电厂等环境方面的指标均优于三相系统。在我国电能的西电东送中除了高压直流、紧凑型线路外，多相输电也值得考虑。

除了上面提到的输电技术外，在高压直流输电技术中还有下面几种输电方式。

1）超导输电新技术。超导输电新技术是利用高密度载流能力的超导材料发展起来的新型输电技术，超导输电电缆主要由超导材料、绝缘材料和维持超导状态的低温容器构成，具有体积小、重量轻、损耗低和传输容量大的特点。

2）多端直流输电技术。多端直流输电（Multi-Terminal HVDC，MTDC）系统由3个或3个以上换流站及连接换流站之间的高压直流输电线路组成，与交流系统有3个或3个以上的连接端口，能够实现多个电源区域向多个负荷中心供电，比采用多个两端直流输电系统更为经济。

3）三极直流输电技术。三极直流输电（Tripole HVDC）是指由3个直流极输电的新型直流输电技术，可将现有的三相交流输电线路采用换流器组成拓扑改造而成，从而大大提高线路输电容量，有效利用输电走廊。与传统的两极直流输电相比，三极直流输电系统成本低、可靠性高、过负荷能力强、融冰性好。

3.6.3　智能电网与全球能源互联网

电网的总体规划发展分为三个阶段：

第一个阶段是小型电网，19世纪后期到20世纪中期，发电容量较小，装机规模较少，电网电压等级低（交流输电电压等级最高为220kV），互联范围小，自动化水平较低，不同电网之间联系弱，电网形态主要以城市或局部区域电力配置为主的小型孤立电网。

第二阶段是互联大电网，20世纪中期到20世纪末，发电机容量和装机容量不断提高，电网电压等级提高（330kV及以上超高压交流输电，高压直流输电），电网联系较强，跨大区、跨国电网不断出现，基于现代控制技术实现电网自动化控制，电网逐步向具有全国或跨国电力配置能力的大型同步电网发展。

第三阶段是坚强智能电网，进入21世纪，随着信息通信、现代控制、特高压输电等先进技术和可再生能源的迅猛发展，世界电网进入了智能电网发展的新阶段。在此阶段，国家级或跨国跨洲的主干输电网与地方电网、微电网协调发展；电压以1000kV及以上特高压交流和800kV及以上特高压直流输电为主；基于信息网络和智能控制技术，电网智能化水平全面提升。

1. 智能电网的概念

智能电网（Smart Gird，SG）是电力系统发展的必然趋势，代表着未来电网的新发展方向。由于各国国情和发展状况的不同，对智能电网的概念和特征的认识尚未统一。

美国能源部对智能电网的描述为：智能电网是一种新的电网发展理念，通过利用数字技术提高电力系统的可靠性、安全性和运行效率，利用信息技术实现对电力系统运行、维护和规划方案的动态优化，对各类资源和服务进行整合重组。智能电网需要具备的7项特征：自愈、互动、兼容、高效、创新、优质、安全。

欧盟对智能电网的描述为：通过采用创新性产品和服务，使用智能监测、控制、通信和自愈技术，有效整合发电方、用户或者同时具有发电和用电特性成员的行为和行动，以期保证电力供应持续、经济和安全。智能电网需要具备的4项特征：灵活、易接入、可靠、经济。

中国国家电网公司提出的坚强智能电网概念：以特高压电网为骨干网架、各级电网协调发展的坚强网架为基础，以通信信息平台为支撑，具有信息化、自动化、互动化的特征，包含发电、输电、变电、配电、用电和调度6大环节，覆盖所有电压等级，实现“电力流、信息流、业务流”高度一体化融合的现代电网。主要内涵是：坚强可靠、经济高效、清洁环保、透明开放、友好互动。

“网架坚强”是智能电网的基础，是大范围资源配置能力和安全可靠电力供应能力的保障；“泛在智能”是坚强电网充分发挥作用的关键，是各项智能技术广泛应用在电力系统各个环节，全方位提高电网的适应性、可靠性、安全性，两者相辅相成、协调统一。综合国内外研究，可将智能电网的主要特征归结如下：

1）自愈能力。可以在故障发生后的短时间内及时发现并自动隔离故障，以防止电网大规模崩溃，这是智能电网最重要的特征。通过对电网设备运行状态进行监控，可以及时发现运行中的异常信号并进行纠正和控制，减少因设备故障导致供电中断的现象。

2）高可靠性。通过提高电网关键设备的制造水平和工艺，提高设备质量，延长设备的使用寿命。通过有效加强对电网运行状态的检测和评估，提升灾害预警能力，提高电网的安全稳定运行水平和供电可靠性。这是电网建设持之以恒追求的目标之一。

3）资产优化管理。电网运行设备种类繁多，数量巨大。智能电网采用先进处理手段实现对设备的信息化管理，提高设备资源利用效率，延长设备正常运行时间。

4）经济高效。可以提高电气设备利用率，使电网运行更加经济和高效。

5）与用户友好互动。借助于通信技术的发展，用户可以实时了解电价状况和停电计划信息，合理安排用电时间；反过来，电力公司可以获取用户的详细用电信息，以提供更多的增值服务供用户选择。

6）兼容大量分布式电源的接入。随着智能电网的建设，太阳能电池板等小型发电设备和储能设备将广泛分布于用户侧。储能设备可以在用电低谷时接纳电网富余电能，并可以与小型发电设备一起，在用电高峰时段向电网输送电能，达到削峰填谷、减少发电装机容量的效果。这样的电网必须具备双向测量和能量管理的能力，便于电能计量和分布式电源的可靠接入。

2. 智能电网的组成

智能电网需要下面几个主要的技术领域来实现上述的功能：

1）灵活的网络拓扑。灵活的可重构的配电网络拓扑，是智能电网的基础，使系统在经历故障时，把故障影响范围局限在最小范围，并可迅速通过其他连接恢复对其他部分的供电。

2）集成的能量与通信体系。对系统中每一个成员的实时控制和信息交换，既包括识别故障早期征兆的预测能力，也包括对已经发生的扰动做出响应的能力，使得系统的每一部分都可双向通信。

3）传感和测量技术，以便实现对诸如远程监测，分时电价和用户侧管理等更快和准确的系统响应。

4）高级电力电子设备、灵活的分布式电源、超导和储能技术。

5）先进的系统监控方法，以便实现快速诊断和事故下的准确解决。

6）高级的运行人员决策辅助系统。

3. 智能电网的发展历程

2001 年，美国电力科学研究院提出 Intelligent Grid 的未来电网概念。2003 年，美国能源部发布 Grid 2030 计划，争取到 2030 年建成完全自动化、高效能、低投资、安全可靠和灵活应变的输配电系统，以保障大电网的安全性和稳定性，提高供电的可靠性及电能质量。

2005 年，欧洲成立“智能电网（Smart Grids）欧洲技术论坛”，将智能电网上升到战略地位展开研究，并于 2006 年推出《欧洲智能电网技术框架》，认为智能电网技术是保证欧洲电网电能质量的一个关键技术和发展方向，主要着重于输配电过程中的自动化技术。

2008 年，美国能源部出版的一份报告中采用了“Smart Grid”这一术语，自此 SG 这一称谓被全世界普遍采用。

在我国，国家电网公司于 2005 年通过“SG186”工程提出了数字化电网的建设规划。2007 年，华北电网公司和华东电网公司分别对 SG 进行立项研究。2008 年，中美清洁能源合作组织会议和中美绿色能源论坛分别设立了“Smart Grid”特别会议，探讨 SG 的发展思路。2009 年，国家电网公司正式公布了 SG 发展计划，并提出了到 2020 年全面建成坚强 SG 的目标。

SG 发展过程中，美国关注电力网络基础架构的升级更新，同时最大限度利用信息技术，实现机器智能对人工的替代，建设以智能控制、智能管理和智能分析为特征的灵活应变的电网。欧洲结合自身电网的发展背景，更关注可再生能源和分布式能源的发展，在电力需求趋于饱和后提高供电可靠性和电能质量，带动整个行业发展模式的转变，满足用户可接入性、可靠性、经济性的多元化电力需求。我国则从自身特点出发，以特高压电网为骨干网架、各电压等级电网协调发展的坚强物理电网为基础，建设现代先进传感技术、通信技术、信息技术、计算机技术和控制技术与物理电网高度集成而形成的 SG。

近年来，我国的 SG 建设取得了丰硕的成果，突出成果如下：

1）一批智能输配电技术得到应用，提升了电网的可控性和灵活性，从而提升了电网输送能力和安全稳定水平。

2）SG 调度技术支持系统全面推广应用，全面提升了大电网安全运行水平。

3）智能变电站和配电自动化加速推广应用，显著提升了电网的互操作性。

4）开展了电网大数据平台的建设及应用探索。

4. 全球能源互联网

全球能源互联网是以特高压电网为骨干网架、以输送清洁能源为主导，全球广泛互联的坚强智能电网。全球能源互联网的发展框架可概括为：一个布局、两个基本原则、三个阶段、四个特征、五个功能。

1）一个布局。将形成由跨洲电网、跨国电网、国家泛在智能电网组成，各层级电网协调发展的整体。从全球范围来看，全球能源互联网依托先进的特高压输电和智能电网技术，形成连接北极地区风电、赤道地区太阳能发电、各洲大型可再生能源基地和主要负荷中心的总体布局。

2）两个基本原则。全球能源互联网是落实全球能源观、实现“两个替代”（清洁替代和电能替代）的重要载体，在发展过程中坚持清洁发展的原则和全球配置的原则。

3）三个阶段。综合考虑全球能源分布、清洁能源发展、能源供需、能源输送等原则，全球能源互联网发展可分为：州内互联（当前～2030年）、跨洲互联（2030～2040年）、全球互联（2040～2050年）三个阶段。

4）四个特征。全球能源互联网是全球全新的能源配置平台，具备网架坚强、广泛互联、高度智能、开发互动四个重要特征。

5）五个功能。全球能源互联网将是未来能源和服务的枢纽，以此为基础实现能量流、信息流和业务流的统一，实现能源传输、资源配置、市场交易、产业带动和公共服务五个主要功能。

构建全球能源互联网，加快实施“两个替代”（清洁替代和电能替代）、“一个提高”（提高电气化水平），“一个回归”（化石能源回归其基本属性，主要作为工业原材料使用），是促进能源与经济、社会、环境协调可持续发展的必由之路，这将深刻改变世界能源发展格局。

思考题

3-1 我国电力工业在何时开始起步的？

3-2 中国第一个发电厂的装机容量是多少？

3-3 世界上第一座正规发电厂是何时开始发电的？

3-4 我国自主设计建造的第一座核电站是哪座核电站？

3-5 三峡电站的总装机容量是多少？

3-6 直至2018年底已建成的特高压远距离输电线路共有多少条？

3-7 什么是电力系统、电网？它们的作用是什么？

3-8 电力系统的特点、要求有哪些？

3-9 衡量电能质量的指标有哪些？分别是什么？

3-10 传统发电厂有哪些？新能源发电厂有哪些？

3-11 变压器在电力系统中的作用是什么？

3-12 简述互感器与变压器的区别。

3-13 简述断路器、隔离开关的作用。

3-14 什么是母线？

3-15 输电线路的类型有哪些？简述各自的优缺点。

3-16 简述绝缘子的作用。

3-17 在高压架空传输线路上所采用的导线是裸导线还是绝缘导线？

3-18 在高压直流线路的送受端换流站加装同步调相机的目的是什么？

3-19 电力系统上有哪些储能技术？

3-20 如何理解智能电网？

参考文献

[1] 范瑜. 电气工程概论［M］. 北京：高等教育出版社，2007.

[2] 倪慧君. 走进国家电网 [M]. 北京：中国电力出版社，2018.
[3] 孙元章，李裕能. 走进电世界－电气工程与自动化（专业）概论 [M]. 北京：中国电力出版社，2014.
[4] 王仁祥，等. 电力新技术概论 [M]. 北京：中国电力出版社，2009.
[5] 尹克宁. 电力工程 [M]. 北京：中国电力出版社，2004.
[6] 付敏，白红哲，吕艳玲. 电力工程基础 [M]. 北京：机械工业出版社，2017.
[7] 杜松怀，温步瀛，蒋传文. 电力市场 [M]. 3 版. 北京：中国电力出版社，2008.

第 4 章 电力电子与电力传动

电力电子与电力传动主要研究新型电力电子器件、电能的变换与控制、功率源、电力传动及其自动化等理论和应用技术，是综合了电能变换、电磁学、自动控制、微电子及电子信息、计算机等技术而迅速发展起来的交叉学科，是电气工程领域的核心学科。该专业方向主要学习与电能变换、电力拖动以及自动化控制相关的学科基础课程和专业方向课程，一般开设的课程有电路基础、电子技术、信号与系统、电磁场、计算机技术基础、系统建模与仿真、自动控制原理、电机学、电力电子技术、电力系统基础、新能源发电与控制、电机控制技术、PLC 电气控制技术、单片机原理及应用、电动汽车新技术等，其中电力电子技术、电机学（或电机与电力拖动）、自动控制原理三门课程是《电气类教学质量国家标准》要求电气工程及其自动化专业开设的核心课程。该专业毕业的学生可以在电力、电子、通信、交通、航天、家用电器和新能源汽车等行业从事电力电子与电力传动领域的研究、设计、开发、运行及管理等工作，也可在高校和科研院所从事教学和研究工作。

电力电子学的诞生标志是 1956 年美国贝尔实验室第一只晶闸管的出现。60 多年里，电力电子技术得到了迅猛发展，在工业、农业、航天、军事、交通运输、电力系统、通信系统、计算机系统、新能源系统以及家电产品等国民经济和人民生活的各个领域都有重要的应用。大到航天飞行器中的大功率特种电源、远程超高压电力传输系统，小到家用的空调、冰箱和计算机电源，电力电子技术无处不在。可以毫不夸张地说，只要是需要电能的地方，就需要电力电子技术。电力电子是世界各国国民经济的重要基础技术，是现代科学、工业和国防的重要支撑技术。时至今日，无论是高技术应用领域还是传统产业，都迫切需要高质量、高效率的电能，而电力电子技术正是研究如何更好地运用电能的技术。

电力传动是以电动机作为原动机拖动生产机械运动的一种传动方式，利用电动机将电能变为机械能，以驱动机器工作的传动。电力传动系统是电力电子技术的主要应用领域之一，自第一只晶闸管问世以来，电力电子技术便登上了电力传动的技术舞台，有力地推动了电力传动领域的技术革新。现代电力传动是电力电子与电机及其控制相结合的产物，随着电力电子技术、计算机技术以及自动控制技术的迅速发展，电力传动技术正在向智能化迈进。

现代大工业生产的本质是信息流控制能量流，带动生产机械实现物料流的运动控制。电力电子与电力传动系统处于物料流、信息流及能量流三者相互交汇的“接口”，既是电能工业与用电工业间的接口，又是信息、计算机控制与用电工业间的接口，这决定了电力电子与电力传动学科是以控制理论为基础，以计算机技术为手段，通过强弱电紧密结合，实现运动控制领域中电力传动的智能化控制。能量是人类社会的永恒话题，电能是目前最优质的能量流之一，是运动控制的动力之源，电力电子和运动控制就像人的肌肉与四肢对人体的作用一样，都是现代社会的重要支撑技术，因此，电力电子与电力传动技术将“青春永驻”。

4.1　电力电子与电力传动的发展历程

4.1.1　电力电子技术的发展历程

电力电子器件对电力电子技术起着决定性的作用，电力电子技术是随着电力电子器件的出现和发展而发展的。伴随硅技术的进步，电力电子器件取得了显著的进展，它的发展过程可以划分成三个时期。第一个时期为摇篮期，在这一时期中，半导体器件包括电力电子器件的关键技术几乎全部得以完善；第二个时期为成长期，主要的电力电子器件像MOSFET、IGBT、GTO和光触发晶闸管等迅速发展，功率变换对电力电子器件的主要要求随着上述器件的问世都基本上得以满足；第三个时期为充分成长成熟期，基于硅材料的电压全控型电力电子器件和智能型集成功率模块技术得到了进一步的完善和发展，同时新型材料半导体器件也得到了迅速发展。图4-1给出了电力电子技术的发展史。

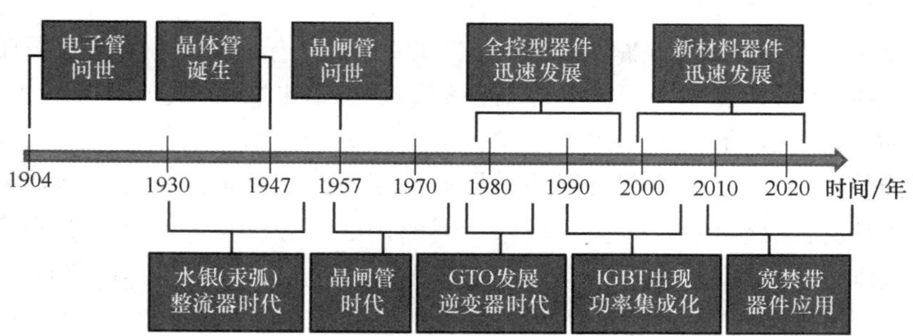

图4-1　电力电子技术的发展史

1876年发现硒的整流特性，1925年发明了硒整流器；1884年发现热阴极电子发射整流效应，1904年发明了热阴极电子二极管，并应用于收音机无线信号的接收中，从而开创了电子技术之先河。

1902年发明了双阳极全波水银整流器，水银整流器在大功率整流中受到青睐，但它不可控。1928年发明了闸流管（Thyratron），即可控三极充气整流器；1933年发明了引燃管（Lgnitron），即可控水银整流器，通过对其蒸汽的点弧可实现对大电流的有效控制，其性能和晶闸管类似。20世纪30～50年代，是水银整流器发展迅速并大量应用的时期。特别是20世纪50年代，能处理数百千瓦以上功率的大容量水银整流器进入了实用期，它广泛用于电化学工业、电源装置、电气化铁路、工业用电机控制、直流电力输电等，形成了水银整流器时代。

1948年美国贝尔实验室发明了晶体管，引发了电子学的第一次革命，产生了半导体固态电子学这一新兴学科，以硅半导体材料制作的电子器件逐步主宰了整个世界。半导体器件首先应用于小功率领域，如通信、信息处理的计算机。20 世纪 60 年代以后，从晶体管开始，陆续开发了集成电路（IC）、大规模集成电路（LSI）和超大规模集成电路（VLSI），微电子学进入鼎盛时期，并直至今日。另外，由于闸流管可以控制数百瓦至数千瓦以上的功率，采用闸流管进行电动机控制在 20 世纪 50 年代已经实用化，现今电力电子技术的部分主要技术就是在这个时代形成的。

1953 年研制出 100A 的锗功率二极管，1954 年研制出硅材料的功率二极管，普通的半导体整流器开始使用，到 20 世纪 50 年代末期，采用硅材料的功率二极管已大量应用于大功率的交直交变换系统中。1957 年，美国通用电气公司开发了世界上第一只晶闸管（Thyristor）产品，并于 1958 年使其商业化，通用电气公司为该产品还起了一个商品名 SCR（Silicon Controlled Rectifier）。一般认为，这是电力电子技术诞生的标志，也有人称之为继晶体管发明和应用之后电子学的第二次革命。一方面由于晶闸管在变换能力上的突破，另一方面是由于实现了弱电对以晶闸管为核心的强电变换电路的控制，使之很快取代了水银整流器和旋转变流机组，进而使电力电子技术步入了功率领域。变流装置也由旋转方式变为静止方式，具有效率高、体积小、重量轻、寿命长、噪声低、维修方便等优点。随着这一功率半导体器件的容量越来越大，采用晶闸管的功率变换技术的实用化也得到了发展。水银整流器由于利用的是放电原理，所以容易产生逆弧、失弧等异常现象。同时，由于水银整流器很难做到小型化，所以在 20 世纪 60 年代迅速消失，晶闸管开始在功率变换及控制中占了主流。晶闸管卓越的电气性能和控制性能带来了一场工业革命。

20 世纪 60 年代后期，作为功率半导体器件的二极管、晶体管、晶闸管等在大容量方面得到了发展，与此同时，控制功率半导体器件的电子技术也取得了进步。因此，电子技术逐渐向功率控制扩展，从而形成了功率电子学，即电力电子技术。

普通晶闸管通过对门极的控制可以使其导通，而不能使其关断，故属于半控型器件。以晶闸管为核心的变流电路沿用了过去水银整流器所用的相控整流电路及周波变换电路。相控整流电路的主要功能是使交流变成直流，因此当时有整流时代之称。直流传动（轧钢、造纸等）、机车牵引（电气机车、电传动内燃机、地铁机车等）、电化学电源是当时的三大支柱应用领域。

20 世纪 70 ~ 80 年代，随着电力电子技术理论研究和制造工艺水平的不断提高，电力电子器件得到了很大发展，是电力电子技术的又一次飞跃。先后研制出以门极可关断晶闸管（GTO）、电力双极性晶体管（GTR）、电力场效应晶体管（功率 MOSFET）为代表的自关断全控型器件并迅速发展。在中大容量的变流装置中，传统的晶闸管逐渐被这些新型器件取代，这时的电力电子技术已经能够实现逆变。这一时期被称为逆变时代。

20 世纪 80 年代以来，电力电子技术开始向高频化发展，微电子技术与电力电子技术在各自发展的基础上相结合而产生了新一代高频化、全控型的功率集成器件，从而使电力电子技术由传统电力电子技术跨入现代电力电子技术的新时代。这时出现了以绝缘栅双极型晶体管（IGBT）为代表的新一代复合型场控半导体器件，另外还有静电感应式晶体管（SIT）、静电感应式晶闸管（SITH）、MOS 晶闸管（MCT）等。这些器件不仅有很高的开关频率，一般为几十赫到几百千赫，耐压性能更高，电流容量更大，可以构成大功率、高频电力电子电路。IGBT 是电力场效应管和双极结型晶体管的复合，它集 MOSFET 的驱动功率小、开关速度快的优点和 GTR 通态压降小、载流能力大的优点于一身，性能十分优越，使之成为现代电力电子技术的主导器件。IGBT的出现为大中型功率电源向高频发展奠定了基础。与此相仿，MCT（MOS Controlled Thyristor）是MOSFET驱动晶闸管的复合器件，集场效应晶体管与晶闸管的优点于一身，被认为是性能最好、最有发展前途的器件之一。

20世纪80年代后期开始了复合型材料的应用，因而一批全控型器件的大容量化和实用化使电力电子技术完成了从传统向现代的过渡。这一阶段电力半导体器件的发展趋势是模块化、集成化，按照电力电子电路的各种拓扑结构将多个相同的电力半导体器件或不同的电力半导体器件封装在一个模块中，从而降低成本、缩小器件体积、提高可靠性。

20世纪90年代主要是实现功率器件模块化。为了使电力电子装置的结构紧凑、体积减小，常常把若干个电力电子器件及必要的辅助元件做成模块的形式，这给应用带来了很大的方便。功率集成电路是把驱动、控制、保护电路和功率器件集成在一起，构成功率集成电路，进而发展为集成功率半导体器件（PIC），它将电力电子器件与驱动电路、控制电路及保护电路集成在一块芯片上，开辟了电力电子智能化的方向，应用前景广阔。

一直以来，电力电子器件都是基于硅材料制作出来的。从晶闸管问世到IGBT的普遍应用，电力电子器件的发展基本上都是表现为对器件原理和结构的改进和创新，在材料的使用上始终没有突破硅的范围。无论是功率MOSFET还是IGBT，它们与晶闸管和整流二极管一样都是硅材料制造的器件。但是，随着硅材料和工艺的日趋完善，各种硅器件的性能逐步趋近其理论极限，而电力电子技术的发展却对电力电子器件的性能提出了更高的要求，尤其是希望器件的功率和频率能得到更高程度的兼顾。随着人们对新一代半导体材料认识的加深，出现了很多性能优良的新型化合物半导体材料，如砷化镓（GaAs）、碳化硅（SiC）、磷化铟（InP）及锗化硅（SiGe）等。其中以SiC、GaN等为核心的宽禁带功率器件成为了研究热点与新发展方向，并逐步进入应用量产阶段。宽禁带器件在击穿电场、电子饱和速度、热导率等方面，比硅材料具有明显优势，由此带来了器件性能的大幅度提升。在宽禁带半导体材料中，SiC的研究起步较早，目前已在低压领域（600～1700V）中实现了产业化，并通过核心元件带动整个模块系统的优化，显著减小功率损耗与系统体积，提高系统工作频率及整机效率。

总之，电力电子技术的发展先后经历了整流时代、逆变时代和变频时代，并促进了电力电子技术在许多新领域的应用。从技术应用水平上来看，电力电子技术还可分为两大阶段，1957～1980年称为传统电力电子技术阶段，在这个阶段，电力电子器件以半控型的晶闸管为主，变流电路以相控电路为主，控制电路以模拟电路为主；1980至今称为现代电力电子技术阶段。目前全控型电力电子器件已大量使用，PWM的变流电路已普及，数字控制已逐渐取代了模拟控制。随着新材料和半导体制造技术的发展，电力电子器件不断有新产品问世，对电力电子器件的要求也不断提高。在20世纪70年代，评价电力电子器件品质因素的主要标准是大容量，即电流乘以电压要大。20世纪80年代，评价器件品质因素强调了高频化，即功率乘以频率要高。到了20世纪90年代，电力电子器件发展的主要目标是高智能化，即大容量、高频率、易驱动、低损耗，因此评价的主要标准是容量、开关速度、驱动功率、通态压降和芯片利用率。电力电子技术的发展史实际上是一部围绕提高效率、提高性能、小型轻量化、消除电力公害、减少电磁干扰和电磁噪声进行不懈研究的奋斗史。图4-2展示了电力半导体器件的形成与发展过程。

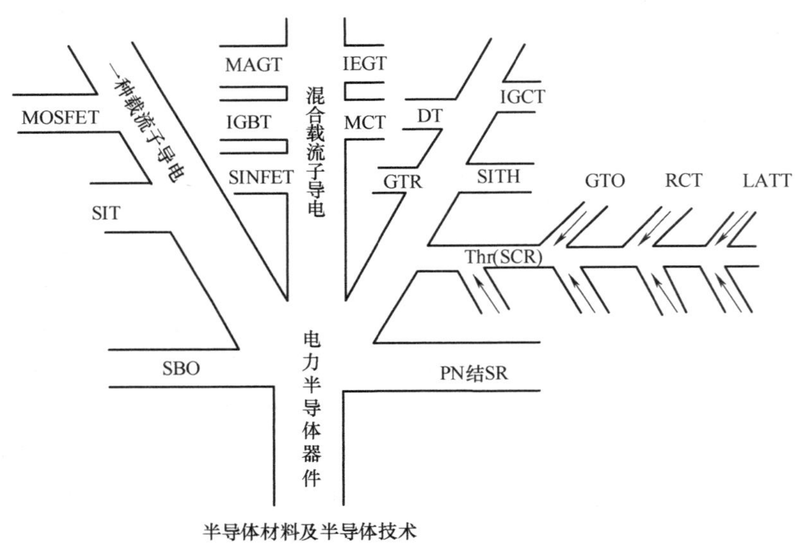

图 4-2 电力半导体器件的形成与发展过程

4.1.2 电力传动技术的发展历程

电力传动经过了一个漫长的发展过程。古代动力的来源是人力、畜力。后来出现了借助于风力、水力传动的生产机械。再以后，人类发明了热机（蒸汽机、内燃机、柴油机），即以高温蒸汽为动力，为现代交通工具装上了强劲的心脏。直到 19 世纪出现电能，尤其是电动机和发电机的发明，使电力走向实用，实现了以电能为动力带动生产机械，从此，人类从繁重的体力劳动中解放出来。

19 世纪末电动机取代蒸汽机，开始形成成组拖动，即由一个电动机拖动主轴，再经过带传动分别拖动许多生产机械。这种拖动方式能量损失大、效率低，无法进行电动机的调速，不便实现自动控制，也不安全。20 世纪 20 年代开始采用单机拖动，即由一台电动机拖动一台生产机械，减少了中间传动机构，提高了效率，可以利用电动机的调速来满足生产机械的需要。这个阶段，电力传动主要研究的是单台电动机的自动控制。随着生产的发展和产品质量的高要求，一台机器上有很多运行机构，如果仍用一台电动机来拖动，传动机构就会很复杂。从 20 世纪 30 年代开始采用多电动机拖动，用单独电动机分别拖动复杂机械的各个工作机构，每个电动机都有自己独立的控制系统，这些子系统必须相互协调、配合，服从总体的控制要求。这是从功率传输效率角度来看电力传动的演变过程。从控制设备角度看，起初只是一些简单的继电、接触、开环控制，到 20 世纪 40—50 年代，随着电机放大器和磁放大器的问世，基于它们的闭环连续控制系统得到广泛应用，改进了控制性能，取得了良好效果。从 20 世纪 60 年代起，随着电力电子技术的出现和发展，电力电子变流器取代了电机机组变换，有力地推动了电力传动领域的技术革新，促进了交直流传动的快速发展与应用。特别是 20 世纪 80 年代以来，交流变频调速的发展，使电力传动发展到一个全新的境界。长期以来在电机设计制造时主要考虑起动转矩，增大起动电阻就可以增加起动转矩，造成电机体积和重量增大，使用材料增多。采用变频调速以后，随着频率从低到高变化，电机的起动转矩自然会变得比较大，由此带来了设计观念上的变化。使用变频器在设计制造电机时可以摆脱起动转矩限制，按照新的工况设计参数，既可以使电机小型化，还可以提高电效率。表 4-1 描述了电力传动系统电力电子变流器的发展历程。今天的电力传动是一个集控制、电力电子、微电子、信息、材料和机械等学科新技术于一体的全新学科。

表 4-1 电力传动系统电力电子变流器的发展历程

年　代	1950 年	1960 年	1970 年	1980 年	1990 年	2000 年
功率电路拓扑	电压源逆变器	电流源逆变器	电压源逆变器	电压源逆变器	电压源逆变器	电压源逆变器 多电平变换器
功率器件	SCR	SCR	高压 SCR	BJT 及模块	IGBT（1～4 代）	IGBT、IGCT
控制	6step	6step 编程 PWM	6step	PWM	PWM	PWM
控制类型	模拟 /DTL	模拟/TTL	模拟/CMOS	A/D 大规模集成电路/微处理器	数字/更多地采用 DSP	DSP

电力传动系统分为交流电力传动系统和直流电力传动系统，它们都是在 19 世纪先后诞生。在电力传动系统发展史上，交、直流两大电力传动系统一直是互为补充、相辅相成、交替发展的。尽管从 19 世纪 30 年代就开始对交流传动控制进行研究，但由于交流电机是一个多变量、强耦合、非线性系统，当时缺乏必要的物质、理论和技术条件，造成其转矩控制困难，所以在几乎一个世纪的时间里，交流传动控制没有突破性进展。而直流电机对速度和转矩具有良好的控制能力，因此在 20 世纪大部分年代里，高性能的传动都采用直流电机。20 世纪 80 年代以后，由于矢量控制技术和直接转矩控制技术的发展，交流传动技术开始走向成熟，其优越性开始得到显现。伴随着交流电动机调速装置的性能越来越完善以及调速理论的重大突破，电动机的调速技术渐渐从直流调压调速向交流电动机变频调速转变。

微处理器引入控制系统，促进了模拟控制系统向数字控制系统的转化，也促进了电力传动智能化的发展。从 8、16 位的单片机，到 16、32 位的数字信号处理器，再到 32、64 位的精简指令集计算机，位数增多，运行速度加快，控制能力增强。例如，以 32、64 位 BISC 芯片为基础的数字控制器能够实现各种算法，Windows 操作系统的引入使自由设计图形编程的控制技术有很大发展。数字化技术促进了机器学习及人工智能的发展，使复杂的电机控制技术得以实现，简化了硬件，降低了成本，提高了控制精度，拓宽了交流传动的应用领域。

现代电力电子技术的发展结合现代控制技术、计算机技术，共同促进了电力传动技术的不断进步，而且，随着新颖的电力电子器件、超大规模集成电路、新的传感器的不断出现，以及现代控制理论、计算机辅助设计、自诊断技术和数据通信技术的深入发展，电力传动正以日新月异的速度发展。

4.2 电力电子技术的基本内容

电力电子技术是一门将电子技术和控制技术引入传统的电力技术领域，利用由半导体电力开关器件组成的各种电力变换电路对电能进行变换和控制的一门新兴学科。20 世纪 60 年代，该学科被国际电工委员会命名为电力电子学或功率电子学，又称电力电子技术。“电力电子技术”和“电力电子学”是分别从工程技术和学术两个不同角度来称呼的，其实际内容并没有太大的差异。1974 年，美国学者 W. E. Newell 认为电力电子学是一门交叉于电气工程三大学科领域——电力学、电子学和控制理论之间的边缘学科，自此，国际上开始普遍接受了这一观点。图 4-3 中的三角形较为形象地描述了电力电子技术这一学科的构成以及它与其他学科的交叉关系。

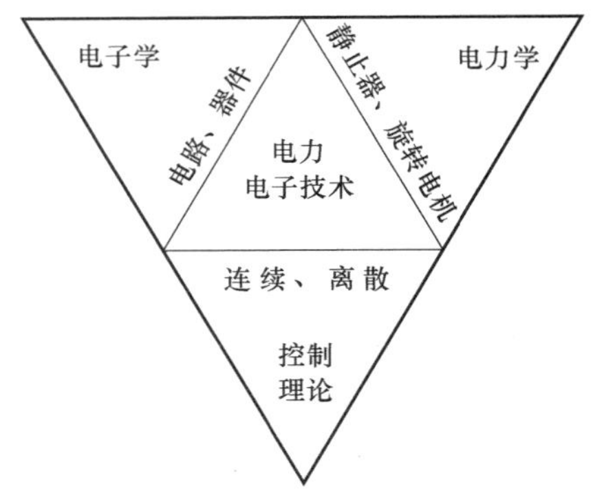

图 4-3　电力电子学科的交叉构成关系

电力学、电子学和控制理论是电力电子技术的三根支柱，但这三根支柱的“粗细”并不一样。其中，电子学最“粗”，这说明电力电子技术和电子学具有密切关系。电力电子电路与电子电路的许多分析方法是一致的，它们的共同基础是电路理论，只是应用有所不同，电力电子用于功率转换，如电源、功率放大，电路由电力半导体器件构成，所以也可以把电力电子技术看成是电子技术的一个分支，这样，电子技术就可以划分为信息电子技术和电力电子技术两大分支，信息电子技术带来智力变革，电力电子技术带来动力变革，就像人的大脑与肌肉对人体的作用一样，它们共同构成了现代人类社会发展的两大技术支柱。其次是电力学，即应用于电力领域的电子技术，以实现电能形式的变换为目的，电力电子技术中所说的“电力”有别于电力系统中所指的“电力”，后者特指电力网的“电力”。控制理论最“细”，但控制理论在电力电子变流装置和系统中得到了有机而广泛的应用，它可以使电力电子变流装置的性能不断满足人们日益增长的各种需求，这与控制理论在其他工程中的应用并无本质差别。

具体地说，电力电子技术是一门研究各种电力半导体器件，以及如何利用由这些电力电子器件构成的各种电路或装置、电路理论和控制技术高效地完成对电能进行处理、控制和变换的技术。它既是现代电子技术在强电（高电压、大电流）或电工领域的一个重要分支，也是电工技术在弱电（低电压、小电流）或电子领域的一个重要部分。可以说它是一个强弱电相结合、弱电控制强电的新领域。因此，电力电子技术主要由电力半导体器件、电力电子变换电路及其控制技术三大部分组成，下面分别介绍。

4.2.1　电力电子器件及其功率集成

电力电子器件又称电力半导体器件，它是电力电子系统的心脏，是电力电子电路的基础。所谓电力半导体器件，是指应用半导体工艺制作的可承受或控制一定功率的半导体元件。但是，这里有两个概念应注意区别，即电力和半导体。电力半导体器件是指功率比较大的器件，所以像 3DD4、3G12 这样的晶体管并不属于电力电子半导体器件范畴，而属于电子元件。另一个要注意的概念是半导体，没有采用半导体工艺制作的器件是不能称为电力半导体器件的，如控制中常用的接触器、变压器，作为原动机的电动机、水轮机、蒸汽机等。但是，电力半导体器件和电子器件有着共同的理论基础，其大多数工艺也是相同的，特别是现代电力半导体器件大都使用集成电路制造工艺，采用微电子制造技术，许多设备和微电子器件制造设备通用，两者的分析方法也是一样的，只是两者的应用场合不同，前者用于电力变换和控制，后者用于信息处理。电力电子器件的实物图如图 4-4 所示。

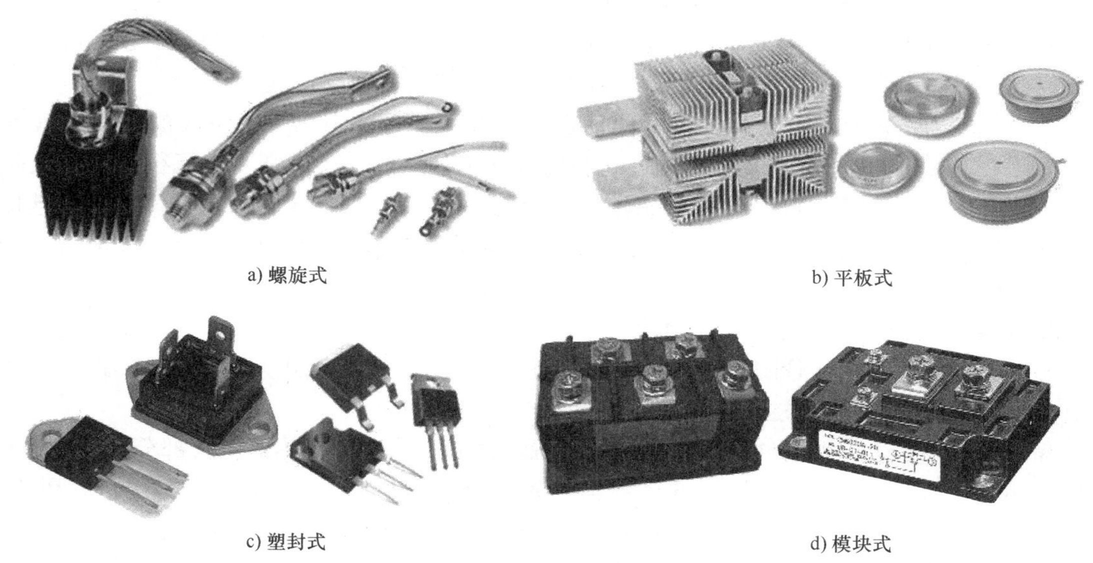
a) 螺旋式　b) 平板式　c) 塑封式　d) 模块式

图 4-4　电力电子器件实物

电力电子器件是电力电子技术的重要基础，电力电子技术的不断突破和发展都是围绕着各种新型电力电子器件的诞生和完善进行的，一代电力电子器件带动一代电力电子技术应用。自 20 世纪 50 年代末第一只晶闸管问世以来，电力电子技术开始登上了现代电力传动技术舞台，以此为基础开发的可控硅整流装置是电力传动领域的一次革命，它使电能的变换和控制从旋转变流机组和静止离子变流器进入由电力电子器件构成的变流器时代。随着电力电子技术理论研究和制造工艺水平的不断提高，电力电子器件在容量和类型等方面得到了很大发展，先后研制出 GTO、GTR、MOSFET、IGBT 等自关断全控型第二代电力电子器件。普通晶闸管不能自关断的半控型器件被称为第一代电力电子器件。20 世纪 90 年代中后期，电力电子器件朝着复合化、标准模块化、智能化、功率集成的方向发展（称为第三代电力电子器件），逐渐形成了以电力电子技术理论研究、器件开发研制、应用渗透性研究为主的新领域。下面介绍常见的电力电子器件及其主要特点。

1. 不控型电力电子器件——电力二极管

电力二极管属不可控器件，在不可控整流、电感性负载回路的续流、电压源型逆变电路中的无功路径、电流源型逆变电路换流电容与反电动势负载的隔离等场合均得到广泛使用。

电力二极管的内部有 P 型半导体和 N 型半导体两层结构，它们相结合后形成一个 PN 结；外部有阳极 A 和阴极 K 两个端子，因此称它为两层两端型半导体器件，如图 4-5 所示。从外部构成看，可区分为管芯和散热器两部分。一般情况下，200A 以下的管芯采用螺旋式，200A 以上的则采用平板式。

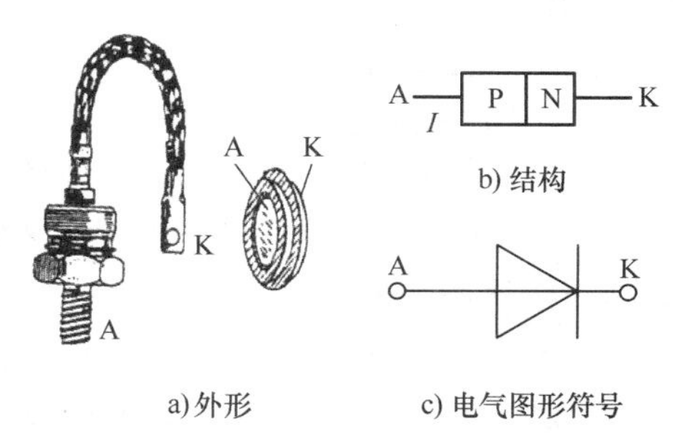

a) 外形　b) 结构　c) 电气图形符号

图 4-5　电力二极管的外形、结构和电气图形符号

电力二极管和半导体二极管工作原理完全相同。作为理想开关时，加上正电压，二极管就导通；去

掉正向电压或加上反向电压，二极管就截止。理想的二极管正向导通时，电压降为零；反向截止时，漏电流为零；导通到截止或截止到导通都在瞬间完成，没有过渡过程。但实际情况并非如此，二极管存在电压电流限制、导通压降及开通和关断等动态过程。

常见的电力二极管分为三种，第一种是普通二极管，它常用在频率不高的电路中（如工频电路）；第二种是快速恢复二极管，它利用特殊工艺制造，反向恢复电流很小且恢复时间很短，常用在频率比较高的电路中；第三种是肖特基二极管，因为它不是 PN 结导电特性，导通压降很小，而且反向恢复时间也很短，但它的反向耐压比较低，常用在低电压输出的高频整流电路中。

2. 半控型电力电子器件——晶闸管

晶闸管是硅晶体闸流管的简称，其价格低廉、工作可靠，尽管开关频率较低，但在大功率、低频的变流装置中仍占主导地位。

晶闸管属于半可控型器件，从总体结构上看，也分为管芯及散热器两大部分，如图 4-6 所示。晶闸管内部是 PNPN 四层半导体结构，分别命名为 P1、N1、P2、N2 四个区，P1 区引出阳极 A，N2 区引出阴极 K，P2 区引出门极 G，四个区形成 J1、J2、J3 三个 PN 结。当阳极电源使晶闸管阳极电位高于阴极电位时，晶闸管承受正向阳极电压，反之承受反向阳极电压。当门极控制电源使晶闸管门极电位高于阴极电位时，晶闸管为正向门极电压，反之为反向门极电压。

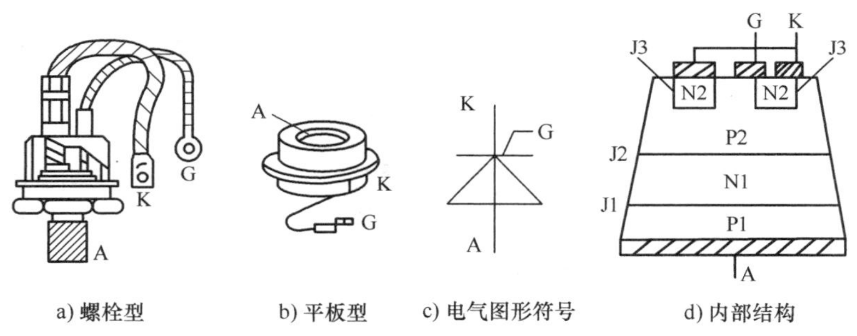

图 4-6　晶闸管的外形、结构和电气图形符号

晶闸管作为理想开关时，加上正电压的前提下，一旦门极施加电流触发信号，晶闸管就导通；在导通时，去掉门极信号，晶闸管保持导通；当流过晶闸管的电流过零后，自动关断；晶闸管正向导通时电压降为零，截止时漏电流为零；导通到截止或截止到导通都在瞬间完成，没有过渡过程。但晶闸管的实际情况并非如此，它既有电压电流限制，又有导通压降和反向恢复时间问题，还有门极触发脉冲的要求和器件关断不受控的问题。

常见的晶闸管分为五种，第一种是普通晶闸管，容量等级大，常用在工频整流电路中；第二种是快速晶闸管，它利用特殊工艺制造，关断时间小于 50μs，用在频率较高的电路中（如感应加热中频电源）；第三种是逆导晶闸管，它是将一个晶闸管和一个二极管反并联集成在同一硅片上构成组合器件，常用在直流斩波器、倍频式中频电源及三相逆变电路中；第四种是双向晶闸管，它把两个晶闸管反并联集成在同一硅片上构成组合器件，常用在交流无触点固态继电器、交流相位控制电路中；第五种是光控晶闸管，使用光来触发晶闸管导通，可方便实现弱电和强电之间的电气隔离，常用在高电压大电流的电力变换电路中。

3. 全控型电力电子器件——GTO、GTR、MOSFET、IGBT

（1）GTO

GTO 是门极可关断晶闸管的简称，它的结构与普通晶闸管相似，也是 PNPN 四层三端半导体器件，三端 A、G 和 K 分别表示 GTO 的阳极、门极和阴极。与普通晶闸管不同的是，GTO 是一种多元的功率集成器件，内部包含数十个甚至数百个共阳极的小 GTO 元，这些 GTO 元的阴极和门极在器件内部并联在一起。这种特殊结构是为了便于实现门极控制关断而设计的。图 4-7 分别给出了典型的 GTO 各单元阴极、门极间隔排列的图形及其并联单元结构的断面示意图和电气图形符号。

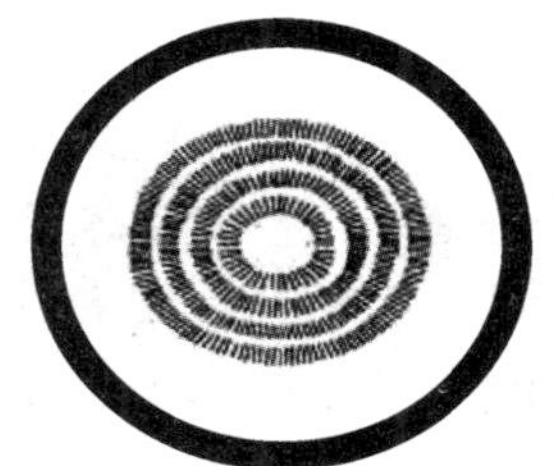

a) 各单元阴极、门极间隔排列的图形

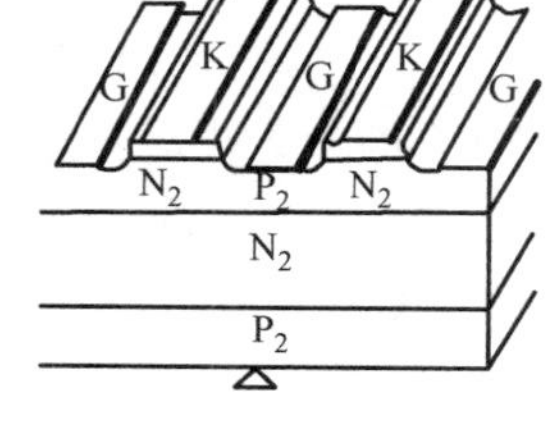

b) 并联单元结构的断面示意图

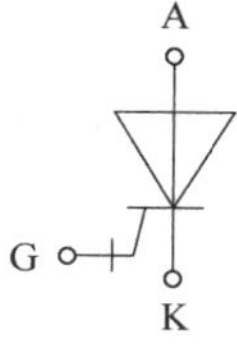

c) 电气图形符号

图 4-7　GTO 的内部结构和电气符号

在当前各种自关断器件中，GTO 容量最大，但工作频率最低，通态压降大，耐 dU/dt 及 di/dt 都比较低，应用中需要庞大的吸收电路。GTO 在大功率电力变换中有明显的优势，主要应用在铁道牵引变流器、电力系统用大功率无功发生器和高压直流输电等领域。

（2）GTR

GTR 是电力晶体管的简称，它是一种双极型大功率晶体管，也称功率晶体管或双极型晶体管（BJT），具有控制方便、开关时间短、通态压降低、高频特性好等优点，因此广泛应用在交直流调速、不间断电源、中频电源以及家用电器等中小容量的变流装置中。

GTR 与普通的双极结型晶体管基本原理是一样的，这里不再详述。但是对 GTR 来说，最主要的特性是耐压高、电流大、开关特性好，而不像小功率用于信息处理的双极结型晶体管那样注重单管电流放大系数、线性度、频率响应以及噪声和温漂等性能参数。GTR 通常采用至少由两个晶体管按达林顿接法组成的单元结构，单管的 GTR 结构与普通的双极结型晶体管类似，NPN 型 GTR 的结构及符号如图 4-8 所示，其中图 4-8c 为 GTR 的达林顿结构。

常见的 GTR 分为两种形式，第一种是 NPN 型 GTR，基射极之间加上正向电流时 GTR 导通，不加电流时 GTR 关断；第二种是 PNP 型 GTR，基射极之间加上反向电流时 GTR 导通，不加电流时或正向偏置时 GTR 关断。由于能承受上千伏电压，具有较大的电流密度和低的通态压降，GTR 曾经风靡一时，在 20 世纪 70 ~ 80 年代成为逆交器、变频器等变流装置的主导功率开关器件，开关频率可达 5kHz。随着器件的发展，现在 GTR 在 20A 以内的应用领域大都被 MOSFET 所取代，大于 20A 以上的应用领域大都被 IGBT 所取代。

（3）MOSFET

MOSFET 是电力场效应晶体管的简称，它是一种单极型电压控制半导体器件，开关频率可高达 500kHz，特别适合高频化的电力电子装置，但由于电流容量小、耐压低，一般只用

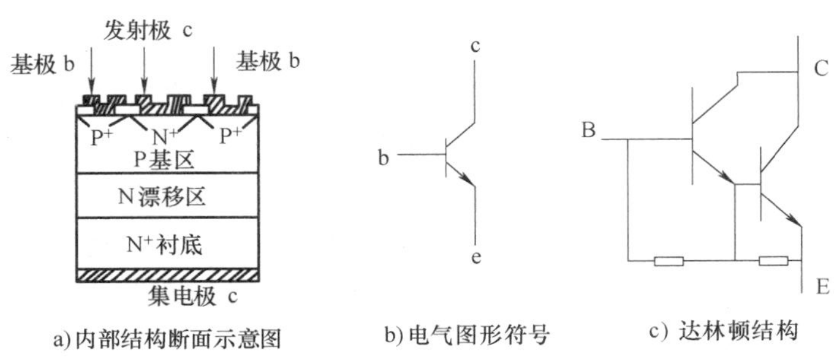

a) 内部结构断面示意图　　b) 电气图形符号　　c) 达林顿结构

图 4-8　NPN 型 GTR 的结构及符号

于小功率电力电子装置中。

电力场效应晶体管按导电沟道可分为 P 沟道型和 N 沟道型，根据栅源极电压与导电沟道出现的关系可分为耗尽型和增强型。电力场效应晶体管一般为 N 沟道增强型。从结构上看，功率场效应晶体管与小功率 MOS 管有比较大的差别。图 4-9 给出了具有垂直导电双扩散结构的 VD-MOSFET 单元的结构及电气图形符号。

如图 4-9 所示，电力场效应晶体管的三个极分别为栅极 G、漏极 D 和源极 S。当漏极接正电源，源极接负电源，栅源极间的电压为零时，P 基区与 N 区之间的 PN 结反偏，漏源极之间无电流通过。如在栅源极间加一正电压 U_{GS}，则栅极上的正电压将其下面的 P 基区中的空穴推开，电子被吸引到栅极下的 P 基区的表面，当 U_{GS}大于开启电压 U_T时，栅极下 P 基区表面的电子浓度将超过空穴浓度，从而使 P 型半导体反型成 N 型半导体，成为反型层。由反型层构成的 N 沟道使 PN 结消失，漏极和源极间开始导电。U_{GS}越大，电力场效应晶体管导电能力越强，漏极电流也就越大。

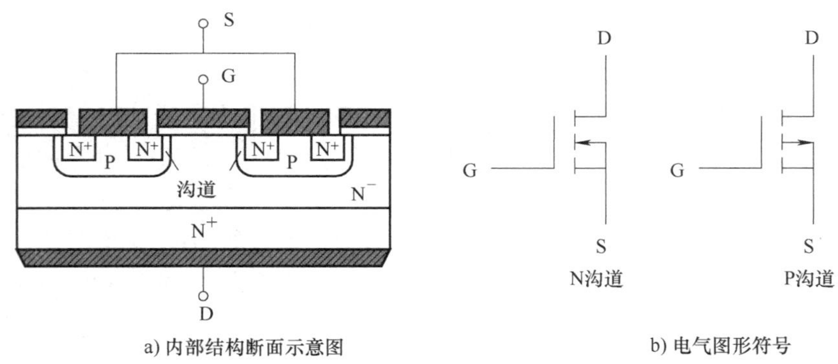

a) 内部结构断面示意图　　b) 电气图形符号

图 4-9　具有垂直导电双扩散结构的 VD-MOSFET 单元的结构和电气图形符号

（4）IGBT

IGBT 是绝缘栅双极晶体管的简称，它是一种复合型器件，将 MOSFET 和 GTR 的优点集于一身，既具有输入阻抗高、工作速度快、热稳定性好和驱动电路简单、驱动电流小等优点，又具有通态电压低、耐压高和承受电流大等优点，在电机控制、中频和开关电源以及要求快速、低损耗的领域，IGBT 已逐步取代功率 MOSFET 和 GTR。

IGBT 也是三端器件，具有栅极 G、集电极 C 和发射极 E，图 4-10 给出了一种由 N 沟道

MOSFET 与双极型晶体管组合而成的 IGBT 的基本结构、简化等效电路及电气符号。

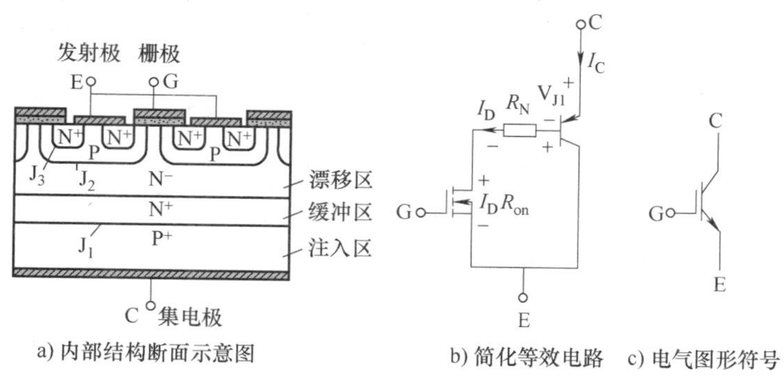

a) 内部结构断面示意图　　b) 简化等效电路　c) 电气图形符号

图 4-10　IGBT 的基本结构、简化等效电路及电气符号

IGBT 是在功率 MOSFET 的基础上增加了一个 P^+ 层发射极，形成 PN 结 J_1，并由此引出集电极 C。IGBT 的开通和关断是由栅极电压来控制的。栅极施以正电压时，MOSFET 内形成沟道，并为 PNP 晶体管提供基极电流，从而使 IGBT 导通。此时，从 P^+ 区注入到 N^- 区的空穴对 N^- 区进行电导调制，减小 N^- 区的电阻 R_{dr}，使高耐压的 IGBT 也具有低的通态压降；在栅极上施以负电压时，MOSFET 内沟道消失，PNP 晶体管的基极电流被切断，IGBT 关断。

4. 功率模块与功率集成电路

20 世纪 90 年代中后期开始，模块化成为趋势，将多个器件封装在一个模块中，称为功率模块。功率模块可缩小装置体积，降低成本，提高可靠性。并且对工作频率高的电路，可大大减小线路电感，从而简化对保护和缓冲电路的要求。功率模块最常见的拓扑结构有串联、并联、单相桥、三相桥以及它们的子电路。同类功率器件串、并联的目的是要提高整体电压、电流的额定值。

将器件与逻辑、控制、保护、传感、检测、自诊断等信息电子电路制作在同一芯片上，称为功率集成电路（Power Integrated Circuit，PIC）。习惯上将功率集成电路分为高压功率集成电路（HVIC）、智能功率集成电路（SPIC）和智能功率模块（IPM）。HVIC 是多个高压器件与低压模拟器件或逻辑电路在单片上的集成，耐压高而电流容量小；SPIC 是由一个或几个纵型结构的功率器件与控制和保护电路集成而成，电流容量大而耐压能力差；IPM 除了集成功率器件和驱动电路以外，还集成了过电压、过电流、过热等故障监测电路，并可将监测信号传送至 CPU，以保证 IPM 自身在任何情况下不受损坏。三菱电机公司在 1991 年推出的智能功率模块（IPM），是较为先进的混合集成功率器件，由高速、低功耗的 IGBT 芯片和优化的门极驱动及保护电路构成，其基本结构如图 4-11 所示。

功率集成电路的主要技术难点在于高低压电路之间的绝缘问题以及温升和散热的处理。以前功率集成电路的开发和研究主要在中小功率应用场合。智能功率模块在一定程度上回避了上述两个难点，最近几年在大功率上获得了迅速发展。功率集成电路实现了电能和信息的集成，成为机电一体化的理想接口。

5. 宽禁带 SiC 器件

近 20 多年来，SiC 作为一种宽禁带功率器件，受到人们越来越多的关注。SiC 半导体的发展改善了功率开关器件的硬开关特性，耐压可达数万伏，耐温可达 500℃ 以上，其性能优

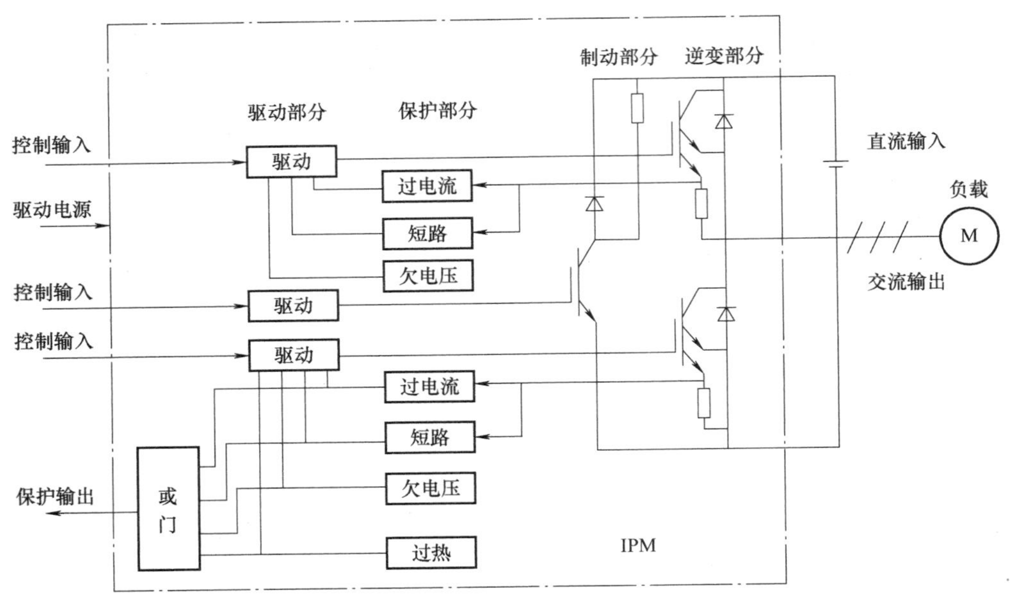

图 4-11　IPM 的基本结构

势如下：①宽禁带可大幅减小泄漏电流，从而减少高功率器件损耗；②高击穿场强可提高功率器件耐压能力与电流密度，减小整体尺寸；③高热导率可改善耐高温能力，有助于器件散热，减小散热设备体积，提高集成度，增加功率密度；④强抗辐射能力，更适合在外太空等辐照条件下应用。SiC 功率器件的高频、高压、耐高温、开关速度快、损耗低等特性，使电力电子系统的效率和功率密度朝着更高的方向发展，目前 SiC 器件的主要类型如图 4-12 所示。

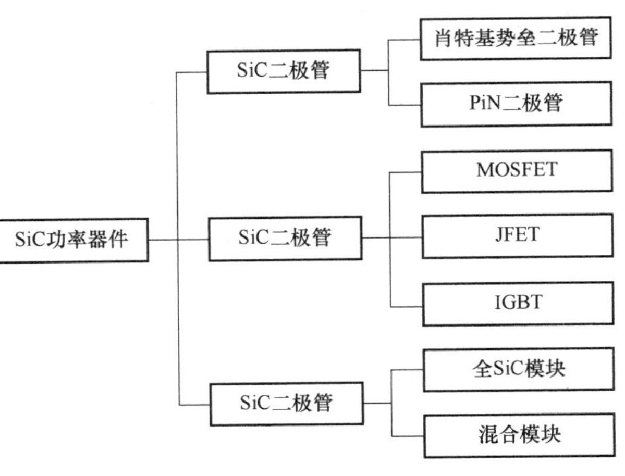

图 4-12　SiC 器件主要类型

各类 SiC 器件也因自身不同的结构、特性等因素，存在不同的优势与问题。最先实现产业化的 SiC 二极管中成熟度最高的是 SiC SBD（Schottky Barrier Diode，肖特基势垒二极管）。SBD 具有 PN 结肖特基势垒复合结构，可消除隧道电流对实现最高阻断电压的限制，充分发挥 SiC 临界击穿电场强度高的优势。SiC JFET（结型场效应晶体管）利用 PN 结耗尽区控制沟道电流，可全面开发 SiC 的高温稳定性，具备良好的高频特性及栅极可靠性，然而栅极 PN 结工作方式使其无法兼容 Si MOSFET 与 Si IGBT 的门极驱动器，限制了其进一步应用推广。在 SiC MOSFET（金属氧化物半导体场效应晶体管）最常采用的是平面 MOS 和沟槽 MOS 结构，其中沟槽 MOS 是为大幅提高 SiC 器件的可靠性而发展出来的新技术。SiC MOSFET 在高温与常温下的导通/关断损耗均很小，还可实现小型封装，与 Si IGBT 相比，既具有高频特性，又无拖尾电流，在未来有可能替代 Si IGBT 成为主流电力电子开关器件。在 10kV 以上的高压领域中，SiC MOSFET 器件会面临通态电阻过高的问题，因此 SiC IGBT 器件优势明显，但受 P 型衬底电阻率高、沟道迁移率低及栅氧化层可靠性问题限制，SiC IGBT 的研发工作起步较晚，目前仍处于待实用化阶段；随着高压应用的需求不断提升，SiC IGBT 将成为智能电网等高压领域中的核心器件。SiC 功率模块分为混合 SiC 模块和全 SiC 功率模块，混合 SiC 功率模块与同等额定电流的 Si IGBT 模块产品相比，可显著提高工作频率，大幅度降低开关损耗；全 SiC 功率模块是在优化工艺条件及器件结构，改善了晶体质量后才实现了 SiC SBD 与 SiC MOSFET 一体化封装，解决了高压级别 Si IGBT 模块功率转换损耗较大的问题，可在高频范围中实现外围部件小型化，但成本较高。

4.2.2　电力电子变流技术

由于电力电子技术主要用于电力变换，因此可以认为变流技术是电力电子技术的核心和主体。通常使用的电力有交流和直流两种，从公用电网直接得到的电力是交流，从蓄电池和干电池得到的电力是直流。在实际应用中有很多用电设备往往不能直接使用这些电力，需要进行电力变换。所谓电力电子变流技术就是在电源和负载之间，将电压、电流、频率、相位、相数中的一项或多项加以改变的技术。在电力电子变流技术中，不同的用途对应不同的拓扑电路，这些拓扑电路由电力电子器件构成，统称为电力电子变流器或变换器。根据电力电子变流器输入或输出是交流或直流，共有四种变换方式，对应的电力电子变流器可分为四大类，即交流变直流、直流变交流、交流变交流和直流变直流，如表 4-2 所示。

表 4-2　电力变换的方式

输出（负载侧） 输入（电源侧）	直　流	交　流
交流	正变换（整流器）	交流功率调节
		频率交换（循环换流器）
直流	直流转换（斩波器）	逆变换（逆变器）

（1）交流变直流（AC/DC）

将交流电转换为固定的或可调的直流电（由交流到直流的变流）。这种变换是正变换，称为整流，所用的变换装置叫做整流器，可用于充电、电镀、电解和直流电动机的速度调节等。整流电路按组成的器件可分为不可控、半控、全控三种；按电路结构可分为桥式电路和零式电路；按交流输入相数分为单相电路和多相电路。整流器通常作为电力电子系统的前端变换器。最简单的是采用电力二极管或晶闸管整流。现在电力电子前端变换器要求与电力线路友好接入，这意味着需要高的功率因数、低的输入电流谐波畸变和低的电磁干扰发射。为了满足越来越严格的电能质量标准，可用于单相和三相的高性能整流器也得到了快速发展，如单相 Boost 功率因数校正整流器、三相断续电流模式 Boost 功率因数校正整流器、三相脉宽调制 Boost 功率因数校正整流器等。

（2）直流变交流（DC/AC）

将直流电转换为频率和电压固定或可调的交流电（由直流到交流的变流）。这是与整流相反的变换，故称为逆变（换），所用的变换器称为逆变器。根据逆变器直流侧的储能元件是电容器还是电抗器，分为电压型逆变器和电流型逆变器两种。电压型逆变器包括方波/六阶梯波逆变器、PWM 逆变器、多电平 PWM 逆变器、谐振直流环或交流环逆变器等；电流型逆变器包括同步电动机驱动的电流型逆变器、感应电动机驱动的电流型逆变器、感应加热用的电流型并联谐振逆变器、电流型 PWM 逆变器等。逆变器输出可以是恒频，如用于恒压恒频（CVCF）的电源和不间断供电的电源（UPS）；也可以是变频（这时变流器叫变频器），如用于各种变频电源、中频感应加热和交流电机的变频调速等装置。在高压直流输电中，将高压直流远距离传送到终端时，也需要经过逆变器将电能转换为高压交流，再由变压器降到低压，才能供给交流用电设备。

（3）交流变交流（AC/AC）

将交流电变换为频率和电压固定的或可调的交流电（由交流到交流的变流）。用于交流电压有效值调节的称为交流电压控制或简称交流调压，所用装置称为交流调压器，如采用反并联晶闸管组成的定频相控调压器，用于调温、调光、交流电动机的调压调速等。将 50Hz 工频交流电直接转换成其他频率的交流电，称为交交变频，它是将固定的交流电变为电压、频率均可调的交流电，交交变频所用装置叫做频率变换器，如频率可向低频变换的相控周波变换器和矩阵式变换器，可在交流传动及许多特殊需要的电源中使用。

（4）直流变直流（DC/DC）

将直流电的参数（幅值的大小或极性）加以转换（由直流到直流的变流），即将恒定直流变成断续脉冲形状，以改变其平均值。当直流到直流变流的电路由晶闸管组成时，称之为斩波器。最基本的形式有降压斩波器（Buck 变换器）、升压斩波器（Boost 变换器）和升降压斩波器（Buck-Boost 变换器）三种，用于直流电压变换场合和开关电源中，如城市电车、地铁、矿车、搬运车、蓄电池车等直流电动机的牵引传动。

为了有效利用功率时刻变化的电力，必须采用改变直流电压大小的电路（斩波电路），或将交流变换为直流的电路（整流电路），或将直流变换为交流的电路（逆变电路）等。表 4-2所示的电力电子变流器输入、输出的交直流关系可以用图 4-13 表示。

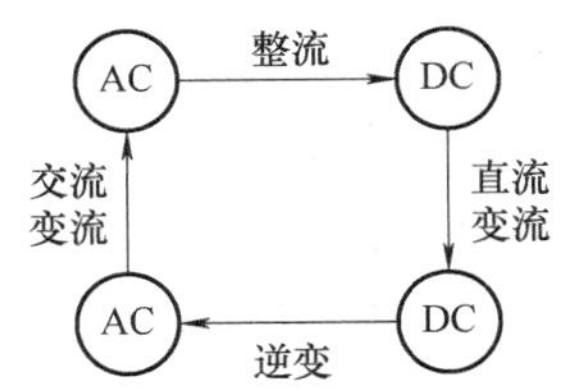

图 4-13　电能变换的四种类型

上述四种变流电路是基本类型，将其中的某几种基本的变流电路组合起来，可以实现新的功能。如间接交流变流电路是先将交流电整流为直流，再将直流电逆变为交流，是先整流后逆变的组合，可实现变压变频或恒压恒频功能，用于变频器和不间断电源中。电力电子变流技术的主要目标是节约能源、提高效率，包括减小变换器的大小和重量，降低谐波失真和成本，为此又出现了许多新型的变流电路拓扑结构。如具有软开关功能的拓扑电路，能提高功率等级和降低谐波失真的多电平、多重化、多端口、多模块、多级联变换的拓扑电路。这些新型结构推动了电力电子变流技术不断丰富和发展，使电力电子变换电路发展到一个完全多元化的阶段。电力电子变流技术大致可分为三代：第一代是应用二极管和晶闸管，采用不控或半控器件的强迫变流技术；第二代主要以应用自关断器件为特征；第三代是以软开关、功率因数校正和消除谐波为特征。

如果没有晶闸管、电力晶体管、IGBT 等电力电子器件，也就没有电力电子技术，而电力电子技术主要用于电力变换。因此可以认为，电力电子器件的制造技术是电力电子技术的基础，而变流技术则是电力电子技术的核心。电力电子器件制造技术的理论基础是半导体物理，而变流技术的理论基础是电路理论。电力电子变流技术应包括用电力电子器件构成各种电力变换电路以及由这些电路构成电力电子装置和电力电子系统的相关技术。

4.2.3　电力电子控制技术

电力电子技术就是变换电能的技术，它借助数学、软件等各种工具，通过合理选择使用电气电子元器件和相关拓扑变换电路，应用各种控制理论和专门技术，高效、实用、可靠地把得到的电源变为所需要的电源，以满足不同负载的要求。电能变换与控制的基本功能框图如图4-14所示。

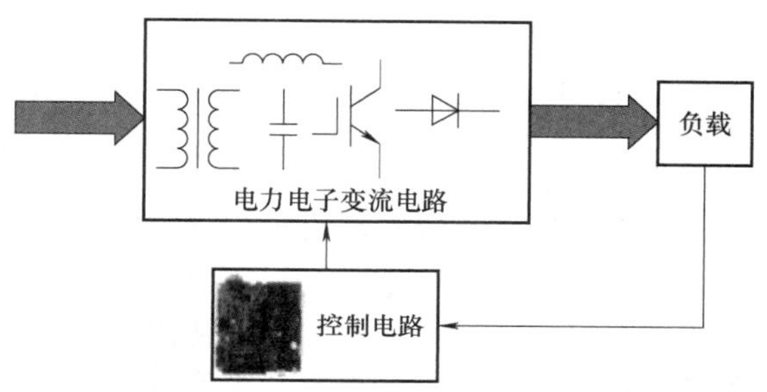

图4-14　电能变换与控制的基本功能框图

控制技术在电能变换中起着十分重要的作用，电力电子器件的主要特点是能用较小的信号输入来控制很大的功率输出，这就使得电力电子变流器成为强电和弱电之间的接口，控制技术正是实现这一弱电控制强电接口的强有力桥梁。电力电子技术可以说是把电子元器件合理地用于电能的变换与控制调节中，在应用中必须包含控制和检测反馈单元。控制和检测电路有硬件和软件之分，硬件部分包括模拟电路和数字电路，如放大器、单板机、单片机、数字信号处理器等；软件部分包括各种控制策略和算法，如在各种脉冲调制方法上，有波形比较、滞环比较、空间矢量调制、特定消谐、各种智能化的调制技术等。目前实现电能转换的控制方式主要有相位控制、通断控制、脉冲宽度调制和微机控制技术。先进的控制技术是实现电力电子技术应用的关键，也是实现电气工程自动化的关键。在电力电子系统中，由于系统变化的高速性，要求测量或控制时间在毫秒甚至几十纳秒内完成，对控制技术和测量技术提出了更高的要求。控制技术的进步给电力电子系统展示了一个很大的发展空间。

控制技术包括模拟技术和数字技术两种，模拟技术以模拟电子技术为基础，数字技术以数字电子技术为基础，工程中模拟技术和数字技术都会融合在一起使用。控制技术还包括智能控制技术，它可以分为计算机网控技术、单片机控制技术、DSP控制技术、PLC控制技术等。任何电力电子变流器的核心部分都是开关控制器，控制技术在其中起着关键的作用。根据使用要求，常常希望变流器输出的直流或交流波形尽量接近理想波形，这就要求控制器的控制目标是减小开关过程中产生的谐波，同时减小变流器输入端和输出端的谐波。例如，对于保证电力供应的电力电子变流装置，包括高压直流输电系统、无功补偿装置、不间断电源（UPS）等，它们的效率和谐波质量就是控制器的直接控制目标。小功率设备可以采用较简单的控制算法，而大功率设备为了满足谐波标准往往需要采用复杂的控制算法和昂贵的硬件结构。对于用于电力传动系统，如用于工业加工机械、传输装置、起重机、提升机、电梯、电传动车辆、高铁等中的变流装置，其核心控制部分就是电机控制器，一般要求比较宽的转速、转矩控制范围及足够高的静动态性能，这就需要更先进、更复杂的控制算法，以改善控制响应速度、提高效率和降低硬件要求等。近年来，诸如模糊控制、最优控制、重复控制、滑膜变结构控制、自抗扰控制等先进的控制手段，越来越多地在电力电子变流装置中获得应用。

高速数字微处理器的快速发展，为复杂算法在变流装置中的应用提供了硬件基础，也进一步说明当代学科间是相互渗透的。由于自动控制技术的发展，电力电子学不仅与电子学紧密相关，而且已经和计算机科学发生紧密的联系。特别是最近几年来，由于微电子技术的发展，工业控制的功能模块或专用芯片不断涌现，使变流器的控制系统变得小型化和高可靠性，使变流装置更加完美，很容易实现系列化和标准化。

4.3 电力传动系统的类型及应用

4.3.1 电力传动系统的主要类型

由于电能的传输与分配比较高效、易行，所以目前大部分生产机械的原动机采用的都是电动机。电力传动是以电动机为控制对象，按生产机械的工艺要求进行电动机转速或位置控制的自动化系统，简称电力传动系统。电力传动系统也可以称为运动控制系统，其种类繁多，用途各异，一般可将它分为以转速为被控参数的调速系统和以直线位移或角位移为被控参数的位置随动系统。如果带动工作机械的原动机是直流电动机，则称为直流电力传动；如果带动工作机械的原动机是交流电动机，则称为交流电力传动。从发展历程看，电力传动有成组传动、单机传动和多机传动之分。从控制角度看，电力传动又可以分为断续控制系统和连续控制系统，前者控制不连续，一般只控制电动机的起动、制动或作不连续运行的速度控制；后者控制则是连续的，主要体现在电动机能进行平滑的速度调节。从调速方面来看，电力传动可分为不调速和调速两大类。从调速应用方面来看，电力传动又可分为工艺调速传动、精密伺服调速传动、牵引调速传动和节能调速传动，这些调速的目的主要是提高产品工艺水平、产品质量、生产产量和效率，典型的电力传动系统原理框图如图 4-15 所示。

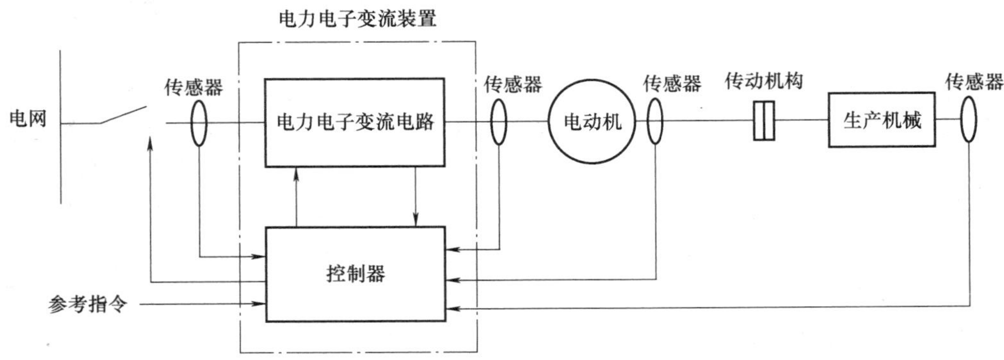

图 4-15　电力传动系统原理框图

电力传动系统是以电动机作为原动机拖动生产机械运动的一种传动方式，主要由电动机、传动机构和电力电子变流装置三部分组成，它利用电力电子变流装置对电机的转速和转矩这两个主要参数进行调节控制，以满足生产机械的特性要求。电力电子变流装置和电动机显然是电力传动系统的核心设备。电力电子变流装置关系到合理地使用电动机以节约电能和控制机械的运行状态（位置、速度、加速度等），实现电能—机械能的优质高效转换。电动机通常分为两大类，一类是直流电源供电的直流电机，另一类是交流电源供电的交流电机。还有一些与常见的交直流电机结构不同的特殊电机，如永磁无刷直流电机、永磁同步电机、同步磁阻电机、开关磁阻电机等，可以称为特种电机。另外还有各种微控电机（如步进电机），微控电机广泛用于各种家电、办公设备和伺服控制系统中。

直流电力传动和交流电力传动都是在 19 世纪诞生的，但当时的电力传动系统是不调速系统，只是一些简单的继电、接触、开关控制。随着社会化大生产的发展，生产制造技术越来越复杂，对生产工艺的要求越来越高，这就要求生产机械能够在工作速度、快速启动和制动、正反转运行等方面具有较好的运行性能，从而推动电动机调速技术的发展。直流电力传动系统与交流电力传动系统的构成如图 4-16 所示。

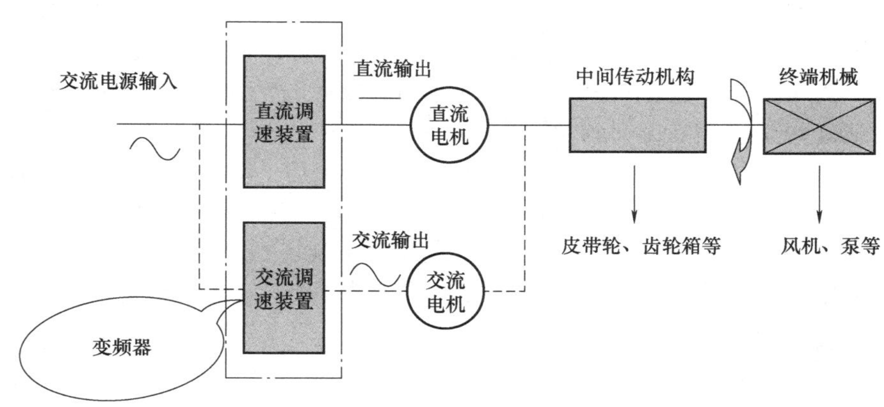

图 4-16　电力传动系统构成

1. 直流电力传动系统

在 20 世纪的大部分年代里，鉴于直流电机具有对速度进行完全和方便的控制能力，高性能的传动都采用直流电机。早期直流传动采用触点控制，通过开关设备切换直流电动机电枢或磁场回路电阻实现有级调速。1930 年以后出现电机放大器控制的旋转变流机组供电给直流电动机，后来又出现了磁放大器和水银整流器等供电，实现了直流传动的无触点控制。其特点是利用直流电动机的转速和输入电压的比例关系，通过调节直流发电机的励磁电流或水银整流器的触发相位就可实现直流电机调速，如今已不再使用。1957 年晶闸管问世后，由于电力电子器件的快速发展和晶闸管系统所具有的良好动、静态性能，使直流调速系统的快速性、可靠性和经济性不断提高，采用晶闸管相控装置的可控直流电源在直流传动中一直占主导地位，在 20 世纪相当长的一段时间内成为调速传动的主流。今天正在逐步推广应用的微机控制的全数字直流调速系统具有高精度、宽范围的调速控制，代表直流电力传动的发展方向。直流传动之所以经历多年发展仍在工业生产中得到广泛应用，关键在于它能以简单的手段达到较高的性能指标。

2. 交流电力传动系统

与直流电动机相比，交流电动机有结构简单的优点，特别是笼型异步电动机，因其结构简单、运行可靠、价格低廉、维修方便，故应用面很广。但早期因其转速和转矩调节困难，交流电动机只是用在大量的不需要调速的传动系统中。尽管从 1930 年开始，人们就致力于交流调速的研究，然而主要局限于利用开关设备来切换主回路，达到控制电动机起动、制动和有级调速的目的。例如，起动机、变极对数调速、电抗或自耦降压起动以及绕线式异步电动机转子回路串电阻的有级调速。交流调速进展缓慢的主要原因在于，决定电动机转速调节主要因素的交流电源频率的改变和电动机转矩的控制都是极为困难的。因此，交流调速的稳定性、可靠性、经济性及效率均无法满足生产要求。后来发展起来的调速调频控制只控制了电动机的气隙磁通，而不能调节转矩；转差频率控制能够在一定程度上控制电动机的转矩，但它是以电动机的稳态方程为基础设计的，并不能真正控制动态过程中的转矩。20 世纪 80 年代以后，由于矢量控制技术和直接转矩控制技术的发展为交流电机高性能调速提供了理论依据，加之电力电子变流技术的实用化，交流传动技术开始走向成熟，其优越性开始得到显现。到 1995 年左右，欧洲停止了维修大的直流传动系统机车，开始全部生产交流传动机车。我国也于 1998 年提出了用十年左右时间实现从直流传动到交流传动转换的铁路牵引传动产业政策。交流传动系统之所以发展得这么迅速，与功率半导体器件的制造技术、交流电动机控制技术、以大规模集成电路和微型计算机为基础的数字化控制技术、电力变换技术等关键性技术的突破有关。

需要指出的是，电力传动和电力电子装置关系十分密切，调速传动的控制装置主要是各种电力电子变流器，它为电动机提供可控制的直流或交流电源，并成为弱电控制强电的媒介。电力传动领域一直在重视电气节能技术和优化的控制技术，预计 21 世纪将进入电力电子智能化的时代，控制理论和电力电子技术的进步有力地推动了电力传动系统的发展。

4.3.2 电力传动的应用

1. 应用范围概述

需要对电机的速度和力矩特性进行控制的场合，就有电力传动的应用，所以电力传动应用领域非常广阔。随着社会发展的需求不断提高，电力传动已经深入到社会生活的各个方面。图 4-17 是使用了电力传动技术的系统或设备。

1）信息家电。信息家电的含义是将计算机技术和现代通信技术融入到传统的家用电器之中，使之智能化并具有网络信息终端的功能。信息化程度越来越高的家用电器中，电力传动系统也从简单的通断开关型发展成为变频调速型，如变频空调、变频冰箱、变频洗衣机、清扫机器人等。还有电风扇、吸尘器、油烟机的电机传动，以及计算机内的 CPU 风扇和各种磁盘光盘驱动器等都离不开电力传动。

2）机械加工。机械加工是通过人工或程序操作金属切削机床，利用切削刀具从工件上切除多余材料，使之获得图样要求零件的几何形状、位置精度、尺寸精度、表面质量等。计算机数字程序控制机床一般简称为数控机床，它把电机及其传动装置和各种传感器与机械紧密结合在一起，可以根据设计文档自动完成所需的机械加工，具有精度高、响应速度快、控制方便等特点。机床伺服传动系统是数控装置与机床的连接环节，它是以机床移动部件（工作台）的位置和速度作为控制量的自动控制系统，用来接受数控装置（或计算机）插补生成的进给脉冲或进给位移量，从而驱动机床执行运动。

3）矿山机械。直接用于矿物开采等作业的机械，包括采矿机械和选矿机械。探矿机械的工作原理和结构与开采同类矿物所用的采矿机械大多相同或相似，广义上说，探矿机械也属于矿山机械。另外，矿山作业中还应用大量的起重机、输送机、通风机和排水机械等。采

图4-17 使用电力传动技术的系统或设备

矿机械是直接开采有用矿物和辅助开采工作所用的机械设备，包括开采金属矿石和非金属矿石的采掘机械、开采煤炭用的采煤机械、开采石油用的石油钻采机械。选矿机械按选矿流程分为破碎、粉磨、筛分、分选（选别）和脱水机械，类型比较多。矿山机械用电力传动设备一般具有外载荷量变化频繁、振动和冲击载荷大、环境恶劣、温差大等工作特点，要求传动系统具有良好的调速特性、堵转特性和环境适应能力。

4）起重机和输送机。起重机是指在一定范围内垂直提升和水平搬运重物的多动作起重机械，分别由起升、运行、变幅、回转等机构完成，经常通过多台电机传动来完成，它要求能迅速、平稳地起动和制动，且多台电机运行同步，以保证搬运物料准确和安全起吊及着落。输送机是连续搬运各种物料的装置，各大商场的自动滚梯也可以归入输送机范畴。输送机按运作方式可分为装补一体输送机、皮带式输送机、螺旋输送机、斗式提升机、滚筒输送机、板链输送机、网带输送机和链条输送机，驱动装置是其核心部件，一般由电动机、减速器和制动器（停止器）等组成，给输送机提供驱动力。

5）风机和水泵。风机是我国对气体压缩和气体输送机械的习惯简称，通常所说的风机包括通风机、鼓风机、风力发电机。水泵是输送液体或使液体增压的机械，有容积泵与叶片泵之分，容积泵是利用其工作室容积的变化来传递能量，而叶片泵是利用回转叶片与水的相互作用来传递能量，有离心泵、轴流泵和混流泵等类型。风机和水泵的用量很大，它们的总电量约占全国所有用电量的1/3。风机和水泵的传动控制主要是为了改变电机的速度以节电节能。风机和水泵的负载特性使得可以通过调压来调速，但现在市场上大量供应的用于风机水泵的变频调速器绝大多数是VVVF控制的。现在市场上也开始供应调速性能更好的矢量控制变频调速器。

6）电梯。电梯是一种以电动机为动力的垂直升降机，装有箱状吊舱，用于多层建筑乘人或载运货物，也有台阶式，踏步板装在履带上连续运行，俗称自动电梯。电梯的拖动系统由曳引电动机、供电系统、速度反馈装置、电动机调速装置等组成，其功能是提供动力，实行电梯速度控制。对电梯的控制要求是安全可靠、平稳舒适、平层准确，另外希望效率高、经济实用、调度运行合理。

7）船舶。船舶是能航行或停泊于水域进行运输或作业的交通工具。船上的电传动装置很多，不少工作机械需要调速。舰船电力传动系统具有布置灵活，控制性能好，易于实现自动化等优点。船舶电力传动以往主要是各种辅机，如舵机、锚机和系缆绞盘机、起重机、起货绞车等。近些年来在大力发展全电系统的船舶，其电力传动模式主要有变速电动机拖动定距螺旋桨（FPP）驱动和定速电动机拖动变距螺旋桨（CPP）驱动两种，根据船舶驱动所需的功率可选择两台电动机单独拖动或多台电动机联合拖动。交流传动电力推进已经是船舶工业的主要发展目标，比如军用舰艇、破冰船、拖船、电缆敷设船等。适用于大型舰船的交流电力推进系统包括两大核心内容：交流推进电机和交流推进变频调速器。船舶电力传动系统要求能适应海上的工作环境，冷却介质温度高、相对湿度大、盐雾腐蚀大、船舶低频振动和倾斜摇摆等。

8）航空。航空是使用飞机及其他航空器运送人员、货物、邮件的一种运输方式，具有快速、机动的特点，是现代旅客运输尤其是远程旅客运输的重要方式。飞机是由固定翼产生升力，由推进装置产生推（拉）力，在大气层中飞行的航空器。现代飞机的动力装置主要包括涡轮发动机和活塞发动机两种，动力装置主要用来产生拉力或推力，使飞机前进，还可以为飞机上的用电设备提供电力，为空调设备等用气设备提供气源。电力传动在飞机上存在广泛应用，飞机的空调系统、水系统、飞行控制系统等都要用到电力传动。目前许多国家都在研发多电或全电飞机，电力传动的应用也越来越多。多电飞机的电气系统既是多变换器的电力电子系统，又是多微处理器的网络系统，两者配合使多电飞机电气系统具有可靠性高、维护性好、体积重量小、成本低和性能优良的特点。

9）交通。交通是指从事旅客和货物运输及语言和图文传递的行业，包括运输和邮电两个方面，运输有铁路、公路、水路、航空、管道五种方式。铁路内燃机车和电力机车虽然动力来源不一样，但都采用电传动技术，城市轨道交通全部采用电传动技术。由于交流传动技术的发展和成熟，自2000年以来，我国轨道交通都在大力发展交流传动技术。公路交通方面，为节约能源和减少环境污染，各国都在大力发展电动汽车。电力驱动系统是纯电动汽车的心脏，由电动机及其驱动系统、机械传动装置和车轮组成。电动机及其驱动系统主要由电机、功率转换器和电子控制器三部分组成，它是电动汽车区别于内燃机汽车的核心所在。

10）其他领域。冶金机械、食品加工、医疗器械和石油机械等领域也大量使用电力传动。各类轧钢机及其辅助加工线在冶金工业中占有很大的比重，其电力传动与自动化水平举足轻重。各种食品加工设备和家庭保健按摩产品大都采用电动机进行驱动控制。石油钻井平台中的钻井绞车、转盘和泥浆泵等需要电动机调速运行，石油精炼则要求电动机恒速运行居多。

电力传动与自动化控制密切相关。在工业应用方面，电力传动及其自动化在当代成套设备中所占的比重越来越大，重要性越来越突出，更新换代也越来越快。许多重大装备的技术水平主要由电力传动及其自动化的技术水平决定。许多生产设备的技术改造，也主要是电力传动及其自动化部分的更新换代。随着自动化程度的不断提高，电力传动将成为更经济地使用材料和资源，以及提高劳动生产率的强有力手段。由于生产技术的发展，特别是精密机械加工和冶金、交通、航天等工业生产过程的进步，在起制动、正反转以及调速精度、调速范围、静态特性和动态响应等方面对变频调速传动、电力牵引传动、电气伺服传动都提出了更高的要求。

2. 变频调速系统的应用

变频调速的基本原理是根据电机转速与工作电源输入频率成正比关系，通过改变输入电源频率达到改变电机转速的目的。早在 20 世纪 60 年代，由于晶闸管的出现，产生了静止式变频设备。当时，变频设备由许多分立元件构成，导致生产成本高、体积大、控制效果较差，只能用于纺织、磨床等对调速性能要求不高的场合。在 20 世纪 90 年代期间，随着电力电子器件、高速数字处理器和矢量控制技术的快速发展，交流变频调速技术也取得了很大的进步，其动、静态性能可直接与直流调速技术媲美，出现了各种类型的通用变频器，基本能满足不同负载及场合的需求。随着传感器、半导体开关器件、大规模集成电路的性能进一步增强，有效地促进了变频器功能及性能的提高。目前变频器种类越来越多，操作越来越方便，功能越来越丰富，应用也越来越广泛。变频调速系统以其优异的调速、启动和制动性能，高效率、高功率因数和节电效果，广泛的适用范围及其他许多优点而被国内外公认为最有发展前途的调速方式。

变频调速系统及其应用可以带来巨大的节能效益，目前世界各国都大量使用各种电动机，据估计各种电动机的总用电量要占总发电量的 40% 左右，采用变频调速对电动机的运行实施控制和调节是最佳的节能手段，大约可节能 30%。电机交流变频调速技术是当今节电、改善工艺流程、提高产品质量、推动技术进步的一种主要手段，这一技术广泛应用于工业、交通、国防和民用领域。图 4-18 是典型的交直交型变频器结构示意图。

3. 电力牵引系统的应用

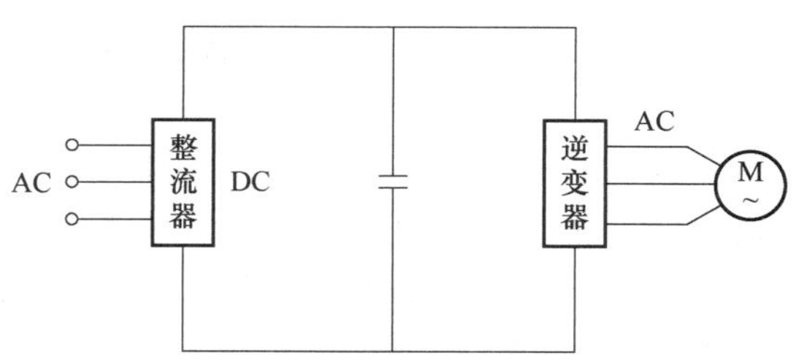

图 4-18　交直交型变频器结构示意图

电力牵引系统是用在电气铁道、地铁、各种电动车、工矿牵引、矿井卷扬及电梯等场合中实现运输、牵引的传动系统。动力装置是电气牵引系统的核心，随着现代科技的发展，动力装置逐渐由机械化向机电一体化、电气化、自动化方向发展，其中电力电子技术起着越来越重要的作用。从采用的驱动电机看，可分为直流牵引与交流牵引。直流牵引用直流电机，其结构复杂（主要是换向器），但其控制原理简单；交流牵引用交流异步电机，其结构简单，但要实现宽范围、高性能的调速控制存在相当大的难度。从直流传动发展为交流传动的过程也是电力电子器件、微处理器芯片及交流电机调速理论发展的过程。牵引传动技术发展的目标在于改善电力机车牵引和制动的性能，并提高整个车辆系统工作可靠性和能源使用效率，以有效地降低能耗和运行成本，满足运营需求。图 4-19 是地铁牵引供电系统示意图。

电力牵引主要基于大容量电力电子变换及其控制技术，牵引传动技术的发展与电力电子器件的进步密切相关。每当新一代电力电子器件诞生，牵引传动技术往往都会掀起一场革新

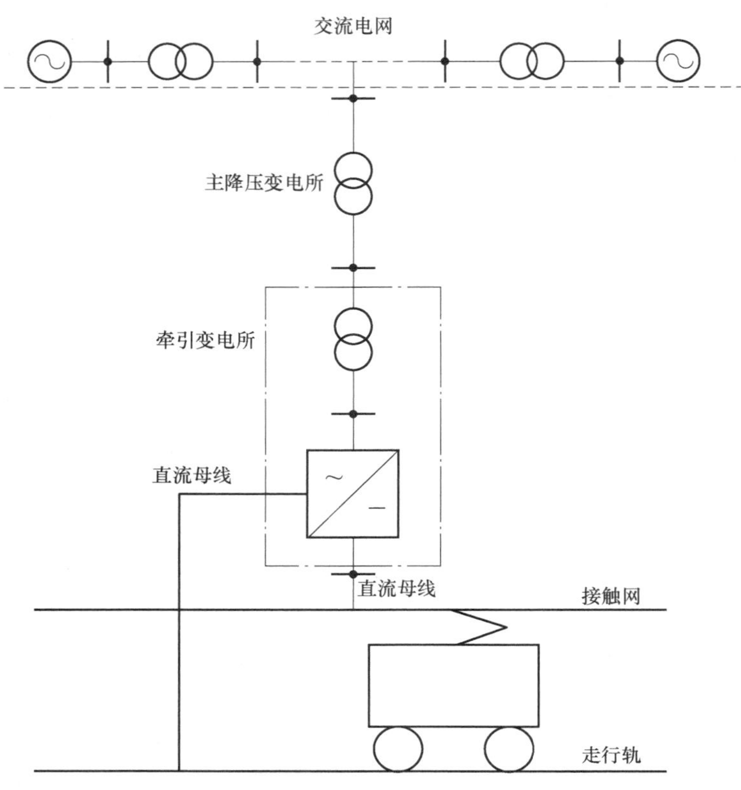

图 4-19　地铁牵引供电系统示意图

浪潮。从 20 世纪 60 年代起，电力电子器件得到了迅速发展，由晶闸管（SCR）、电力晶体管（GTR）、可关断晶闸管（GTO）、集成门极换流晶闸管（IGCT）到绝缘栅双极晶体管（IGBT），开关器件的工作电压、电流以及关断频率得到了较大提高，而功率损耗不断降低，促进了牵引传动系统的发展。在 20 世纪 80 年代之前，牵引传动系统主要采用快速晶闸管。由于晶闸管为半控器件，导致了变流机组的结构复杂，效率低下，可靠性较差，维修难度也比较高。到 20 世纪 80 年代中后期，由于集成门极换流晶闸管应用于大功率交流传动轨道列车，使得车辆的综合性能得到了很大程度的提高。进入 20 世纪 90 年代，中高压绝缘栅双极晶体管的问世，使得变流传动机组又得到了更新换代；自 2002 年起，绝缘栅双极晶体管应用在轻型以及重型城市郊区轨道车辆的牵引传动系统中，之后又在大功率电力机车中得到广泛应用。在电力牵引的大容量变换器中，基于大功率电力电子器件的变换器成为主流，高耐压大电流的绝缘栅双极型晶体管和集成门极换流晶闸管得到普遍应用。各种大功率电力电子器件及先进控制技术的出现，确立了现代交流传动技术的优势，使轨道车辆电传动技术发生了根本变革，由直流传动逐渐向交流传动转变。

4. 电气伺服传动系统的应用

伺服传动指用于现代数控机床、机器人、雷达等场合对运动控制要求比较高的传动。伺服传动技术是指在控制指令的指挥下，控制并驱动执行机构，使机械系统的运动部件按照指令要求进行运动，实现执行机构对给定指令的准确跟踪，即实现输出变量的某种状态能够自动、连续、精确地复现输入指令信号的变化规律。由于其操作简单，控制能力准确，伺服传动系统被广泛地应用于机械电气控制系统中，成为当前机电一体化系统控制的重要技术。

伺服系统的发展经历了从液压、气动到电气的过程，而电气伺服系统主要由伺服电机、反馈装置、功率驱动装置和控制器四大部分组成，如图 4-20 所示。

伺服电机是电气伺服系统的核心部件，其性能的高低直接决定了伺服系统最终性能的优劣。在 20 世纪 50 ~ 80 年代，直流伺服电机以其良好的可控性成为主流伺服电机，大量应用于机床等各类伺服系统中，但其固有的机械换向装置大大影响了其使用寿命、可靠性及环境适应性。随着电机矢量控制技术的发明及应用，以结构简单可靠的交流电机替代直流电机成为可能，特别是 20 世纪 80 年代，稀土永磁交流电机的普遍应用，永磁交流伺服系统成为了各国的主要研究对象。虽然采用功率步进电机直接驱动的开环伺服系统曾经在 20 世纪 90 年代得到使用，但是迅速被交流伺服所取代。在交流伺服系统中，电动机的类型有永磁同步交流伺服电机（PMSM）和感应异步交流伺服电机（IM），其中，异步伺服电机虽然结构坚固、制造简单、价格低廉，但是在特性上和效率上存在差距，只在大功率场合得到重视。近年来因为稀土材料的价格因素，西方国家正加速开展异步伺服的研究，但大规模应用还尚待时日。而稀土永磁交流伺服电机自问世以来，从方波驱动电机（BLDC）发展到正弦波驱动电机（PMSM），在结构、能效指标、控制性能以及制造工艺等各方面，完全满足了现代高性能伺服系统对高精度、宽调速范围、低速大转矩、稳定性好、快速动态响应的要求。因此，稀土永磁交流伺服电机以其优良的性能与现代驱动控制技术和高精度传感器技术相结合，组成了现代最优异的伺服系统，已经成为现代高性能伺服系统的主流及发展方向。

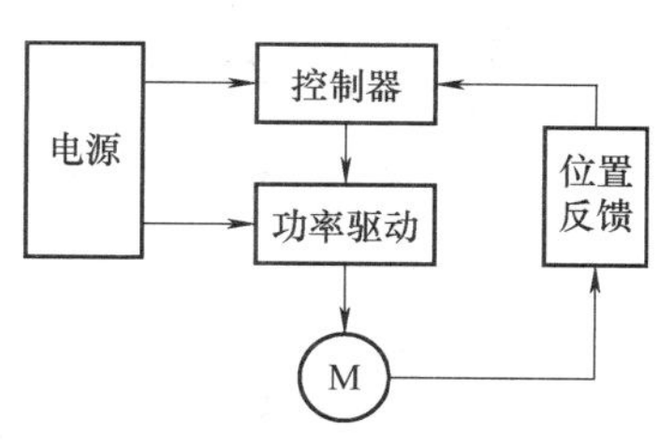

图 4-20　电气伺服系统构成框图

4.4　电力电子技术的应用

电力电子技术的研究对象是电能形态的各种转换、控制、分配、传送和应用，其研究成果和产品涵盖了所有军事、工业和民用等产业的一切电力设备、数字信息系统和通信系统，其应用已深入到工农业生产的各个领域和社会生活的各个方面，见表 4-3。

事实表明，无论是电力、机械、矿冶、交通、石油、能源、化工、轻纺等传统产业，还是通信、激光、机器人、环保、原子能、航天等高新技术产业，都迫切需要高质量、高效率的电能。而电力电子正是将各种一次能源高效率地变为人们所需的电能，是实现节能环保和提高人民生活质量的重要手段，已经成为弱电控制与强电运行之间、信息技术与先进制造技术之间、传统产业实现自动化、智能化改造和新建高科技产业之间不可缺少的重要桥梁。以上是从人类社会生产与生活的各个方面来看电力电子技术的应用状况，下面从电能使用方面来具体介绍，包括电力传动中的电机驱动与调速、电力系统中的电能质量控制与性能提升和用电设备中满足不同需求的各种电源装置。

表 4-3 电力电子技术的应用范围

领域	应用	领域	应用	领域	应用
1. 工业与生产	风机、泵、压缩机 电机拖动 感应加热 电解电镀 焊接 照明等	3. 交通运输	火车 地铁 电动汽车 电力机车 船舶	5. 商业与民居	加热设备 冷冻设备 电子仪器 电控门 电梯 照明 电脑 空调、冰箱、电视等
2. 电力系统	高压直流输电 柔性交流输电 电力有源滤波器 静止无功发生器 新能源发电 储能系统	4. 航天与运载	飞机 卫星 航天器 电磁发射器	6. 医疗与通信	医疗电子设备 移动电子设备 开关电源 不间断电源 电池充电器

4.4.1 在电力传动中的应用

电力传动系统是电力电子技术的主要应用领域之一。各类电动机是电力传动系统的执行部件，为了便于控制，在常规的恒压交直流电源与电动机之间需配备电力电子变流器。电力电子变流器在电力传动中起着功率放大和快速控制的作用，很方便地实现弱电控制强电和灵活实时控制。电动汽车的动力总成是一个典型的电力传动系统，电动汽车和燃油车的最大差别就是动力总成，燃油汽车的动力总成是发动机和燃油系统，对应于纯电动汽车，其动力总成是电机、动力电池包和电力电子变流器，如图 4-21 所示。动力电池相当于直流电源，电力电子变流器是动力总成的控制核心。

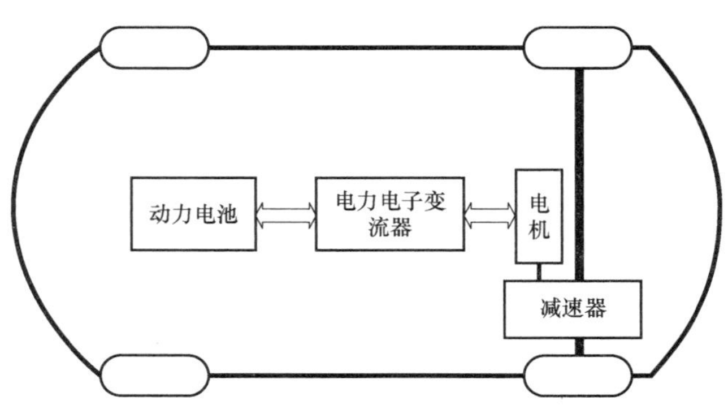

图 4-21 纯电动汽车动力总成组成示意图

电力传动分成调速和不调速两大类，调速又分交流调速和直流调速两种方式。对于不调速传动，电力电子技术主要解决电机的起动问题，电力电子变流器设计成电机软起动装置；对于调速传动，电力电子技术不仅要解决好电机的起动问题，还要解决好电机整个调速过程中的控制问题。在 20 世纪 70 年代，大多数调速系统都由采用晶闸管和双向晶闸管器件的变流器供电，最典型的是晶闸管- 直流电机调速系统，采用直流斩波调压或相控调压使直流传动得到了一次飞跃式发展。20 世纪 80 年代电力晶体管问世后，在功率等级较低的电机中逐步采用了电力晶体管变流器，获得较好的电机调速性能。可关断晶闸管（GTO）的问世与发展，使采用电压型逆变器的变压变频（VVVF）大功率交流传动得到迅速发展，并使欧洲先进国家在 20 世纪 90 年代的中后期停止生产直流传动的机车车辆，开始生产先进的交流传动的机车车辆。

随着大功率 IGBT 的出现，以及 IGBT 逆变技术的成熟和发展，IGBT 迅速在相关功率等级的应用领域取代了晶闸管和电力晶体管。小功率逆变器主要用于步进电机、打印机、机器人以及磁盘驱动器等设备中。大功率段常用的交直交逆变器有两类：IGBT 变频器和 GTO 变频器，主要用于 20 ~ 100kW 等级的电机传动系统中，如电动汽车传动系统、电力机车的辅助传动系统。随着器件容量和装置功率的增加，变频器逐步应用于容量为 300 ~ 1000kW 及其以上的电力传动中，如地铁列车和高速电动车组的牵引传动系统中。由于装置功率大，低电压时电流过大不经济，所以一般都采用中压（1 ~ 10kV）下工作。

IGBT 和 GTO 这两种器件各有优缺点：IGBT 开关频率高，但导通压降和损耗大；GTO 电压高、电流大、导通压降小，但开关损耗大、开关频率低。若考虑驱动、速度等因素，总体上 IGBT 要受欢迎得多。针对 IGBT 和 GTO 的优缺点，取长补短，开发出了 IGCT（集成门电路换向晶体管），IGCT 的电压、电流、导通压降和 GTO 相近，门极为电压驱动，开关快、频率高。IGCT 逆变器在一些国家已有应用，我国也已经试验成功。高压 IGBT 是大容量电力电子应用领域的主流功率器件，其芯片设计与封装技术汇集了当代科技的最高成就。2014 年，我国首条 8 英寸 IGBT 专业芯片生产线正式投产，首期年产 12 万片 IGBT 芯片生产规模，配套生产 100 万只大功率 IGBT 模块。目前，商品化的 IGBT 逆变器已经做到 1000kW 以上，而像舰船潜艇一类的数千千瓦等更高容量的电力传动系统逆变器就需要采用 IGBT 或 IGCT。上海与广州地铁初期进口的国外交流传动车辆上采用 GTO 器件，而现在进口的地铁或轻轨交流传动车辆已改为采用高压 IGBT 模块，从这一点就可看出性能优越的电压驱动全控型 IGBT 模块，不仅在车辆辅助电源系统中，而且在主传动系统中已获广泛的应用。三相逆变器在大功率电机系统中的真正实用化，极大地推动了交流电力传动系统的发展。

4.4.2　在电力系统中的应用

电力电子技术在电力系统中有着非常广泛的应用，它不仅能提升电力系统运行的安全性、稳定性和可靠性，还能大大提高其运行效率、控制力和服务能力。据统计，发达国家在用户最终使用的电能中，有 60% 以上的电能经过一次以上电力电子变流装置处理过。离开电力电子技术，电力系统的智能化、现代化就是不可想象的。电力电子技术在电力系统中的应用主要体现在发电、输电和用电的过程中。

1. 在发电环节中的应用

传统的发电方式是火力发电、水力发电和核能发电。能源危机后，各种新能源、可再生能源及新型发电方式越来越受到重视，其中风力发电、太阳能发电的发展最为迅速。电力电子技术在发电环节中的应用有：大型发电机的静止励磁控制，水力、风力发电机的变速恒频励磁，核聚变反应堆所需要的大容量脉冲电源，发电厂风机、水泵的变频调速，风力发电、太阳能发电输出电能质量的改善和并网运行等。通过在其中运用电力电子技术，可实现高效率、高稳定性能的发电。比如，在大型发电机中使用静止励磁控制的方式，简化了繁琐的发电环节，不仅能够简单控制发电流程，还具有极高的可靠性，节约了大量的成本。水力、风力发电机利用速度与能量的关系，通过控制水头的压力或者风速，获取最大有效功率，其中用到电力电子技术中的变频技术，在调节转子频率的时候，使其与所需的最大转速相一致，最终使得水能或风能最大程度上转化成人们所需的能量。利用太阳能进行发电时，需要把太阳能电池输出的直流电，通过某种方式转化成设备需要的交流电，这就需要用到电力电子变流装置，如图 4-22 所示。

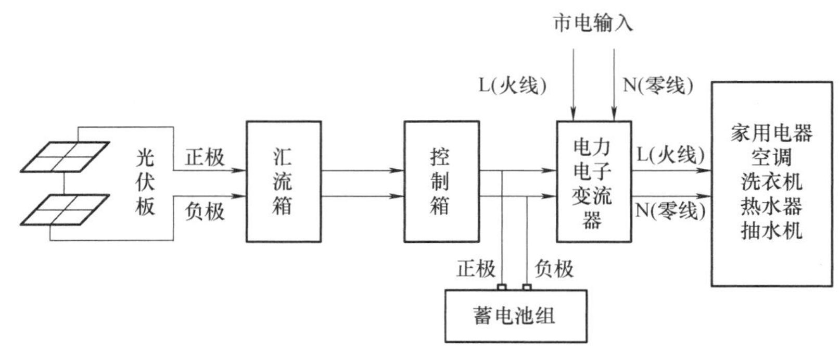

图 4-22　太阳能离网发电系统组成框图

2. 在输电环节中的应用

常用的输电方式有直流输电技术与交流输电技术两种，无论是哪种输电技术，在输电的过程中都或多或少地利用了电力电子技术。电力电子技术在输电环节中最为典型的应用是高压直流输电（HVDC）和柔性交流输电（FACTS）。

高压直流输电是将发电厂发出的交流电通过换流器整流为直流电，通过输电线路把直流电送入受电端，再把直流电逆变为交流电供用户使用。高压直流输电具有传输功率大、线路造价低、控制性能好等优点，是目前解决高电压大容量、长距离输电、海底电缆输电和异步联网的重要手段。我国葛洲坝-上海、天生桥-广州、三峡-常州等异地输电都采用了高压直流输电方式，它的关键技术是高电压大功率整流器和逆变器。电力电子器件耐压水平和电流容量的增加，为其在电力系统一次回路的应用提供了条件，而有源逆变技术的成熟则为电力电子器件在交流系统中的应用提供了可能。1954 年在瑞典本土和果特兰岛之间第一条采用汞弧闸流管的高压直流输电线的顺利投运，开创了电力电子技术直接用于输电系统的历史。随着大尺寸高质量硅晶片制造技术的进步，20 世纪 60 年代发明的晶闸管的电压电流控制能力得到了迅速提高，很快取代了汞弧闸流管，成为高压直流输电系统的核心器件。目前，高压直流输电送电端的整流阀和受电端的逆变阀大都采用晶闸管变流装置，而在新一代柔性直流输电上使用的全部是 IGBT 器件。柔性直流输电技术是以电压源换流器、可关断器件和 PWM 技术为基础的直流输电技术。2013 年，世界首个多端柔性直流输电示范工程“南澳岛三端柔性直流输电工程”投入运行；2014 年，世界上电压等级最高、单端容量最大的多端柔性直流输电工程“浙江舟山 1000MW 级五端柔性直流输电示范工程”也投入运行。据统计，截至 2017 年底，全球范围内已投运柔性直流输电工程 38 项，其中最高电压等级 ±320kV，输送容量 1000MW；在建柔性直流输电项目共 11 项，最高电压等级 ±500kV，输送容量 3000MW。

柔性交流输电是将电力电子技术和现代控制技术应用于高压输变电系统中，对交流输电系统的阻抗、电压及相位实施灵活快速调节的输电技术，可提高输配电系统的运行可靠性、可控性，改善电能质量，并获取大量的节电效益。柔性交流输电系统的概念是由美国电力科学研究院 N. G. Hingorani 博士于 1988 年首先提出的，在此前出现的静止无功补偿器（SVC）也属于此范畴。SVC 主要由晶闸管开关快速控制的电容器和电抗器组成，可以提供动态电压支持，其技术基础是常规晶闸管整流器。后来出现的第一代 FACTS 装置是晶闸管控制的串联电容器（TCSC），它利用晶闸管控制串接在输电线路中的电容器组来控制线路阻抗，从而提高输送能力。第二代 FACTS 装置同样具有支持电压和电流控制等功能，但在外部回路中不需要加设大型电力设备（电容器和电抗器组或移相变压器等）。这些新装置，如静止无功发生器（STATCOM）和串联补偿器（SSSC），采用了全控型器件 GTO 和 IGBT，通过电力变换电路直接模拟出电容器和电抗器组的作用，装置造价大大降低，性能却明显提高。第三代 FACTS 技术是将上述多台装置复合成一组并设计统一的控制系统，如将一台 STATCOM 和一台 SSSC 复合而组成综合潮流控制器（UPFC），它可以通过控制线路阻抗、电压或功角的方法同时控制输电线路的有功和无功潮流，包括调节双回路潮流的线间潮流控制器（IFPC）和可控移相器（TCPR）都属于复合控制器。随着模块化多电平换流器（MMC）技术的不断发展及其在柔性直流输电领域的应用积累，近年来基于 MMC 的 UPFC 得到了快速的发展和应用，成为 UPFC 的主流技术方案。2015 年，中国首个 UPFC 工程在江苏 220kV 南京西环网正式投运，该工程在全世界范围内首次将 MMC 技术应用于 UPFC 装置，线路额定电压 220kV，容量 180MVA。2017 年，全世界首套全户内紧凑型 UPFC “上海蕴藻浜-闸北” 220kV/100MVA 统一潮流控制器工程正式投运，也采用 MMC 技术。同年，世界上电压等级最高、容量最大的苏州南部电网 UPFC 工程也正式投运，线路额定电压 500kV，容量为 750kVA，同样采用 MMC 技术。

3. 在配电环节中的应用

在配电系统中，电能传输面临着两个难以解决的问题，即如何提高供电的可靠性与保障电能的质量，尤其是在保障电能质量方面，需要控制好电压与频率等问题的同时，还要尽可能减少外来信号的不良干扰。目前已实际应用的典型电力电子设备有静止无功补偿器和有源电力滤波器。静止无功补偿器可以提高电网利用率，有源电力滤波器可用于吸收电网谐波以提高电网的电能质量。随着 FACTS 各项技术的成熟，也开始应用到配电系统中，主要用于改善配电网的电压和电流质量，包括有功、无功、电压、电流的控制和高次谐波的消除及蓄能等应用。

静止无功补偿器（SVC）于 20 世纪 70 年代兴起，现在已经发展为很成熟的 FACTS 装置，其被广泛应用于现代电力系统的负荷补偿和输电线路补偿（电压和无功补偿）。在大功率电网中，SVC 被用于电压控制或用于获得其他效益，如提高系统的阻尼和稳定性等。这类装置的典型代表有晶闸管控制电抗器（TCR）和晶闸管投切电容器（TSC）。2016 年，由南瑞继保电气有限公司设计和生产的 900Mvar 世界最大容量 SVC 在埃塞俄比亚 HOLETA 500kV 变电站成功投运，该套 SVC 采用 TCR、TSC 和滤波器整体协调控制的方式。目前出现的静止同步无功补偿器（STATCOM）是技术最为先进的无功补偿装置，它不再采用大容量的电容器、电感器来产生所需无功功率，而是利用全控型功率电力电子器件构成可控的电压源或电流源，实施对系统所需的无功进行动态补偿，通过高频开关变换电路实现对无功补偿技术质的飞跃。2016 年，容量为 ±300Mvar 的基于电子注入增强栅晶体管（IEGT）的级联 H 桥 STATCOM 在中国南方电网永富直流输电工程富宁换流站投运，是中国目前容量最大的 STATCOM 工程。

有源电力滤波器（APF）的发展最早可追溯到 20 世纪 60 年代，目前在电力系统中已得到广泛应用。图 4-23 为有源电力滤波器的两种典型电路拓扑。APF 是一种用于动态抑制谐波、补偿无功的新型电力电子装置，它能够对不同幅值和频率的谐波进行快速跟踪补偿。之所以称为有源，是相对于无源 LC 滤波器，只能被动吸收固定频率与大小的谐波而言。APF 可以采样负载电流并进行各次谐波和无功的分离，通过控制输出电流的幅值、频率和相位，以快速抵消系统中相应的谐波电流，实现动态跟踪补偿，使流入电网的电流只含基波分量。APF 既可以补偿谐波又可以补偿无功，具有动态响应速度快、补偿功能多样化、补偿特性不受电网阻抗影响等特点。目前开发的并联混合式电能质量调节器结合了有源电力滤波器和传统无功功率补偿装置的优点，在抑制电网谐波和补偿无功功率方面有着良好的应用前景。

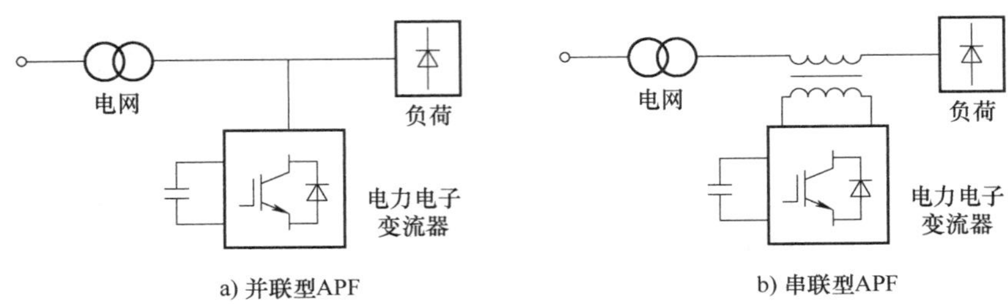

图 4-23　有源电力滤波器电路拓扑

4.4.3　在电源变换中的应用

电力电子变换装置提供给负载的是各种不同的直流电源、恒频交流电源和变频交流电源，因此可以说，电力电子技术研究的也是电源变换技术。仅作为用电设备中的电源而言，基于电力电子变换技术的电源在工业、通信设备、家用电器、军事装备等装置中获得广泛应用。下面仅从直流电源、交流电源和特种电源三个方面来简单介绍。

1. 直流电源

1）通信电源。通信电源是整个通信网络的关键基础设施。通信电源的一次和二次电源都是直流电源，一次电源将电网的交流电转换为标称值为 48V 的直流电；二次电源再将 48V 直流电变换成通信设备内部集成电路所需要的多路低压直流电。通信工业是供电电源和电池的最大用户之一，适用范围从移动电话的小电源到超高可靠性的后备电源系统。它的电源系统与计算机的电源结构类似，前端是离线式有源功率因数校正（PFC）电路，后端是 DC/DC 前向变换给电源系统直流 48V 的配电总线提供大电流输出，后向变换为多路低压直流电。为了降低集成芯片的工作损耗，低电压的芯片供电电源开发非常热门。这要求高功率密度、低功耗、高效率性能指标，以及同步整流、多相多重、板上功率变换以及板级互联等新技术。目前，国外实验室已开发出 70A、1.2V、效率 87% 的高性能电源。

2）充电电源。充电电源就是供蓄电池充电用的变流装置，其应用相当广泛，如便携式电子产品的电池、不间断电源（UPS）的蓄电池、电动汽车和电动自行车用蓄电池以及脉冲激光器储能电容等都需要充电。不同的充电对象，对充电特性的要求也不同。

3）电解电镀直流电源。直流电的大用户是电化学工业，电解电镀低压大电流直流电源一般要消耗各个国家总发电量的5%左右，由电力电子器件组成的直流电源效率高，有利于节能。

4）开关电源。开关电源是利用现代电力电子技术，控制功率开关管开通和关断的时间比率，维持稳定输出电压的一种电源，开关电源一般由脉冲宽度调制（PWM）的 IC 芯片和 MOSFET 构成。随着电力电子技术的发展和创新，使得开关电源技术也在不断地创新。目前，开关电源以小型、轻量和高效率的特点被广泛应用在几乎所有的电子设备中。开关电源采用高频软开关技术，其功率密度已达 $120W/in^3$，效率达 90%。图 4-24 给出了一种常用的开关电源原理结构图。

2. 交流电源

1）交流稳压电源。能为负载提供稳定交流电源的电力电子变换装置。由于各行业用电量的剧增以及电力变换带来的电力公害使得电网电压出现波动和波形失真，重要设备常需要用交流稳压电源来得到高品质电能。如医疗设备通常使用电子交流稳压电源进行稳压，如果电源性能指标不符合要求，会影响医疗设备的使用效果。

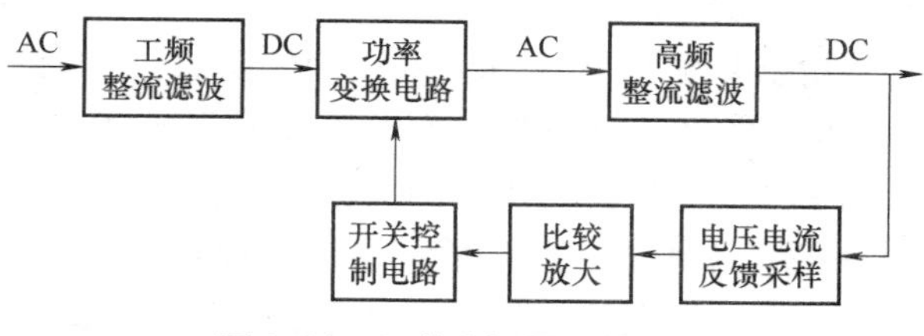

图 4-24　开关电源原理结构图

2）通用逆变电源。逆变电源就是利用电力电子变流电路把直流电转变成交流电的电源。各类逆变电源广泛应用在航天、船舶、可再生能源发电系统等方面。例如特殊船舶上的基本电源是蓄电池，需要 50Hz 逆变器为计算机、无线电等供电，还需要 400Hz 逆变器为雷达、自动舵等供电。

3）UPS 电源。UPS 电源是一种含有储能装置，以逆变器为主要组成部分的恒压恒频变换的不间断供电电源。随着计算机及网络技术的发展，UPS 近年来得到了长足发展。采用 IGBT 的 UPS 容量已达数百千瓦，DSP 数字技术的引入，可以对 UPS 实现远程监控和智能化管理。

3. 特种电源

特种电源就是运用电力电子技术及一些特殊手段，将发电厂或蓄电池输出的一次电能，变换成能满足对电能形式特殊需要的负载或场合要求而设计的电源。它的应用十分广泛，包括感应加热、医疗设备、航空航天、电力操作、电力试验、环保除尘、空气净化、食品灭菌、激光红外、光电显示等。

1）静电除尘用高压电源。为了满足环保要求，通常选用除尘设备，减少烟尘对环境的污染。例如在煤气生产中用静电除尘清除煤气中的焦油，以保证煤气质量。除尘设备需要高压电源产生高压静电，利用高压静电吸收烟尘。

2）超声波电源。声波是一种能被人的听觉器官感知到的机械波，人们把频率高于 20kHz 的高频声波称为超声波。超声波可以用于工业清洗、超声波探伤、超声振动切削、石油探测、饮用水处理、医疗器械等方面。超声波装置由超声波电源和换能器组成。超声波电源实际上是交直交变频器，其输出频率在 20kHz 以上。换能器是一个谐振负载，它要求超声波电源具有高的频率稳定性和可调性。

3）感应加热电源。感应加热电源由两部分组成，一部分是提供能量的交流电源，也称变频电源；另一部分是完成电磁感应能量转换的感应线圈，称感应器。感应加热技术因其热效率高、对工件加热均匀、可控性好、环境污染小等一系列优点，近年来得到迅速发展，日常生活用的电磁炉是小型感应加热电源，感应加热装置需要高频交流电源。

4）焊接电源。电焊是利用低压大电流产生电弧熔化金属的一种焊接工艺，目前，应用较广的是模块化的 IGBT 电焊机。

4.4.4 其他应用

1. 汽车电子领域

汽车电子是车体汽车电子控制装置和车载汽车电子控制装置的总称。汽车电子化被认为是汽车技术发展进程中的一次革命，汽车电子化的程度被看作是衡量现代汽车水平的重要标志，是用来开发新车型，改进汽车性能最重要的技术措施。现在人们习惯上说的汽车电子，实际上就是汽车工业中的电力电子技术。电力电子在新一代汽车上主要应用于以下方面：用电力电子开关器件替代传统的机械开关和继电器；用电力电子控制系统对车上负载进行精密控制；利用电力电子技术改造原有的 12V 电源系统，使之成为多电压系统；使用适合电力电子控制的、更先进的驱动电机系统。从小功率的车窗、座椅控制，到大功率电力传动系统，都蕴涵着电力电子技术的最新成就。另外，电子点火器、电压调节器、电机驱动控制和音响系统是当前最普遍的应用。

2. 绿色照明领域

照明是人类文明的永恒需求，绿色照明是一种新型的节能、环保系统，不仅节约电能，也保护环境。我国在照明方面的耗电量占全国总发电量的 12%，有很大节能的潜力。电光源在 100 多年里经历了“白炽灯-直管荧光灯-高压放电灯-节能荧光灯-无灯丝灯”等几代产品。随着电力电子变频技术的发展成熟，高频应用又促成某些更新一代电光源的诞生。可以说，照明技术的迅速变革，电力电子技术在其中起了主要作用。荧光灯用的电子整流器和霓虹灯专用电子变压器是新型照明电路的典型代表，它们采用高频化设计，电感体积大大缩小，消除了工频噪声和频闪现象，减少了耗能部件，提高了功率因数，具有较好的节能效果。同时能提供更好的性能、更高的亮度，并使灯管的实际工作寿命得以延长。

3. 新能源开发领域

随着社会经济的快速发展，各种能源消耗速度极大，能源短缺已成为社会生产发展过程中亟待解决的问题，低耗高效和寻找开发新能源势在必行。因而，可再生能源以及燃料电池受到各国的高度重视。可再生能源是指可自行再生的能源，如日光能、风能、潮汐能、地热能以及生物废料能等。从燃料电池、微燃气轮机、风能、太阳能和潮汐能等新能源中得到的一次电能，由于电压和频率的波动难以直接被标准的电气负载使用。但是电力电子变换装置则能把这些波动的电能转换成稳定的电力输出，大大提高了新能源的使用。所以，电力电子是解决能源问题的关键技术，它在新能源的开发、转换、输送、储存和利用等各方面发挥着重要作用，如太阳能光伏发电。太阳能电池板输出的原始直流电压是与太阳光强度因素有关的，它需要通过一个 DC/DC 变换器来稳定直流电压，再通过 DC/AC 逆变器变为所要求的交流电，或直接供负载使用，或将电能馈入电网。

4. 环境保护

工业给人们带来文明和生活更加方便舒适的同时，也严重污染了人类生存的环境。电力电子技术在环境保护方面可以起巨大的作用。例如，应用电力电子器件构成的高压整流或高频逆变脉冲方案，使电力电子变流设备可以用于火电厂烟囱及水泥厂各个工段的高压静电除尘，通过静电场的作用，使粉尘朝除尘器桶壁定向移动，再经振打落下，可实现环保与材料回收利用的双重效益。在污水处理方面，应用电力电子变流设备，可对污水进行处理，如应用电镀可提出水中的金属粒子等。再比如，家用环保电器有净化空气用的臭氧发生器、水果清洗机、高压杀虫机、加湿器、绿色环保空调等。

5. 国防装备领域

国防力量的强弱象征着国家综合实力的强弱，国防相关的科学技术一直是各个国家关注的焦点。随着现代军事装备的不断升级，各种单兵作战装备及各种战略战术武器的电气化程度越来越高，电力电子在其中的作用和地位也越来越重要，电力电子技术已经发展为国防设备领域的核心科技之一。电力电子技术涉及供电电源和功率驱动等各个领域，其发展极大地满足了国防装备对电源和电力传动等方面的严苛要求，为各种关乎国家安全和民生的国防军事装备的稳定运行提供了重要保障。特种电源在国防装备的应用领域包括雷达导航、高能物理、等离子体物理及核技术研究等。另外，在新一代航母的电磁弹射技术的应用中，电力电子技术也发挥着重要的作用。高频电力半导体及高频变流技术在航天航空中的应用，在提高其性能、减小驱动功率的同时，大大减少了飞行器的体积和重量。电力电子技术在舰艇上应用也非常广泛，如特种电力驱动、静止变频电源、不间断电源（UPS）、电力推进等以及众多的泵、风机和绞车的调速等，都需要用到电力电子技术。

电能是迄今为止人类文明史上最优质的能源，正是由对电能的充分利用，人类才得以进入如此发达的工业化和信息化的社会。电力电子技术的诞生和发展使人类对电能利用的方式发生了革命性的变化，并且极大地改变了人们利用电能的很多观念。在世界范围内，用电总量中经过电力电子装置变换、调节和控制的比例成为衡量一个国家工业化发达程度的重要指标。据统计，发达国家所使用的电能中有60%以上是经过电力电子技术变换和控制才使用的，估计在今后若干年内，这一比例将达到95%以上。

4.5 电力电子与电力传动技术的发展趋势

4.5.1 电力电子技术的发展趋势

电力电子技术通过电能变换的方式，给千差万别的负载提供所需要的电源形式和节约电能的手段，因此可以说电力电子技术的应用无处不在。电力电子技术的发展方向，是从以低频技术处理问题为主的传统电力电子学，向以高频技术处理问题为主的现代电力电子学方向转变，正朝着应用技术高频化与智能化、硬件结构集成化与模组化、产品性能绿色化与高效化的现代化方向发展。着力提高器件和装置的应用极限以及提高应用的可靠性将是未来电力电子装置设计和应用的重点。

1. 高频化

从理论分析和实验证明电气产品的体积和重量的缩小与供电频率的二次方根成反比，也就是说，如果将50Hz的标准频率大幅提高之后，使用这样工频的电气设备的体积和重量就能大大缩小，使电气设备制造节约材料，运行时节电就更加明显，设备的系统性能亦会大为改善，因此电力电子器件的高频化是今后电力电子技术创新的主导方向。目前高频化的办法，一是改进器件的结构和材料，提高开关器件的开关速度和降低开关器件的导通压降；二是改进电路拓扑和控制方式，采用更加有效地软开关技术。如1200V/300A的IGBT用在普通开关电路中，开关频率一般只能到20kHz，而用在软开关电路中，开关频率可达100kHz。三是从系统角度改变各单元结构和接线，采用多重化技术，提高电力电子系统输入和输出端的谐波频率，改善电能质量。

2. 智能化

所谓智能化，就是提高产品的自动调节能力。将功率器件和低压逻辑电路集成在一块芯片上，制成智能化功率电路，将信息处理与电力变换进行统一。传感器、数字芯片、通信和网络等技术的发展，给电力电子开关器件注入了新的活力。开关器件中植入传感器、数字芯片等，并通过通信和网络的手段，其功能不断扩大。单元器件或模块不但具有开关功能，还有控制、驱动、检测、通信、故障自诊断，甚至工作状态判定等功能。随着集成工艺的提高和突破，有的器件还具有放大、调制、振荡及逻辑运算的功能，使用范围大大拓宽，线路结构更加简化，智能化水平也不断提高。各种电力电子器件的智能化对制造结构简单、功能齐全、运行可靠的高性能产品提供了方便。

3. 集成化

集成化有利于减小产品体积和重量，提高产品的功率密度和性能。电力电子电路的集成化发展迅猛。一是专用芯片的集成，电力电子系统不同的应用不仅需要不同的电路拓扑，也需要不同的控制电路。控制电路一般由许多逻辑器件和分立的元器件构成，把这些元器件集成在一个芯片中，构成具有特殊控制功能的专用集成芯片，既减小了控制电路的体积，又大大提高了控制电路可靠性。二是有源器件的封装集成，通过改变器件内部连线方式，并把有关控制和保护功能封装进去，以减小器件内部连线电感、减小器件封装热阻、提高内部连接可靠性、增加器件功能。三是无源器件的集成，通过把磁性元件（电感或变压器）集成，或者把电感和电容集成，目的是减小构成电力电子装置的元器件个数，提高系统可靠性，同时能有效利用电感和电容的分布参数。四是系统集成，在功率稍低的用途中，已经可以把控制、驱动、保护和电力电子主电路集成在一起，构成一个完整的系统。由于技术的进步，损耗功率的降低和散热性能的改善，器件和系统的集成功率等级也在逐步提高。

4. 模组化

模组化是功能单元模块组件化的简称。单个器件功率处理能力的提升难以满足日益增长的大容量电力电子装置电能处理能力的需求，所以在提高单个器件功率处理能力的基础上，器件组合技术在很长时间内都是很重要的发展方向。在功率等级较高，由于散热等原因，系统集成难以实现时，模组化是一条发展道路。一是开关器件模块化，就是把各种电力电子器件的芯片按一定电路联成二单元、四单元或六单元，装在导热的绝缘衬底上，封装在一个外壳内而成。从一个开关器件功能构成一个模块封装，发展到多个开关器件构成模块封装，再发展到一个系统的开关器件构成模块封装，以减小体积和提高可靠性。二是开关器件模块和散热器组合在一起，配上必要的附件，构成一个模块组件，减小从器件到散热介质之间的热阻。三是把功能单元的器件模块（如变流器桥臂）与驱动、保护和散热器等组合在一起成为一个完整的整体功能单元组件，既能方便地与其他功能组件构成一个系统，又方便该系统的部件安装和更换。硬件结构的标准模块化是器件发展的必然趋势，目前先进的模块，已经包括开关器件和与其反向并联的续流二极管及驱动保护电路多个单元，并都已标准化生产出系列产品，并且可以在一致性与可靠性上达到极高的水平。模组化既有利于电力电子系统功能单元的标准化和系列化，又有利于不同功能的电力电子系统的构成和维护，给使用带来极大便利。

5. 绿色化

在倡导环境保护和节能减排的今天，科学技术的绿色化是人们关注的重心。电力电子技术在开发新能源方面的应用是人们对绿色能源的追求。电力电子技术的绿色化不单指控制自然环境污染问题，也包括电网污染问题。电力电子技术向绿色化转变主要表现在节能和电子产品两个方面。相比于传统的电力电子技术来讲，现代电力电子技术的节能性更好，也实现了发电容量的有效节约，对环境保护带来较好的效果。一直以来一些电子设备会将严重的高次谐波电流注入到电网中，给电网带来污染，导致电网总功率质量下降，电网电压出现不同程度的畸变。各种有源滤波器和补偿器的出现，实现了对功率参数的修正，从而为现代电力电子技术的绿色化发展奠定了良好的基础。

6. 提高效率

电力电子装置如果提高效率，不仅有利于节约能源，而且有利于减小电力电子装置本身的体积和重量。电力电子装置的功耗包括由半导体器件、磁性元件和布线等的寄生电阻所产生的固定损耗以及进行开关操作时的开关损耗。对于固定损耗，它主要取决于元器件自身特性，需要通过元件技术的改进来减小。对于开关损耗，可通过电路控制来抑制。因此提高效率的方式就有两种：一种是提升器件自身的性能，另一种是电路选择和控制技术。在低电压大电流的变流器中，采用同步整流技术可降低整流电路中器件的通态损耗。在高频变换器中采用软开关技术，有利于降低器件的开关损耗。碳化硅（SiC）材料器件是开关器件发展的一个方向。美国戴姆乐-克莱斯勒公司的实验结果表明，用 SiC 二极管取代 IGBT 模块中现有的 Si 材料反并联二极管后，开关模块的开通损耗只有取代前的 1/3，关断损耗只有取代前的 1/5。因此，提升器件的技术是高效化最有力的途径。

7. 新型半导体材料器件的开发及应用

功率器件行业发展到 IGBT 时期，硅基器件的特性已经接近了硅材料所能达到的理论极限，边际成本越来越高，而半导体器件产业仍对高功率、高频切换、高温操作、高功率密度等有着越来越多的需求，因此以 SiC、GaN 等第三代半导体材料为核心的宽禁带功率器件成为了研究热点与新发展方向，并逐步进入应用量产阶段。宽禁带半导体技术是一项战略性的高新技术，具有极其重要的商用和民用价值。在宽禁带半导体材料中，SiC 的研究起步较早，在击穿电场、电子饱和速度、热导率等方面，比硅材料具有明显优势，由此带来了器件性能的大幅度提升。理论上，SiC 器件是实现高压、高温、高频、高功率及抗辐射相结合的理想材料，主要应用于大功率场合，可实现模块及应用系统的小型化、集成化，并提高功率密度和系统效率。但技术上还存在一系列问题，主要有：①需要解决大尺寸 SiC 衬底材料的生长和缺陷密度难题；②需要攻克超高压（万伏以上）SiC 器件所涉及的外延材料生长和缺陷减少技术；③需要解决高压大容量 SiC 器件的封装、集成化、模组化以及应用中的驱动和保护等问题。SiC 将在今后一段时间内给电力电子及其应用领域带来重要影响。“一代器件决定一代电力电子技术”，作为电力电子技术的决定性因素，新一代半导体材料器件的研究开发及关键技术突破，必然会促进电力电子技术的迅速发展和应用。

4.5.2 电力传动技术的发展趋势

随着电力电子技术、计算机技术和控制理论的发展，电力传动技术面临着一场历史革命，即交流调速取代直流调速和数字控制取代模拟控制已成为明显的发展趋势。上百年来研究电动机只是实现了自动化，现在正逐渐实现智能化，电力传动技术也正在向智能化迈进。

随着新型电路变换器的不断出现及现代控制理论向电力传动领域的渗透，特别是微型计算机及大规模集成电路的发展，交流电机变频调速从电压/频率比值恒定控制法、转差频率控制法发展到矢量控制法，并实现了瞬时转矩的控制，可完成加速度、速度和位置等各种控制。交流电机调速技术正向高频化、数字化和智能化方向发展，促进了电力传动技术的智能化发展，其发展趋势大致包括下述几方面：

1. 高精度交流伺服系统快速发展

交流伺服控制系统目前已经被广泛的应用于工业领域，如：数控机床、医疗器械、汽车制造、工业机器人等。随着现代工业的发展，人们对交流伺服系统的动态响应、稳态误差、位置跟踪精度以及抗干扰能力等关键性指标提出了更高的要求。电力电子技术的发展，使得功率变换器从半控型晶闸管到全控型器件及智能功率模块，交流伺服系统的硬件水平也不断提高。微电子技术和集成电路工艺的发展，使得交流伺服系统由模拟控制转化为数字控制，高性能单片机和数字信号处理（DSP）已经成为当今伺服系统的主流控制器。得益于微处理器的高速发展，许多先进的控制算法被应用于工业中，不仅显著地提高了系统的性能，还大大地降低了伺服系统的硬件成本。过去由直流或步进电机完成的高精度伺服控制，现在已经可以用异步电动机代替，传统的闭环最优控制、PI 调节等设计理论和方法也在更新和改变。模糊控制、神经元网络理论、自适应控制等理论已在交流调速系统中得到应用，交流电机的控制已不再是简单的电压、频率等的控制，而是一系列运动状态的控制，包括参数、负载等在内的多变量控制，因而使电机的多项指标都能在最佳的状态下得到控制，其性能完全达到或超过直流电机或步进电机。

2. 高度集成化和系统化

异步电机坚固和低惯量的优点，使其在各种场合都适用。在精密和智能控制系统中，装置需要体积小、重量轻及噪声小的调速控制器，因而变频系统的体积和重量也要减小，这就必须高度集成化、微型化。紧凑型变流器要求控制单元和功率具有较高的集成度，其中包括紧凑型的控制器、智能化的功率模块、使用新材料的小体积变压器和电容器、高频率变换电源等。利用不断发展的大规模集成电路工艺，把电力传动控制系统中某些控制电路相对固定的部分集成化为若干个专用 IC 芯片（ASIC），使整个系统的构成快速、灵活、可靠、小型。集成化还可以把控制、保护电力电子器件的相关电路集成在一个电力电子器件的芯片上，构成强弱电一体、主电流变换与控制合一的新型电力电子器件。电力传动技术今后的发展必然是将电机、变频器及其控制器集成于一体，形成一个系统产品，例如：已商品化的 Smart Power 控制系统硬件的集成化将有可能把被控电机与其控制系统集成在一个电机机壳内，构成所谓的智能化电机。

3. 向高压、高频、高性能、大容量进军

目前变频调速技术已比较成熟，低压电机系统中应用较多，高压电机系统采用变频调速技术发展空间很大，仍需努力。提高开关频率是抑制谐波、提高系统性能和缩小电力传动自动化控制设备的体积、重量的关键之一。但开关频率提高，会增加开关管自身的开关损耗，影响逆变器的效率和工作可靠性，使调制频率受到限制。目前在高频变换器中采用较多的器件是 GTR、MOSFET 和 IGBT。充分利用新一代高频电力电子器件，如 VDMOS、MOSFET、静电感应晶体管（SIT）、静电感应晶闸管（SITH）以及功率 MOS 器件（MCT），研究发展新一代高频电机、电控装置是一个适宜的办法。高性能包括高效率、高精度、高容错性能。高效率主要在精细化入手，高精度从增加闭环控制入手，高容错性能要利用电力电子装置可调可控的特点来达到改善系统容错的目的。

4. 新型开关电路及电路分析理论的应用

电力电子变换电路的核心部分是开关控制，是一种非线性、变结构、电压电流突变的离散系统，经典的电路和控制理论无法直接处理，须发展和应用新的控制理论。在传统的大功率变频装置中，开关器件是在大电流、高电压下开通与关断，且工作频率较高，因此开关损耗随着开关频率的增加而急剧增加，特别是提高变频器开关频率改善波形质量时，问题更加严重。要想提高开关频率的同时提高变频器的变换效率，就必须减小开关损耗。减小开关损耗的途径就是实现开关管的软开关，软开关技术应运而生。谐振开关电路或零电压开关则是针对上述问题研究形成的开关电路，其特点就是实现了元件的“软”开关动作。在开关切换时让元件上的电压或电流为零，理论上可以做到无损开关，同时大大减小开关应力，使元件寿命和安全性得到提高。

5. 开发绿色电力电子变流器

所谓绿色变流器是指变流器的功率因数接近 1，网侧和负载侧有尽可能低的谐波分量。电力电子变流器的输出电压和电流，除基波分量外，还有一系列的谐波分量。这些谐波会使电机产生转矩脉冲，增加电机的附加损耗和电磁噪声，也会使转矩出现周期性的波动，从而影响电机平稳运行和调速范围。越来越多地学者和厂家将研究重点放在绿色电力电子变流器的开发上，致力于提高变流器功率因数，以抑制或消除负载侧和网侧的谐波分量。目前已开发的绿色变流器有中压多电平变流器、多个逆变单元串联的变流器、2 电平或 3 电平双 PWM 交直交变流器、交交矩阵式变流器等。

6. 微机（数字）控制的应用

微机控制也称数字控制。随着电子技术的发展，数字式控制处理芯片的运算能力和可靠性得到很大提高，这使得全数字化控制系统取代以前的模拟器件控制系统成为可能。微机控制的优点是：简化硬件；柔性的控制算法使控制灵活、可靠；易实现复杂的控制规律；便于故障诊断和监视。控制系统的软件化对 CPU 芯片提出了更高的要求，为了实现高性能的交流调速，要进行矢量的坐标变换、磁通矢量的在线计算和适应参数变化而修正磁通模型，以及内部的加速度、速度、位置的重叠和外环控制的在线实时调节等，都需要存储多种数据和快速实时处理大量信息。为了满足对信息快速实时处理的要求，可采用多处理器分担任务或采用微处理器加数字信号处理器共同处理。核心控制算法的实时完成、功率器件驱动信号的产生以及系统的监控、保护功能都通过微处理器实现，为交流传动系统的控制提供很大的灵活性，且控制器的硬件电路标准化程度高、成本低，使得微处理器组成的全数字化控制系统达到了较高的性价比。

7. 控制策略的应用

随着电力电子变换电路控制性能及现代微电子技术的不断进步，几乎所有新的控制理论、控制方法都在电力传动调速装置上得到了应用或尝试。从最简单的转速开环恒压频比控制，发展到基于动态模型按转子磁链定向的矢量控制和基于动态模型保持定子磁链恒定的直接转矩控制。近年来，电力传动装置的控制技术研究仍十分活跃，各种现代控制理论，如自适应控制、滑膜变结构控制、重复控制、自抗扰控制，以及无速度传感器高动态性能控制都是研究的热点。科学家用数学模型模拟人脑神经活动，图灵为人工智能提供了开创性构想，深度学习理论的进步，使人工智能领域迎来了新的发展浪潮，也促进了电力传动智能控制（如专家系统、模糊控制、神经网络、遗传算法等）技术的发展。

思　考　题

4-1　什么是电力电子技术？为什么说晶闸管的诞生开启了电力电子技术新纪元？

4-2　电力传动有哪些重要作用？为什么说交流传动取代直流传动已成为明显发展趋势？

4-3　电力技术、电子技术和电力电子技术三者所涉及的技术内容和研究对象是什么？理论基础是什么？

4-4　常见的功率半导体器件及主要特点是什么？新型半导体材料器件有何优势？

4-5　在电力电子技术中，电能变换的输入输出可以分为哪四种形式？

4-6　电力传动系统的主要类型有哪些？简述其主要应用领域。

4-7　试述电力电子的应用领域。

4-8　电力电子技术在交流电机调速方面有哪些应用？

4-9　电力电子技术发展的特点是什么？你认为电力电子技术发展的关键是什么？

4-10　试述今后电力传动技术的发展趋势。

参考文献

[1] 范瑜. 电气工程概论 [M]. 北京：高等教育出版社，2006.

[2] 陈虹. 电气学科导论 [M]. 北京：机械工业出版社，2006.

[3] 肖登明. 电气工程概论 [M]. 北京：中国电力出版社，2007.

[4] 王兆安，刘进军. 电力电子技术 [M]. 北京：机械工业出版社，2009.

[5] 孙元章，李裕能. 走进电世纪：电气工程与自动化（专业）概论 [M]. 北京：中国电力出版社，2015.

[6] 赵争鸣，袁立强，鲁挺，等. 我国大容量电力电子技术与应用发展综述 [J]. 电气工程学报，2015，10 (04)：26 ~ 34.

[7] 裴峰. 电力电子技术在我国潜艇中的应用现状及前景 [J]. 船电技术，2015，35 (12)：11 ~ 14.

[8] 周涵. 我国电力传动系统的发展状况 [J]. 电子技术与软件工程，2017 (07)：250 ~ 251.

[9] 徐殿国，张书鑫，李彬彬. 电力系统柔性一次设备及其关键技术：应用与展望 [J]. 电力系统自动化，2018，42 (07)：2 ~ 22.

[10] 闫美存. 碳化硅功率器件的关键技术及标准化研究 [J]. 信息技术与标准化，2018 (04)：40 ~ 43.

[11] 盛况，董泽政，吴新科. 碳化硅功率器件封装关键技术综述及展望 [J]. 中国电机工程学报，2019，39 (19)：5576 ~ 5584.

[12] 林海涛. 电力电子技术在电气控制中的应用 [J]. 通信电源技术，2019，36 (05)：279 ~ 280.

第 5 章 高电压与绝缘技术

5.1 高电压与绝缘技术的主要内容

随着用电量的上升、输电距离的增长，电力系统的最高电压等级需要进一步提高，有关电气设备的绝缘问题日趋重要。当电压超过临界值时，绝缘将破坏而失去作用。而且工作电压越高，绝缘费用在设备成本中所占比例将越大、设备的体积及重量也越大。如不采取新材料新技术，甚至有时将无法满足设备绝缘的基本要求。绝缘又常是电气设备中的薄弱环节，是运行中不少设备事故的根源所在。研究绝缘、改善绝缘，不仅是技术问题和经济问题，更是安全问题。因而努力采用先进技术，既经济合理又安全可靠地解决各种高压电气设备的绝缘问题就显得十分重要。

在高电压绝缘中，作用电压和绝缘是对立统一的，高电压靠绝缘支撑，电压过高又会使绝缘破坏，绝缘的破坏性放电使高电压消失。因而，对作用电压的研究和绝缘特性的研究是同时进行的，高电压和绝缘这对矛盾需要用技术经济的综合观点来处理。事实上，有关绝缘的研究，包括在各种电压、不同条件下的绝缘性能，破坏性放电的过程、机理和影响因素，绝缘设计、绝缘结构已成为高电压技术领域丰富的内容和高电压与绝缘技术中主要理论建立的基础。

高电压与绝缘技术专业方向源于教育部 1986 年高等学校工科本科专业目录电气类专业“电气绝缘与电缆（0803）”与“高电压技术及设备（0806）”两个专业，在 1998 年普通高等学校本科专业“工学”电气信息类专业目录中合并成为“电气工程及其自动化（080601）”专业方向之一。高电压与绝缘技术的主要研究方向有电气设备绝缘技术与绝缘材料、电力系统过电压与绝缘配合、电力设备在线监测与状态检修、电力系统接地技术、气体放电理论及其应用、高电压新技术等。

高电压与绝缘技术专业方向所开设的专业课程有高电压绝缘（即部分院校开设的电介质物理和电气绝缘结构设计原理）、高电压试验技术、电气绝缘测试技术、电力系统过电压、高压电器、电力变压器电磁计算、物理场有限元仿真等。对于国内外部分高校高电压与绝缘技术专业方向开设的主要专业课程为高电压工程或高电压技术，内容涵盖高电压绝缘、电气绝缘测试技术、高电压试验技术和过电压保护的有关内容。该专业方向的本科生在已具有电路、电磁场、电力工程、电介质物理和高分子绝缘材料化学基础等前导课程的基础上，可以深入学习高电压与绝缘的理论、测试技术、绝缘结构和过电压及其防护技术等专业知识。

高电压与绝缘技术专业方向的毕业生主要进入电网公司（电科院）、电力设计院、电力设备制造企业、科研院所和高铁、汽车、新能源、环保、医疗、家电等行业领域的高电压与绝缘部门，从事有关高电压设备或部件设计及制造、运行维护、检测试验等相关技术开发和技术管理工作。

5.2 绝缘材料

高电压设备中应用了各种各样的绝缘材料，包括各种气体、液体和固体绝缘材料，但使用较为广泛的是传统的矿物油和纸绝缘。油纸绝缘早在20世纪30年代就已普及，目前还被大量使用，其性能也越来越符合高压设备的使用要求。从20世纪40年代开始，出现了各种新型合成绝缘材料，开始取代部分天然材料，近些年来，随着科学水平的提高，新型合成绝缘材料在高压电器中得以推广，尤其是气体绝缘开关与电力电容器中的应用。

5.2.1 无机绝缘材料

无机绝缘材料可分为玻璃、电工陶瓷、云母。无机绝缘材料具有较好的耐热性，在一些有特殊要求的场合有较多的应用。

1. 玻璃

玻璃是透明的无定形物质，化学成分主要是 SiO_2，因而这类玻璃统称为硅酸盐玻璃。玻璃的介电性能主要由其成分和分子结构决定，其介电常数可在较大范围内变化。纯石英玻璃结构紧密，排列整齐，故介电常数较小，普通玻璃中加入各种碱金属氧化剂、添加剂，而碱金属离子与玻璃的结合不牢固，在外电场的作用下形成离子电导并产生松弛极化，故碱玻璃介电常数较大。为了改善玻璃的介电性能，往往采用无碱玻璃。一般玻璃的抗压强度很高，但是抗拉强度很低，耐冲击性也差。将玻璃熔融后拉成丝或用丝织成玻璃布，浸环氧漆后成环氧玻璃布，力学强度高，又称玻璃钢。玻璃的最新用途就是将玻璃纤维制作成光导纤维用于通信。目前使用最多的光纤是石英玻璃，其性能稳定、损耗小、光学性能随温度变化小、机械性能高。玻璃绝缘材料在电真空器件、发光和显示器件、输电线路上的绝缘子都具有广泛的应用。如图5-1所示为架空线路悬式玻璃绝缘子串。同时玻璃纤维有耐高温、抗腐蚀、高强度等一系列优点，因而在电工领域有广泛的应用前景。

高电压与绝缘领域最常见的无机玻璃材料用在钢化玻璃绝缘子上，如图5-2所示。钢化玻璃绝缘子强度能达到瓷绝缘子的两倍，耐击穿性能达到瓷绝缘子的三倍以上；钢化玻璃的耐振动性、耐电弧烧伤和耐冷热冲击性能都比较好；玻璃钢绝缘子的串级电容比一般瓷绝缘子要高很多，可以减少无线电的干扰，降低电晕损耗，提高玻璃绝缘子的闪络电压。

另外，热膨胀性玻璃毡是一种新型的间隔填充紧固材料，用在中型直流电机补偿绕组端铜排的隔离及紧固绝缘垫片，或大型直流电机换向器竖板根部紧固剂加强绝缘等。

图 5-1　架空线路悬式玻璃绝缘子串

图 5-2　钢化玻璃绝缘子

2. 电工陶瓷

电工陶瓷在电工行业有广泛的应用，除绝缘有一定的耐压要求，还要有一定的耐热性和耐电晕性等，比如电加热器的绝缘，电弧预热器的绝缘等都需要有较好的耐电晕性和耐热性。飞机、汽车的绝缘子除了有良好的耐电性能外，还要有良好的耐热性和耐火性能。在传统的绝缘材料中，通常不能兼顾这几种性能。但是熔融石英陶瓷却兼顾介电强度、耐火性和耐热性的特性，从而应用于很多耐火、耐热的绝缘结构。石英陶瓷可以制作成适合各种条件的绝缘结构，这种绝缘具有很高的介电常数，在高温条件下具有很高的击穿电压，介质损耗因数低。

高压电瓷主要用于高压线路上的绝缘子、套管及各种绝缘件。低压电瓷主要用在 500V 以下工频交流设备的绝缘子和绝缘零部件。无线电电瓷用于制作各种高频电容等元件。陶瓷绝缘子、瓷穿墙套管如图 5-3 所示。

3. 云母

云母是一种天然矿物，如图 5-4 所示。从矿里开采出的云母种类很多，应用较广的是白云母和金云母，白云母无色透明，偶尔也呈红色、绿色或其他颜色；金云母大多为琥珀色或金黄色。云母呈片状结构，很容易剥离成薄片，具有耐热、不易腐蚀、有一定弹性、不燃烧、耐电晕等特性。白云母加热到 500 ~ 600℃时失去部分结晶水，力学强度及电性能下降；而金云母可在 800 ~ 900℃下工作，故金云母的耐热性比白云母好，但是介电性要差。在电热器、电烙铁、电熨斗中的绝缘一般用金云母。云母本身的耐热性虽然很好，但是制成云母制品后，其耐热性要受粘合剂或补强材料的限制。天然云母的尺寸越大，开采越困难，价格也越高。把云母或粉云母与粘合剂、补强材料复合后可得各种云母制品，如云母带、云母板、云母箔、云母玻璃等，它们已在各类电机、电器中得到广泛应用。现代合成了人造云母，如氟金云母是用 SiO_2、Al_2O_3、MgO 等原料制得。由于

a) 瓷绝缘子

b) 瓷穿墙套管

图 5-3　电工陶瓷

它不含结晶水，故电性能比白云母还好。但是人造云母价格较贵，应用受到一定限制。

云母基复合绝缘材料性能良好，在电气行业有广阔的应用。云母基复合材料包括云母纸、云母板和云母带等。用氯硅烷、无水基酸乙脂、硅酸钾、钡盐对云母纸和云母浆进行处理，提高了云母纸的拉伸强度和抗潮性能，经过一定浓度的无水烷基酸乙酯处理云母鳞片后，抗拉强度比传统的云母纸增强了约 1.5 倍。同时经处理后的云母纸遇水不易化开，机械强度有了大幅提升。为了提高云母纸的柔韧性、耐热性、介电性能和抗拉强度，可将云母粉末在 80℃左右的王水（浓盐酸和浓硝酸按体积比为 3:1 组成的混合物，是少数几种能够溶解金物质的液体之一）中浸泡进而制作出性能优良的云母纸。另外，云母鳞片用烷基邻钛酸处理改性，可以极大地提高云母纸抗拉强度、撕裂度和抗皱度。

图 5-4　天然云母矿石

云母板是由云母纸通过有机黏结剂黏合在一起的，所以黏合剂的性质很大程度上决定云母板的性能。不同目的云母粉按照一定的比例混合在一起，加入一定量的黏合剂和纤维，通过挤压制成云母板，这样云母具有更好的界面结合性，制备方法能耗少、低成本和环境无污染。应用硅烷偶联剂浸泡过的云母鳞片，通过一系列流程获得复合云母坯，然后分步骤对坯料加热成型，可以解决坯料成型时的排气问题，增大云母板的强度。

云母带是电机绝缘用量最多的绝缘材料，如图 5-5 所示。目前，我国云母带的生产过程中会带来飞尘、分层、断裂等问题，同时还会带来一些环境污染。国内生产的云母带一般只能应用于 13.8kV 以下的电机绝缘，但是对于电压水平高的电机，比如大型的高压电机，其所用的云母带要全部进口。在国外著名的云母带生产公司，如比利时柯吉比（Cogebi）公司、德国肯博（Krempel）公司生产的少胶云母带都会含有浸涂胶工艺、擦胶工艺、粉末涂胶工艺等特殊的工艺。在目前，国外少胶云母带减少黏结剂的使用量，云母透气性好、渗透性和柔软性较传统的云母带有很大提高，同时补强材料性能的提升也增加了绝缘材料的整体性能。

图 5-5　云母带

5.2.2　有机绝缘材料

在天然树脂的基础上形成的绝缘材料都属于有机绝缘材料的范畴，有机绝缘还包括自然形成的天然橡胶和人工合成的合成橡胶以及纤维制成品。有机绝缘材料可分为如下几类：

1）塑料：塑料分为热塑性和热固性两种。热塑性塑料包括聚乙烯、ABS 树脂、聚苯乙烯和聚甲基丙烯酸甲酯等；热固性塑料常用的有酚醛树脂、脲醛树脂、不饱和聚酯树脂、有机硅树脂和聚氨酯等。

2）橡胶：橡胶分为天然橡胶和合成橡胶。天然橡胶只能从热带植物获得；合成橡胶种类较多，有丁苯橡胶、顺苯橡胶、异戊橡胶、异丙橡胶和氯丁橡胶等。

3）纤维：纤维分为天然纤维和合成纤维。天然纤维有棉花、麻、毛和蚕丝等；合成纤维有氯纶纤维、氨纶纤维和人造纤维。

4）绝缘漆：有天然绝缘漆和合成绝缘漆两种。天然绝缘漆有亚麻油为基础的漆；合成绝缘漆包括环氧树脂、有机硅等。

下面对几类主要的有机绝缘材料进行介绍。

1. 热塑性材料

热塑性绝缘材料的特点是在高温条件下易融化，熔点较低，在一定的溶剂中可以溶解。例如，常用的热塑性绝缘材料聚乙烯（Polyethylene，PE）是乙烯分子在高压条件下加聚而成的一种固体材料，如图 5-6 所示。它呈乳白色，半透明。聚乙烯分为高密度聚乙烯、中密度聚乙烯和低密度聚乙烯三类。聚乙烯介电系数较低，化学性质稳定，正常温度下不溶于溶剂。聚乙烯有一定的憎水性，耐水性能好，长时间浸泡在水中仍能够有良好的介电性能。

图 5-6　线型低密度聚乙烯与交联聚乙烯电缆

聚乙烯有多种加工方法，电缆绝缘层与护套的加工方法一般为挤压法。聚乙烯的性质决定其可塑性是通过控制分子链的长短来调节的，从而得到不同塑性的聚乙烯绝缘材料。由于聚乙烯的耐热性能不好，当温度高于 70℃时机械性能就会变差，并且受力容易开裂，易老化，这些缺点都大大的限制了它在电力系统中的应用。所以通常将聚乙烯采用过氧化物进行交联，过氧化物受热生成游离基获取乙烯上的原子，使聚乙烯链上形成空位，链与链之间形成化学键，线性结构改变成网络状结构，进而改变聚乙烯的物理和化学性能。实际生产中这种化学反应发生在聚乙烯交联蒸汽房（罐）中。

交联聚乙烯（Cross-linked Polyethylene，XLPE）的工业上生产在 20 世纪 50 年代。1954 年，美国通用电气公司使用交联法制得的交联聚乙烯实现了工业化生产。20 世纪 70 年代，美国道康宁公司开发硅烷交联聚乙烯。目前，交联聚乙烯由于其优越的物理和化学性能，广泛用于交直流电力电缆等高电压运行条件下。我国 2010 年敷设的 500kV 长距离输电线路在上海静安（世博）站投入应用，采用的就是交联聚乙烯绝缘电力电缆。

目前，针对传统热塑性材料的缺点出现了新一批改良型热塑性材料，其中包括自增强型热塑性材料、弹性体增强型热塑性材料、纳米材料增强型热塑性材料、合金增强型热塑性材料和纤维增强型热塑性材料。

2. 热固性材料

热固性材料是一种分子立体网状结构的高分子聚合物，其不溶于任何溶剂，受热后塑性不变，当温度高到一定程度会分解；当温度再降回到低温时，热固性材料的性质不会恢复。

酚醛树脂是一种热固性材料，由甲苯和甲醛聚合而成，工作温度在 100℃，有较强的亲水性。由于其结构极性强，所以耐电弧性能较差，常应用于低压电器的绝缘材料。目前低压配电插座就是以酚醛树脂为基础制作而成的。

环氧树脂（Epoxy Resin，ER）也是一种热固性绝缘材料，如图 5-7 所示。环氧树脂具有良好的物理、化学性能，黏附性好，机械强度大，介电性能良好，耐寒性好，化学稳定性、耐老化性和耐热性都比较好。同时，环氧树脂具有一定的耐电弧性能，可广泛应用于干式配电变压器中，如图 5-8 所示。

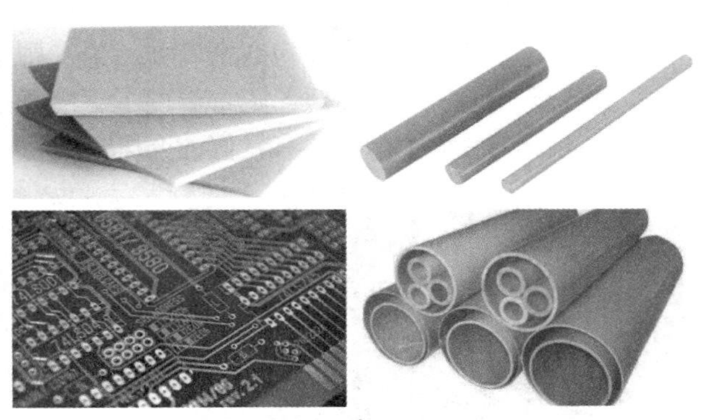

图 5-7　环氧树脂应用

图 5-8　环氧浇注干式变压器

三聚氰胺甲醛树脂是一种热固性材料，对于表面放电具有较好的抑制作用，当介质表面有电弧产生时会分解出氮气，从而使电弧熄灭，因而三聚氰胺甲醛树脂经常被用作灭弧材料，在断路器等高压电器中广泛应用。

聚酰亚胺（Polyimide，PI）是指主链上含有酰亚胺环（-CO-N-CO-）的一类聚合物。聚酰亚胺耐热性很好，可以长期工作在 250℃的工作环境下，并且由于其分子结构对称，在工作条件下极性损耗特别低，同时具有良好的弹性。聚酰亚胺可以制作成薄膜或用于漆包线绝缘，如图 5-9 所示。

3. 橡胶

天然橡胶是从热带植物上提取加工形成的一种半透明的弹性体。天然橡胶具有良好的弹性，抗拉强度以及耐磨性很好。天然橡胶化学性质不稳定，在空气中容易被氧化，从而弹性下降。天然橡胶优点较多，但是因产量有限只能应用于特殊场合。

图 5-9　聚酰亚胺薄膜

氯丁橡胶是一种合成橡胶，由氯丁二烯聚合而成，如图 5-10 所示。氯丁橡胶耐油性好，耐氧化性也很强，抗拉强度与天然橡胶很相似。工作温度高于天然橡胶。但是氯丁橡胶介电性能与耐水性都很差，不能作绝缘材料，所以仅用作电缆护套。

乙丙橡胶（Ethylene Propylene Diene Monomer，EPDM）是弱极性材料，分子间作用力小，机械强度较低，耐酸、碱性好，耐溶剂性差，工作温度比一般橡胶高，可以达到 80～90℃。电性能好，最突出的电性能为耐电晕性。乙丙橡胶主要用在电线电缆中作绝缘材料，如图 5-11 所示。目前已有最高电压 35kV 等级的乙丙橡胶绝缘电机引接线和±320kV直流电缆中间接头。

图5-10　氯丁橡胶

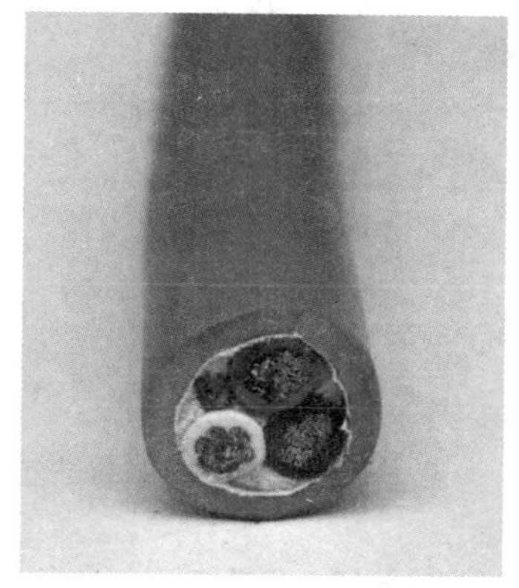

图5-11　乙丙橡胶电线

硅橡胶（Silicone Rubber，SR）分子主链是化学性质稳定的Si-O键结构，硅橡胶分子主链无不饱和键，对有机聚合物而言，不饱和键是其硫化的化学活性区域，并且该区域会由于紫外线、臭氧、光照和热量的作用而降解。Si-O键的高键能、完全饱和的基本结构以及过氧化物硫化是保持硅橡胶良好耐热和耐候性能的关键所在。硅橡胶除了具有优异的耐大气老化性、耐臭氧老化性等类似于无机物材料的特性外，还具有高弹性、憎水性等有机高分子材料的特点。

硅橡胶是有机高分子主链上唯一不含有碳原子的聚合物，它是兼有无机和有机性质的高分子弹性材料。它的分子中高键能硅氧键的主键及有规律与硅原子连接的碳氢侧键，使其具有优良的耐各种老化的性能。甲基乙烯基硅橡胶是硅橡胶材料的基材，配以特定的添加剂，经混炼工艺加工而成，是一种高温硫化的特种橡胶，如图5-12所示。

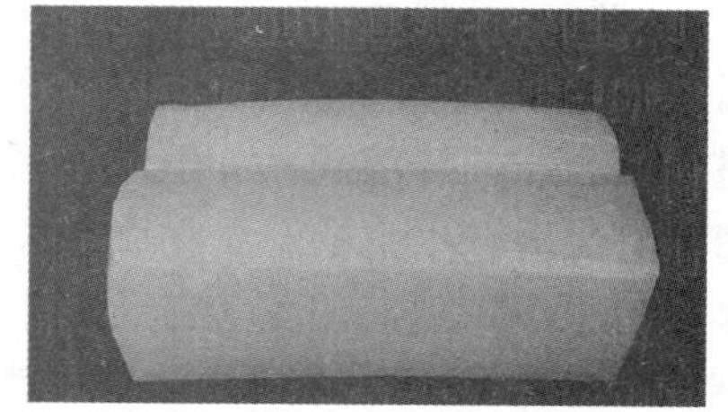

图5-12　甲基乙烯基混炼硅橡胶

目前，国内外用于电力系统输变电设备的有机外绝缘材料有环氧树脂、乙丙橡胶、室温硫化硅橡胶及高温硫化硅橡胶。其中，乙丙橡胶易老化龟裂，所制成的伞裙和护套与芯棒界面易发生局部蚀损；环氧树脂伞裙表面易积污，积污后憎水性不能迁移至污层表面，且环氧树脂易吸潮；室温硫化（Room Temperature Vulcanized，RTV）硅橡胶具有优良的抗污秽性能和耐老化性能，主要用于变电站电力设备的外绝缘，较少用于架空输电线路；而高温硫化（High Temperature Vulcanized，HTV）硅橡胶在抗劣化、耐漏电起痕及电蚀损、憎水性、防污性、阻燃性、耐臭氧性、耐紫外光性、耐潮湿、耐高低温和抗撕强度等方面具有突出优点，已逐渐取代其他复合绝缘材料，在高压线路和变电站中获得了较为广泛的应用。如图5-13所示为硅橡胶绝缘子，图5-14所示为硅橡胶表面具有优良的憎水性。

丁腈橡胶极性很强，所以电性能比较差，但是它具有较强的耐油性并且具有耐寒、柔软、耐磨、防油等特性，工作温度较高，最高工作温度为105℃。丁腈橡胶适用于交流额定电压0.6/1kV及以下具有耐寒、防油等特殊要求的移动电器用连接电缆。

图 5-13　硅橡胶绝缘子

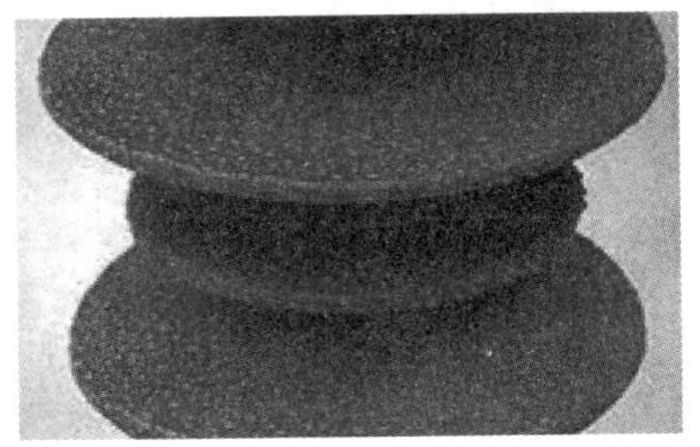

图 5-14　硅橡胶绝缘子表面憎水性

丁基橡胶因有很好的电绝缘性能、低吸水性、耐老化和耐臭氧性，对于氧、热和光的作用具有一定的抵抗能力，在常温下，耐电晕性特别好，适于作各种电绝缘材料，广泛用在高、中、低压绝缘电缆上。

氟橡胶是指主链或侧链的碳原子上含有氟原子的合成高分子弹性体，氟原子的引入赋予橡胶优异的耐热性、抗氧化性、耐油性、耐腐蚀性和耐大气老化性，在航天、航空、汽车、石油和家用电器等领域得到了广泛应用，是国防尖端工业中无法替代的关键材料。

4. 纤维

用于绝缘的纤维制品很多，有天然纤维，如木材、棉、麻、丝、毛、石棉纤维；人造纤维，如再生纤维、半合成纤维、合成纤维以及无机纤维等。

植物纤维都是由同一种天然高分子化合物，即纤维素组成。纤维素极性很大，相对介电常数很高，分子间力大，机械强度高。日常所见的植物纤维都是由许多纤维束组成，由于羟基的存在，使纤维素大分子内部和大分子间都生成氢键，使许多纤维素大分子链聚集成纤维束，它是薄壁中空的管状物质。纤维材料很容易吸水或被其他填充物填充。在电工中植物纤维材料很少单独使用作为绝缘材料，如在电容器、变压器、电力电缆中用的纸，总是要浸以各种浸渍剂，把空隙填满或是以绝缘橡皮涂在布袋上供绝缘使用。这样一方面可以改善吸湿性，另一方面还可以提高其介电性能。如图 5-15 所示变压器吊芯后可见线圈绝缘主要是纤维素纸构成绝缘。

图 5-15　电力变压器吊芯

绝缘纸有天然纤维纸和合成纤维纸，天然纤维纸一般由木材打成纸浆制得。纸的介电性能与含水量有关，水含量增加时介质损耗因数上升，体积电阻率下降；纸的含水量还会影响纸的力学性能。纤维素的存在有利于提高纸的机械强度，但是过多会使电性能下降。

变压器绝缘件主要有胶木筒（或纸板筒）、端绝缘、层绝缘、油道撑条、静电屏和静电板、垫块、角环、绝缘端圈等，变压器绝缘件多是由多层纤维素纸板涂刷适当的绝缘胶相互黏合，而后热压而成。层压件热压的压力一般在 4～6MPa，但压制机械强度要求较高的绝缘件时，则需要 8～10MPa 的压力，此时纸的密度可达 1.3g/cm³，纤维素纸板本身疏松的空腔有明显的缩小。层压件在压制时，除了压力、温度外，还要有足够的压制时间，才能保证胶黏剂树脂有足够的反应过程，保证黏合强度。通常层压件压制需要经历预热和保压两个阶段，完成压制后压制品可以根据需要的外形加工成所需规格。如图 5-16 所示为变压器油隙垫块绝缘件，应用中置于绕组的线段间构成绕组径向油道。

棉纱、棉带和棉布是由棉纤维撮合而成，常用两三根纱并在一起使用。纱越细，单位面积的拉应力越大，一般用它作为电线电缆及变压器的包扎线或电磁线的编织层。棉布主要是制成漆布或用酚醛树脂浸渍后制造胶布板、胶布棒、胶布管。

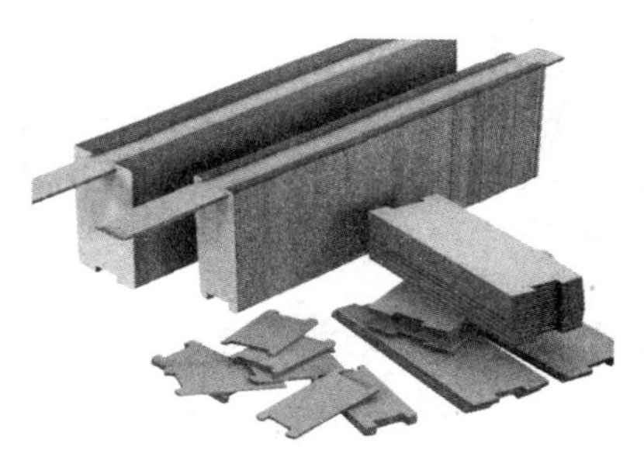

图 5-16　变压器绝缘件

非织布复合材料是由聚酯纤维、聚芳酰胺纤维或聚砜纤维制成。非织布吸潮性低、耐热性好，介电性能和力学性能良好，可以广泛用作电绝缘材料。如聚酯薄膜聚酯纤维非织布柔软复合材料（Dacron™/Mylar™/Dacron™，DMD）是由两层聚酯无纺布中间夹一层绝缘聚酯薄膜复合而成的三层绝缘材料，分为 B 级和 F 级两种，B 级耐温 105℃，F 级耐温 155℃。我国市场上 B 级产品为白色，F 级产品通常为蓝色或粉色，以示区分。DMD 外观平滑，无气泡，适用于干式电抗器或变压器层绝缘、电机槽绝缘和衬垫绝缘。

Nomex™纸是一种合成的芳香族酰胺聚合物绝缘纸，具有较高的机械性能、柔性和良好电气性能，有较高的耐热性，Nomex™绝缘纸连续置于 220℃下能保持有效性能 10 年以上。在 180℃下经 3000h 或 260℃下经 1000h 后仍能保持原来强度的 65%～75%，常用于 F 级、H 级电机槽绝缘和导线换位绝缘用，以及变压器中作相间绝缘用。因而，合成纤维已经成为纤维素绝缘材料的发展方向，国内外已将聚丙烯纸和聚苯醚纸用于 500kV 超高压电缆中取代天然纤维纸。

5. 绝缘漆

绝缘漆主要是以天然树脂或合成树脂作为漆基，再加入某些辅助材料组成。按用途可以分为浸渍漆、漆包线漆和覆盖漆。

浸渍漆主要用于浸渍电极、电器的线圈和绝缘零部件，浸渍漆的要求是：黏度低、浸渍性能好、能渗入并充分填充浸渍物；固化均匀并且速度快、黏合力强、漆膜弹性好、化学稳定性强；介电性能、防潮、耐热、耐油性及对导体及其他材料的相容性好。无溶剂漆是近年来发展起来的一种浸渍漆，因为固化过程中无溶剂挥发，所以固化速度快，且可以减少空气污染。无溶剂漆的黏度随温度变化快，流动性和浸渍性好，固化后绝缘无空隙，导热性和防潮性好。

常用的漆包线漆有油性漆、聚酯漆、聚氨酯漆、聚酰亚胺漆等。油性漆防潮性好，但是耐热性和耐溶剂性较差，适合用于涂制潮湿环境中高频电器、仪表或通信仪器中的漆包线等。环氧漆耐酸碱、耐腐蚀、耐油、耐水解性好，但耐刮性差，适用于涂制油浸变压器、化工电器及潮湿环境中使用于漆包线，如图 5-17 所示。

覆盖漆的作用是涂在浸渍处理的线圈和绝缘零部件上，使在其表面形成一层连续而厚度

图 5-17　漆包线

均匀的薄膜作为绝缘的保护层，防止机械损伤和受大气、油类及化学药品的侵蚀，以保护表面，提高放电电压。防电晕漆主要用于高压线圈防电晕用，常用于高压大电机的槽部、端部等。

5.2.3　新型纳米材料

1. 纳米材料一般性质及特点

纳米级结构材料简称为纳米材料（Nanometer Materials），是指其结构单元的尺寸介于 1～100nm 范围之间。由于它的尺寸已经接近电子的相干长度，小尺寸效应、表面效应、量子尺寸效应、宏观量子隧道效应和介电限域效应都是纳米微粒和纳米固体的基本特征，这一系列效应导致了纳米材料在熔点、蒸气压、光学性质、化学反应性、磁性、超导及塑性形变等许多物理和化学方面都显示出特殊的性能。它使纳米微粒和纳米固体呈现许多奇异的物理、化学性质。

纳米颗粒材料又称为超微颗粒材料，由纳米粒子组成。纳米粒子也叫超微颗粒，一般是指尺寸在 1～100nm 间的粒子，是处在原子簇和宏观物体交界的过渡区域，从通常关于微观和宏观的观点看，这样的系统既非典型的微观系统亦非典型的宏观系统，是一种典型的介观系统（Mesoscopic Systems），它具有表面效应、小尺寸效应和宏观量子隧道效应。

2. 纳米材料的发展过程

1861 年，随着胶体化学的建立，科学家们开始了对直径为 1～100nm 的粒子体系的研究工作。真正有意识的研究纳米粒子可追溯到 20 世纪 30 年代的日本为了军事需要而开展的“沉烟试验”，但受到当时试验水平和条件限制，虽用真空蒸发法制成了世界上第一批超微铅粉，但光吸收性能很不稳定。

20 世纪 60 年代人们开始对分立的纳米粒子进行研究。1963 年，德国科学家乌伊达（Uyeda）用气体蒸发冷凝法制成了金属纳米微粒，并对其进行了电镜和电子衍射研究。1984 年，德国萨尔兰大学（Saarland University）的格雷特（Gleiter）教授以及美国阿贡实验室的西格尔（Siegal）博士相继成功地制得了纯物质的纳米细粉。格雷特在高真空的条件下将粒子直径为 6nm 的铁粒子原位加压成形，烧结得到了纳米微晶体块，从而使得纳米材料的研究进入了一个新阶段。1994 年至今，纳米组装体系和人工组装合成的纳米结构材料体系成为纳米材料研究的新热点。国际上把这类材料称为纳米组装材料体系或者纳米尺度的图案材料，它的基本内涵是以纳米颗粒以及它们组成的纳米丝、管为基本单元，在一维、二维和三维空间组装排列成具有纳米结构的体系。

3. 绝缘领域中的纳米材料

当聚合物材料如聚乙烯中添加纳米粒子后，纳米粒子与聚合物、纳米粒子之间会形成界面效应，这些界面会间接影响载流子的迁移以及复合电介质内部载流子的浓度。研究表明，纳米粒子的引入可以使直流电场与温度梯度场下聚乙烯纳米复合材料内的空间电荷积聚和局部电场畸变得到削弱，直流击穿场强提高，同时使聚乙烯纳米复合材料的体积电阻率随着温度的升高呈现先升后降的趋势。

采用不同形状和尺寸的纳米材料改性环氧树脂时，由于界面结构不同，环氧树脂增韧机理亦有所不同。研究表明，环氧类纳米材料改性环氧树脂的潜在优势在于环氧树脂韧性获得改善的同时，热性能亦可能获得大幅度提高。近年来，采用中空纤维状碳纳米管改性环氧树脂的研究日渐增多，其改性目的大多是为了获得环氧树脂/碳纳米管导电型复合材料。

通过在聚合物材料中添加无机纳米粒子，并进行界面微观结构设计和调控，可制备出聚合物纳米复合电介质材料。由于受纳米粒子特性，如小尺寸、比表面积大、量子隧道效应等的影响，聚合物纳米复合电介质表现出优异的击穿特性。其击穿性能受纳米粒子表面处理、纳米粒子类型和含量、内聚能密度（Cohesive Energy Density，CED）和玻璃化转变温度等多个因素的影响。

纳米粒子的物理化学性质对纳米复合电介质的击穿至关重要。粒子表面极性和非极性的官能团与聚合物分子链相互作用将影响其击穿过程。另外，纳米粒子的引入改变了聚合物的形态结构，特别是结晶行为，进而影响击穿。纳米粒子通常位于聚合物的无定形区或无定形与结晶区的界面，改变聚合物的形态和结构。由于电荷输运特性与聚合物的形态和结构密切相关，因此，纳米复合电介质的击穿取决于微观界面区的形态和结构对其电荷输运特性的影响，需要研究纳米复合电介质微观—介观—宏观（Micro—Meso—Macro，3M）的时空层次关系，阐明纳米复合电介质的时空物理特性和机理。这也是2009年雷清泉院士在第354次香山科学会议上提出的关键科学问题。当聚合物中引入纳米粒子后，聚合物的时空层次结构和形态变得更加复杂，如何考虑这种复杂的结构对纳米复合电介质性能的影响是未来研究面临的挑战。

5.2.4　新型高导热绝缘材料

由于聚合物巨大的相对分子量和分子链的无规则缠结，导致聚合物含有较多的非晶部分；而且整个分子链是不能完全自由运动的，它们只能发生一部分原子、基团或者链节的相对运动。聚合物内部晶区与非晶区界面及缺陷等都将引起声子散射，因而聚合物的热导率一般很低。

通过对热塑性聚合物进行定向拉伸使得分子链沿一定方向实现有序排列，能够大幅度提高其在该方向的热导率，例如通常聚乙烯材料热导率低于0.1W/(m·K)，对聚乙烯拉伸得到直径为50~500nm，长度为几毫米的聚乙烯纤维，其聚乙烯单晶的热导率高达104W/(m·K)。2019年初，美国麻省理工学院报道已制备了一种高导热性聚乙烯薄膜，其热导率达到62W/(m·K)，导热性比一般典型聚合物热导率高两个数量级以上，超过了众多传统金属和陶瓷材料，如304不锈钢约为15W/(m·K)，氧化铝约为30W/(m·K)。

通过在聚合物基体材料中掺杂导热率较高的导热填料制备高导热聚合物基复合材料的方法，仍是目前制备高导热材料的主流方法，粒子填充型聚合物基导热复合材料的热传导主要是由聚合物基体和导热填料共同影响，当导热填料的添充量达到一定量时，填料与填料之间或填料聚集区与另一聚集区之间会相互接触，在复合材料体系中形成局部的导热链或导热网络；若继续增加粒子填充量，会产生部分的导热网链互相连接和贯穿结构，使无机填料填充的复合材料的导热系数得到显著增加。

用来制备导热绝缘聚合物纳米复合材料的填料主要有碳类（碳纳米管、石墨烯）、无机粒子和金属（银、铜）等填料。无机粒子分别有氮化物，如氮化硼（BN）、氮化铝（AlN）、氮化硅（Si_3N_4）等；氧化物，如氧化镁（MgO）、氧化铝（Al_2O_3）、氧化硅（SiO_2）、氧化铍（BeO）；碳化物，应用较多的主要是碳化硅（SiC）。常见的聚合物基体与导热填料的室温热导率见表5-1。

表5-1 常见的聚合物基体与导热填料的热导率

材料类型		热导率/[W/(m·K)]	材料类型		热导率/[W/(m·K)]
聚合物	低密度聚乙烯（LDPE）	0.33	填料	氮化硼（BN）	29~300
	高密度聚乙烯（HDPE）	0.45~0.52		氮化铝（AlN）	150~220
	聚丙烯（PP）	0.14		氮化硅（Si_3N_4）	180
	聚苯乙烯（PS）	0.04~0.14		氧化镁（MgO）	36
	聚碳酸酯（PC）	0.19		氧化铝（Al_2O_3）	30~42
	尼龙66	0.25		氧化硅（SiO_2）	1.5
	环氧树脂	0.17~0.21		碳化硅（SiC）	85
	乙烯醋酸乙烯共聚物（EVA）	0.34		氧化铍（BeO）	240
	聚甲基丙烯酸甲酯（PMMA）	0.21		碳纳米管	2000~6000
	聚对苯二甲酸乙二醇酯（PET）	0.15		石墨烯	5000
	聚氯乙烯（PVC）	0.19		铜	483
	硅橡胶	0.17~0.26		银	360

5.3 高电压设备绝缘技术

5.3.1 电力变压器绝缘

我国的电力变压器制造工业随着国民经济建设的发展，特别是随着电力工业的大规模建设而不断发展。电力变压器单台容量和安装容量迅速增长，电压等级也相继提高。作为电力系统中最重要的电气设备之一，电力变压器的安全可靠运行对整个系统安全稳定起到关键性作用。

1. 变压器基本结构

变压器的基本结构是铁心和绕组。图5-18给出了油浸式变压器的基本结构。对于油浸式电力变压器，还有油箱、变压器油、绝缘套管和其他结构附件。干式变压器绝缘常分为浸渍型及树脂型。

（1）油浸式变压器绝缘

油浸式变压器绝缘主要是变压器油浸纸绝缘。

1）变压器油。变压器油是天然石油中经过蒸馏、精炼而获得的一种矿物油，它的主要成分是烷烃、环烷族饱和烃、芳香族不饱和烃等化合物，呈浅黄色透明状液体，相对密度为 0.895。

变压器油的主要作用有：①绝缘作用，变压器油具有比空气高得多的绝缘强度，绝缘材料浸在油中，不仅可提高绝缘强度，而且还可免受潮气的侵蚀；②散热作用，变压器油的比热大，常用作冷却剂。变压器运行时产生的热量使靠近铁心和绕组的油受热膨胀上升，通过油的上下对流，热量通过散热器散出，保证变压器正常运行；③消弧作用，在油断路器和变压器的有载调压开关上，触头切换时会产生电弧。由于变压器油导热性能好，且在电弧的高温作用下能分解释放大量气体，产生较大压力，从而提高了介质的灭弧性能，使电弧很快熄灭。

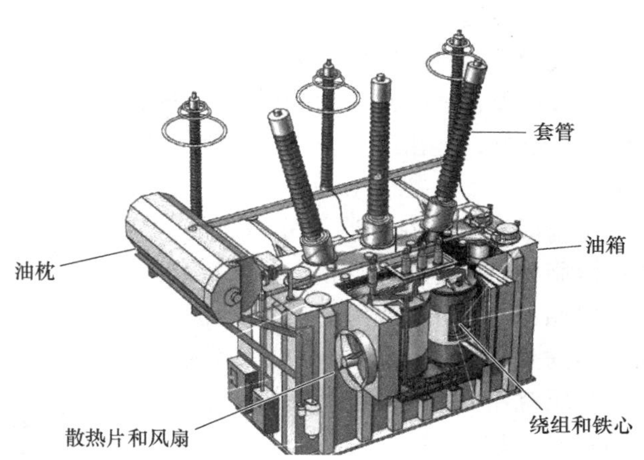

图 5-18　油浸式变压器的基本结构

由于在制造和运行过程中不可避免地会有杂质、气泡和水分等混入，工程用变压器油的耐电强度远低于纯净变压器油。而且受潮的变压器油的击穿电压与温度关系密切，因为微量水分如完全溶解于油时对击穿电压影响很小，但转为液态微粒及固态冷凝时影响就大。

变压器油的老化原因首先是存在热老化，温度升高老化加速，引起颜色变深、油泥及糠醛等增多、击穿电压下降等。其次是电老化，如油中高场强先发生局部放电（Partial Discharge，PD），它促使分子的互相缩合成为更高分子量的蜡状物，同时逸出气体。此蜡状物易积聚于绝缘上，堵塞油道、影响散热，而气体体积的增大又使放电更易发展。因而也有建议改用环烷基油，因其凝固点高、抗氧化性局部性能较好，如将变压器改充以硅油等非燃性液体介质，且配以耐热等级更高的绝缘材料代替纸，则允许温度可明显提高，也可用于某些要求防火、防爆的场合。

2）绝缘纸。用硫酸盐木纸浆制成的绝缘纸含有许多气隙，因而透气性、吸油性很好，浸以绝缘油后电气性能显著提高。在变压器中常用的绝缘纸有多种，电缆纸主要用作导线绝缘、层间绝缘及引线绝缘，而更柔软的皱纹纸有利于包紧出线头、引线等。

绝缘纸板常用作绕组间的垫块、隔板等，或制成绝缘筒及对铁轭的角环等。在电场很不均匀的区域，如对铁轭或高压引线绝缘，不少已采用由纸浆直接模压制成合适形状的绝缘成型件，对改善电场分布、提高放电电压很有效。

3）油纸绝缘。油与纸配合使用，可以互相弥补各自的缺点，显著增强绝缘性能。因纸纤维为多孔性的极性介质，极易吸收水分，即使经过干燥浸油处理仍会吸潮，但速度延缓。对于长期停运的变压器在重新投入之前，需检查是否受潮，有必要时可先预热干燥后再投运。

4）油—屏障绝缘。用于覆盖层、绝缘层、屏障等，有利于减小杂质的影响，提高油间隙的击穿电压。在曲率半径较小的电极上常覆以绝缘材料或涂上漆膜，包缠以较厚的绝缘层，将使绝缘表面的最大场强明显降低，有利于提高整个间隙的工频及冲击击穿电压。

（2）干式变压器绝缘

干式变压器按照绝缘工艺方式常分为浸渍型及树脂型。浸渍型历史较长、工艺简便，导线采用玻璃丝包线，垫块用相应耐热等级材料热压成型。主、纵绝缘的气道均靠空气绝缘。它防火性能好，但由于以空气为绝缘介质，其尺寸、质量都比树脂型大，受外界环境影响也显著。

树脂型的干式变压器可分为几类，如：树脂浇注、树脂加石英粉填料浇注、树脂绕包、树脂真空压力浸渍。前两类的低压绕组常用箔板或扁线绕制，高压绕组用铜或铝的箔带在环氧玻璃布筒上绕成分段圆筒式，然后入模浇注。考虑到铝箔与树脂加石英粉的线膨胀系数相近，有的还采用铝箔带绕制。如图5-19所示为树脂浇注式干式电力变压器基本结构。

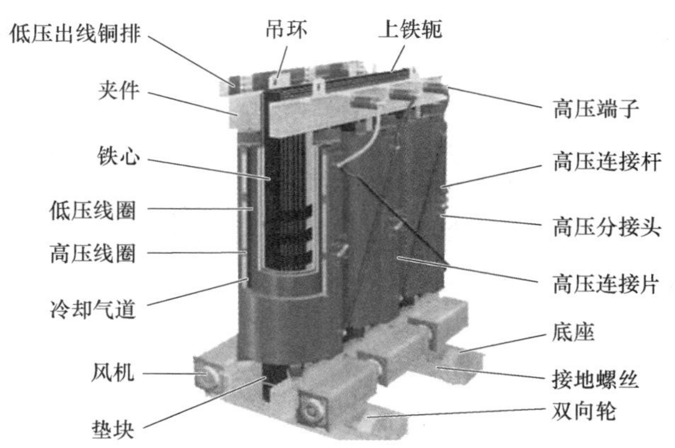

图5-19　树脂浇注式干式电力变压器基本结构

树脂绕包类不需浇注模，而在绕高压绕组时，在绕导线的同时将已浸有树脂的纤维绕上，全绕完后对绕组进行加热固化。其绝缘较薄、散热好，但气泡不易除尽。而树脂真空压力浸渍是在绕组绕好后，在真空下往浇注罐里注入树脂，最后加压而成，其工艺同高压套管中的浸胶套管一致。

2. 变压器绝缘分类

变压器绝缘主要分为主绝缘和纵绝缘两类，具体分类情况见表5-2。

表5-2　变压器绝缘分类

	部件	主　绝　缘	纵　绝　缘
内绝缘	绕组	同相各绕组之间 异相绕组之间 绕组对外壳 绕组对铁心柱、铁心旁柱 绕组端部对铁轭	绕组线匝之间 绕组线饼之间 绕组层间
	引线	引线对地 引线对异相绕组	同一绕组不同引线之间
	分接开关	开关对地 异相绕组引线接头之间	
外绝缘	套管	套管对接地部位 各套管之间	

（1）变压器主绝缘

油浸电力变压器的主绝缘广泛采用油—屏障绝缘结构，当被屏障分隔成的油间隙越小时，其电气强度相应提高。因此，超高压变压器里广泛用油浸瓦楞纸组成的薄纸小油道。在决定其主绝缘尺寸时，要校核在工频 1min 及冲击耐受电压下不应发生油间隙的击穿或闪络，而在工作电压下不应出现有害的局部放电。

（2）变压器纵绝缘

在冲击电压下，饼间、匝间等纵绝缘上的电压分布很不均匀，因而在核算时，应根据实际可能出现的梯度电压来考虑，可以采用计算机仿真，也可以在实体上测试或模拟实测。根据该处纵绝缘上所出现的电压峰值及持续时间，参考已有的典型均匀结构的试验数据，可以校核其裕度是否足够。要注意即使同样峰值的梯度电压，作用时间越长，其危害越大，这也是绝缘的普遍规律。

3. 对绝缘性能的基本要求

（1）电气性能

为保证变压器在额定电压下长期运行，且能耐受可能遇到的各种过电压，国家标准规定了各种试验电压。如对制成的变压器要进行交流耐压、感应耐压及冲击耐压试验。其中的 1min 交流耐压试验主要是检验主绝缘，而冲击耐压有利于检验纵绝缘。为保证长期运行的可靠性，考核中对局部放电试验应更加重视；而局放测量的感应耐压试验对纵绝缘具有严格的考核要求。

（2）机械性能

正常情况下绕组间的电磁力不大，但在发生短路的瞬间有可能达到正常时的上千倍。如果绝缘老化脆裂或绕组固定不结实，就可能引起变形甚至事故。一般而言，绕组的轴向固定比径向困难得多，为减小轴向力，要使高、低压绕组安匝数平衡，并避免高度不齐等情况。

（3）热性能

变压器油浸渍纸及纸板都属于 A 级绝缘材料，国标规定了绕组的平均温升不得超过 65℃。即使这样，长期在较高温度下它也将逐渐老化。一般认为 A 级绝缘材料每升高 8℃，其寿命将缩短一半左右。

对于变压器线圈油道，如油道间隙窄些可提高耐电强度，但不利于油的对流散热。另外在运行中也要限制过负荷的时间，以免影响其运行寿命。

而干式变压器是靠气体来散热的，允许温升比油浸的高，为此常改用玻璃纤维及浸渍胶等。根据用料种类的不同，其耐热等级可分为 B、F、H、C 级。

（4）其他性能

绝缘老化、受潮、脏污等都将影响其电气性能，这对油纸绝缘特别明显。因此常用隔膜保护等措施以防止绝缘油直接与大气相通，也要注意铜、铁、绝缘漆等物质可能加速绝缘油的老化进程。而在 35kV 及以下的干式变压器中，目前多用环氧浸渍或浇注玻璃纤维绝缘，它直接暴露在大气中，因此更要注意其防潮、耐污秽及环境老化等性能。

5.3.2　电力电缆绝缘

电力电缆可分为单芯和三芯两种，基本结构为线芯导体、主绝缘层、金属护套及外护套等。单芯电缆及三芯电缆截面图分别如图 5-20 和图 5-21 所示。

1. 电力电缆的基本结构

（1）线芯导体

用来传导负荷电流，通常选取的导体材料是铜或铝。由于铜的电导率高，且在相同的截面积下铜的载流量也更大，承载短路电流的能力更好，因此铜是大多数线芯导体的首选材料。

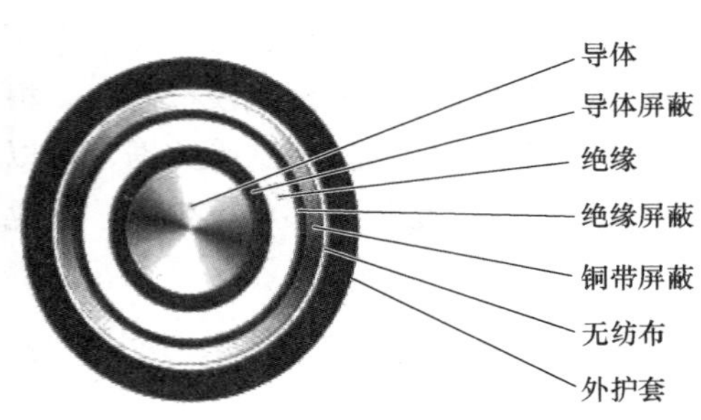

图 5-20 单芯电力电缆截面图

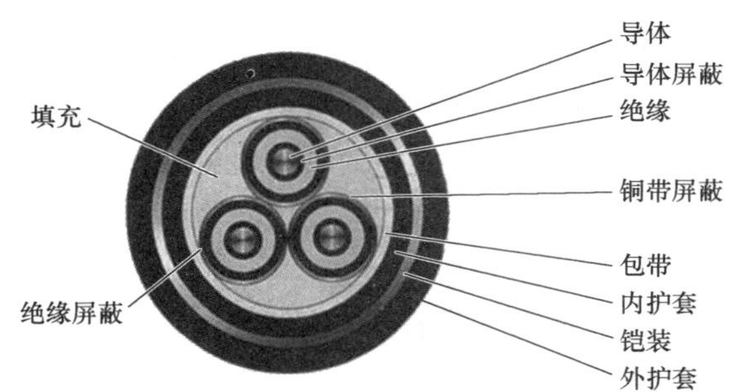

图 5-21 三芯电力电缆截面图

（2）绝缘层

该结构是用来实现大地与电缆导体的电气隔离保护，使得电能能够更加高效安全地进行传输，通常称为电力电缆的主绝缘，现阶段常使用的绝缘材料为交联聚乙烯材料。

（3）金属屏蔽或金属护套

对于中低压型电缆，一般使用金属屏蔽层，高压电缆则采用金属护套，金属屏蔽层与金属护套的功能相类似。金属护套的作用：一是保证电缆一定的机械强度，防止有害物质的入侵，损坏电缆绝缘；二是对电场起到屏蔽作用，防止电场对外干扰，金属护套的好坏会直接影响电缆的使用寿命。

（4）外护套

该部分位于电缆的最外层，是用来保护电缆内部各层免受外力损伤以及防止各种不利的环境因素对电缆造成影响，此部分常用的材料是热塑性的聚乙烯和聚氯乙烯。

2. 电力电缆绝缘的分类

（1）油纸绝缘

该种电缆的绝缘是通过电缆纸绕包线芯导体以后，再浸渍电缆绝缘油。油纸绝缘又分为以下四种：黏性浸渍纸绝缘、不滴流浸渍纸绝缘、有油压油浸渍纸绝缘、有气压黏性浸渍纸绝缘。

（2）塑料绝缘

该种绝缘是通过在树脂材料中添加稳压剂、填充剂、稳定剂以及增塑剂，再经过特殊的工艺手段制作而成。塑料绝缘又可分为交联聚乙烯绝缘、聚氯乙烯绝缘、聚丙烯绝缘。

（3）橡胶绝缘

该种绝缘是把橡胶作为主体，再添加适量的配合剂，从而制作出有弹性的橡皮。橡胶绝缘可以分为乙丙橡皮绝缘、天然橡皮绝缘、丁基橡皮绝缘。

实际交联聚乙烯三芯电力电缆结构如图 5-22 所示。

图 5-22 实际电力电缆结构

5.3.3　电机绝缘

电机绝缘是各类电机中的重要组成部分，不仅要求具有足够的电气强度和机械强度，较高的热传导性和耐热性，而且还必须具有在电场、温度场和频繁起动等复合因素作用下的耐老化性；此外，还要求厚度薄、耐电晕性、耐油性和耐潮性。电机绝缘系统的分类和相关特点见表 5-3。

表 5-3　电机绝缘系统的分类和相关特点

分　类	绝缘特点	绝缘材料
主绝缘	电机最重要的组成部分 电机绕组导线对地绝缘	沥青云母绝缘 环氧粉云母绝缘
匝间绝缘	由线圈组成，线圈有单匝或多匝之分，每匝由一股或多股绕组构成	玻璃丝包聚酯漆包线、有机硅浸渍玻璃丝包线、聚酯胺漆包线，云母带另包匝间绝缘

高压电机的绝缘系统分为定子绝缘和转子绝缘。

定子绝缘系统包括绕组绝缘系统、配套绝缘、铁心绝缘以及绝缘处理。高压电机定子绕组有条式线棒和框式线圈两大类，条式线棒又有单匝和多匝两种，框式线圈都是多匝的。单匝条式线棒的绝缘系统包括股线绝缘、排间绝缘、换位绝缘、主绝缘、槽部防晕系统、端部防晕系统。多匝的条式线棒还有匝绝缘，但其导线束不分排，故无排间绝缘。框式线圈的绝缘系统包括股线绝缘、匝间绝缘、排间绝缘、主绝缘、引线绝缘、槽部防晕系统、端部防晕系统。配套绝缘包括并头绝缘、连接线绝缘、引出线绝缘、端箍绝缘、绝缘绑环、绝缘支架、槽楔、垫条、波纹板、间隔垫块、层间绝缘、绑绳、帮扎带、压板及拉紧绝缘螺杆、绝缘锥环以及各种绝缘固定件、轴承座绝缘、水内冷电机的绝缘水管、汇流管绝缘。绝缘处理包括浸漆（沉浸、滴浸、真空浸渍）、喷漆、刷漆等。

转子绝缘系统有四类：凸极式转子、隐极式转子、绕线转子和笼型转子。同步电机凸极式转子绝缘系统包括线圈匝间绝缘、极身绝缘、上下绝缘托板、连接线绝缘和集电环绝缘。同步电机隐极式转子绝缘系统包括磁极线圈匝间绝缘、槽绝缘（转子槽衬）、槽楔下绝缘、端部绕组间隔绝缘、绕组端部支撑绝缘、护环下绝缘、引出线绝缘和集电环绝缘。异步电机绕线式转子绝缘系统包括散嵌式转子系统的绕组导线绝缘、槽绝缘、垫条、槽楔和端部绑扎固定；以及插入式转子系统的线棒绝缘、槽绝缘、垫条、槽楔、并头绝缘和端部绑扎固定。异步电机笼型转子绝缘系统的转子槽浇注前应当进行氧化处理，提高绝缘电阻。

电机防晕是大电机定子绕组需要解决的重大问题，一旦出现定子绕组防晕处理不好甚至未做防晕处理，则在生产绕组时无法通过耐压试验，并且定子绕组在运行时会使整个绕组处于电晕状态甚至火花放电状态下，严重影响电机的安全运行。

电晕放电现象是一种极不均匀电场所特有的自持放电形式。电晕放电时的电流强度与电路中的阻抗无关，仅与电极外气体空间的电导有关系，所以影响电晕放电强度的有外加电压、电极形状、极间距离、以及电极间气体密度和性质等。

端部电晕主要由两个部分构成，一是将不同电阻值的防晕层敷设在绕组端部表面不同部位处；二是在高电阻防晕层外进行覆盖漆涂抹或者敷设附加绝缘层。线圈端部进行高电阻防晕层的敷设时多采用多级防晕结构，多级防晕结构在靠近铁心处为低阻层，向远离铁心处敷设高阻层，低阻层与高阻层之间有约20mm的搭接区，如图5-23所示。

端部常用的防晕结构有涂刷型结构和一次成型结构两大类。

涂刷型防晕结构是指将碳化硅加入到高电阻防晕漆中并涂刷在线圈低阻防晕层末端至端部表面80～300mm的范围内，且高低电阻防晕层需要涂刷的长度也随着额定电压、涂刷层数和每层涂刷长度的变化而变化。

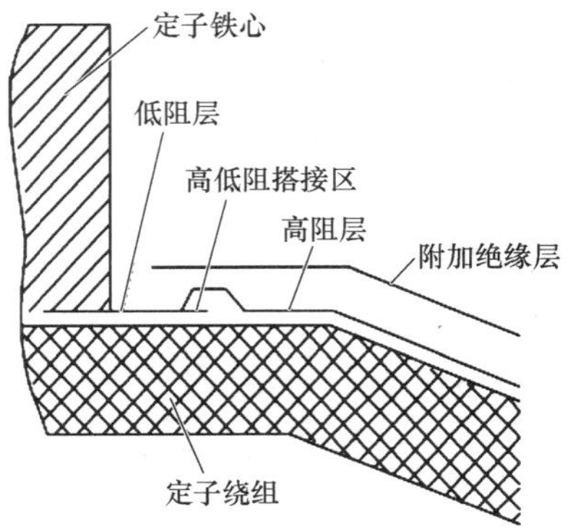

图5-23　定子绕组端部防晕结构示意图

一次成型防晕结构是指主绝缘和低电阻防晕层绕包后，在低电阻防晕层的末端部分延伸到线棒端部表面上包绕一定长度的高电阻防晕层，最后将保护层包绕在外侧，最后同主绝缘一块固化成型。成型后，由于防晕带中的胶可与主绝缘中的相互渗透，从而导致原有的防晕层结构被破坏而使防晕性能大大降低，因此一次成型的防晕结构的防晕参数较难控制。

高压电机中，定子绕组线圈几何体突变会造成矩形截面的角部出现电场集中的现象，可采用以下三个方案来解决此问题：①通过添加内屏蔽层形成等电位层结构，从而让换位导体绝缘承受最低水平的场强来达到提高绝缘的介电强度，延长绝缘寿命的目的；②将导体界面的四个圆角半径增大，迫使其电场强度的畸变系数减小；③找到处理等电位层的最佳方案，用处理后的导线来控制等电位层的电阻值。主绝缘工作场强能够大幅度改善角部电场的分布。

我国近期自主研发了一项新技术——“一次成型”的防晕技术，即把主绝缘和防晕层放在一起进行固化成型，此种技术具备以下优点：①50kV高压下持续工作30s不发生电晕现象；②具备57kV耐压实验且不放电的要求；③模具不需要任何特殊开槽。

在防晕材料方面，由于采用的防晕带具有高、中、低各个不同的电阻值，同时也对防晕带的厚度进行了一定的修改，由0.18mm减少到0.12mm；附加绝缘层也较之前减少了1层，由3层变为2层，其厚度也由1mm变为0.593mm。

在提高绝缘材料性能方面，其中以云母带和防晕材料的性能最为重要。云母带中包含云母，补强材料和粘合剂。若需要提高其耐电强度、使其厚度变薄，就必须增加云母的含量。研究表明，在选用双马来酰亚胺结构的同时加入了促进剂，并且极大增加了云母的含量，大大提高了环氧树脂固化物的交联密度，经过改进后，云母带的介电强度从34kV/mm提高到46.5kV/mm；在绝缘厚度变薄的同时提高了工作场强。

5.3.4　电力电容器绝缘

电力电容器（Power Capacitor）是主要用于电力网和电工设备中的电容器。电力电容器是无功功率补偿装置的重要部件，它的可靠性对电网运行有重要作用。

1. 电力电容器主要分类

（1）并联电容器

电容器并联在电力线路上以补偿感性负荷，提高系统的功率因数。当并联电容器后，线路电流减小，这样为提供该传输容量的变压器容量可减小，线路的损耗、电压降低。

（2）串联电容器

串联电容器可以补偿长距离线路的感抗，从而减小线路压降，改进电压调整率，提高传输容量。由于是串联在线路上，当出现很大的故障电流时，将引起串联电容器两端的电位差显著增高。因此，在设计串联电容器时选取的工作场强比并联电容器低；也可采用提高铁壳内压力等办法，以改善其局部放电特性。

（3）耦合电容器及电容式电压互感器

耦合电容器一般装在绝缘壳内，用以实现载波通信及测量、保护功能。而用耦合电容器、中间电容器等所组成的电容式电压互感器（Capacitance type Voltage Transformer，CVT）来测量电压时，准确度可高于铁磁式电压互感器，近年来应用日益广泛。

（4）脉冲电容器

脉冲电容器常用于高压试验装置中，如构成冲击电压或冲击电流发生器等，通常仅在试验时才间断性工作，于是其工作条件比交流下长期运行的电容器优越得多，因而允许使用的工作场强可显著提高。

2. 电力电容器的介质

电容器的性能与所用介质的性能、绝缘结构及制造工艺有密切联系。要求介质的耐电强度高，耐老化、不污染环境，而且工艺性好，与其他材料的相容性好。

（1）液体介质

它用以填充固体介质中的空隙，可显著提高组合绝缘的性能。过去常用的电容器油、变压器油均为矿物油，电气性能好、又无毒，但易老化、又可燃，现电容器油已逐步让位于合成液体。

（2）固体介质

在油纸电容器中，以电容器纸为介质，电容器纸厚度薄、杂质少，易于吸潮；而塑料薄膜的机械、电气性能都好。因此以合成液体浸渍的全膜绝缘已越来越广泛地用来制作高压电力电容器。薄膜表面光滑、互相紧贴，浸渍剂很难浸透，早期曾用纸—膜交替排列的复合介质以利于浸渍；后改用表面粗化的薄膜，并在更高真空下浸渍，这样制成的全膜电容器已广泛应用。

（3）组合绝缘

绝缘油浸渍纤维纸而成的复合绝缘材料中，纤维纸含有大量的孔隙，降低了其击穿强度、耐潮性及老化性能。而油浸绝缘纸因油和有孔纸的互补作用而具有优异的介电性能，广泛用于电缆、电容器、变压器及套管等高电压设备中。在组合绝缘中，由于浸渍剂分配的场强常常高于固体介质层，而浸渍剂的耐电强度低，成了薄弱环节。如发生局部放电，特别是在工作电压下持续的局部放电，常常是引起组合绝缘逐步损坏的一个主要原因。

对于要求长期连续运行的交流电容器，通常都要求其工作场强低于局部熄灭电压。因为仅仅在短暂的过电压下出现了局部放电，由于其时间短、损伤不大，只要工作电压低于局部熄灭电压，则在过电压消失后局部放电很快熄灭；而由放电生成的气体还有可能逐渐被浸渍剂所吸收，局部放电起始电压又可回升，从而确保在长期工作电压下仍不出现局部放电。

3. 电力电容器的绝缘结构

电力电容器的基本结构主要为电容元件、紧固件、引线、浸渍剂、外壳和套管。常见电力电容器如图 5-24 所示。

图 5-24　电力电容器

（1）电容元件

电容元件用一定厚度和层数的固体介质和铝箔电极卷制而成，若干个电容元件并联和串联起来，组成电容器芯子。电容元件用铝箔作电极，用复合绝缘薄膜绝缘，通常选 2～3 层聚丙烯（Polypropylene，PP）膜，极间介质厚 20～50μm。电容器内部绝缘油做浸渍介质。在电压为 10kV 及以下的高压电容器内，每个电容元件上都串有一熔丝，作为电容器的内部短路保护。当某个元件击穿时，其他完好元件即对其放电，使熔丝在毫秒级的时间内迅速熔断，切除故障元件。

（2）浸渍剂

电容器芯子一般放于浸渍剂中，以提高电容元件的介质耐压强度，改善局部放电特性和散热条件。浸渍剂一般有矿物油、氯化联苯（Polychlorinated Biphenyls，PCBs）、SF_6 气体等。

（3）外壳和套管

外壳和套管一般采用薄钢板焊接而成，表面涂阻燃漆，壳盖上焊有出线套管，箱壁侧面焊有吊攀、接地螺栓等。大容量集合式电容器的箱盖上还装有油枕或金属膨胀器及压力释放阀，箱壁侧面装有片状散热器、压力式温控装置等，接线端子从出线瓷套管中引出。

5.3.5　六氟化硫气体绝缘

1. SF_6 气体特性

SF_6 气体是一种灭弧与绝缘介质，现在广泛应用于电力开关设备中，正常状态下它是一种化学性能稳定的气态物质，无色、无味、无毒。SF_6 是由卤素中最活跃的 F 原子与 S 原子化合生成的，它的分子结构是正八面体，硫原子居中间，氟原子则处于六个顶角的位置，如图 5-25 所示。

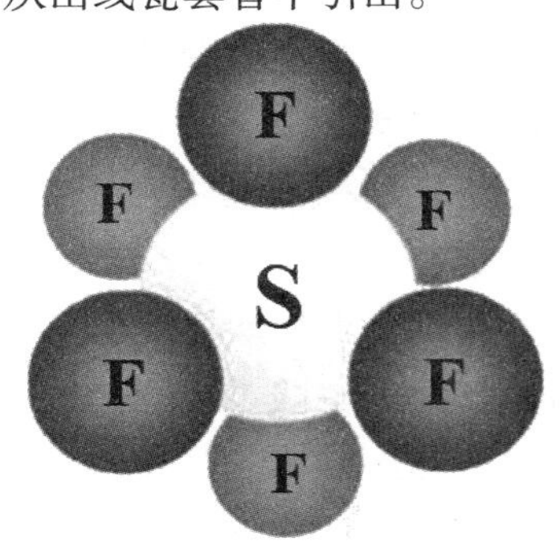

图 5-25　SF_6 分子结构

SF_6 分子量是 N_2 的 5.2 倍，所以它的密度约为空气的 5

倍。通常工业上制造 SF_6 除了单质合成法外，还有直接电解法、热解法等多种方法。SF_6 与空气的基本特性参数比较见表 5-4。

表 5-4　SF_6 与空气的基本特性参数比较

名　称	SF_6	空　气
分子量	146	28.8
临界温度/℃	45.6	−146.8 (N_2)/−118.8 (O_2)
临界压力/MPa	3.77	3.39 (N_2)/5.06 (O_2)
沸点/℃	−63.8	−194
熔点/℃	−50.8	—
音速（20℃)/(m/s)	134	343
相对介电常数（0.1MPa，20℃）	1.0021	1.0005
气体常数/($J\cdot kg^{-1}\cdot K^{-1}$)	56.2	287
定压比热容（气态，20℃时）($J\cdot kg^{-1}\cdot K^{-1}$)	594	1013
热导率/($W\cdot m^{-1}\cdot K^{-1}$)	0.0155	0.0214

SF_6 的临界温度与压力都特别高，所以常温常压下特别容易液化。因此，SF_6 气体不应该使用在低温和过高压力环境下。SF_6 气体传导热的能力很差，它的导热系数只有空气的 2/3。

SF_6 气体是具有高耐电强度的气体介质，在均匀电场条件下，SF_6 气体的电气强度大约是相同条件下空气的 2.8 倍，3 个大气压下 SF_6 气体的电气强度几乎和变压器油相同。SF_6 分子具有比较强的负电性，电子在电场作用下不仅会通过碰撞电离生成新的离子和电子，而且还会由于 SF_6 的强烈电负性，能吸附电子而使这些带电质点消失。这个特性在提高击穿电压和使电弧间隙介质绝缘迅速恢复的过程中具有重要意义，因此它通常作为优良绝缘和灭弧介质。

2. 气体绝缘开关分类

目前，气体绝缘开关主要有 SF_6 断路器、SF_6 全封闭组合电器（Gas Insulated Switchgear，GIS）和真空断路器，下面分别对这三种开关进行简单介绍。

（1）SF_6 断路器

SF_6 断路器是以 SF_6 气体作为绝缘和灭弧介质的断路器。由于 SF_6 气体具有优异的灭弧特性和绝缘特性，无可燃、爆炸的优点，相比于传统断路器，SF_6 断路器具有重量轻、容量大、尺寸小、少维修或不维修等特点，在高压断路器中获得了广泛应用。SF_6 断路器经历了双压式→单压式→自能灭弧式三个阶段。SF_6 断路器主要优点如下：

1）SF_6 气体具有良好绝缘性能，使得 SF_6 断路器结构设计更加紧凑。与少油和空气断路器比较，在同一额定电压等级下，SF_6 断路器所用的串联单元比较少，占用空间小，操作功率低，噪声影响小。

2）SF_6 气体具有良好的灭弧性能，使 SF_6 断路器触头间燃弧时间短，开断电流能力大。

3）SF_6 断路器的带电部分全被密封在金属容器里面，金属外部接地，提高安全性。

4）SF_6 气体不可燃，避免了爆炸和燃烧，提高了安全可靠性。

5）SF_6 气体分子中无碳元素，燃弧之后，SF_6 断路器内不存在碳的残留物，能够开断的次数多。

（2）SF_6 全封闭组合电器（GIS）

SF_6 全封闭组合电器（GIS）由断路器、电流互感器（CT）和电压互感器（PT）、母线(Busbar)、隔离开关、避雷器（Surge Arrester）、套管等电器元件组合而成。GIS 结构型式有五种：复合式、箱式、分相式、主母线三相共筒式以及全三相共筒式。主要优点如下：

1）电气设备均被密封在接地的金属外壳里面，不受外部污秽环境条件影响。

2）紧凑、占地面积小。

3）由于金属外壳接地，故不产生电晕和无线电干扰，对运行人员更安全。

4）GIS 为模块结构，大大减少了现场接线工作。

5）使用 GIS 后减少设计工作量，能够加快项目进度，提高效率。

6）GIS 布置重心低，具有优异的抗震性能。

由于 GIS 具有许多优点，特别受用户的重视，这使得它得到迅速发展。在我国，SF_6 全封闭组合电器被广泛应用于人口密集、场地狭小、空气污染重、多地震和高海拔地区。然而，随着技术发展与环保要求，高压开关设备对 SF_6 气体使用有全过程气体管理的强制要求，应当尽量减少 SF_6 气体的使用，加强对 SF_6 气体替代品的研究。

（3）真空断路器

真空断路器（Vacuum Circuit Breaker）是利用真空当作触头间灭弧介质和绝缘的断路器。真空灭弧室是真空断路器主要结构之一，早在 19 世纪末期就已经使用真空介质来灭弧，20 世纪 20 年代就制造出了最早的真空断路器。真空灭弧室绝缘性能好，开距小，电弧电压低，电弧能量小，开断时较少损坏触头表面。因此，真空断路器的电气寿命和机械寿命都很高，特别适合需要频繁操作的场合，这是其他类型断路器不能比的，而且爆炸危险性小，噪声低。目前真空断路器已达 126kV 电压等级，正朝着高电压、大容量、小型化、智能化、低过电压、免维护和多功能化发展。

真空断路器主要包括三大部分：真空灭弧室、电磁或弹簧操动机构、支架及其他部件，真空灭弧室绝缘结构如图 5-26 所示：

1）气密绝缘系统（外壳）：由气密绝缘筒（由陶瓷、玻璃或微晶玻璃制成）、定端盖板、动端盖板、不锈钢波纹管组成的气密绝缘系统，是一个真空密闭容器。

2）导电杆：由定导电杆、定抛弧面、定触头、动触头、动抛弧面、动导电杆构成。触头结构大概有三种：圆柱形触头、带有螺旋槽跑弧面的横向磁场触头、纵向磁场触头。

3）屏蔽系统：屏蔽罩是真空灭弧室中的必要部件，有效防止电弧引起的金属蒸汽喷溅到绝缘外壳内表面引起表面绝缘性能下降。

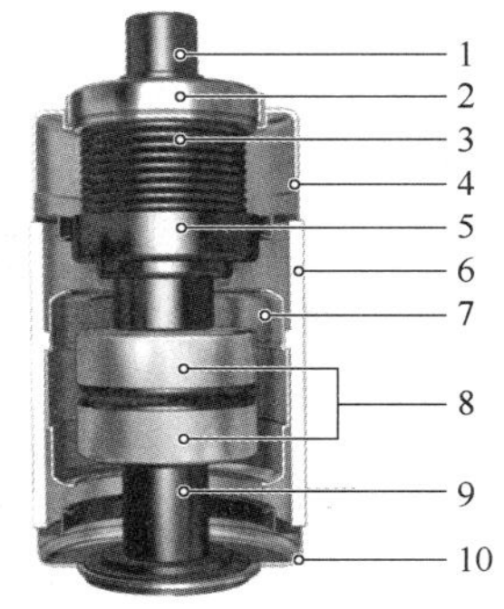

图 5-26 真空灭弧室结构

1—动导电杆 2—导向套 3—波纹管 4—动盖板 5—波纹管屏蔽罩 6—瓷壳 7—屏蔽筒 8—触头系统 9—静导电杆 10—静盖板

3. SF_6 断路器的基本结构

SF_6 断路器的基本结构由灭弧装置、导电回路、绝缘部件、操动机构和附属部件等部分组成，其中灭弧装置对 SF_6 断路器绝缘起着关键作用，为了满足绝缘要求，可以调整灭弧室内各部分，使之相互配合。户外高压 SF_6 断路器如图 5-27 所示。

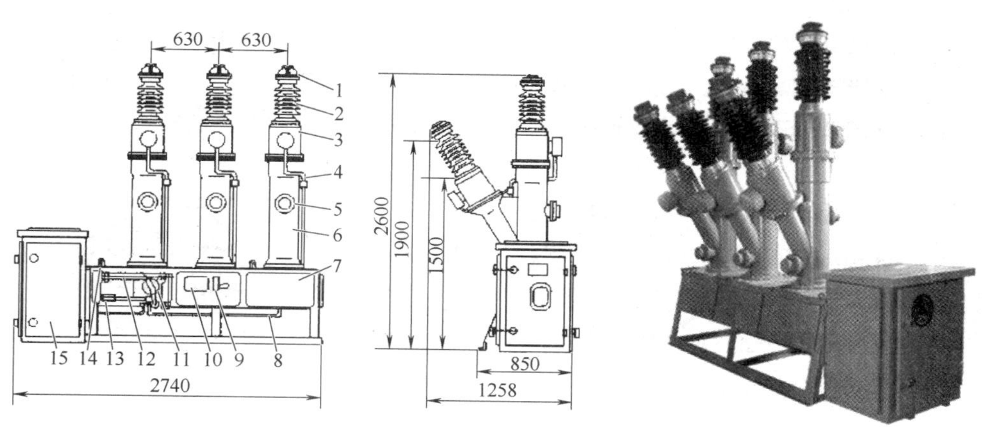

图 5-27 户外高压 SF_6 断路器

1—出线帽 2—瓷套 3—电流互感器 4—互感器连接护管 5—吸附器 6—外壳 7—底架 8—气体管道 9—分合指示 10—铭牌 11—传动箱 12—分闸弹簧 13—螺套 14—起吊环 15—弹簧操动机构

下面介绍 SF_6 断路器灭弧室的具体结构。

（1）单压式灭弧室

单压式灭弧室有定开距灭弧室和变开距灭弧室两种。

定开距灭弧室结构如图 5-28 所示。断路器的触头由动触头 2 和两个带嘴的空心静触头 3、5 组成。断路器的弧隙由两个静触头保持固定的开距，叫做开距结构。在关合位置时，动触头 2 跨接于静触头 3、5 之间，构成电流通路。定开距灭弧室灭弧过程如图 5-29 所示。

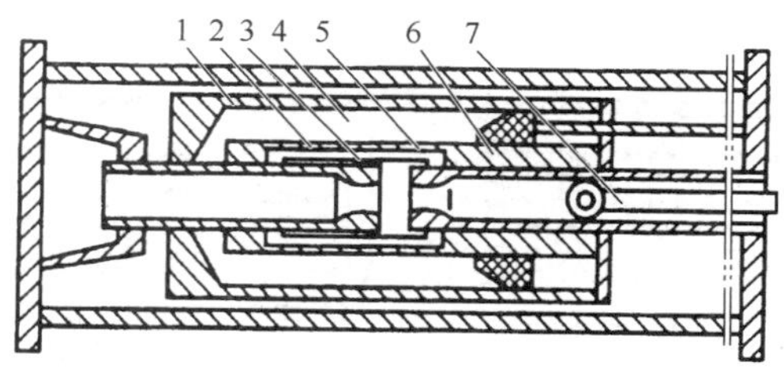

图 5-28 定开距灭弧室结构

1—压气罩 2—动触头 3、5—静触头 4—压气室 6—固定活塞 7—拉杆

变开距灭弧室结构如图 5-30 所示。触头系统有工作触头、弧触头和中间触头。为了在分闸过程中不致在压气室形成真空，故设置逆止阀 7。变开距灭弧室灭弧过程如图 5-31 所示。

（2）自能式灭弧室

自能式灭弧室包括旋弧式灭弧室和热膨胀式灭弧室两种。

1）旋弧式灭弧是利用电弧在磁场中做旋转运动使电弧冷却而熄灭的灭弧方式。

2）热膨胀式灭弧是以电弧能量在热膨胀室内建立压力，形成气吹并熄灭电弧的灭弧方式。

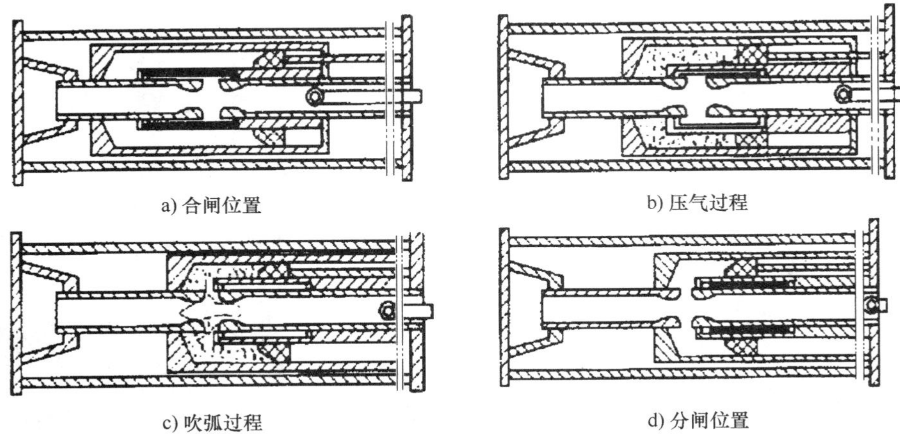

a) 合闸位置　b) 压气过程　c) 吹弧过程　d) 分闸位置

图 5-29　定开距灭弧室灭弧过程

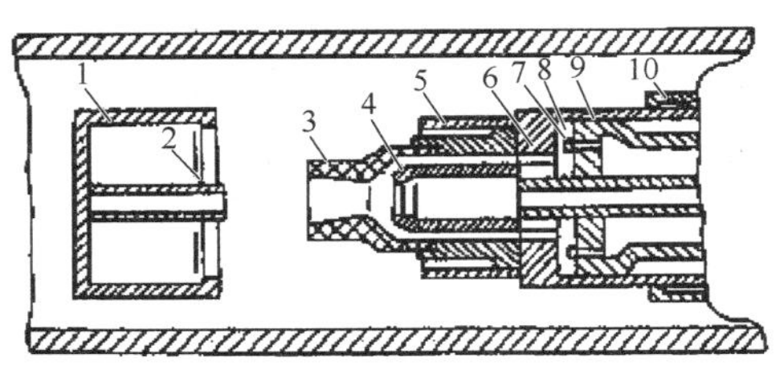

图 5-30　变开距灭弧室结构

1—主静触头　2—弧静触头　3—喷嘴　4—弧动触头　5—主动触头　6—压气缸　7—逆止阀　8—压气室　9—固定活塞　10—中间触头

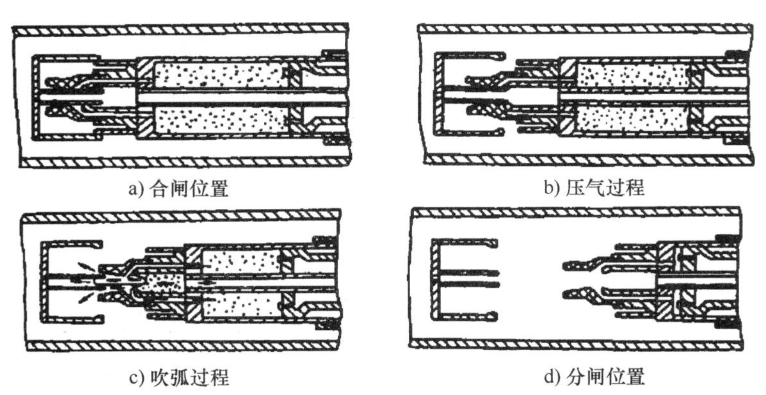

a) 合闸位置　b) 压气过程　c) 吹弧过程　d) 分闸位置

图 5-31　变开距灭弧室灭弧过程

4. SF_6 全封闭组合电器（GIS）基本结构

GIS 基本结构单元如图 5-32 所示，主要包括四部分。

1）导体：用来传输电能，一般用铝管加工，对于大电流要求可采用铜管，在导体端部需镀银。

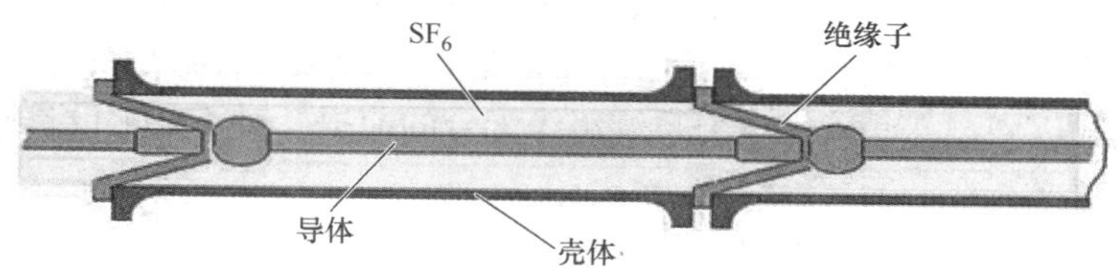

图 5-32　GIS 基本结构单元

2）壳体：用来封闭导体，壳体采用板材焊接或铸铝；在壳体端部有法兰，用于螺栓连接；壳体外表面涂保护漆，内表面不涂。

3）绝缘子：用于导电体和接地体的连接和固定，并在导体与壳体间起绝缘作用。使用环氧树脂填充 Al_2O_3 并浇注成型，可提高耐电弧和机械性能。

4）SF_6 气体：确保导体和壳体间绝缘。

GIS 根据安装位置可分为户外式和户内式两种结构，一般可分为单相单筒式和三相共筒式两种形式，如图 5-33 所示。

a) 单相单筒式

b) 三相共筒式

图 5-33　GIS 两种基本结构型式

5.4　过电压保护与高电压试验技术

高压电气设备的设计要求应根据其运行所在系统和环境而定，其中一个重要问题是绝缘水平的确定。高电压试验是研究击穿机理、影响因素、电气强度以及检验电气设备耐受水平的方法，目的是对电气设备的绝缘进行试验，消除隐患，防患于未然。

绝缘配合的目的是确定电气设备的绝缘水平，而电气设备的绝缘水平是用设备绝缘可以耐受的试验电压表征。总的原则是综合考虑电力系统中可能出现的各种作用电压、保护装置特性和设备的绝缘特性来确定设备的绝缘水平，从而使设备绝缘故障率或停电事故率降低到经济和运行上可以接受的水平。

5.4.1　电网过电压与保护

1. 过电压的类型和特性

过电压是电力系统在特定条件下所出现的超过工作电压的异常电压升高，属于电力系统中的一种电磁扰动现象。电气设备的绝缘长期承受着工作电压，同时还必须能够耐受一定幅度的过电压，这样才能保证电力系统安全可靠地运行。研究各种过电压的起因，预测其幅值，并采取措施加以限制，是确定电力系统绝缘配合的前提，对于电工设备制造和电力系统运行都具有重要意义。

过电压分外部过电压和内部过电压两大类。

（1）外部过电压

外部过电压又称雷电过电压或大气过电压，由大气中的雷云对地面放电而引起，它是因为雷电直击或雷电感应引起的，可分为直击雷过电压和感应雷过电压两种。雷电过电压的持续时间约为几十微秒，具有脉冲的特性，故常称为雷电冲击波，雷电冲击电流和冲击电压的幅值都很大，作用的时间不长，破坏能力极大。直击雷过电压是雷闪直接击中电气设备导电部分时所出现的过电压。雷闪击中带电的导体，如架空输电线路导线，称为直接雷击。雷闪击中正常情况下处于接地的导体，如输电线路铁塔，使其电位升高以后又对带电的导体放电称为反击。直击雷过电压幅值可达上百万伏，会破坏设备绝缘，引起短路接地故障。感应雷过电压是雷闪击中电气设备附近地面，在放电过程中由于空间电磁场的急剧变化而使未直接遭受雷击的电气设备（包括二次设备、通信设备）上感应出的过电压。因此，架空输电线路需架设避雷线和接地装置等进行防护。通常用线路耐雷水平和雷击跳闸率表示输电线路的防雷能力。

（2）内部过电压

内部过电压是电力系统内部运行方式发生改变而引起的过电压，使电力系统内部的能量发生转换。内部过电压有暂态过电压、操作过电压和谐振过电压。暂态过电压是由于断路器操作或发生短路故障，使电力系统经历过渡过程以后重新达到某种暂时稳定的情况下所出现的过电压，又称工频电压升高。内部过电压持续时间长，振幅、瞬时功率小于外部过电压，但有很大的破坏性。在电力系统运行中，当开关分合闸操作或电网发生故障时，导至电网电路出现从一个工作状态转换到另一个工作状态的过程，会产生操作过电压，操作过电压的时间一般为几到几十毫秒。常见的暂态过电压有：①空载长线电容效应（Ferranti 效应），在工频电源作用下，由于远距离空载线路电容效应的积累，使沿线电压分布不等，末端电压最高；②不对称短路接地，三相输电线路单相短路接地故障时，非短路相上的电压会升高；③甩负荷过电压，输电线路因发生故障而被迫突然甩掉负荷时，由于电源电动势尚未及时自动调节而引起的过电压。

操作过电压是由于进行断路器操作或发生突然短路而引起的衰减较快、持续时间较短的过电压，常见的有：①空载线路合闸和重合闸过电压；②切除空载线路过电压；③切断空载变压器过电压；④弧光接地过电压。

谐振过电压是电力系统中电感、电容等储能元件在某些接线方式下与电源频率发生谐振所造成的过电压。一般按起因分为：①线性谐振过电压；②铁磁谐振过电压；③参数谐振过电压。

无论外过电压还是内过电压，都受许多随机因素的影响，需要结合电力系统具体条件，通过计算、模拟以及现场实测等多种途径取得数据，用概率统计方法进行过电压预测。针对过电压的起因，电力系统必须采取防护措施以限制过电压幅值。如安装避雷线、避雷器、电抗器，开关触头加并联电阻等，以合理实施绝缘配合（Insulation Coordination），确保电力系统安全运行。

2. 过电压的危害

雷击线路可能会导致短路接地故障发生和雷电引起过电压，实际上被闪电击中是造成线路跳闸停电的主要原因；另外一种危害是雷电击中输电线路生成过电压波，沿着线路传输到变电站，危害变电站电力设备的运行。

长时间工频电压升高，会显著影响电气设备的绝缘和操作性能。可能导致污染绝缘子的闪络，电气设备内部过热、电晕和电磁干扰。短路故障系统中，单相接地故障是最常见的，并且造成的工频电压升高所导致的破坏也最严重。如果避雷器在健全相发生动作，则要求避雷器可以熄灭工频续流。

间歇性的电弧接地过电压会让电力系统状态快速改变，由于线路电感和电容的电磁振荡，从而在全网中产生电弧接地过电压。这种电压持续很长一段时间，如果不采取措施，可能危及设备绝缘，造成短路严重事故。

空载变压器和空载线路分闸都会在线路中产生较大过电压，对绝缘产生冲击。铁磁谐振可以以基波谐振、高次谐波谐振和次谐波振荡，也可以是单相、两相或三相对地的电压升高，放电也可能由于低频振荡导致绝缘放电、绝缘子电晕，引起闪络或避雷器爆炸。

3. 电网过电压保护

电力系统中的大气过电压主要是由雷电放电造成的，开展相应的过电压防护设计中，应综合考虑系统的运行方式、线路的电压等级和重要程度、已有的线路的运行经验、线路经过地区雷电活动的强弱、地形地貌的特点、土壤电阻率的高低等条件，根据技术经济比较的结果，因地制宜采取合理的保护措施。

（1）避雷线（针）

架设避雷线（针）的主要作用是防止雷直击导线。避雷线（针）对塔顶雷击有分流作用，减少流入杆塔的雷电电流，从而降低塔顶电位；对线路有耦合作用，可以降低绝缘子串上的电位差；对导线有屏蔽作用，可以降低线路上的感应过电压。线路电压越高，采用避雷线（针）的效果越好。

（2）避雷器

为了让电力设备的绝缘能承受高达数十万伏、甚至数兆伏的过电压，通常装设各种防雷保护装置。避雷器是用以限制由线路传来的雷电过电压或由操作引起的内部过电压的一种电气装备，是一种电压限制器，它与被保护设备并联运行，当作用电压超过一定幅值以后，避雷器总是先动作，泄放大量能量，限制过电压，保护电气设备。

金属氧化物避雷器（Metal Oxide Arrester，MOA）是 20 世纪 70 年代发展起来的一种新型避雷器，它主要由氧化锌（ZnO）压敏电阻构成。每一块压敏电阻从制成时就有一定的开关电压（叫压敏电压），在正常的工作电压下（即小于压敏电压），压敏电阻值很大，相当于绝缘状态。但在冲击电压作用下（大于压敏电压），压敏电阻呈低值被击穿，相当于短路状态。然而压敏电阻被击后，是可以恢复绝缘状态的；当高于压敏电压的电压撤销后，它又恢复了高阻状态。因此，如在电力线上安装氧化锌避雷器后，当雷击时，雷电波的高电压使压敏电阻击穿，雷电流通过压敏电阻流入大地，可以将电源线上的电压控制在安全范围内，从而保护了电气设备的安全。

典型的避雷器及其伏安特性如图5-34所示，工作区域可划分为预击穿区、击穿区和大电流区。在预击穿区，导电状态并不剧烈，流经电流仅有数微安，称为工作区或泄漏电流区，伏安曲线的这个区域通常产生很少的热量，在该区可以长期工作。然而该区曲线范围内的电导率对温度高度敏感，如果因任一原因导致本体温度升高，避雷器阻值将降低，使伏安曲线右移而进入一个更高泄漏电流的区域。

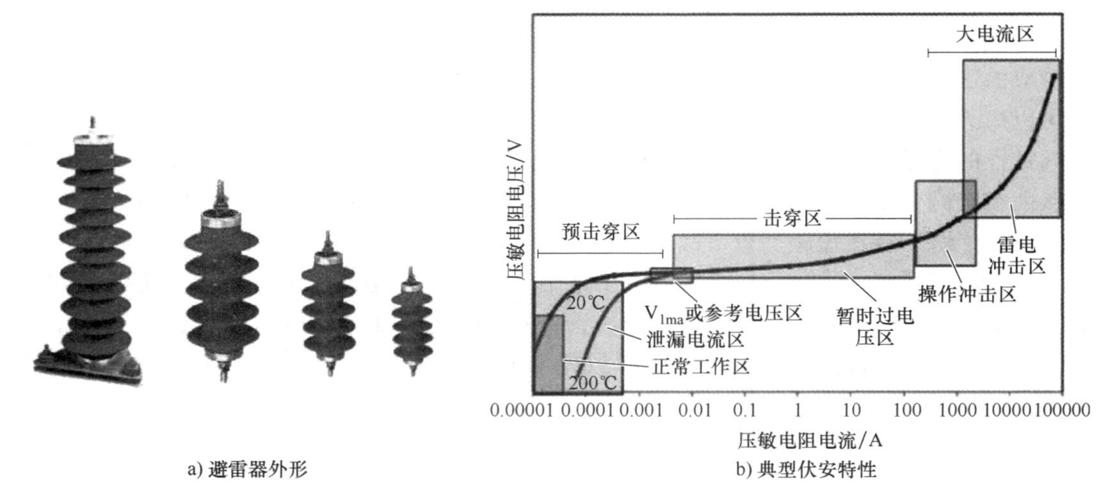

a) 避雷器外形　　b) 典型伏安特性

图5-34　避雷器及其伏安特性

预击穿区也是唯一受大电流冲击影响的区，例如若一个非常高的电流冲击避雷器，正常工作区域中的阻值会降低，从而导致更多的电流流过，并在冲击通过很长时间之后可能会发生失效。伏安曲线的一个非常重要但区域最小的是“拐点”或V_{1ma}区，也称为参考电压或特征电压区，其如此重要的原因是它对温度不敏感，因此在1～10mA的电流水平下，可以准确地预测伏安曲线的剩余部分。

在曲线的击穿区，ZnO压敏电阻的阻值由压敏电阻晶界控制，该区内的电导率通常由工频过电压引起，这可导致电阻片的温度显著升高。只要温度保持在100～300℃，对压敏电阻无长期影响。需要注意的是该区内的电导率持续时间不超过几秒钟，否则它会使温度升高到超出设备的承受能力。

在大电流区，压敏电阻发挥其浪涌钳压功能，压敏电阻的每平方厘米都传导着很高水平的电流。电流越高，冲击时间越短。在该区中氧化锌晶粒控制着压敏电阻的阻值。在大电流区的下端对应操作冲击区，或在2kA以上对应雷电冲击区，可提供避雷器伏安特性曲线中给定的放电电压或残压数据。

避雷器应该有平坦的伏秒特性曲线和尽可能高的灭弧能力。图5-35a中曲线1为绝缘的伏秒特性，避雷器要能起到保护作用，其放电间隙的伏秒特性曲线2应始终低于曲线1，并留一定的间隔。显然伏秒特性越平坦越好，如果伏秒特性很陡，如图5-35b所示，则可能与绝缘的伏秒特性相交，以致在短放电的时间范围内不能保护设备。同时由于放电导通的分散性，避雷器和被保护设备的伏秒特性实际上处在一个带状的范围内，因此，要求保护设备伏秒特性的上包络线低于被保护设备伏秒特性的下包络线，如图5-35c所示。

5.4.2　高电压试验技术

电气设备的绝缘状态在电力系统中是很重要的，它是保证电力系统安全稳定的重要条件，这就需要对高压电气设备经常做电气试验，测试其性能或绝缘参数是否可以满足电力系统的运行要求。为了防止高压电气设备损坏或发生事故，确保人员生命安全及设备的安全，需要进行绝缘测试，例如通过预防性试验和交接试验，可以发现绝缘中的缺陷，防止设备绝缘击穿发生在运行过程中，避免停电和其他间接损失。

高压设备的绝缘试验主要是工厂试验和现场试验。

（1）工厂试验

产品的初步设计是否正确必须用试验来检验。通常是先试制样品，再根据试验结果修改设计。这种过程有时要多次反复才能使产品性能全面满足要求，然后才可正式投产。

关于产品试验，常用型式试验以全面检查该产品的设计、材料、工艺等是否满足技术条件；而对于已定型的产品，以出厂（或例行）试验对每台产品在出厂前进行质量检查。

（2）现场试验

现场试验包括对新安装的设备进行交接试验和对已运行设备进行预防性试验。无论是定期或不定期的、离线或在线的检测，其目的都在于及时发现缺陷或损伤，以确保设备安全可靠运行。

现场绝缘状况的检测及分析，不仅为电力系统安全运行提供了保障，也为制造部门提供了产品在投运后的老化、损坏规律，为进一步改进产品设计创造条件。

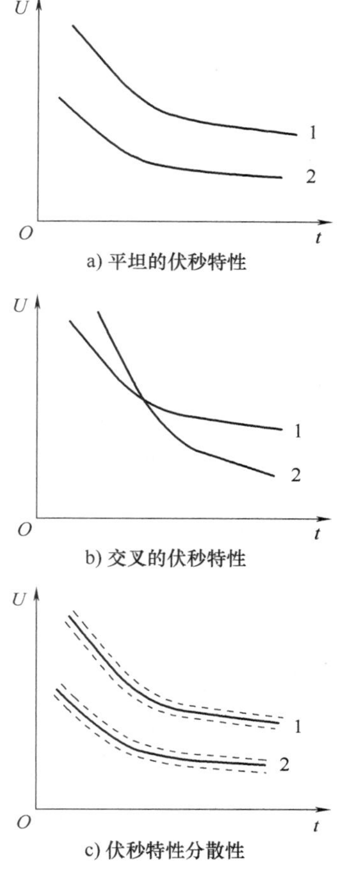

图 5-35　避雷器伏秒特性

1. 交流高电压试验设备

交流高压试验设备主要是指高压试验变压器，其接线如图 5-36 所示。图中 T 是试验变压器，用来升高电压；TA 是调压器，用来调节试验变压器的输入电压；F 是保护球隙，用来限制试验时可能产生的过电压，以保护被试品；R_1 为保护电阻，用来限制被试品突然击穿时在试验变压器上产生的过电压及限制流过试验变压器的短路电流；R_2 是球隙保护电阻，用来限制球隙击穿时流过球隙的短路电流，以保护球隙不被灼伤；C_x 是被测试品。

为实现更高电压等级的交流试验电压，可采用变压器串联形式。自耦式串级变压器是目前最常用的串级方式，如图 5-37 所示。三台试验变压器高低压绕组的匝数分别对应相等，高压绕组容量一致，串联起来输出高电压；为给下一级试验变压器提供电源，前一级变压器里增设励磁绕组，该绕组除了向负荷传递高压容量外，还要向更高一级的变压器提供励磁容量。

2. 直流高电压试验设备

为了获得更高的直流电压，可采用如图 5-38a 所示的串级直流电路。其工作原理与倍压整流电路类似，电源为负半波时依次给左柱电容器充电，而电源为正半波时依次给右柱电容器充电。空载时，n 级串接的整流电路可输出 $2nU_m$ 的直流电压（U_m 为变压器高压侧输出电压峰值）。随着串接级数的增多，接入负载时的电压脉动和电压降落迅速增大。实际采用的串级直流发生器如图 5-38b 所示。

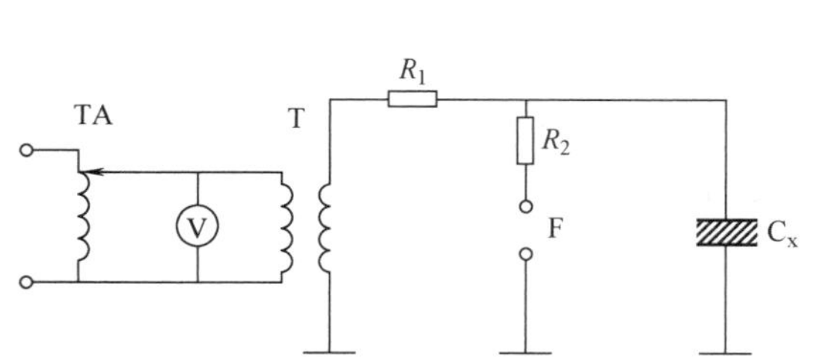

图 5-36　高压试验变压器接线

图 5-37　自耦式串级变压器

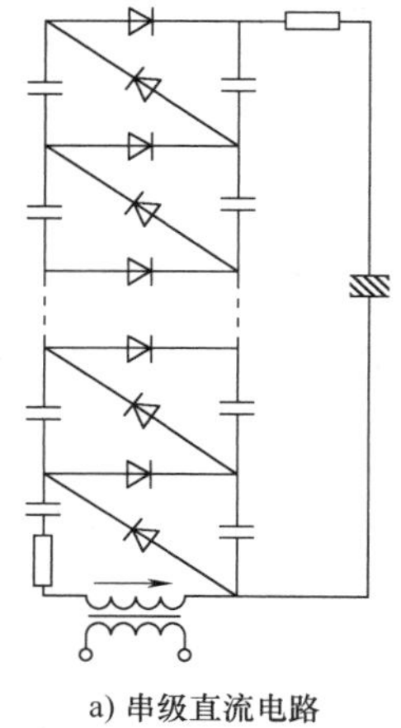

a) 串级直流电路

b) 户外串级直流高压发生器

图 5-38　串级直流发生器

3. 冲击电压发生器

雷电冲击电压是利用冲击电压发生器产生的，操作冲击电压既可以利用冲击电压发生器产生，也可以利用冲击电压发生器与变压器联合产生。

图 5-39a 所示为一种常用的高效率多级冲击电压发生器电路，其工作原理概括说来就是利用多级电容器并联充电，然后通过球隙串联放电，从而产生高幅值的冲击电压。具体过程为：先由工频试验变压器 T 经整流元件 VD、保护电阻 R 和充电电阻 R_f、R_t 给并联的各级主电容 C 充电到 U，事先调整各球隙的距离，使它们的击穿电压稍大于 U，冲击电压发生器的第一级球隙是点火球隙，在其中一个球内安放一个针极，当需要发生器动作时，可向点火球隙的针极送去一个合适的脉冲电压，使球间隙点火击穿。启动点火装置使点火球隙 g_0 击穿，其他球隙也相继很快击穿，结果使原来并联充电到 U 的各个主电容串联起来向 C_0 放电。电阻 R 在充电时起电路的连接作用，在放电时起隔离作用。实际的冲击电压发生器如图 5-39b 所示。

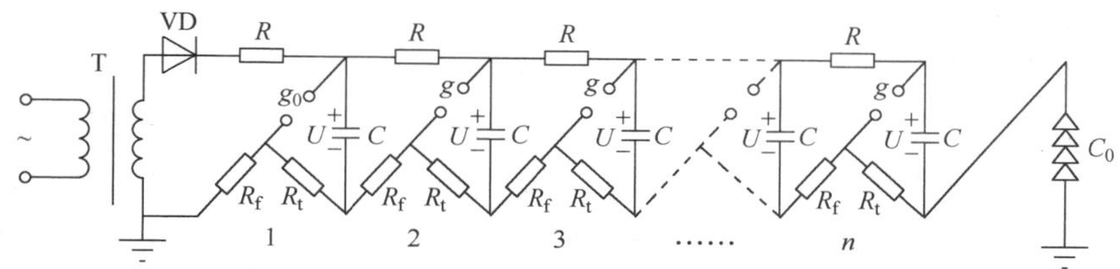

a) 高效率多级冲击电压发生器电路

b) 冲击电压发生器系统

图 5-39　冲击电压发生器

5.4.3　电介质击穿与介电强度试验

1. 电介质击穿

介质击穿是在强电场作用下电介质丧失电绝缘能力的现象，可分为气体电介质击穿、液体电介质击穿和固体电介质击穿三种。导致击穿的最低临界电压称为击穿电压，均匀电场中，击穿电压与介质厚度之比称为击穿电场强度（简称击穿场强，又称耐电强度）。不均匀电场中，击穿电压与击穿处介质厚度之比称为平均击穿场强，它低于均匀电场中固体介质的击穿强度。

（1）气体电介质击穿

在电场作用下气体分子发生碰撞电离而导致电极间的贯穿性放电现象，又称气体放电，如图 5-40 所示。气体电介质击穿的影响因素很多，主要有作用电压、电板形状、气体的性质及状态等。气体介质击穿常见的有直流电压击穿、工频电压击穿、高气压电击穿、冲击电压击穿、高真空电击穿、负电性气体击穿等。空气是很好的气体绝缘材料，电离场强和击穿场强高，击穿后能迅速恢复绝缘性能，且不燃、不爆、不老化、无腐蚀性，因而得到广泛应用。例如为提供高

图 5-40　特斯拉线圈放电试验

电压输电线或变电所的空气间隙距离的设计依据，需进行长空气间隙的工频击穿试验。

（2）液体电介质击穿

纯净液体电介质与含杂质的工程液体电介质的击穿机理不同，对前者主要有电击穿理论和气泡击穿理论，对后者有气体桥击穿理论。沿液体和固体电介质分界面的放电现象称为液体电介质中的沿面放电，这种放电不仅使液体变质，而且放电产生的热作用和剧烈的压力变化可能使介质内产生气泡。经多次作用会使浸入的固体介质出现分层、开裂现象，放电有可能在固体介质内发展，绝缘结构的击穿电压因此下降。脉冲电压下液体电介质击穿时，常出现强力气体冲击波（即电水锤效应），可用于水下探矿、桥墩探伤及人体内脏结石的体外破碎。

（3）固体电介质击穿

固体电介质击穿有三种形式：电击穿、热击穿和电化学击穿。电击穿是因电场使电介质中积聚起足够数量和能量的带电载流子而导致电介质失去绝缘性能。热击穿是因在电场作用下，电介质内部热量积累、温度过高而导致失去绝缘能力。电化学击穿是在电场、温度等因素作用下，电介质发生缓慢的化学变化，性能逐渐劣化，最终丧失绝缘能力。固体电介质的化学变化通常使其电导增加，这会使介质的温度上升，因而电化学击穿的最终形式是热击穿。温度和电压作用时间对电击穿的影响小，对热击穿和电化学击穿的影响大；电场局部不均匀性对热击穿的影响小，对其他两种影响大。

当固体电介质承受电压作用时，介质损耗是电介质发热、温度升高；而电介质的电阻具有负温度系数，所以电流进一步增大，损耗发热也随之增加。电介质的热击穿是由电介质内部的热不平衡过程造成的。如果发热量大于散热量，电介质温度就会不断上升，形成恶性循环，引起电介质分解、炭化等，电气强度下降，最终导致击穿。热击穿的特点是：击穿电压随温度的升高而下降，击穿电压与散热条件有关，如电介质厚度大，则散热困难，因此击穿电压并不随电介质厚度成正比增加；当外施电压频率增高时，击穿电压将下降。

固体电介质受到电、热、化学和机械力的长期作用时，其物理和化学性能会发生不可逆的老化，击穿电压逐渐下降，长时间击穿电压常常只有短时击穿电压的几分之一，这种绝缘击穿成为电化学击穿。

2. 介电强度试验

绝缘材料的介电强度是指材料能承受而不致遭到破坏的最高电场场强，对于平板试样：$E=U/d$，式中，E 是击穿场强（MV/m 或 kV/mm）；U 是在规定试验条件下两电极间的击穿电压（MV 或 kV）；d 是两电极间击穿部位的距离，即试样在击穿部位的厚度（cm 或 mm），若试样是等厚度的，可取平均厚度。

在气体或液体中，电极间发生放电，当放电至少有一部分是沿着固体材料表面时，称为闪络（flashover）。通常试样表面闪络后，还可以恢复绝缘特性，闪络时试样上施加的电压称为闪络电压。试样击穿或闪络时，试样上的电压突然降落，通过试样的电流突然增大，有时还会发出光或声，可以根据上述现象来观察击穿或闪络。但是最终判断是否击穿，还要观察是否在试样上有贯穿的小孔、裂纹以及炭化的痕迹。

介电强度试验分为两种类型，即击穿试验和耐电压试验。击穿试验是在一定试验条件下，升高电压直到试样发生击穿为止，测得击穿场强或击穿电压。耐电压试验是在一定试验条件下，对试样施加一定电压，经历一定时间，若在此时间内试样不发生击穿，即认为试样是合格的。显然，耐电压试验只能说明试样的介电强度不低于该试验电压的水平，但不能说明究竟有多高。要想知道介电强度有多高，必须做击穿试验。

绝缘材料的介电强度是通过击穿试验测得的，由于试验条件与该材料在应用中实际工作条件不同，材料的介电强度不能作为选定应用中工作场强的依据，而只能作为选用材料的参考。

对于电气设备都要做耐电压试验，施加的电压一般都略高于工作电压，经历的时间有 1min、5min 或更长的时间。进行工频电压下的介电强度试验的高压试验装置包括高压试验变压器、调压器以及控制和保护装置等。进行直流电压下的介电强度试验时，升压方式和速度与工频交流电压下的规定相同。直流高电压可以通过各种方法获得，一般采用高压整流，即先通过变压器升高工频电压，然后通过高压整流器变为直流高压。

影响介电强度的因素主要有：

（1）电压波形

绝缘材料在直流、工频正弦以及冲击电压下的击穿机理不同，所测的击穿场强也不同，工频交流电压下的击穿场强比直流和冲击电压下的低得多。因此，必须根据使用条件及试验目的，选择合适的电压进行试验，在特殊情况下，还要求采用其中两种不同的电压叠加进行试验。

（2）电压作用时间

无论是电击穿或热击穿，都需要发展过程。电击穿所需时间很短，在小于微秒级的时间内可以看出其影响，如冲击电压的波头较长，测得的击穿电压偏低。热击穿时热的累积需要较长时间，在直流或工频电压下，随着施加电压的时间增长，击穿电压明显下降。当施加电压的时间很长时，还可能由于试样内存在局部放电或其他原因，使试样发生老化，从而降低了击穿电压。

（3）电场的均匀性

材料的本征击穿场强是在均匀电场下测得的，但在击穿试验中，试样往往处于不均匀电场中。如电极边缘的电场强度比较高，在那里就会首先出现局部放电，而后扩展到试样击穿。

（4）试样的厚度与不均匀性

试样的厚度增加，电极边缘电场就更不均匀，试样内部的热量更不容易散发，试样内部含有缺陷的机率增大，这些都会使击穿场强下降。对于薄膜试样，厚度减小，电子碰撞电离的机率减小，也会使击穿场强提高。

（5）环境条件

试样周围的环境条件，如温度、湿度以及压力等，都会影响试样的击穿场强。温度升高，通常会使击穿场强下降。对于某些材料，在低温区可能出现相反的温度效应，即温度升高击穿场强也升高。湿度增大，会使击穿场强下降。绝缘材料吸湿后会增大电导和介质损耗，会改变电场分布，从而影响击穿场强。气压对击穿场强的影响，主要是对气体而言，气压高，电子在碰撞过程的自由行程就短，击穿场强会升高；但在接近真空时，由于碰撞的机率减少，也会使击穿场强升高。

3. 局部放电

在绝缘体中还有一类放电现象是只有局部区域发生的放电，而没有贯穿施加电压的导体之间，放电可以发生在导体附近，也可以发生在其他地方，这种现象称为局部放电（Partial Discharge，PD）。据电网公司统计，局部放电是高压电气设备最终发生绝缘击穿的重要原因，也是绝缘劣化的重要标志。

每一次局部放电对绝缘介质都会有一些影响，轻微的局部放电对电力设备绝缘的影响较小，绝缘强度的下降较慢；而强烈的局部放电，则会使绝缘强度很快下降，这是使高压电力设备绝缘损坏的一个重要因素。因此，设计高压电力设备绝缘时，要考虑在长期工作电压的作用下，不允许绝缘结构内发生较强烈的局部放电。对运行中的设备要加强监测，当局部放电超过一定程度时，应将设备退出运行，进行检修或更换。

在同时有气体或液体的固体电介质中，当气体或液体的局部场强达到其击穿场强时，这部分气体或液体开始放电。局部放电一般是由于绝缘体内部或绝缘表面局部电场特别集中引起的。当绝缘发生局部放电时就会影响绝缘寿命，每次放电，高能量电子或加速电子的轰击，特别是长期局部放电作用都会引起多种形式的物理效应和化学反应，如带电载流子撞击气泡外壁时，就可能打断介质分子的化学键而发生裂解，破坏绝缘的分子结构，造成绝缘劣化，加速绝缘损坏过程。

局部放电趋势是局放量随着时间成指数上升，这是个曲折的过程，某个阶段可能下降，但随后阶段还可能上升；在绝缘结构中产生局部放电时，会伴随产生电脉冲、超声波、电磁辐射、光、化学反应，并引起局部发热等现象。由于局部放电存在以上特点，故电气设备如何避免局部放电、如何消除局部放电，从而使高电压设备正常安全运行，就成为电力设备运行维护人员最关注的问题。为了消除这种潜伏性故障，如今针对伴随局部放电而产生的一些电脉冲、超声波、电磁辐射等信号而衍生出很多在线监测局部放电现象的方法。

5.5 高电压设备绝缘诊断与状态评价

电网的安全运行是保证稳定、可靠电力供应的基础，电网瓦解和大面积停电事故，不仅会造成巨大的经济损失，影响人们正常生活，还会危及公共安全，造成严重的社会损失。根据国家电网运行分析统计，我国每年因输变电设备绝缘故障导致电网停电事故占当年总事故的40%~50%，居于故障起因第一位。

5.5.1 绝缘老化

作为电力系统的枢纽设备，大型油浸式电力变压器的绝缘运行状况好坏和健康水平直接关系到电网的安全与稳定。国际大电网会议（CIGRE）变压器绝缘纸纤维老化特别研究组在2007年的报告中指出，世界上大多数国家的电力变压器平均运行寿命为30年左右。因此，判定变压器尤其是投运超过20年的变压器的油纸绝缘老化就显得十分重要，这将影响电力变压器运行可靠性和经济性。

我国已有较多变压器运行年限超过20年，这些变压器面临着日益严重的绝缘老化问题，发生事故的概率不断增加，同时，老化会造成变压器主绝缘机械性能下降，使得在遭受突发外部短路故障情况下，线圈极易发生变形而导致绝缘纸受到机械损坏、丧失绝缘能力并最终引发事故。尽管变压器油纸绝缘老化是多种因素的综合作用结果，但变压器主绝缘的寿命，即油纸绝缘的寿命实际上主要是由其热老化决定的，热老化是众多老化因素中最主要的。

变压器的绝缘结构分为内绝缘和外绝缘，外绝缘指油箱以外的绝缘结构，内绝缘又分为纵绝缘和主绝缘。纵绝缘指同一绕组的不同匝间、层间部分的绝缘，绕组主绝缘是一种基于油—纸屏障的结构，由作为覆盖层缠在导线上的绝缘纸、油道和绝缘纸板所构成的复合绝缘体系组成。主绝缘在长期运行过程中会受到各种因素的影响逐渐发生老化，导致电气和机械性能下降。在实际运行过程中，变压器的状态为常年带电运行，内部会发生复杂的化学和物理的变化，使变压器的油纸绝缘逐渐老化、失效，其老化过程受到温度、电场、机械振动力、水分、酸等各因素的影响，如图 5-41 所示，并且各因素间还会形成相互促进作用，进一步加速绝缘老化的进程。根据不同的老化因素，变压器油纸绝缘的老化分为热老化、电老化、机械老化以及其他老化形式。

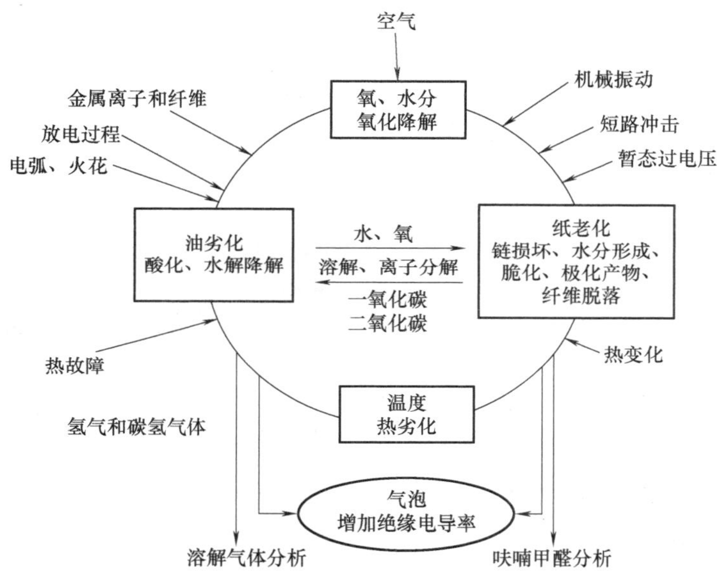

图 5-41　影响油纸绝缘老化的因素

1. 热老化

温度是影响变压器油纸绝缘老化最主要的因素之一，温度越高，油纸绝缘老化越快。绝缘油和绝缘纸在热的作用下发生热降解，产生大量低分子挥发物，同时在氧和热的长期协同作用下，会产生过氧化物，并使有机物氧化分解产生自由基团，进而引发一系列的断链和氧化反应，使得分子量下降，产生大量低分子化合物，包括 CO、CO_2 气体、低分子烃类、有机酸等，使变压器内部绝缘材料逐渐劣化，各种分解物进一步作用在绝缘材料上，使绝缘劣化过程进一步加重，形成一个恶性循环，最终导致变压器绝缘失效。

变压器内绝缘主要由绝缘油和绝缘纸或纸板构成的复合绝缘组成，在长期运行过程中会受到各种因素的影响逐渐发生老化，其中温度是引起变压器绝缘老化最重要的影响因素之一。在长期热作用下绝缘油和绝缘纸板均发生不同程度的物理化学反应，劣化后绝缘油中会产生水分和酸，油中有机分子会水解或降解，油中的产物会作用在绝缘纸板上，加之热老化的催化作用，纤维素分子链会断裂形成大量小分子、水分等，宏观上造成固体绝缘纸板不断脆化脱落，丧失机械性能和绝缘强度。同时，绝缘纸的老化产物又溶解或悬浮于油中，与其他老化形式综合作用于绝缘油，进一步促进变压器油的老化进程。

2. 电老化

在电场长期作用下绝缘中发生的老化称为电老化，电老化的机理很复杂，包括绝缘在电场作用下一系列的物理和化学效应，例如放电过程产生的带电质点轰击，放电点引起的介质热效应，放电过程中的活性生成物以及放电产生的可见光、紫外线等辐射效应都会破坏绝缘材料的分子结构，促使绝缘材料裂解，并导致绝缘性能的下降。

变压器在生产设计时，内绝缘已留有足够裕度承受预期寿命时间内由工作电场对绝缘劣化造成的影响，因此变压器运行时的工作场强不是引起内绝缘电老化的主要因素。试验证明，变压器绝缘在干燥、浸渍及脱气或者运输过程中，可能会在固体或液体内残留气泡，而在这些气泡中或电场集中处容易发生局部放电，强电场使有缺陷的地方绝缘长期暴露在局部放电下，绝缘介质的局部放电就是绝缘电老化的原因之一。普遍认为，局部放电的累积作用是变压器油纸绝缘材料发生电老化的根源。局部放电首先发生于油纸绝缘材料内部的缺陷中，当外界场强大于缺陷内的临界场强，缺陷内部将引起局部放电并产生大量自由电子，电子在电场力的作用下不断轰击缺陷内部表面，能量足够大或材料达到一定的疲劳损伤程度时，绝缘材料中化学键被打断，结构破坏。另外，电晕放电能产生氧的等离子体，氧的等离子体一方面生成以臭氧为代表的具有强氧化能力的物质，氧化有机物电介质，另一方面直接轰击高分子中的C—H、C═C 或 C≡C 等化学键，造成高分子的深度分解。电场可能加速油降解形成酸性产物并沉积于绝缘纸表面，加速油纸绝缘的老化。因此，局部放电是引起变压器内绝缘电老化的主要因素，检测局部放电是诊断变压器绝缘早期故障的重要方法。

5.5.2 绝缘老化特征量

1. 纸板聚合度

油浸式变压器通常采用普通硫酸盐木浆纸作为其固相绝缘材料，其组成成分为纤维素（90%左右）、少量的半纤维素（6%~8%）及木质素（3%~4%）。绝缘纸板作为固体绝缘介质，主要构成变压器线圈匝间和层间绝缘。纤维素是绝缘纸板的主要成分，成型绝缘纸板中的纤维素是由 β-D-葡萄糖基通过 1,4-苷键连接而成的线状高分子化合物，重复单元为纤维二糖，主要是由碳、氢和氧三种元素组成，其质量分数分别为 44.44%、6.17%、49.39%。纤维素分子链中葡萄糖残基的数目为聚合度（Degree of Polymerization，DP）。纤维素分子结构中有环状结构，环和环之间通过醚键连接，每一个六角环中含有一个氧原子，每一个环上连接三个羟基，其中有一个是伯醇，反应能力较强。由于醚键具有一定的柔软性，羟基具有一定的极性和亲水性，因此纤维素大分子内部或分子间容易生成氢键。纤维素分子链是通过结晶区和无定形区的交替连接后组成纳米结构的微原纤维，进而形成原纤维和纤维。通常，绝缘纸的击穿、老化都会伴随纤维素分子链的断裂，因此诸多改性技术都是通过添加相应理化材料使纤维素分子链更加牢固，从而提高整体的击穿特性和抗老化特性。

纤维是构成油纸绝缘的主要成分，是葡萄糖的天然聚合体，多个单体排列成长链，天然状态下的平均链长或聚合度超过 2000。然而变压器绝缘制造工艺完成后，纸的聚合度在 1000~1300，在经过干燥和浸油处理后下降至 900。普遍认为当 DP 下降到 500 时，变压器的整体绝缘寿命已进入中期；而当 DP 下降到 250 时，变压器的整体绝缘寿命已到晚期，见表 5-5。然而，到目前为止，在极限值达到多少即认为变压器的寿命终止这个问题的认识上仍然存在着较大的差异。

表 5-5　聚合度与变压器绝缘老化的关系

绝缘状态	聚合度
绝缘寿命初期	1200
绝缘寿命中期	500
绝缘寿命末期	250

变压器在运行过程中，受温度、电场、水分、氧气、酸等因素的影响，绝缘纸板纤维素发生热降解、水解降解、氧化降解等反应，导致连接葡萄糖分子间的糖苷键发生断裂，纤维素分子链长度逐渐缩短，机械及电气性能劣化，绝缘纸（板）聚合度降低，成为威胁电网稳定运行的重大隐患。多年的运行经验表明：变压器绝缘故障的主要原因是由于绝缘纸机械故障导致的电击穿。老化对绝缘纸机械性能的影响远大于其对电气性能的作用，即使在严重老化的情况下，其电气性能也不会发生显著变化。

2. 变压器油水分含量

变压器油纸绝缘系统中水分的来源有很多方面，变压器从最初的制造、运输到最后的投运、检修，每个环节都有可能引起水分的入侵。变压器主绝缘中水分的来源主要有以下三个方面：①变压器制造时绝缘中残留的水分。变压器的制造是一个十分复杂的过程，为尽量减小绝缘中的水分含量，要经过真空干燥、真空注油及热油循环等除水工艺。②变压器在运输、运行或检修时侵入的水分。变压器尤其高电压等级的大型变压器体积庞大，尽管变压器箱体是密闭结构，但箱盖、套管等处密封不严，在运输、运行过程中会出现水分或潮气侵入的情况。此外，在变压器检修时要打开密封盖，甚至实施吊芯检查，绝缘将会完全暴露于空气中，造成绝缘系统从周围大气中直接吸收水分。③变压器运行过程中绝缘系统老化产生的水分。变压器运行时，油纸绝缘系统在温度、电场、振动等多应力的作用下将逐渐老化，绝缘纸板纤维逐步降解产生水分，绝缘油氧化裂解也将产生水分。

无论是油纸绝缘系统中的初始含水还是油纸绝缘系统老化含水都会对油纸绝缘系统产生极大的危害。变压器油纸绝缘中的水分评估主要包括绝缘纸水分评估和绝缘油水分评估，其检测方法也有所区别。目前，检测变压器油中水分含量的方法主要有：卡尔·费休滴定法（库仑法）、色谱法、蒸馏法、气体法、基于湿度传感器的在线测量法等。色谱法在采样保存过程中，外界影响造成的偏差较大，且实验设备的稳定性较差，即可重复性不高。蒸馏法检测试样含水率灵敏性较低，适用于检测水分含量超过 300ppm 的试样，且精度较低，无法满足实验研究对精度的要求。气体法原理需要测定逸出的气体体积，受环境温度的影响较大，需要对环境温度进行修正。基于湿度传感器的在线测量法能满足较低含水率试样的测量要求，是油中微水含量在线监测的发展方向之一，但如何提高其测试精度及抗干扰能力是应用的难点。实验室中常用卡尔·费休滴定法，该方法因其较高的精度应用最广泛。其基本原理为当测试设备电解池中的卡氏试剂达到平衡时加入待测样品，试样中的水分将参与碘、二氧化硫的氧化还原反应，由于同时存在吡啶和甲醇，反应生成氢碘酸吡啶和甲基硫酸吡啶，阳极电解将不断产生碘，从而使氧化还原反应会不间断进行，直到被测试样中的水分全部耗尽。根据法拉第电解定律，电解产生的碘与电解时耗用电量成正比例关系，以此可以计算得出被测试样中的水分含量。虽然该方法精度较高，但操作复杂，且化学反应产生有害物质，废液处理复杂，仅适用于实验室条件下对绝缘油含水率的测量。

3. 变压器油中溶解气体成分

电力变压器内部产生的气体可分为正常气体和故障气体。正常气体是变压器在正常运行时因绝缘系统正常老化而产生的气体；故障气体则为变压器发生故障时引起绝缘物的热分解或放电分解而产生的气体。电力变压器的绝缘材料主要有两种：一种是液体绝缘材料——变压器油；另一种是固体绝缘材料——各种油浸纸、电缆线、绝缘纸板、白纱带和黄腊带等。

电力变压器在正常运行时，因油泵的空穴作用和管路密封不严等原因会使空气混入。变压器油在未投入运行之前，虽然经过干燥和脱气，但仍不彻底，有残留气体存在。开放式或密封不严的变压器，在运行中会有空气溶入油中。当运行条件发生变化时，这些气体可能会析出。大量的运行经验和实验研究证明，运行的油浸变压器，变压器油和有机绝缘材料在热和电的作用下，会逐渐老化和分解，产生少量的低分子烃类以及 CO 和 CO_2 等气体。上述这些气体首先溶入油中，达到饱和后便从油中析出。

变压器在正常状态下产生的热量不足以破坏变压器油烃分子内部的化学键，但是当变压器内部存在局部过热或电弧高温等故障时，故障点就会释放出热能，这些能量有很大一部分用于油和固体绝缘材料的裂解，使烃类化合物的键断裂而产生 CH_4、C_2H_6、C_2H_4 和 C_2H_2 等低分子烃类，以及 CO、CO_2 和 H_2 等气体。

根据模拟试验和大量现场试验表明，变压器油中溶解气体分析（Dissolved Gas Analysis, DGA），绝缘油在 300 ~ 800℃时，热分解产生的气体主要是 CH_4、C_2H_6 等低分子烷烃和 C_2H_4、C_3H_6 等低分子烯烃，也含有 H_2；绝缘油暴露于电流较大的电弧放电之中时，分解气体大部分是 H_2 和 C_2H_2，并有一定量的 CH_4 和 C_2H_4；绝缘油暴露于电流较小的局部放电之中时，主要分解出 H_2 和少量的 CH_4；在 120 ~ 150℃长期加热时，绝缘纸和某些绝缘材料分解出 CO 和 CO_2；在 200 ~ 800℃下热分解时，除了产生碳的氧化物之外，还含有烃类气体，CO_2/CO 比值越高，说明热点温度越高。表 5-6 列出了各种故障下变压器油和绝缘材料产生的气体成分（表中▲表示主要成分，△表示次要成分）。

表 5-6 各种故障下变压器油和绝缘材料产生的气体成分

气体成分	强烈过热		电弧放电		局部放电	
	油	绝缘材料	油	绝缘材料	油	绝缘材料
H_2	△	△	▲	▲	▲	▲
CH_4	▲	▲	△	△	△	▲
C_2H_6	▲	△				
C_2H_4	△	▲	△	△		
C_2H_2			▲	▲		
C_3H_8	△	△				
C_3H_6	△	▲				
CO		▲		▲		△
CO_2		▲		△		△

因此，不管是热性故障还是电性故障，其特征气体一般有 CH_4、C_2H_6、C_2H_4、C_2H_2 以及 CO、CO_2 和 H_2，国内外均选择其中的数种气体作为故障诊断的特征气体。

4. 变压器油中糠醛含量

纤维素绝缘纸的降解主要有三种途径，即热降解、氧化降解和水解降解，这三种方式都会导致绝缘纸纤维素分子链断裂、聚合度下降。糠醛（furfural）产生的具体机理和化学反应过程还没有统一结论，一般认为在纤维素降解的过程中，断裂纤维素链两端的葡萄糖单体不稳定，容易脱离纤维素链。脱离后的葡萄糖单体受热易进一步分解，产生包括糠醛、乙酰呋喃、甲基糠醛、呋喃甲醛和 2，5-羟甲基呋喃甲醛（5-hydroxymethyl-2-furaldehyde，5-羟甲基-2-糠醛）在内的五种呋喃（furan）类化合物。

一般认为，绝缘纸降解产生呋喃化合物的主要途径包括变压器过热状态下的加速热降解和普通运行状态下的水解、氧化和热降解。即变压器正常或过载运行条件下，在绝缘纸的几种主要降解途径中都会产生糠醛。

绝缘纸降解过程中产生的糠醛有一部分穿过油纸边界，从绝缘纸扩散到绝缘油中，因此绝缘油中的糠醛含量理论上可以反映绝缘纸的老化程度：油中糠醛含量越高，说明绝缘纸产生的糠醛越多，绝缘纸老化越严重。这为基于油中糠醛评估绝缘纸老化的方法奠定了基础。基于油中糠醛的绝缘纸老化评估方法的优势主要有以下三点：

1）表征绝缘纸老化程度的专一性。糠醛仅由绝缘纸老化过程中的纤维素链断裂产生，绝缘油的老化不会产生糠醛，可以确定油中糠醛全部来自绝缘纸，因此油中糠醛可以专一地反映绝缘纸的老化程度，这也是油中糠醛分析相较于变压器油中溶解气体分析（DGA）评估绝缘纸老化的最大优势。

2）油中糠醛的可测性。易于测量是油中糠醛相较于其他呋喃化合物的另一个优势，根据现场变压器的实测数据，通常油中糠醛的含量要远远高于其他四种呋喃化合物，这就使油中糠醛含量的精确检测成为可能。目前油中糠醛含量的检测方法主要包括分光光度计法和高效液相色谱法。

3）油中糠醛的稳定性。油中糠醛可以在变压器正常运行条件下稳定存在，这是油中糠醛可以用于评估变压器绝缘纸老化的基础，实验室的研究表明，在无氧条件下，当温度低于100℃ 时，五种呋喃化合物均可以稳定地存在于绝缘油中；而当温度高于 100℃时，糠醛、乙酰呋喃和甲基糠醛仍可稳定存在。当氧气存在时，五种呋喃化合物的稳定性都会变弱，尤其是 2，5-羟甲基呋喃甲醛和呋喃甲醛在 70～110℃温度范围内，氧气可以使这两种呋喃化合物完全分解，而包括糠醛在内的另外三种呋喃化合物的稳定性要强很多。铜会催化绝缘油中呋喃化合物的分解，但总体来说在 100℃ 以下这种加速作用不明显，不会对油中呋喃化合物的含量造成太大的影响。综上所述，绝缘油中糠醛在变压器正常运行条件下可以稳定存在，具备作为绝缘纸老化评估特征量的前提条件。

5.5.3　绝缘老化检测方法

变压器油纸绝缘的老化是不可逆的反应过程，将会严重影响电力系统的运行稳定性，因此实现对变压器油纸绝缘系统的状态评估和诊断具有重要的实际意义。现阶段，根据老化特征量的类型，油纸绝缘老化状态诊断方法主要分为物理化学诊断方法和电气诊断方法。其中物理化学诊断方法主要包括聚合度测试、油中糠醛含量、油中分解气体分析等，电气诊断方法主要包括：局部放电、介电响应测试等。

1. 物理化学评估方法

（1）绝缘纸（板）平均聚合度（DP）

变压器绝缘纸（板）主要是由纤维素构成，是葡萄糖的天然聚合体，天然的纤维素聚合度很高，经过变压器制造工艺流程后，聚合度通常为 1000～1300。20 世纪 80 年代，以美国西屋电力公司 Oommen 博士为代表的学者提出了用黏度法来测量绝缘纸（板）聚合度作为变压器内绝缘老化程度的判别依据。目前，绝缘纸（板）的平均聚合度是公认的用以判断变压器内部绝缘老化程度最直接和可靠的老化判据。现在较为统一的观点是：未老化的绝缘纸聚合度约为 1000 左右，当下降到 500 时，变压器的整体绝缘寿命已进入中期，而下降到 250 时，变压器的整体绝缘寿命已到晚期，国际大电网会议（CIGRE）和法国电工研究所均认为当聚合度值降到此时，绝缘寿命终止。

虽然测量绝缘纸（板）平均聚合度能够可靠、直接地反映变压器绝缘的老化状态，但该方法仍存在一定的局限性：由于变压器内部不同部位运行温度不同，导致聚合度分布具有一定的分散性；聚合度的测试只能是离线、破坏性测试，需要对变压器进行吊芯取样，实际操作较为困难。

（2）油中糠醛含量分析

变压器绝缘油纸在老化过程中产生糠醛并溶解于绝缘油中，糠醛仅是绝缘油纸的产物，而变压器油在老化过程中不会产生该物质，因此糠醛含量可以用来表征变压器绝缘油纸的老化状态，与吊罩获取绝缘纸聚合度相比，糠醛分析更为简单可行。我国 DL/T 596《电力设备预防性试验规程》中详细规定了非正常老化和严重老化的糠醛含量限值，当糠醛含量达到 0.4mg/L 时，变压器的整体绝缘水平处于其寿命中期；当糠醛含量大于 4mg/L 时变压器的整体绝缘水平处于寿命晚期。并且大量的研究和运行资料表明：油中糠醛含量与绝缘纸聚合度 DP 之间存在近似的对数关系，通过测量油中糠醛含量，就可以估算出绝缘纸的聚合度，从而判断绝缘寿命水平。油中糠醛分析的主要方法有高效液相色谱法（HPLC）和分光光度计法。

（3）油中溶解气体分析（DGA）

DGA 法可以用来检测油浸式变压器初期的缺陷和故障，作为对变压器潜伏性故障的诊断，油中溶解气体分析得到了广泛的认可。表 5-7 主要为 DL/T 722 标准中列举的一些重要气体组分及对应的变压器故障类型。

表 5-7　不同故障类型产生的气体组分

故障类型	主要气体组分	次要气体组分
油过热	CH_4、C_2H_4	H_2、C_2H_6
油和纸过热	CH_4、C_2H_4、CO	H_2、C_2H_6、CO_2
油纸绝缘中局部放电	H_2、CH_4、CO	C_2H_4、C_2H_6、C_2H_2
油中火花放电	H_2、C_2H_2	—
油中电弧	H_2、C_2H_2、C_2H_4	CH_4、C_2H_6
油和纸中电弧	H_2、C_2H_2、C_2H_4、CO	CH_4、C_2H_6、CO_2

大量试验证明，在变压器运行过程中，当内部绝缘系统受到非正常的电、热等应力时，会产生多种特征气体，主要有 CH_4、H_2、CO、CO_2、C_2H_4、C_2H_2、C_2H_6，不同的气体组分

和含量能够反映变压器不同部位的不同类型的故障情况。例如研究发现油中溶解的 CO 和 CO_2 的生成总量及其比值与绝缘纸老化有一定的联系，可认为高浓度的 CO 表明了纤维绝缘油纸存在热老化，C_2H_4 的显著增加以及 CO_2/CO 的值下降到 6 时，绝缘油纸存在较高的降解速度。目前分析方法主要为比值法、TD 图法等，随着研究范围的不断拓展，专家系统、神经网络等智能方法也逐渐应用于油中溶解气体的分析中。

（4）新兴的诊断方法

如 X 射线光电能谱法（XPS）用于分析绝缘材料的元素组成和化学态，能够分析绝缘油纸老化过程中在绝缘表面产生的大量烃类物质构成，表征油在氧化降解过程中与绝缘油纸可能存在的化学作用；扫描电子显微镜（SEM）用于分析绝缘表面形貌变化；紫外/可见光光谱（UV/Visible Spectroscopy）、傅里叶变换红外光谱（FTIR）等基于谱图的吸收特性测试也逐渐被引入到变压器油纸绝缘老化状态的检测和评估中。

2. 电气诊断测试方法

在变压器绝缘老化过程中，除以纤维断裂为基础的化学特征量的表征外，水分和其他产物的生成，也会同时改变内部绝缘的介电特性，因此逐渐形成以电气参数为特征量的诊断方式，并且以其操作方式简单、适于进行现场测量，开始广泛应用于各类绝缘诊断中。其中，传统的电气诊断方式有绝缘电阻、吸收比（极化指数）、工频介损等，但因所测数据较为单一且易受现场环境的干扰，常作为诊断绝缘状态的辅助手段。局部放电（PD）和介电响应测试方法准确，并且测量信息丰富，是目前应用最为广泛的绝缘状态诊断方式。

（1）局部放电测试技术

变压器绝缘在长期高电场作用下，当内部绝缘存在局部缺陷或是存在气泡、杂质时，将会造成局部场强集中，容易引发局部放电。局部放电会造成绝缘的损伤和老化，使缺陷部分进一步扩大，最终导致绝缘击穿，严重威胁绝缘电气强度，因此对电气设备进行定期的局部放电检测能够保障电气设备的平稳运行，典型的局部放电试验电路如图 5-42 所示。

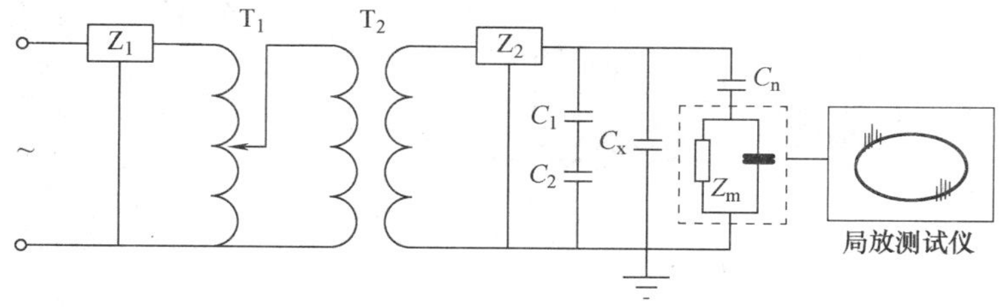

图 5-42　局部放电试验电路原理图

Z_1—低压低通滤波器　Z_2—高压低通滤波器　Z_m—检测阻抗

T_1—调压器　T_2—试验变压器　C_x—试样　C_n—耦合电容

早期用于反映固体绝缘状态的局部放电特征量是最大放电量，大量实际运行数据证明该方法不可靠，随后有学者提出了基于电树枝化的局部放电模型，并使用局部放电实测数据和电树枝发展的数据进行对比验证，认为绝缘的电老化特性可以用树枝放电的长度和局部放电的密度来表征。近些年的研究中，局部放电统计图谱的指纹识别技术受到了广泛关注。

局部放电作为一种无损电气特征量检测手段，能够在一定程度上在线无损诊断变压器绝缘老化状态，但由于现场环境因素复杂，加上强电磁干扰等原因，很大程度上降低了局部放电信号诊断的可靠性。因此，局部放电特征参量到目前为止只能够作为化学诊断手段的一种补充，要真正应用于变压器的状态评估还有很多问题亟待解决。

（2）介电响应测试技术

介电响应技术始于20世纪90年代，作为一种无损检测变压器绝缘老化性能的方法，以其具有抗干扰能力强、携带绝缘信息丰富、适用于现场检测等优点而受到广泛应用。介电响应技术主要包括三种方法：基于时域介电响应技术的极化去极化电流法（Polarization and Depolarization Current，PDC）、回复电压法（Return Voltage Meter，RVM）和基于频域介电响应的频域介电谱法（Frequency Domain Spectroscopy，FDS）。其中时域的RVM常采用回复电压曲线的中心时间常数和最大回复电压值来表征变压器油纸绝缘的水分含量和老化状态的变化，通过变压器油纸绝缘进行极化去极化电流测试，发现极化电流的初始值与油的电导率存在密切的相关性，而极化电流曲线的末端特性则会受到绝缘纸电导率和含水量的共同影响。但是由于RVM只能对绝缘整体状况进行评估，绝缘油和绝缘纸的老化程度的加剧和水分含量的增加均会使中心时间常数下降，无法区分以上因素的影响；PDC方法中初始极化去极化电流测量精度不高，易受试验环境干扰。与前两种时域测试方法相比，FDS频域介电谱法不仅抗干扰能力强、测试频段宽、所需试验电压低，而且能够区分绝缘油、绝缘油纸等不同影响，更适用于现场测量。

频域介电谱法是利用绝缘材料的复电容、复介电常数以及介质损耗因数等参数，在低压正弦交变电场作用下，随不同频率的变化曲线来反映绝缘材料的老化情况。频域介电谱法的原理图如图5-43所示。频域参量在不同的频率段能够表征不同的绝缘状态信息，大量研究表明，FDS曲线的低频段（$<10^{-2}$Hz）以及高频段（>10Hz）主要反映绝缘油纸的水分影响和老化状态，而绝缘油的性能状态主要影响频域介电谱中间频段曲线，如图5-44所示。

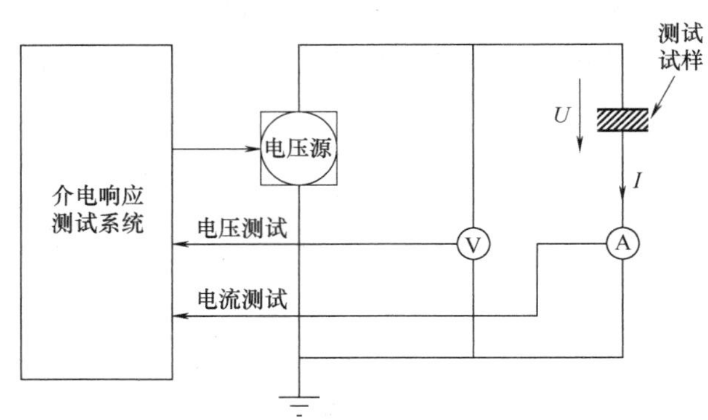

图5-43　频域介电谱法原理示意图

目前国内外许多学者针对测试温度、水分以及老化对FDS的影响开展了大量研究，通过不同的拟合模型对相关特征参量进行提取，并通过外推方式定性或定量判断变压器绝缘的性能及老化程度，寻找介电参数与老化状态之间的定量关系。

5.5.4　绝缘状态评价

电气设备的检修技术的发展大致可以分为三个阶段：事故检修、定期检修、状态检修。

事故检修（Breakdown Maintenance，BM）也称故障后检修，是20世纪50年代以前采取

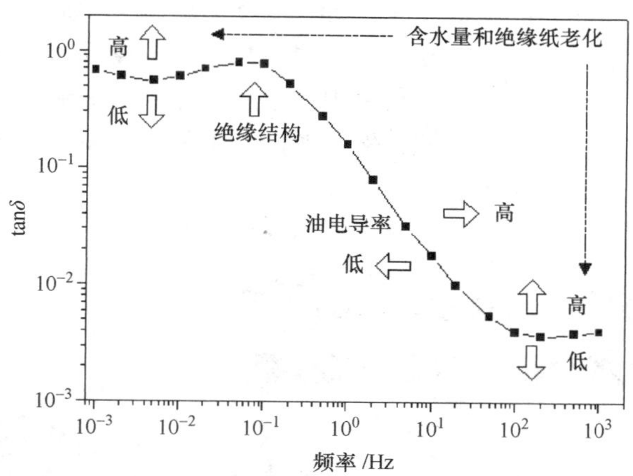

图 5-44　典型油纸绝缘 FDS 频域介电谱曲线

的主要方式，其主要是对功能失效的设备或设备部件进行维护、修理或更换，检修工作在故障发生后进行。应急维修通常是需要停电的，该方法维修代价很高，而且容易造成人身事故。

定期检修（Time-Based Maintenance，TBM）是一种基于时间的检修，定期检修要求定期对电气设备进行检修，使电气设备周期性的恢复到最佳状态。这种检修方式是按照事先设定好的计划来实施的，与设备的状态无关。但是这种检修方式存在着很明显的问题，就是过于依赖计划的安排，计划如果安排失当就容易欠检修或者过检修。过检修是设备本身运行状态很好时又对其进行检修，不但浪费人力物力，也容易对设备造成一定的损害。欠检修是设备状态已经不能满足要求，但是由于人为原因或者计划安排失当等，没有及时进行检修。欠检修容易造成设备出现较大故障，对电网造成不利影响。

状态检修（Condition-Based Maintenance，CBM）是通过对设备状态进行监测，然后按设备的健康状态来安排检修的策略。作为状态检修的基础，输变电设备在线监测（Online Monitor）是指在不停电的情况下，利用先进传感技术、信息技术、计算机技术等相关技术，对输变电设备的电气、物理、化学等特性进行连续或周期性地自动监视检测，然后通过信息处理和综合分析，根据采集参数的大小和变化趋势，对设备运行状态进行在线评估，对其剩余寿命做出在线预测，为状态维修提供理论基础和判据，从而及早发现潜伏故障，必要时还可提供预警或报警信息。状态检修首先在 20 世纪 60 年代应用于美国航空飞行器的检修工作，在 1978 年被应用到海军舰艇的维修工作中，在 20 世纪 80 年代核工业中开始推广使用状态检修的方式，并很快在电力系统检修中使用。状态检修是通过检查电气设备的实际运行情况来确定需要检修的时间和部位，这种方式有很强的针对性，所以相对于定期检修而言，更加经济合理。相关调查数据显示，状态检修能够降低 75% 的故障率，并减少 30% ~50% 的检修费用。国内外实际应用都表明，状态检修明显优于定期检修，能够为电网带来巨大的效益。

在电网高速发展的今天，用户对电网的安全性和可靠性提出了新的要求，状态检修是满足新要求的重要手段，且状态检修中最为核心的部分就是在线监测，通过各类监测手段能够及时发现电气设备的异常情况，并由专业人员进行深入分析，从而确定需要检修的设备。变电站高压设备综合状态监测与故障诊断系统如图5-45所示。系统可分为站控层、间隔层和过程层，其中，过程层包括各种状态监测传感器、数据集中器及监测信号变送单元。间隔层设备包含各种变电设备在线监测分布式与集中式单元，完成监测数据的处理加工和上传到站控层。站控层主要指的是厂站级的监控，例如变电站中的监控系统、子站系统等。站控层设备主要包括监控主站、工程师站、信息子站等。

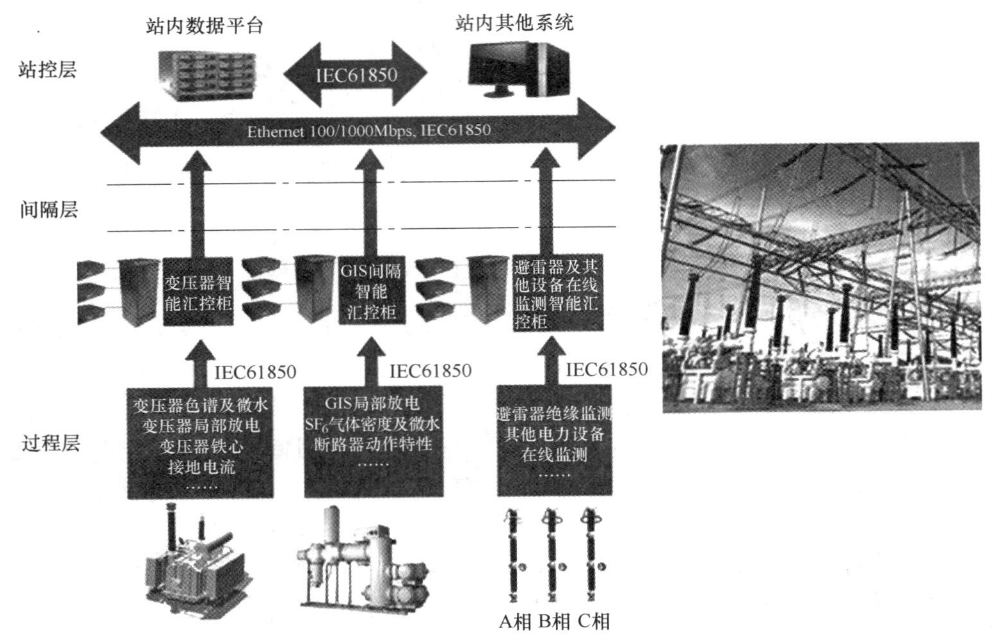

图5-45 变电站高压设备综合状态监测与故障诊断系统

5.5.5 输变电设备物联网

1. 泛在电力物联网总体架构

泛在电力物联网（Ubiquitous Power Internet of Things，UPIoT）是以输变电设备智能化为基础，通过智能传感器、射频识别、多媒体设备等智能感知设备，遵循电力系统规约协议，利用先进通信技术和智能信息处理技术，对输变电设备的运行状态、资产和电网运行、气象、环境和财务信息进行纵向整合和横向集成，实现输变电设备的唯一标识、状态智能感知、数据灵活传输、运行动态控制和全寿命周期管理（Life-Cycle Cost，LCC）的一种电力系统应用网络。输变电设备物联网是智能电网重要组成部分，作为一种电力系统应用网络，在物理空间和信息空间具有强关联性和高度混杂性，是智能电网由系统智能化向设备智能化的延伸。输变电设备物联网不仅具有通用物联网的感知、识别、定位、跟踪和管理能力，而且具备对输变电设备的在线监测、故障诊断、状态评估、维修决策与资产优化管理等功能。泛在电力物联网围绕电力系统各环节，充分应用移动互联、人工智能等现代信息技术、先进通信技术，实现电力系统各环节万物互联、人机交互，具有状态全面感知、信息高效处理、应用便捷灵活等特点。泛在电力物联网包含感知层、网络层（数据通信层）、平台层（信息整合层）、应用层四层结构，如图5-46所示。

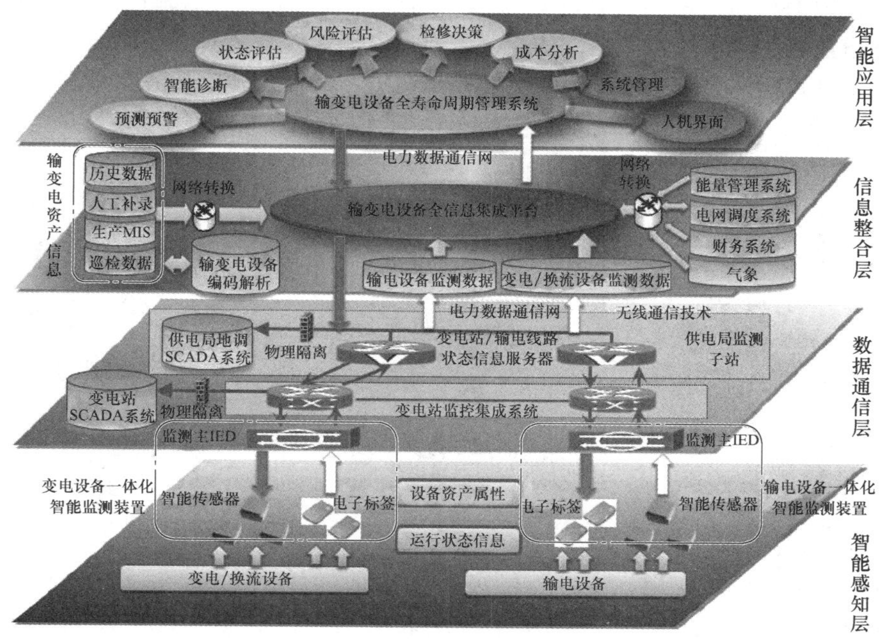

图 5-46　泛在电力物联网

泛在电力物联网总体架构如图 5-47 所示。应用层通过对输配电设备相关各个维度数据的高度融合实现对电网公司对内、对外业务的支撑。平台层是输变电设备物联网管理应用平台，具备超大规模物联统一管理和高效处理能力。网络层用于实现感知层与平台层间广域范围内的数据传输。感知层由不同的物联网传感器、边缘计算设备和本地通信网络组成，用于实现设备状态、业务环节、电网等信息的采集、汇聚和数据的就地处理。

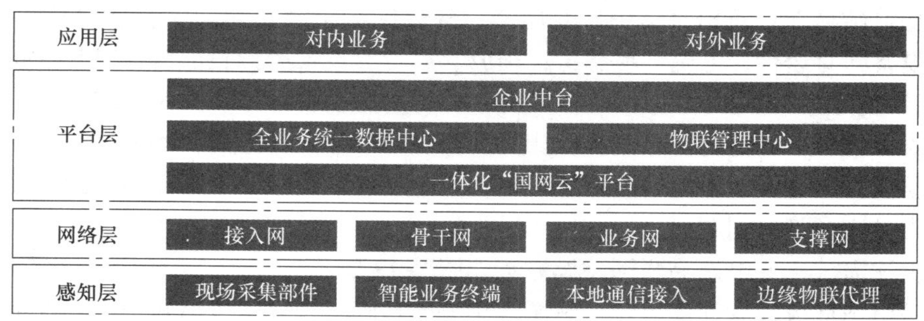

图 5-47　泛在电力物联网总体架构

2. 输电线路物联网

输电线路物联网架构采用天地协同的方式实现，架构图如图 5-48 所示。空中采用合成孔径雷达（SAR）遥感卫星实现对输电线路山火、通道异物、杆塔倾斜等较大缺陷的广域高效监测；地面以输电线路导线上监测装置（如导线温度监测装置、分布式故障定位装置等）作为边缘计算设备，附近杆塔上的倾斜、微气象、雷击闪络等装置通过远距离无线电（Long Range Radio，LoRa）等微功率无线通信方式将数据汇集到边缘计算设备，边缘计算设备再通过北斗三代短消息通信网络实现海量小数据的回传，以解决山区输电线路信号盲区的问题。对于通道监测、飞机巡检数据，依然可以通过电信运营商公共无线网络回传数据，也可实现图像就地处理后通过宽带卫星通信方式回传数据，从而实现所有线路全部工况全覆盖。

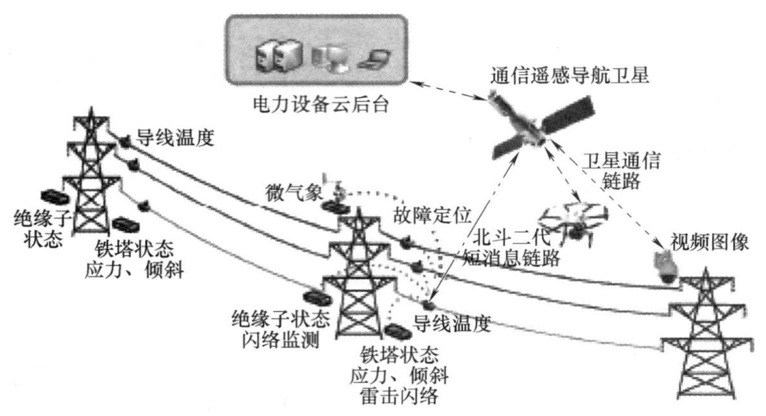

图 5-48　输电线路物联网架构

输电线路物联网架构中，对于杆塔上监测装置而言，取能方式是关键。可优先采用“电池 + 自取能”方式实现，对于间隔性采样，功耗相对较大的功能如微气象、通道监测等可采用“太阳能 + 蓄电池”方式实现；对于采样间隔长、功耗低的功能，如杆塔倾斜等可采用振动取能、泄漏电流取能、辅以超级电容/后备电池的方式以保证系统供电的稳定性。高压侧导线上的监测装置可优先采用感应取电辅以超级电容/后备电池的方式供电，以确保本体通信网络的稳定性。

3. 变电站设备物联网

变电设备运行工况多为力、热、电等多物理场作用，其故障机理复杂，故障判据有待明确；同时变电站物理空间相对集中，变压器、气体绝缘金属封闭开关设备（GIS）、刀闸等不同类型设备同时运行，电磁环境恶劣；局放、声音等设备运行表征信号会向空间扩散，相互耦合，导致缺陷位置定位非常困难。因此，针对所有设备都存在可在空间传播的局放、声音、热等表征信号，可通过多点同步监测实现初步定位；针对不同设备特有的表征参量或者衰减较快参量，可在设备本地就近测量。由于变电站空间集中，带电区和安全区毗邻，因此巡检作业人员安全管控问题突出。

基于上述需求，变电站物联网建设方案如图 5-49 所示。

感知层由站域级边缘计算单元、站域级集成感知阵列、设备级感知网络和设备级感知传感器组成。站域级边缘计算设备负责变电站环境、状态、行为、电气参量的全面融合，实现设备本体及运行环境的深度感知、风险预警，主动触发多参量和多设备间的联合分析并推送预警信息。站域级集成感知阵列主要集成红外、视频、局放、声音、气味等传感功能，实现对变电站设备的非接触式测量，阵列中各单元通过以太网络或全球定位系统（GPS）实现分布式同步采样，从而实现对异常设备所在区域的初步定位；同时站域级集成感知阵列还作为设备级的边缘计算单元，通过 LoRa、蓝牙、ZIGBEE、RS485 等设备级感知网络与变压器色谱、振动、GIS 超声、容性设备介损等设备感知传感器进行数据交互。

对于 GIS 超声、变压器振动等设备级感知传感器，优先采用电磁感应取能、温差取能等

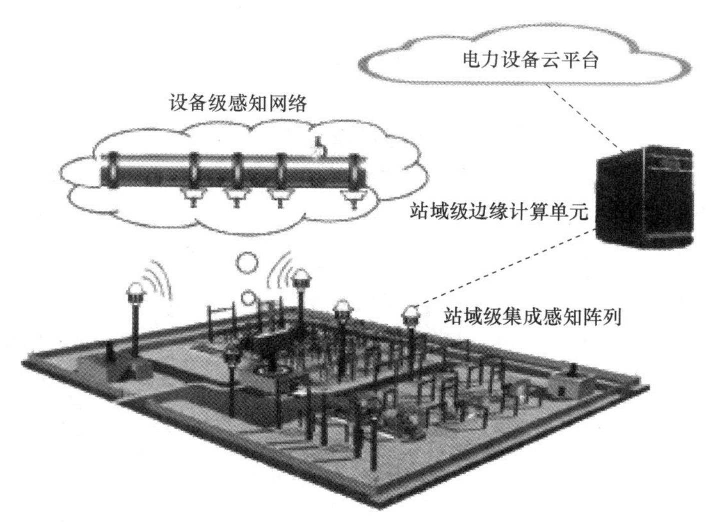

图5-49　变电站物联网建设方案

方式辅以超级电容/后备电池的方式，以保证系统供电的稳定性；而集成感知阵列则采用检修电源或者有源以太网（Power Over Ethernet，POE）供电，以保证LoRa、蓝牙等本地无线网络的稳定性。

变电站物联网的高级应用主要包括对故障智能诊断、作业人员安全管控和主辅设备联动三部分：

1）在变电设备故障智能诊断方面，电力设备云后台根据大量不同的故障案例，通过人工智能方法建立变压器、GIS等不同设备故障/异常诊断判据，并通过物联网将判断算法下发至变电站设备级边缘计算设备；设备级边缘计算设备分别与变压器、GIS设备上的传感器进行数据交互，及时发现疑似异常情况，并通过站域感知阵列和设备本体监测参量时间（变化趋势）、空间（相间比较、同类设备比较）的变化协同分析诊断，并准确定位故障设备。

2）在作业人员安全管控方面，根据站域集成感知阵列结合变电站三维扫描数据实现对作业人员作业区域的布防，同时通过视频监控对作业人员的行为、活动范围进行实时监测，及时告警作业人员的危险行为，确保运检人员人身安全。

3）在主辅设备联动方面，在站域级边缘计算单元内完成辅控系统数据与主设备状态数据的融合，当出现设备过热、水浸、着火等异常工况时，根据设定阈值自动启动空调、风机、水泵等辅控设备。

4. 配电设备物联网

配电设备量大面广、设备种类多且分散、造价低、可靠性差，同时配电运维力量薄弱，导致配电设备故障率高，用户感受到的停电事件96%是由配电网引起的。另外，配电网作为电力系统的最后一公里，与用户联系紧密，供电质量、用电服务同样也是配电网的日常工作，因此配电物联网建设的工作重心是以优质的供电服务工作来提高用户体验。

由于配电业务多且杂，其感知数据涉及运行环境、配电设备、配电网运行状态、计量数据和用户数据，并且城市配电网和农村、山区配电网的运行环境和要求也不尽相同，因此配电物联网接入数据种类、网络复杂度和应用多样性都比输变电设备物联网要复杂。

配电物联网的架构如图 5-50 所示，根据我国配电网的建设情况，将馈线终端设备（FTU）、配变终端设备（TTU）、配电终端设备（DTU）和智能运维监测终端（MTU）作为配电网的边缘计算设备。FTU 主要汇集附近故障录波指示器、断路器状态监测和环境数据，通信方式可以是 4G/5G、LoRa 等。TTU 主要汇集变压器负荷、变压器状态、低压用户用电、低压配电房运行状态、低压用户电能质量等信息，通信方式可以是 RS485 总线、以太网、电力载波、微功率无线、LoRa 等；DTU 主要汇集直流屏、保护测控装置、变压器等设备的自动化参量，并实现各电气回路开关设备的遥控分、合控制；MTU 主要汇集中压配电站房内的环境、设备状态、安防等信息，同时实现与辅控设备联动，通信方式可以是 RS485 总线、以太网、LoRa 等。

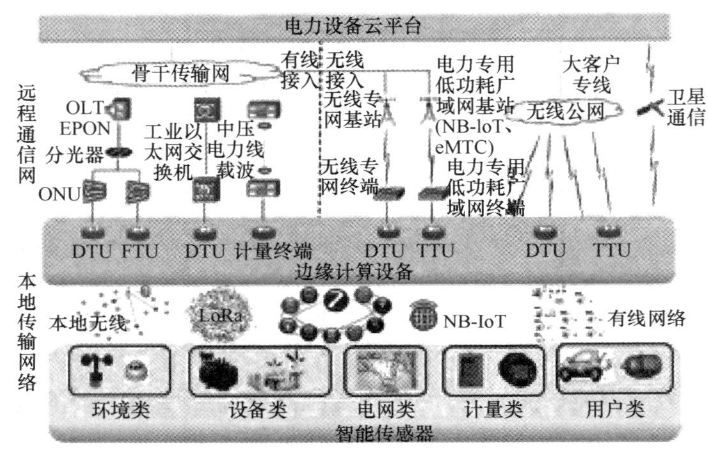

图 5-50 配电物联网的架构

5. 输变电设备物联网发展趋势

泛在电力物联网建设将会带动取能、传感、通信、数据应用等多方面的进步。主要表现如下：

1）取能技术。供电问题是制约输变电设备状态感知技术大规模推广的重要因素，如何利用电力设备周围的磁场、电场、振动、温差等环境获取能量为监测设备供电是泛在电力物联网感知层研究的主要内容。由于从环境获取的能量较少，取能技术通常要和传感、通信等进行一体化设计以实现最低的功耗要求，因此集成取能、采集、通信的系统级芯片（SoC）系统将会是低功耗感知的发展方向。

2）新型传感技术。高度集成化的传感器可以复用采集存储和通信技术，降低单个参量的感知成本，同时提高装置的可靠性，将会是泛在电力物联网感知技术大规模应用的突破点。对于大量的存量设备而言，非接触式测量可将感知和设备运行解耦，二者互不影响，从而极大地提高泛在物联网建设的便利性，因此非接触式感知是针对存量设备的发展方向。同时，将传感器与设备部件结合，如带温度和应力测量功能的金具等，将更加适合于新投运设备。

3）卫星在电力行业的应用技术。我国北斗三代卫星、地基增强站和大量集通信、导航定位、遥感一体化的小卫星在轨运行，为电力设备状态感知、通信和位置服务提供了更新和更加灵活的应用手段。如采用“通导遥”小卫星实现对输电线路更加精确的遥感成像分析，利用北斗三代与地基增强技术为无人机、机器人和电力设备位置提供更加准确的位置和授时服务。

4）定制化芯片技术。按照国家电网公司未来的 UPIoT 建设规划，会用到数以亿计的芯片和传感器，通过芯片化降低固定场景采集系统的低成本并提高其可靠性是降低 UPIoT 建设投资的有效手段，在巨大的市场驱动下，大量的电力专用芯片将面市。在传感器层面可基于 MEMS（微机电系统）技术、SoC 等开发电力专用的温度、超声等传感芯片，在系统层面可开发类似麒麟系列 Kirin 980 和 Kirin 990 的深度学习芯片，以实现不同需求的边缘计算，在数据通信层层面可开发专用的通信安全加密解密芯片、信息模型芯片等。

5）数据安全与信息模型。泛在电力物联网建设后，骨干通信网络互联网协议（IP）化、本地通信网络异构化特征明显，LoRa、ZIGBEE 等微功率通信技术被广泛采用。由于当前的技术架构实现了软件和硬件的解耦，嵌入式操作系统更加容易被攻破，因此物联网建设会在身份认证、分类授权、数据防泄漏、预警信息自动分发、安全威胁智能分析、响应措施联动处置等方面加强工作。在信息模型方面，要实现信息流、能量流和业务流的统一，需对数据的来源、含义、监测对象进行标准化，以此实现感知设备的即插即用。而对之前电力行业已经存在 IEC61850、IEC61970 等信息模型，新的信息模型会向下兼容；应当提出新的信息模型，以实现增量和存量工作的兼容。

6）故障诊断技术。变压器、GIS 等电力设备的劣化过程是力、热、电场、磁场等多物理场综合作用的过程，其老化机理复杂。泛在物联网建设后，设备运行过程的数据都将被监测并保留，因此故障样本的代表性和全面性问题得以解决，还可借助于人工智能技术，对电网公司的故障案例进行深度挖掘，结合传统的故障诊断模型，开发出基于“数据驱动 + 模型驱动”的新型故障诊断模型。

思　考　题

5-1　常见的无机、有机绝缘材料有哪些，其各自的应用场合和特点是什么？

5-2　新型绝缘材料有哪些？其主要特点分别是什么？

5-3　电力变压器的绝缘结构包括哪些方面？对绝缘性能有哪些基本要求？

5-4　电力电缆的绝缘结构包括哪些方面？电力电缆各部分由哪些材料组成？

5-5　电机绝缘结构包括哪些部分？各部分使用的主要材料是什么？

5-6　电机定子绕组端部的防电晕结构有哪些特点？

5-7　电力电容器有哪些类型？各自的用途是什么？

5-8　与空气相比，为何 SF_6 气体具有优异的绝缘性能？SF_6 气体在使用中存在哪些缺点？

5-9　真空断路器各部分结构组成及其作用是什么？

5-10　电网出现的过电压有哪些？这些过电压的危害如何？采用哪些措施可以抑制电网过电压？

5-11　串级直流发生器的工作原理是什么？

5-12 冲击电压发生器的工作原理是什么？

5-13 如何解释气体、液体和固体电介质的击穿现象？影响电介质耐电强度的因素有哪些？

5-14 为什么说局部放电是高电压设备绝缘劣化的重要原因？

5-15 电力变压器绝缘老化的类型有哪些？诊断油浸电力变压器绝缘老化有哪些方法？

5-16 电力设备运维三种方式的优缺点是什么？

5-17 简述输变电设备物联网的一个典型方案，并说明输变电设备物联网的发展趋势。

参考文献

[1] 徐国政，张节容，钱家骊，等. 高压断路器原理和应用［M］. 北京：清华大学出版社，2000.

[2] 严璋，朱德恒. 高电压绝缘技术［M］. 3 版. 北京：中国电力出版社，2015.

[3] 陈昌渔，王昌长，高胜友. 高电压试验技术［M］. 4 版. 北京：清华大学出版社，2017.

[4] 江秀臣，刘亚东，傅晓飞，等. 输配电设备泛在电力物联网建设思路与发展趋势［J］. 高电压技术，2019，45（5）：1345-1351.

[5] 黎斌. SF_6 高压电器设计［M］. 4 版. 北京：机械工业出版社，2015.

[6] 谢广润. 电力系统过电压［M］. 2 版. 北京：中国电力出版社，2018.

[7] 雷清泉. 雷清泉文集（中国工程院院士文集）［M］. 北京：冶金工业出版社，2017.

[8] 刘念，刘影. 电气设备状态监测与故障诊断［M］. 北京：中国电力出版社，2015.

[9] 杨挺，翟峰，赵英杰，等. 泛在电力物联网释义与研究展望［J］. 电力系统自动化，2019，43（13）：9-293.

第 6 章 电工理论与新技术

6.1 电工理论与新技术的主要内容

电气工程是研究电（磁）能的产生、转换、传递、利用等过程中的电磁现象及其与物质相互作用的学科，包含电（磁）能科学和电磁场与物质相互作用的科学两个领域。根据研究对象的不同，可以分为图 6-1 所示的学科分支。可见，电工理论属于电气工程学科的基础理论部分，电工新技术属于电工理论与电气工程各二级学科以及材料、生物、环境等其他学科的交叉新技术。

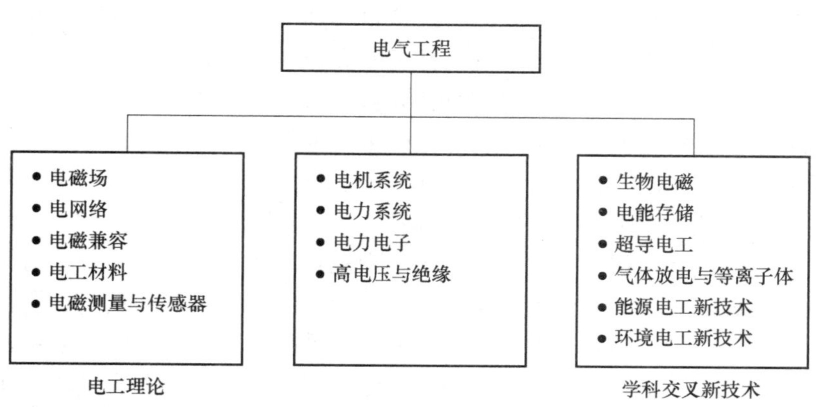

图 6-1 电气工程的学科分支

电工理论研究包含电磁场、电网络、电磁兼容、电工材料、电磁测量与传感器等方向。电磁场主要研究电磁现象及其过程中的理论和计算问题，包括计算电磁学、电磁场与其他物理场的耦合、电磁装置的优化设计、电磁探测与成像、电磁无损检测等内容。电网络主要研究复杂电网络分析、综合与诊断等内容。电磁兼容主要研究电磁干扰的产生、影响评估与防护技术、电气设备与系统的电磁兼容、电磁辐射与防护。电工材料主要研究各种电工材料多物理场作用下的本构关系与特性调控方法。电磁测量与传感器主要研究材料、元件、设备及系统电磁参数和电磁特性测量的原理、方法及其与信息化结合的技术。

电气工程和其他工程科学、物理科学、环境科学、材料科学、生命科学等学科的广泛交叉，形成了许多新的学科交叉新技术，如生物电磁、电能存储、超导电工、气体放电与等离子体、能源电工新技术、环境电工新技术等。生物电磁主要研究生物电磁特性及应用、电磁场的生物学效应与生物物理机制、生物电磁信息检测与利用、生命科学仪器和医疗设备中的电工新技术等。电能存储主要研究电能的直接存储、转换到其他能量形式的间接存储中所涉及的新原理、新方法和新技术。超导电工主要研究新型超导材料的性能及其在电工装备中的应用，无论是核聚变电站、磁流体发电，还是磁悬浮列车、磁流体推进、超导输配电装备，均表明超导电工将成为今后重要的能源和交通基础产业。气体放电与等离子体主要研究利用气体放电产生人造等离子体的新方法、新技术，实现其在材料加工、电光源、环境保护和医学等领域的应用。能源电工新技术主要研究能源开发利用、能量转换以及节能中涉及的新原理、新方法和新技术。此外，还有环境电工新技术，主要研究基于电磁方法的环境治理与废物处理等。

6.2 电工理论研究进展

6.2.1 电工理论发展概况

1. 电磁场

1865 年，英国物理学家麦克斯韦建立了著名的麦克斯韦方程组，标志着电磁场理论的诞生。之后，人们在电磁场的偏微分方程理论、积分方程理论、算子理论等方面都取得了丰硕的成果，电磁场与其他物理场的相互耦合理论也得到了长足发展。特别是进入 21 世纪后，电磁场数值计算方法更加成熟，各类电磁场计算的商业软件得到广泛应用。然而，随着新材料、新技术、新装备的不断涌现，无论在解析计算方法上还是在数值计算方法上，抑或在电磁材料及电磁装置特性的建模方法上，仍存在很多尚未解决的问题，也有大量新的电磁问题亟待研究。例如，在理论方面，关于介质中电磁动量的 Abraham（亚伯拉罕，美国）-Minkowski（闵可夫斯基，德国）争论还尚未解决；在计算方面，考虑相对论后运动介质的瞬态电磁场的计算方法有待探索。含时变换光学理论带来的双各向异性介质的计算方法也值得研究。在纳米电磁场方面，量子点、石墨烯等低维材料和等离子体激元带来的多尺度问题、多物理场耦合问题同样为计算方法带来了机遇和挑战。在应用方面，诸如国际热核试验堆中涉及的大电流、强功率带来的电磁场问题的建模与计算等均存在挑战，而在未来智能电网中广泛应用的高电压大容量电力电子装置、高电压大电流电力电子器件等中的电磁场与温度场、应力场等其他物理场耦合问题，更增加了分析和计算的复杂度。

计算电磁学仍然是电磁场最活跃的研究领域，该领域已经提出并发展了众多计算电磁学方法，如有限元法、边界元法、时域有限差分法、多极子法、传输线矩阵法、有限积分法、有限体积法、最小二乘法、多重网格法、无单元法等，并开发了大量优秀的电磁场计算软件，解决了大量电磁场研究和电磁装置开发中的计算问题。近年来，该领域的研究现状可概括如下：

1）电磁场正问题的分析方法更加成熟。有限元法与边界元法、有限体积法等结合的方法得到广泛采用，包括对稳态、时变场问题和非线性问题、运动介质问题的处理，对规范问题的正确理解等。应用有限元法、边界元法、有限体积法等开发的电磁场通用计算软件，已广泛应用于一般电工产品的电磁设计。例如用有限元法与有限体积法结合分析电晕放电的电场和电荷分布；采用有限体积法分析压电材料中的动态电场等。

2）电磁场逆问题的分析方法仍是研究的热点。工程应用上各类电磁装置的优化设计方面，在确定性算法中，除了一般的直接搜索法以外，有限元法与梯度法相结合的设计灵敏度分析仍受到相当的重视。全局优化算法，如模拟退火法、遗传算法、进化算法、禁忌搜索法、神经网络、蚁群算法和粒子群法等随机类算法得到广泛应用。例如应用边界元法研究电阻抗层析成像的正问题和逆问题，采用随机遗传不确定性分析方法研究磁性材料电磁特性的不确定性问题等。为了减少计算时间，近年来出现了一种新的优化策略——表面响应模型与随机类优化算法的结合，可以大大提高计算效率。

3）电磁场与其他物理场的耦合分析方法取得了明显进展。电磁场与电路系统的耦合（场—路耦合）、电磁系统与机械系统的耦合、电磁系统与包括材料磁致伸缩效应在内的微型机械变形问题的耦合、涡流场与熔融金属流场的耦合、电场与温度场的耦合、电场与气流场的耦合等均已吸引了不少研究者的关注。例如，采用时步有限元法研究了磁场、电路和运动耦合问题；应用有限元法研究气体绝缘母线的电磁机械热耦合问题等。

4）电磁场各类分析方法被广泛应用。考虑到工程实践中尺寸误差、材料特性偏差等不确定因素对电工设备优化设计的影响，基于可靠性的优化设计方法等正在吸引研究者的注意。例如应用有限元法结合半隐式移动粒子法研究了磁悬浮中的金属熔化问题。此外，特高电压、特大容量发电和输变电设备中因涡流带来的过热、磁性材料带来的磁滞和涡流损耗及振动等问题，需要对电磁场问题进行更准确的计算并进行优化设计。电工设备中的很多特殊问题需要进行多尺度、超大规模的电磁场计算，而工程实践对计算精度和计算时间的需求，不断地突破了当前计算机资源的局限。涵盖更宽时域、频域、场域以及其他极端条件下的复杂电磁场计算问题，将被更多的研究者关注。

新型磁性材料磁特性及建模方法始终是电磁场的基本研究领域。随着新型材料的不断涌现，对电工设备节能要求的日益提高，需要更加精细地认知磁性材料本征关系的非线性和多值性。传统的基于简单线性函数表达的本构关系已不能满足电工设备的设计要求，需要构建能描述复杂工况下磁材料运行特性的磁特性的数学模型。近年来，该领域的研究现状可概括如下：

1）磁滞模型研究日益深化。采用经典标量 Preisach（普赖扎赫）磁滞模型实现对磁化过程滞后非线性现象的擦除特性和同余特性的描述；采用微观磁化理论的 J-A（Jiles-Atherton）磁滞模型，从磁畴壁运动机理的角度，建立描述不可逆微分磁化率和可逆微分磁化率的两个微分方程。2000 年发展的考虑硅钢片二维矢量磁特性的复数 E&S 模型，针对硅钢片在旋转励磁条件下出现的明显各向异性问题，描述了磁场强度矢量和磁通密度矢量的关系，指出铁心叠片中的局部磁场是交变磁场和旋转磁场的合成，并且铁心损耗也可分为交变损耗和旋转损耗两个部分。近年来，依据经典磁滞模型创建了一种 PSW（Preisach-Stoner-Wohlfarth）二维矢量磁滞数学模型，用于分析旋转励磁条件下的磁化过程。

2）磁性材料的特性模拟更加精细化。建立了硅钢片、非晶合金薄带、永磁材料等传统磁性材料的精细化数学模型，实现了反映各向异性磁特性的多维数值模拟。建模分析了超磁致伸缩材料以及基于该类材料为致动材料的新型水声声呐系统的特性。分析了以软磁复合材料、纳米晶合金等为代表的新型磁性材料的磁化特性与损耗计算方法。通过研究磁流变材料的磁特性，开发了利用该类材料进行隔震、吸震的设备。还建立了磁流变液、磁流变弹性体等新型磁性材料的模型等。

3）高频电力变压器用磁性材料研究受到关注。随着未来新能源电力与智能电网领域及国防领域对高电压大容量电力电子装置的巨大需求，新型磁性材料的高频应用成为一个新的研究热点。例如，美国、瑞典等国家研究的固态变压器，需要深入研究高频变压器铁心用非晶合金、纳米晶合金等新型磁性材料的高频磁化和损耗特性以及高频变压器的相关电磁场问题，包括描述一维交变、多维旋转宏观磁特性的建模方法，解释其宏观磁特性的微观磁畴运动理论与磁化机理等深层次的物理机制，用于高频变压器优化设计的铁心磁滞与损耗特性等的计算方法、高频变压器等效电路模型及参数提取方法、高频变压器的设计方法、高频变压器与电力电子系统之间的相互影响与参数配合等。

电磁场与物质的相互作用是电磁场的交叉研究领域。电磁场的研究，从本质上讲就是研究麦克斯韦方程组在一定的时空范围内，在电磁材料本构关系约束下的解及其规律，并给予调控。因此，新型电磁结构和电磁材料本构关系的丰富性，使得电磁现象异常丰富，极大地拓宽了电磁理论与应用的研究范畴。近年来，该领域的研究现状可概括如下：

1）电磁超材料丰富了人类的认知领域，受到广泛关注。1987 年，美国研究人员 S. John 和 E. Yablonovitch 分别独立提出的由不同折射率的介质周期性排列而成的人工微结构，即光子晶体，具有等效介电常数可控的性质，标志着人工电磁材料的开端。2001 年，美国加州大学 R. A. Shelby 等利用人工电磁材料在微波频段实现了伦敦帝国理工学院 J. B. Pendry 教授提出的“完美透镜”这一全新的成像概念，具有等效介电常数和等效磁导率同时为负的材料属性。此后，人们对近零介质、各向异性介质、双各向异性介质、增益介质中的电磁场和电磁波特性和机理展开了广泛的研究。另外，电磁场与波和以石墨烯为代表的二维材料、以碳纳米管为代表的一维材料和纳米粒子等零维材料的相互作用机理的研究也得到越来越多的重视。同时，电磁场与表面等离子体激元的相互作用机理研究及其应用也成为本领域的研究热点之一。

2）变换电磁学拓展了电磁材料和电磁装置的设计方法。2006 年，J. B. Pendry 等提出基于空间坐标变换的新型完美电磁隐身概念，开启了由特异电磁特性驱动的“自上而下”的电磁材料和装置设计方法，并逐渐形成了变换电磁学理论。2011 年，M. W. McCall 等提出基于相对论的时空麦克斯韦方程组变换的“事件编辑器”，突破了人们对特异材料的认识范围。近年来，基于变换电磁学的思想，提出了诸多原型设计和电磁装置，涵盖了从静态场、直流、低频、射频、微波、太赫兹波段、红外直至可见光频段，如电磁隐身、能量收集等，并影响了力学、声学、传热学等其他领域。

3）新型电磁器件的设计和应用蓬勃发展。例如，2003 年，W. L. Barnes 等提出了利用等离子体激元实现新型电路的可能性。2008 年，J. N. Anker 等成功实现了基于等离子体激元的纳米生物传感器。2009 年，Y. L. Chen 等成功制造出三维拓扑绝缘体。2014 年，A. Silva 等提出了具有计算功能的电磁超材料，为设计基于电磁波的运算电路和计算机提供了思路。在静态和低频电磁场方面，也提出了诸如电流场隐身、静磁隐身、低频磁隐身等新的应用。

4）强场中的电磁场与物质相互作用研究出现了新的生长点。例如，电磁弹射、国际热核试验堆等应用中，电磁场和强等离子体等的相互作用机理尚未理清。在外施交流磁场下，纳米铁磁材料作为媒介，在医学造影成像和靶向治疗方面有着重要的应用前景。总体说来，这些新型装置、结构、材料的提出和发现，已吸引了众多的研究者研究电磁场与这些新型材料和装置的相互作用机理及效应，并延伸了它们的创新应用。人们对电磁场和物质相互作用机理的认识不断深入，促进了新型器件设计和应用的提出，反过来，新的设计和应用也促使理论的进步。这方面的研究，已经成为电气工程与材料、能源、生物等诸多学科的交叉点和新发展趋势，必将进一步推进电磁场的理论、计算、测量与应用的更深入研究，成为未来电工理论领域创新的重要源泉之一。

2. 电网络

国际上与电网络对应的学科领域是“电路与系统”。电路与系统是一个基础学科领域，其研究范围广、研究时间长。自 18 世纪 70 年代提出电磁感应定律开始，目前该学科的研究已有几百年的历史，在集总参数电路、分布式参数电路方面都涌现了许多的定理、定律与方法，如基尔霍夫定律、欧姆定律、相量法、分布式网络等效方法等，为电网络理论的深入研究提供基础理论。

电网络的发展与其他许多新兴学科相辅相成，互相促进。例如，信号处理、机器学习、新材料新工艺、集成电路、计算机辅助设计等领域的发展都与电网络有密切的关系。电网络的研究范围广，主要涉及电路理论基础、技术应用、系统架构及信号和信息处理等多个方面。

目前，电网络理论的发展十分迅速，但同时存在许多实际问题需要寻求理论的支撑与突破。例如，极端环境下的电信号采集与恢复问题，模拟及数模混合电路的故障诊断问题，电网络暂态过程相互作用机理问题。为此，国际上电路与系统学科在现有理论体系的支撑下，关注当前交叉学科的发展动态，合理引入与改进交叉研究领域最先进研究成果，以期针对电网络应用过程中的瓶颈问题，寻找新的理论突破。例如，引入压缩感知理论，研究超宽带信号采集方法；引入电路信息安全与量子计算，研究电网络故障诊断方法；引入自动化科学以及人工智能，研究数据驱动下的故障检测与深度特征提取方法等。

国内学者以具体工程挑战为依托，围绕电网络理论在工程应用问题中存在的关键科学与技术问题开展研究，涉及多学科、多领域的共性知识，研究解决电网络实际问题的个性化理论与方法，促进电网络理论的迅速发展。在此期间，在电网络领域出现了很多有特色的研究方向与研究成果，分别阐述如下：

1）电网络分析。近十年以来，国内在电路系统元件和系统的建模、参数辨识、电网络非线性特性研究、混沌电路动力学行为规律研究、宽频电暂态分析、电路健康/寿命预测方法研究、智能电网行为分析、高度集成化的电力电子电路建模与分析、超大规模电力系统稳态/暂态分析、新能源联网分析、动态相量信号处理方面展开深入研究。此外，针对未来电网的一些特定的应用，考虑混合多端直流技术结合了电网换相多端直流技术和电压源变流器多端直流技术的优点，提出了多端直流解决方案。

2）电网络综合。针对大规模电力系统中的设备数据采集与处理、多功能集成器件实现、电力电子开关网络布局与控制、高压电器及网络行为分析等具体工程应用过程中遇到的难题，国内学者在射频超宽带电路信号采集电路理论与实现、多维集成电路、混沌控制、混沌信号处理等领域进行了许多研究，取得了不少研究成果。同时，提出了基于模糊-比例-积分控制的保护电路，使混合高压直流系统具有良好的暂态、稳态特性，控制系统跟踪性能和抗干扰能力增强，保证了高压直流输电系统的正常、可靠和稳定运行。

3）电故障诊断。目前在故障诊断领域的研究主要集中在混合及数模混合电路故障特征提取、诊断与自修复方法研究、极端环境下电信号传播规律研究、电力故障容错映射等方面。此外，电力电子电路与装备在智能电网、大型舰艇电驱动等领域具有重要的应用价值，目前已有基于模型参数辨识技术与信息处理技术的电力电子电路故障诊断与预测方法，对于提高电力电子装备的可靠性有重要意义。

尽管国内在电网络领域的研究取得了丰硕的研究成果，但其整体技术水平仍落后于国际前沿水平，特别是在基础理论方面的突破十分有限。此外，就电网络研究所涉及的电网络分析、电网络综合以及故障诊断三个方面来看，国内外电网络的故障诊断水平均远落后于电网络的分析与综合水平，其主要原因在于制造工艺、自动化水平以及计算机辅助设计技术的发展，极大地降低了电网络分析与设计成本，促进了电网络分析与设计水平的快速提升。而对于故障诊断而言，电网络中电脉冲的上升与下降时延缩减、元件集成密度增加、低功耗电路的使用以及多功能接口电路的扩展等，使得电路工作环境日趋复杂，电网络数据呈现异构、海量、时变等特征，故障隐含得越来越深，难以发现其故障机理，最终导致电网络故障诊断的水平远滞后于电网络分析与设计水平，成为阻碍电网络技术发展的最主要瓶颈。

6.2.2 电工理论发展特点

纵观电工理论与新技术学科的发展，具有以下三个特点：

1）历史悠久，活力恒新。早在公元前七、八世纪，人们就用文字记载了自然界的闪电现象和天然磁石的磁现象。近代一系列对电磁现象及其规律的探索和发现以及19世纪建立的麦克斯韦电磁场方程组，奠定了人类利用电、磁能量与信息的理论基础，引发了第二次产业革命，促进了电气化的实现。20世纪电气科学技术的发展将电和磁相互依存、相互作用的规律研究得非常深入，并将研究的关注点逐渐转向电磁与物质相互作用的新现象和新原理，衍生出不少新兴技术。今后相当长的时期内，电磁与物质相互作用的新现象、新原理和新应用研究将有更大的扩展和深化，学科发展的活力正与日俱增。

2）交叉面广，渗透性强。在近百年的发展中，从电气学科萌生、分化及交叉产生出不少新兴学科，如电子、信息、计算机、自动控制等。电磁与物质相互作用涉及物质的多种特性，从而涉及多个相关学科，使电气学科的发展必然伴随着很强的交叉性和渗透性。交叉面涉及数学、物理学、化学、生命科学、环境科学、材料科学以及工程类科学中的相关学科等。21世纪以来，随着新科技革命的迅猛发展，方兴未艾的信息科学和技术、迅猛发展的生命科学和生物技术、重新升温的能源科学和技术、接踵而至的纳米科学和技术，都与电气工程学科有着密切的交叉渗透关系，是学科开放开拓、培植创新生长点的重要对象。

3）研究对象的时空跨度大。在空间上，从微观、介观到宏观，从研究电子在电磁场中的运动到分析数百万平方公里范围内超大规模电力系统的运行。在时间上，从探索皮秒、纳秒级的快脉冲功率到研究月、年长度的电力系统经济调度。不同时空尺度下的电磁现象及其与物质相互作用产生的现象呈现出多样性和复杂性，为电工学科的发展提供了广阔的创新空间。

6.2.3 电工理论发展方向

1. 电磁场

电磁场今后的发展将在以下重点研究方向取得突破：

1）计算电磁学：结合实际工程中出现的多尺度、非线性、复杂介质的电磁场与多物理场耦合问题，深化研究各类电磁场数值计算方法，提高求解大规模工程实际问题的能力；针对特高压、特大容量发电和输变电设备的设计、制造和运行中的过热、损耗、振动等问题，研究多尺度、超大规模的电磁场高效计算方法；针对高电压大功率电力电子装置和高电压大电流电力电子器件中的电磁场与多物理场问题，研究瞬态电磁场与多物理场的高效计算方法以及宽频等效电路模型和参数提取方法等。重点研究磁性材料磁化与损耗的建模方法，多尺度、非线性、复杂介质的电磁场与多物理场耦合问题，复杂结构电气装备大尺寸的计算方法以及分裂与并行计算技术，时变介质、空间色散介质等特殊介质的计算方法等。

2）新型磁性材料建模方法：针对新型磁性材料的快速发展，深入研究磁性材料磁化与损耗的建模方法；针对电工设备节能优化设计需要，深入研究磁性材料的磁化与损耗特性机理，包括磁性材料在一维交变、多维旋转励磁条件与复杂工况条件下的多模态综合磁特性建模方法，以及从微观磁畴运动理论研究新型磁性材料的磁化特性等。重点研究磁性材料在多维激励、复杂工况应用下的磁化与损耗机理、特性、模型以及多模态综合建模方法，新型磁性材料的磁化损耗机理、特性和模型以及微观磁化机理等。

3）电磁场与物质的相互作用：主要研究高电压、大电流、强功率条件下的特定电磁装置中电磁场与物质相互作用问题；研究光子晶体、电磁超材料、石墨烯等新型材料中微米、纳米以及更小尺度下的低电压、小电流的电磁场和这些新型材料的相互作用机理、效应与应用等。重点研究特高压、大电流、强功率、高频率、高速运动、超导、微纳尺度等极端情况下的电磁场以及与其他物理场的相互作用问题，研究石墨烯和类石墨烯材料等新型材料的电磁特性，探索其在能源、国防、信息、医疗、环境、生命等领域的应用，研究电磁场与微纳流体的相互作用机理与效应等。

2. 电网络

纵观电网络学科领域发展的需求，以及电网络与信号处理、应用数学、计算机科学、物理学、材料学等领域的交叉、渗透和融合，可以看出，工程应用过程中凝练出的科学问题驱动依然是电网络理论发展的主要动力。在我国现有的学科框架下，作为电气工程学科中的一个基础性分支方向，电网络的研究既注重研究电网的智能化、电力电子电路、电力设备模型的分析、设计、诊断的基础理论，更注重结合交叉学科的融合发展，抽象出电网络中的共性与个性问题，开拓满足社会发展需要的特色方向。

电网络今后的发展将在以下重点研究方向取得突破：

1）超宽带信号采集理论与系统。数据采集与处理是电路理论研究中不可缺少的首要步骤。随着信号带宽越来越宽，基于奈奎斯特采样理论的传统模数转换难以满足现实需求。结合现有信号处理领域的先进技术，研究新一代数模转换迫在眉睫，国外学术界已意识到该方面基础研究的重要性。该理论与技术若获得突破，将在超大规模电力系统状态监测、复杂电力电子电路与系统故障预测、航空航天、轨道交通系统监控等许多领域具有重要的潜在应用前景。

2）模拟及模数混合信号电路设计、测试与故障诊断。基于片上系统与片上网络技术应用领域的扩大，导致电路架构、电气特性、应用环境十分复杂，因而模拟及模数混合信号电路系统设计、测试与可测性设计、故障诊断等难度大大提高。特别是系统存在容差情况下的故障诊断，其电气特性通常隐含较深，难以发觉。目前智能技术与信息处理技术、数学技术的发展趋势将对模拟及模数混合信号电路故障诊断与故障预测产生深远的影响，将会突破若干技术瓶颈。同时，电力电子电路与系统正朝着小型化和集成化趋势发展，对于复杂电磁环境、多重复杂功能、大电流等高性能要求的电力电子电路系统测试、诊断与预测及全寿命周期健康管理是有待探索的新挑战。

3）电路设计与测试自动化。针对电路设计与测试过程中的电路模型分析、性能验证、健康预测及电气行为分析与仿真等问题，研究电路设计与测试自动化最佳性能流程、方法与实现技术；研究电路设计与测试过程中复杂计算模块的电路实现方法，如多核处理器、网络互联、神经计算、无线通信模块等，包括电路设计与测试软件平台与系统。

4）宽频电暂态的建模与分析。随着电工装备、电力系统的结构和运行方式变得越来越复杂，所建立的电网络不仅规模很大，且其时域暂态的时间尺度常常跨越毫秒级至纳秒级，频域范围跨越数赫兹至数兆赫兹甚至更高，时频分析的网络建模与仿真计算难度大大增加。尤其是基于系统结构和参数的白箱模型（White-Box Model）的建立及其参数的准确模拟，按传统的电路与电磁场的理论和方法很难实现。对于此类问题，需要研究新的模型和新的算法，以便能够对大型电工装备和复杂电力系统内部的各种电暂态特性进行准确预测和可靠评价。

5）非线性电路分析与设计理论。非线性电路一直都是电网络理论的研究难点与热点方向。在电工学科范畴内，当前重要的研究内容包括超大规模电力系统和复杂电力电子电路中非线性现象的建模、分析和观测的问题，混沌控制及其应用，混沌信号处理等。高阶电路的混沌分析，电力系统中的分岔与混沌行为的准确建模、观测，混沌控制在传动、通信等领域的应用等还需要深入探索。这是一个基础研究的领域，但是也需要与实际应用相结合，特别是为包含各种新能源的超大规模电力系统的稳暂态分析、复杂电力电子电路可靠性分析与设计提供理论基础。

6）基于计算机科学、物理学、人工智能新成果的电路建模、分析、设计和诊断技术，研究该类技术在智能电网、能源互联网等领域的应用。例如，近年来，机器学习技术发展迅猛，人工智能迎来爆发元年，尤以2015年底Nature杂志刊登了Lecun Y等的深度学习综述性文章为标志，其中的深度学习被Nature Methods评为2016年最值得关注的八大技术之一。深度学习通过构建深度人工神经网络，借助深度学习方法，处理“抽象概念”，可以从海量数据中发现模式特征和结构。利用深度学习可以学习系统的深度特征，将深度学习应用于电路理论中的故障建模、特征提取与分析、健康预测与管理等领域是一项具有开拓性的研究工作，将大大提升电网络故障诊断系统的性能，同时有助于智能测试装备的研究。

7）智能电网数据分析与处理，特别是研究在复杂电磁环境下含强、快电磁脉冲影响的智能电网数据分析与处理问题。具体可以是极端环境下基于射频识别、无线传感网络等先进技术的智能电网海量信息获取、传输、处理相关的实时、高效、可靠的监测技术与基础理论研究。

8）学科拓展与交叉研究领域。紧跟国际前沿领域的研究成果，完善电网络基础理论与方法。例如，与人工智能、量子纠缠、并行计算、压缩感知等理论的交叉研究，新能源联网系统测试与诊断技术、混合多端直流系统快速直流故障清除，电压源换流器过电流保护电路的设计与优化等。

6.3 新能源技术

6.3.1 新能源发电

与传统能源（如煤炭、石油等）相比，新能源是指在利用电工新技术开发利用的非常规能源，包括太阳能、风能、地热能、生物质能、潮汐能等，新能源发电是将新能源用于发电的过程。

从目前来说，传统能源的发展瓶颈主要体现在以下几个方面：

1）由于传统能源的储量有限，全球能源供需矛盾正日益凸现。

2）随着全球气候变化的影响越来越大，节能减排工作被人们所重视，而高能耗产业主要消耗的是煤炭和石油等化石燃料，传统能源的开发利用将受到限制。

3）传统能源的开发利用缺乏技术创新，在未来几十年里更缺乏竞争力。

由于传统能源的储量有限和环境恶劣等影响，以环境保护和可再生为特征的新能源吸引了各国越来越多的关注。全球总发电量组成中，新能源发电比例不断增加。发展新能源发电是促进社会可持续发展的战略选择，但在快速发展新能源发电的过程中也出现了发电成本高、技术复杂等问题，应当加以重视并采取办法解决，以促进新能源发电健康可持续发展。

太阳能发电的基本原理是利用光电效应，将太阳辐射转化为电能。太阳能发电由于无污染、无噪声、运行维护简单，应用环境几乎不受地域影响，资源总量非常丰富，因此一直以来受到人们的青睐，还被认为是新世纪的主要能源之一。

常见的太阳能电池板如图 6-2 所示。

光伏发电技术利用半导体的“光伏效应”将光能转化为电能，它的工作原理如图 6-3 所示，在半导体中掺入相关杂质形成 PN 结，从而形成反应平衡时具有的内建电场，然后在该电场的作用下激发出多余的载流子，以致形成外部电压，连接外部负载就可以形成电流。在光照条件下，半导体中电子吸收光子能量从价带跃入导带，形成一对电子空穴，即载流子。生成载流子所需要的最低能量是半导体的禁带宽度 E_g，使用 E_g 较小的材料制作的太阳能电池可以形成较大的电流。

图 6-2　太阳能电池板

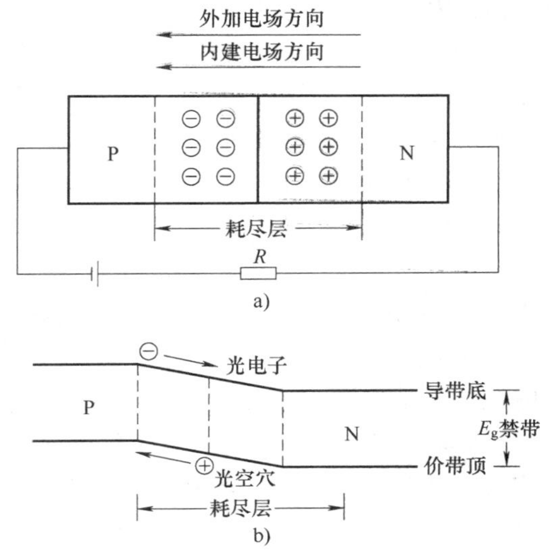

图 6-3　半导体材料的光伏效应

太阳能光伏电站系统如图 6-4 所示，由太阳能电池方阵、蓄电池组、直流控制设备、直交逆变装置、交流配电柜和备用电源系统（包括柴油发电机组和整流充电柜）等组成；光伏电池经过直流控制设备向蓄电池组供电，蓄电池组通过直流控制设备向直交逆变装置供电，经逆变器将直流电转变为交流电，再通过交流配电柜以三相四线制形式为用户供电；柴油发电机组为电站的备用电源，在需要时可通过整流充电柜向蓄电池组充电，或在光伏电站系统故障时直接通过交流配电柜向用户供电；直交流逆变装置和柴油发电机组不能同时供电，所以一定要在交流配电柜中安装互锁装置以保证供电电源的唯一性。

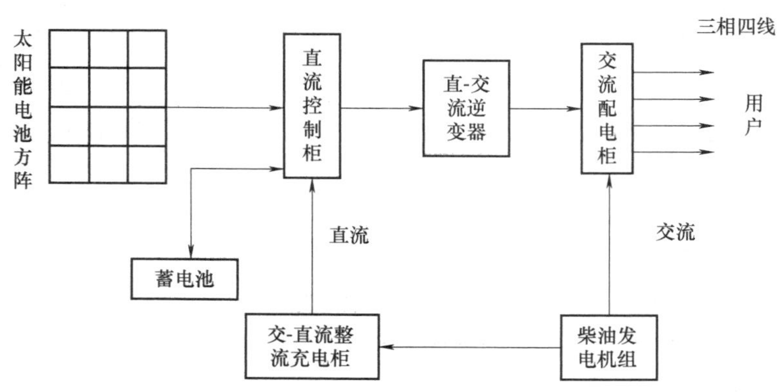

图 6-4　太阳能光伏电站系统

生物质发电是利用生物质本身的能量进行发电，主要包括农林废弃物燃烧发电、垃圾焚烧发电、沼气发电。生物质发电有利于保护环境，并能合理利用废弃物。除此之外，还能被用做工业原料或者生活燃料。

地热发电是利用地球内部的热能以蒸汽等形式推动汽轮机发电；或者以地热交换的形式来加热低沸点的工作流体，使其变成蒸气，然后带动发电机发电。随着科技水平的不断提高，地热发电的关键技术如除垢、回灌的研究也取得了突破性的进展。

潮汐发电的过程就是先将海水涨潮、落潮时的水位差所具有的势能变为机械能，再把机械能转变为电能的过程。由于潮汐发电站是建在沿岸或海上，所以不但不占用土地资源，还具有水产养殖、旅游观光等综合经济效益，但开发环境较为残酷，多存在风浪破坏和海水腐蚀，所以必须利用高强度、耐腐性能好的材料。总体上看，全球潮汐发电距规模开发还有相当大的差距。

风力发电原理就是风能向电能的转换，具体就是利用风力带动风车叶片旋转，再透过增速机使叶片转速升高，从而使发电机发电，如图 6-5 所示。风力发电具有储量丰富、不耗能、不产生污染、土地占用量较少等优点，因此被人们所重视。但风电受气象条件影响大，具有一定的不确定性。考虑到所接入电网的系统稳定性，其发展和大规模应用受到一定限制。

图 6-5　海上风电场

在风力发电的过程中，发电机的转速受风速影响，转速变化会使发电机频率发生改变，因此有必要采用合适的方法（交-直-交或交-交变频器）使发电机频率和电网相同，然后并入电网。机组的叶片结构设计采用的是变桨距类型，可以调节变桨距系统控制发电机转速。当风速较低时，对发电机转矩进行调整，使其保持最高的叶尖速比从而获得最大风能；当风速较高时，对变桨距系统进行调整，降低风力机从外界所获取的能量，以确保发电机输出功率的稳定性；然后使发电机转速接近同步转速，找到最佳的并网时机平稳并网。

变速恒频风力发电系统如图 6-6 所示，其工作原理如下：①风力机将所获取的风能转变为动能；②变速齿轮箱改变转速，使风力机的转速接近于发电机正常运行时的转速；③发电机将风力机产生的机械能转换成电能；④发电机侧变流器把发电机产生的交流电转换成直流电；⑤在直流环节中，控制输出直流侧电压保持不变；⑥网侧变流器使直流电转换成交流电，并能有效补偿风电系统的功率因数；⑦通过变压器将风电系统电压升高，然后并入电网。

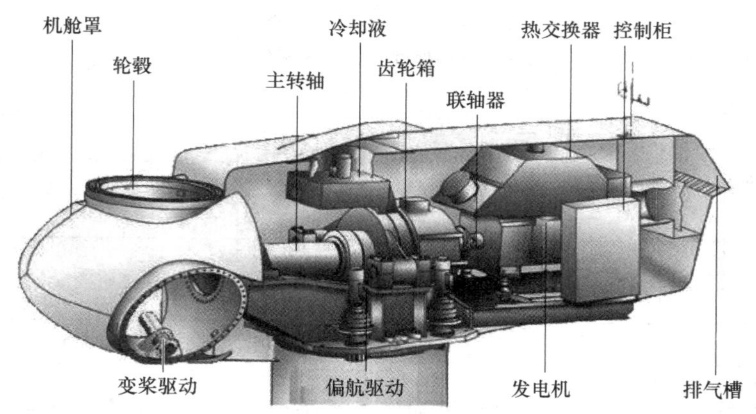

图 6-6　变速恒频风力发电系统

变速恒频发电技术可以使发电机大范围地改变工作转速，吸收更多风能，因此被越来越多地应用到大型风电机组中。此外，在船舶、车辆、飞机等主轴变速驱动的发电场合中也广泛应用。

6.3.2　储能新技术

储能技术主要是指电能的储存，储存的能量可以用作应急能源，在电网负荷低时储能，电网负荷高时输出能量，用于削峰填谷，减小电网波动。能量有多种形式，包括辐射、化学、重力势能、电势能、电力、高温和潜热。能量储存涉及将难以储存的能量转换成更便利或经济可存储的形式。大规模储能目前主要由水电站发电水坝实现，到目前为止，储能新技术主要可分为机械储能、电磁储能、电化学储能三大类。各类储能技术的特点和应用场合见表 6-1。

表 6-1　各类储能技术的特点和应用场合

储能类型		典型额定功率	特点	应用场合
机械储能	抽水储能	200～2000MW	适用于大规模，技术成熟，响应慢，需要地理资源	调节日负荷，频率控制和系统备用
	压缩空气	10～300MW	适用于大规模，响应慢，需要地理资源	调峰，调频，系统备用，风电储备
	飞轮储能	5kW～10MW	比功率较大，成本高，噪声大	调峰，频率控制，作为 UPS 以及改善电能质量

（续）

储能类型		典型额定功率	特　点	应用场合
电磁储能	超导储能	10kW～50MW	响应快，比功率高，成本高，维护困难	有利于输配电稳定，抑制振荡
	高能电容	1～10MW	响应快，比功率高，比能量低	有利于输电系统稳定，改善电能质量控制
	超级电容	10kW～1MW	响应快，比功率高，成本高，比能量低	可应用于定制电力及FACTS
电化学储能	铅酸电池	5kW～50MW	技术成熟，成本低，寿命短，存在环保问题	改善电能质量，作为电站备用，黑启动
	液流电池	5kW～100MW	寿命长，可深放，易组合，效率高，环保性好，能量密度稍低	改善电能质量，作为备用电源，可再生储能、EPS，实现调峰填谷、能量管理
	钠流电池	100kW～100MW	比能量和比功率较高，高温条件下，运行安全问题有待改进	改善电能质量，作为备用电源，可再生储能、EPS，实现调峰填谷、能量管理
	锂电池	kW至MW级	比能量高，寿命、安全问题有待改进	改善电能质量，作为备用电源，EPS

（1）抽水蓄能电站

抽水蓄能电站由上下水库、输水系统和发电系统组成，上游水库和下游水库之间有一定的落差。当处于电力负荷低谷时，利用多余的电将下游水库的水抽入上游水库，以势能的形式储存起来；当处于电力负荷高峰时，开闸放水，把储存的势能再转化为电能，如图6-7所示。

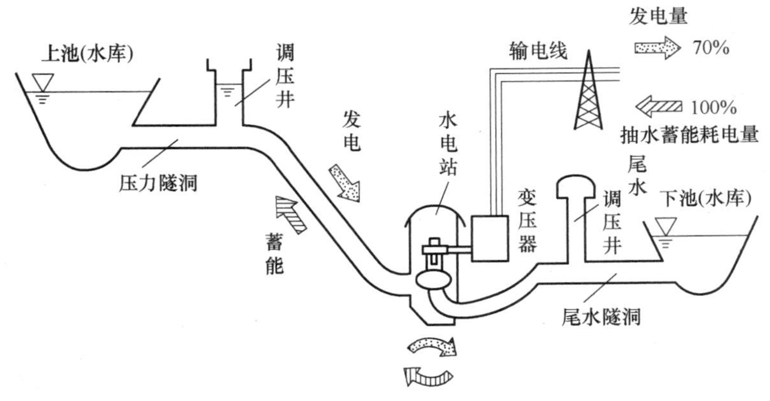

图6-7　抽水蓄能

（2）压缩空气储能

压缩空气储能技术的工作原理是在电力负荷低谷时，过剩的电量会驱动空气压缩机，使电能以高压空气的形式进行储存；在电力负荷高峰时，储气空间内的高压空气将被释放以驱动发电机发电，如图 6-8 所示。

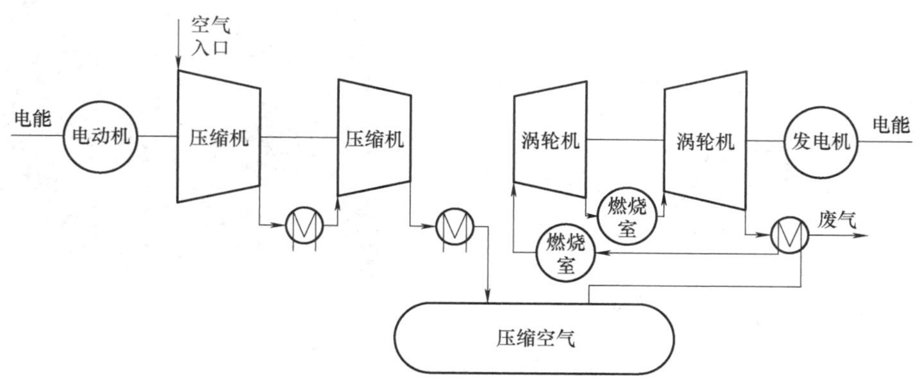

图 6-8　压缩空气储能

（3）飞轮储能

飞轮储能的基本原理是将电能以飞轮动能的形式进行存储。在充电时段，由电动机拖动飞轮，飞轮转速提高，多余的电能就以飞轮动能的形式储存起来；在放电时段，飞轮减速，将电动机当作发电机运行，飞轮的动能就会以电能的形式进行释放，如图 6-9 所示。

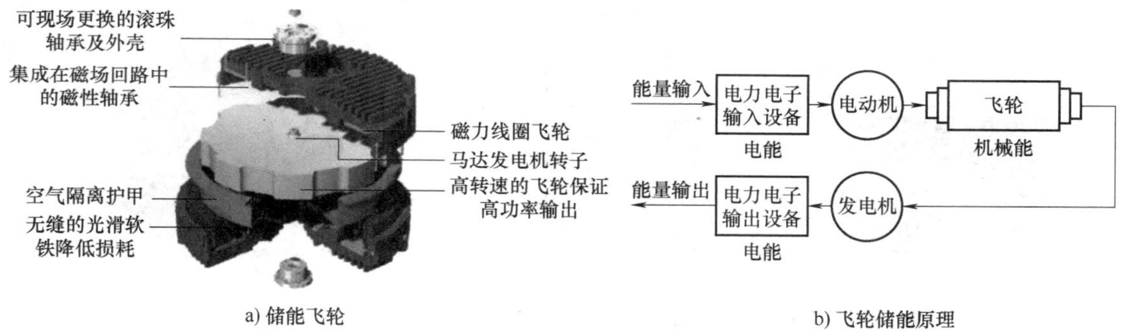

a) 储能飞轮　　b) 飞轮储能原理

图 6-9　飞轮储能

（4）超导磁储能

超导磁储能系统（Superconductor Magnetic Energy Storage，SMES）是利用超导线圈和变流器将多余电能以电磁形式进行储存，在电力负荷高峰时再通过变流器将储存的电磁能量转化为电能，将电磁能返回电网或其他负载的一种电力设施。它具有反应速度快、转换效率高的优点，不仅可用于降低甚至消除电网的低频功率振荡，还可以调节无功功率和有功功率，对于改善供电品质和提高电网的动态稳定性具有十分重要的作用，如图 6-10 所示。

（5）超级电容器

超级电容器（Supercapacitor，SC）是利用电极表面的电荷流动形成界面双电层，或者借助电极表面发生的快速氧化还原反应来进行电能的储存和释放。根据不同的储能机理，可将超级电容器分为双电层型超级电容器和赝电容型超级电容器（又称法拉第准电容型超级电容器）两大类。其中，双电层型电容器主要是通过纯静电电荷在电极表面进行吸附来产生存储能量。当电极与电解液接触时，由于库仑力、分子间作用力及原子间力的作用，使固

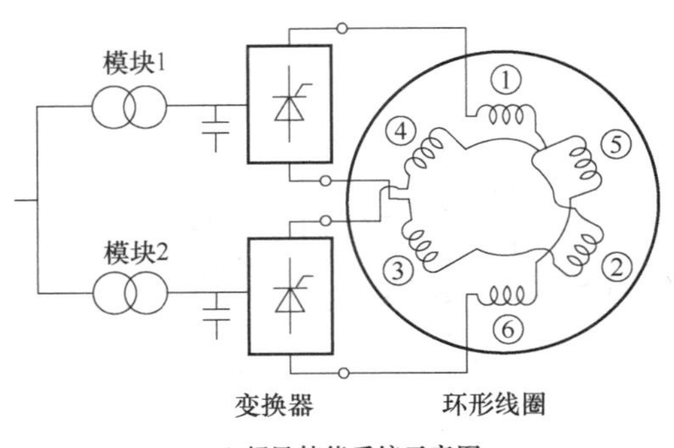

a) 超导储能系统示意图

b) 日本九州电力公司3.6MJ/1MW低温SMES

图 6-10　超导磁储能系统

液界面出现稳定且符号相反的双层电荷，称为界面双电层。把双电层超级电容看成是悬在电解质中的两个非活性多孔板，电压加载到两个板上。加在正极板上的电势吸引电解质中的负离子，负极板吸引正离子，从而在两电极的表面形成一个双电层电容器，双电层型超级电容器储能原理如图 6-11 所示。双电层型超级电容器根据电极材料的不同，可以分为碳电极双层超级电容器、金属氧化物电极超级电容器和有机聚合物电极超级电容器。

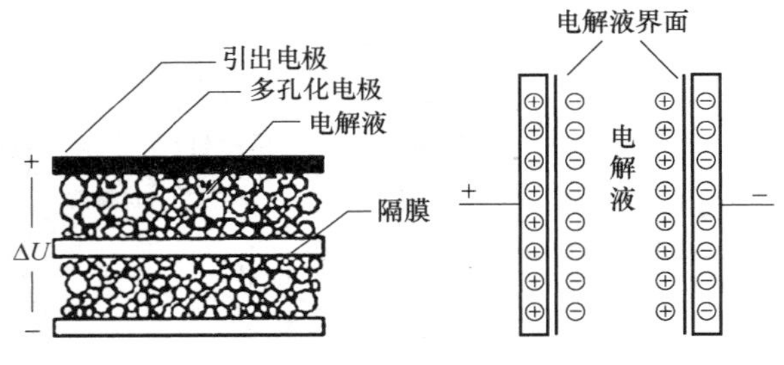

a) 双电层型超级电容器储能示意图

b) 3000F/2.7V 超级电容器

图 6-11　超级电容器

赝电容型超级电容器主要是通过法拉第赝电容活性电极材料（如过渡金属氧化物和高分子聚合物）表面及表面附近发生可逆的氧化还原反应产生法拉第赝电容，从而实现对能量的存储与转换。

与蓄电池和传统物理电容器相比，超级电容器的特点主要体现在：

1）功率密度高。可达 $10^2 \sim 10^4$W/kg，远高于蓄电池的功率密度水平。

2）循环寿命长。在几秒钟的高速深度充放电循环 50 万次至 100 万次后，超级电容器的特性变化很小，容量和内阻仅降低 10% ~20%。

3）工作温限宽。由于在低温状态下超级电容器中离子的吸附和脱附速率变化不大，因此其容量变化远小于蓄电池。商业化超级电容器的工作温度范围可达 -40℃ ~ +80℃。

4）免维护。超级电容器充放电效率高，对过度充放电有一定的承受能力，可稳定地反复充放电，理论上是不需要进行维护的。

5）绿色环保。超级电容器在生产过程中不使用重金属和其他有害的化学物质，且自身寿命较长，因而是一种新型的绿色环保储能电源。

（6）电化学储能

电化学储能是利用氧化还原反应将电能和化学能进行相互转换的二次电池储能技术。利用化学元素作储能介质，在充放电过程中伴随储能介质的化学反应或者变化。电极上的活性材料被氧化并失去电子；可移动的电子在异性相吸的原理下向相反一极流动，并与活性材料相结合，发生还原反应。电化学储能电源主要包括铅酸电池、液流电池、钠硫电池、锂离子电池等，目前以锂电池和铅酸电池为主，如图 6-12 所示。

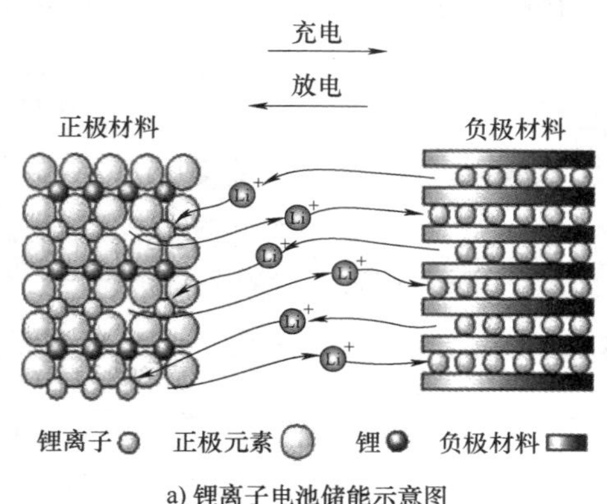

a) 锂离子电池储能示意图

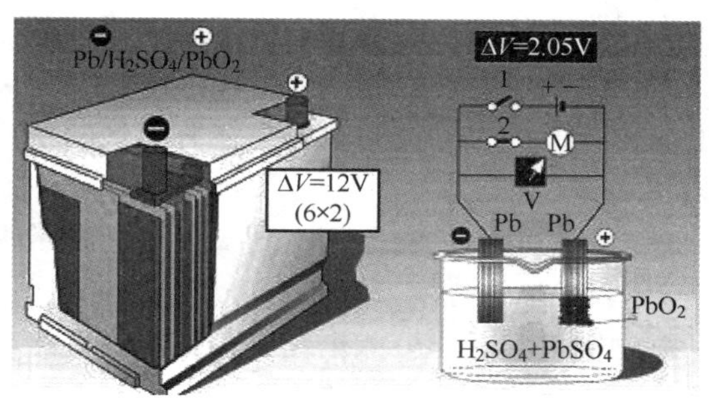

b) 铅酸电池储能示意图

图 6-12　电化学储能

我国铅酸电池技术成熟，也是全球最大的铅酸蓄电池生产国和铅酸蓄电池消耗国。铅酸电池材料来源广泛，成本较低，其缺点是循环次数少，使用寿命短，在生产回收等环节处理不当易造成污染环境。

锂离子电池是以含锂的化合物作正极，如钴酸锂、锰酸锂、磷酸铁锂或镍钴锰三元材料等，负极采用锂-碳化合物，主要有石墨、硬碳、钛酸锂等；电解质的主要成分是有机碳酸盐中的锂盐。电极材料是锂离子电池的关键技术，而且对电池成本和性能具有决定作用。

锂离子电池因其能量密度高、循环寿命长、充电效率高、适用温度范围宽等特点，近些年来在储能市场的电化学储能装机中占据领导地位，主要应用在以下几个方面：

1）风光互补系统的能量存储：因为风光互补系统中的能量转换存在间歇性和不可控性，会对电力系统的稳定性造成影响。因此，当处于电力负荷高峰时，系统输出电力供给负载使用；当处于电力负荷低谷时，电网多余的电能储存于锂电池组中。

2）电动汽车供电系统：由于锂电池具有高性能、低成本、高安全性等优点，可用于电动汽车储能电源。例如，特斯拉（Tesla）2008 年上市的电动汽车 Roadster 采用日本松下 LCO（钴酸锂）锂电芯 6831 个，单只电芯容量 2.2Ah，储能密度 210Wh/kg；2017 年上市的 Model 3 电动汽车采用日本松下 NCA（镍钴铝）三元锂电池 2976 个，单只电芯容量 4.8Ah，储能密度 260Wh/kg。由于钴金属属于稀有金属，是汽车电池材料中最为昂贵的金属材料之一。国内宁德时代和比亚迪研发的新一代磷酸铁锂电池密度接近 200Wh/kg，这与三元锂电池可达到的数值相差无几，可减小电池包占用的体积空间，解决了磷酸铁锂体积能量密度的弊端，使得 400 ~ 500 公里续航的乘用车可以采用磷酸铁锂电池了，而之前车底盘是装不下的。

3）通信基站的后备电源：若将锂电池储能应用到通信基站中，由于其体积小、重量轻、耐高温、易维护和安全稳定性强等优点，据统计每年可以为一个基站省电7200kWh。而且环保方面，由于锂电池没有重金属，对基站周围环境也不会产生污染。

6.4 无线电能传输

无线电能传输（Wireless Power Transfer，WPT）是一种新型输电方式，它通过电磁效应或者能量交换，实现不需要电气连接就能将电能进行传输。相比于有线电力传输，首先它不具备有线电力传输线路老化、尖端放电等弊端，因此在海底、深山等特殊环境得到了应用；其次采用无线输电可以解决家庭过多的电线和插座造成的不便；无线电能传输还可应用于地球上能源开发潜力大但布置输电线有困难的地方，因此无线电能传输技术受到了越来越广泛的关注。

根据无线电能传输原理不同，可分为电磁辐射式、电场耦合式、磁场耦合式和超声波等方式。

电磁辐射式无线电能传输是利用定向天线发射无线电波或激光，从而将电能进行远距离传送。激光式比无线电波式方向性好，且具备较高的传送功率，但是目前激光式无线电能传输技术不成熟，不具有实用性。

电场耦合式是将电源、负载两侧的金属平板看作电容，然后再利用电容中的电场进行无线电能传输。由于该技术对人体磁场产生危害较大，因此不被相关学者们重视。

目前科学家们更为关注的是磁耦合式无线电能传输。按系统是否产生谐振以及传输距离的远近，又可以将其分为感应式和谐振式，如图6-13所示。感应式只在较短的范围内，实现电能高效率的传输。而磁耦合式利用谐振原理，能在中等距离的范围内实现大功率电能高效传送，还不被附近非磁物体影响，与辐射式相比对周围环境影响较小，并且传输功率较大；与感应式相比又能进行较远距离的电能无线传输。

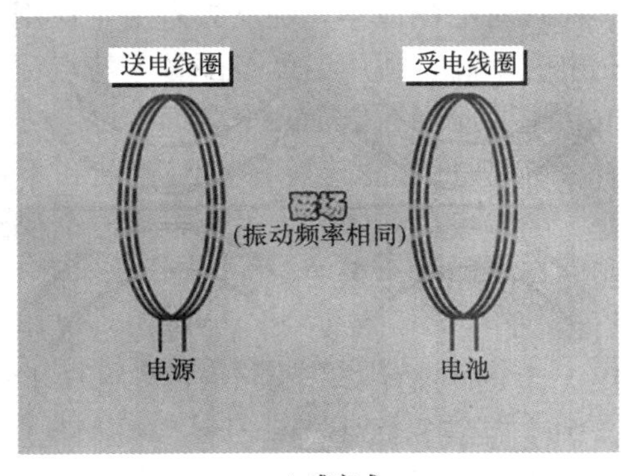

a) 感应式

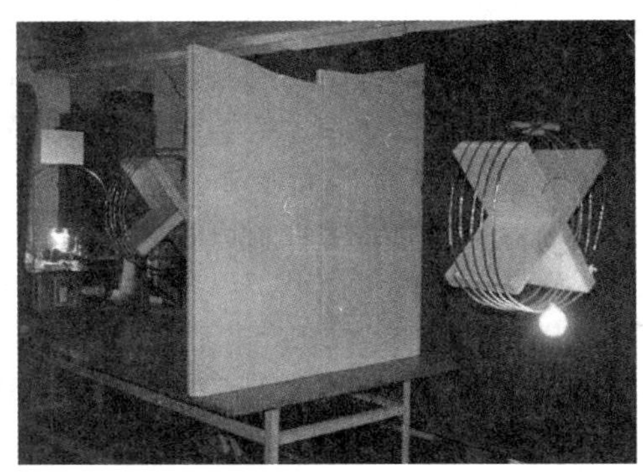

b) 谐振式

图6-13　磁耦合式无线电能传输方式

磁耦合谐振式无线电能传输技术应用十分广泛。磁耦合谐振式无线电能传输系统由电源、阻抗匹配网络、发射天线、接收天线、负载驱动电路和负载组成，如图6-14所示，其中发射天线和接收天线都由谐振线圈以及各自的感应线圈所组成。电源通过阻抗匹配网络向发射天线输送交流电，利用耦合谐振理论，使两天线之间产生谐振，进而实现发射端的电能高效传送到接收端，然后利用负载驱动电路对接收端电能进行整流滤波处理，便可直接对负载提供电能。

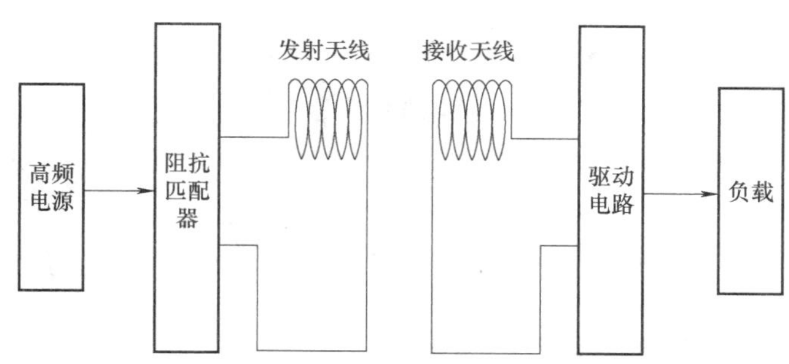

图 6-14　磁耦合谐振式无线电能传输系统基本结构示意图

若要使磁耦合谐振式无线电能传输系统进行高效的电能传输，关键在于系统中的谐振线圈；而品质因数又是决定谐振线圈性能优劣的关键因素，品质因数与能耗成反比，当系统的品质因数越高时，能耗就会越小，从而提高了系统中能量传输的效率。线圈的品质因数由线圈的谐振频率、电感和阻抗所决定，因此提高谐振频率和电感大小以及减小阻抗是保证系统能量高效传输的关键。

随着时代进步，新能源电动汽车成为人们关注的热门话题，相对于电动汽车的有线充电而言，无线充电具有使用方便、安全、可靠，没有电火花和触电的危险，无积尘和接触耗损，无机械磨损，没有相应的维护问题，可以适应雨雪等恶劣的天气和环境等优点，未来随着新能源电动汽车的普及，无线充电技术必将得以广泛的应用。电动汽车无线充电如图 6-15 所示。

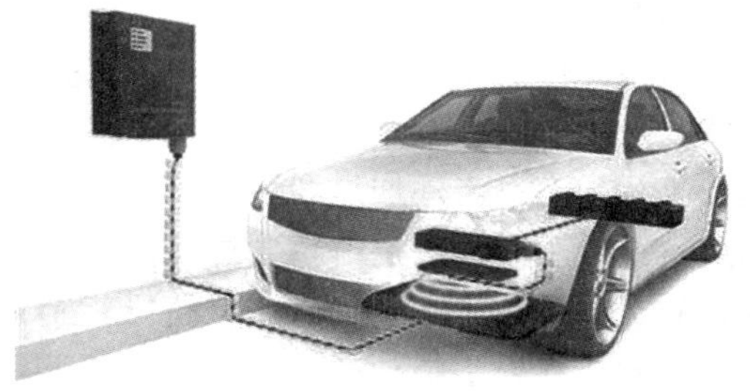

图 6-15　电动汽车无线充电

6.5　超导电力技术

超导是超导电性的简称，是将某些特殊材料的工作温度降低至某一水平时，该材料的电阻突然趋近于零的现象，这种特殊的材料就被称为超导体（Superconductor）。1911 年，荷兰物理学家卡默林·昂纳斯（Kamerlingh Onnes）用液氦冷却汞，当温度降到 4.2K（−268.95℃）时，水银的电阻完全消失，这种现象称为超导电性，此温度称为临界温度。根据临界温度的不同，超导材料可以被分为：高温超导材料和低温超导材料。而高温超导（HTS）指的是超导体的临界温度提高，即不需要那么低的温度，如 1993 年法国科学家发现了 135K（−138.15℃）的汞钡钙铜氧高温超导体。高温超导现象和高温超导材料自 20 世纪末被发现后，对高温超导的机理和高温超导的应用研究进入到了新的阶段，特别是超导技术的应用突破了其实际应用的经济性壁垒，使其可在技术简单和低成本的条件下实现。由于高温超导具有无直流电阻损耗和高传导电流密度等优点，与传统电工设备相比，它在电能传输方面展现出极强适用性和优越性，因此高温超导技术已成为 21 世纪重点研究和发展的电工新技术。

超导材料主要有三种特性：

（1）零电阻现象

当超导材料冷却到一定温度以下，其电阻会突然变为零。采用“四线法”可测出超导体的电阻和温度的特性曲线，如图 6-16 所示。图中的 R_n 为起始电阻值，对应的温度被称为起始温度 T_s；当 R_n 减小至一半时，所对应的温度就被称为中点温度 T_m；当电阻趋向于零时，所对应的温度被称为零电阻温度 T_0；电阻下降到 $0.9R_n$ 及 $0.1R_n$ 所对应的两个温度之差 ΔT_c 称为转变温度。由于超导材料的临界温度还受环境因素的影响，当环境因素（电流、磁场等）保持在低温条件不变时，超导体失去电阻的温度称为超导转变温度，以 T_c 表示。

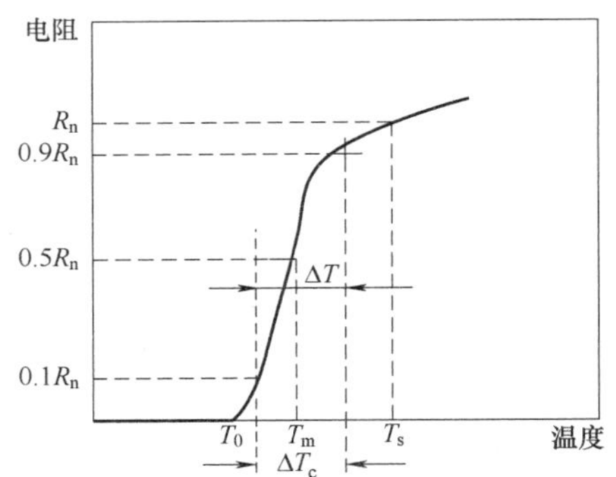

图 6-16　超导材料的 R-T 关系曲线

（2）迈斯纳效应

1933 年，德国物理学家迈斯纳（W. Meissner）和奥森菲尔德（R. Ochsenfeld）对锡单晶球超导体做磁场分布测量时发现，当处于磁场中的超导材料冷却到超导态时，之前存在于超导体内部的磁力线会突然被排斥到超导体之外（见图 6-17），超导体内部磁感应强度 B 会变成零，超导体表面流过抗磁电流产生反向磁场将外磁场抵消，这表示此时的超导体是完全抗磁体。通过实验可知，当外部温度 T 低于 T_c，外加磁场强度 H 小于临界值 H_c 时，超导材料就处于超导态；当外加磁场强度 H 大于 H_c 时，超导材料就会处于正常态。超导材料处于正常态还是处于超导态是由超导材料临界温度和超导材料临界磁场这两个因素所决定，当超导材料的 T_c 和 H_c 比临界值高时，超导材料处于正常态，当超导材料的 T_c 和 H_c 比临界值低时，超导材料处于超导态。

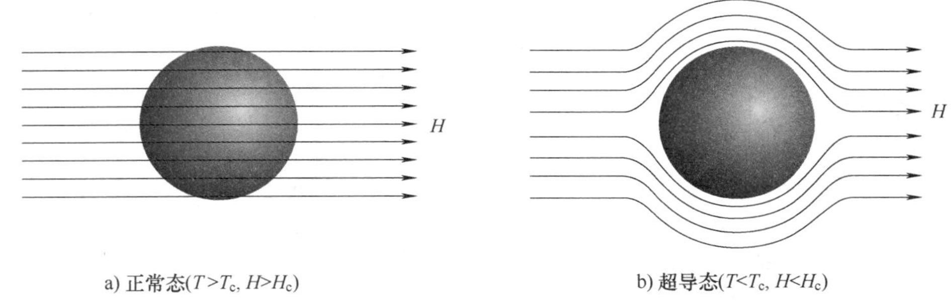

a) 正常态($T>T_c$, $H>H_c$)　　b) 超导态($T<T_c$, $H<H_c$)

图 6-17　迈斯纳效应示意图

（3）约瑟夫森效应

1962 年，英国物理学家约瑟夫森（B. Josephson）在实验中发现，当将一块厚度极小的绝缘体放置两个超导体之间时，而超导体内部的超导电子竟能通过这块绝缘体，这种现象就被称为约瑟夫森效应，如图 6-18 所示。当两超导体之间通过比临界电流值还低的电流时，超导材料处于超导态，电压表读数为零，绝缘体没有电压；但当两超导体之间通过比临界电流值还高的电流时，超导材料会从超导态转变为正常态，电压表读数不为零，绝缘体存在电压。通过进一步深入研究，约瑟夫森首次预测了超导状态下库柏对的隧穿现象，也因此获得了 1973 年诺贝尔物理学奖。

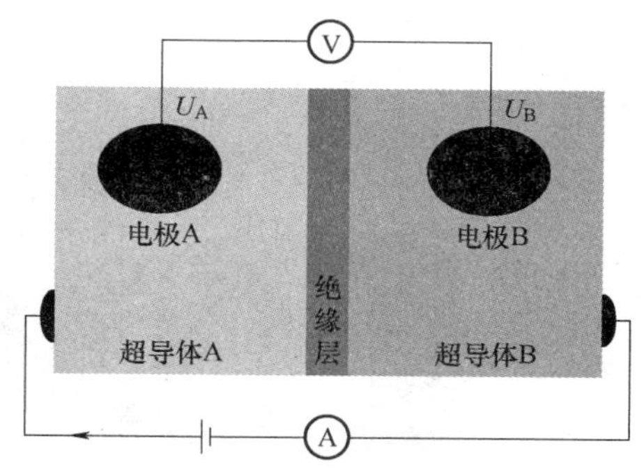

图 6-18　约瑟夫森效应示意图

超导材料所具有的这三种特性，使其在强电技术和电工设备领域中，有着美好的应用前景。就目前高温超导体的应用研究来说，高温超导电缆、高温超导限流器和高温超导变压器是高温超导电力应用的主要方向，这三种超导电力应用的特点和发展现状如表 6-2 所示。

表 6-2　高温超导电力应用方向

应　用	特点及意义	发 展 现 状
高温超导电缆	损耗小、体积小、重量轻、容量大 实现低电压、大电流高密度输电 环保、节能、有助于改善电网结构	日本　单相，500m，77kV/1kA　模型完成 美国　三相，660m，138kV/2.4kA　研制阶段 中国　三相，75m，10.5kV/7.5kA　并网运行
高温超导限流器	正常阻抗小、故障时呈现大阻抗 集故障检测、转换和限流与一身 反应和恢复速度快、对电网无负作用	德国　桥路型　15kW/20kA　模型完成 德国　三相电阻型　10kV/10MVA　试验运行 中国　改进桥路型　10.5kV/1.5kA　模型完成
高温超导变压器	体积小、重量轻、容量大、效率高 无火灾隐患、无环境污染 限制短路电流	韩国　60MVA，154kV/23kV　模型完成 美国　5/10MVA，24.9kV/4.2kV　模型完成 中国　630kVA，10.5kV/400V　并网运行

在超导电力应用中，高温超导电缆结构较为简单，对超导体电磁特性的要求相对较低，已经在实际工程中得到应用。超导电缆结构如图 6-19 所示，从内到外依次是电缆骨架（充液氮）、超导体层、热绝缘层、常规电气绝缘层。

电缆骨架是用来作为超导线材排列和绕制的基准支撑管，同时也可以用于液氮冷却循环的通道，一般为环绕细密金属网和内含金属波纹的细小管道。超导体层是用于传导电流，由多层高温超导线材环绕制作而成，制作的方法也是多种多样，而且电缆中的金属管能使超导体加速冷却，使其温度不至于过高。热绝缘层一般是利用双层金属波纹管套制而成，它的主要功能是防止超导体的低温环境与外界环境进行热量传递，从而使超导体失去超导特性，因为电缆中的超导体的运行环境只有在其临界温度值以下时才具备超导特性，所以对高温超导电缆的性能提高至关重要。电气绝缘层一般是由常规电缆的绝缘材料制作而成，它能对电缆本体进行绝缘保护，同时绝缘层外的铜屏蔽层还能具有良好的电磁屏蔽作用。保护层是由常规电缆的保护套制作，它使电缆在运输和敷设时不受外力和水分的影响，并具有较高的机械强度来防止电缆内部的制冷剂外流。

高温超导限流器也是高温超导的一种应用。若将超导体处于其临界温度、临界磁场和临界电流密度以下的环境中，电阻为零并且还是完全抗磁体；但是如果温度、磁场和电流密度中的任一参数比临界值高时，超导态就会立即转变为正常态，而超导限流器就利用它的这一

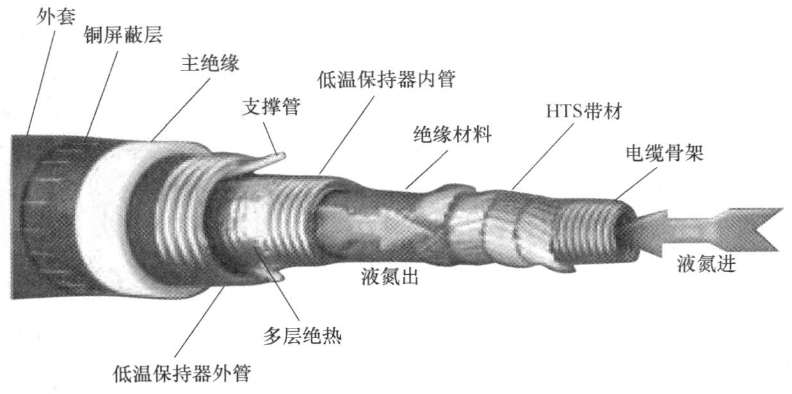

a) 高温超导电缆结构图

b) 超导电缆工程应用

图 6-19　高温超导电缆及工程应用

特性。

当电力系统正常时，它不会产生任何作用；当电力系统发生短路后，它的阻抗就会迅速变大以限制电力系统中的短路电流。如图 6-20a 所示，当超导体中的传导电流大于其临界电流时，即 $I > I_c$ 时，超导体将会从零电阻的超导态转变为高电阻正常态。随着超导体的电阻值升高，电力系统中的回路电流值将大大降低。在实际使用时，为了保持超导体不因电流过大而烧毁，都要为其在旁边加入一个大电阻。图 6-20b 是国内某公司研制的 220kV/800A 饱和铁心型高温超导限流器。当电力系统故障时，它能在几毫秒之内作出响应，能成功地将电网内部的故障电流减小至其额定电流的两倍左右，它成功的并网运行标志着我国在高温超导限流器的研发和制造方面已经达到世界领先水平。虽然高温超导限流器在电力系统的应用中具有许多优势，但高温超导限流器的限流值设置以及在电网中和断路器、继保装置的配合问题是制约其实际应用的关键。

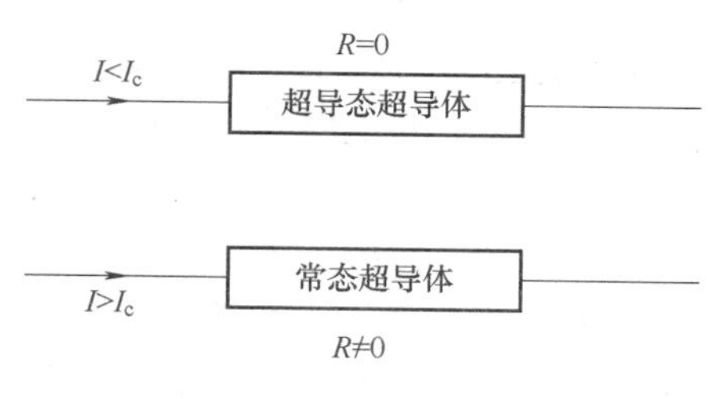

a) 超导体的无阻载流特性

b) 220kV/800A超导故障电流限制器

图 6-20　超导故障电流限制器

高温超导变压器利用的是超导线材的零电阻特性，用超导线材代替常规的金属线材，满足现代电力变压器高效率、小型化、重量轻的要求，如图 6-21 所示。其基本工作原理是保持变压器中电磁转换效应不变，用超导线圈取代常规变压器的金属线圈，然后为高温超导线材充入液氮，创造低温环境使其正常工作，再将电源接入进线端子，将电能输入到充满液氮环境的一次绕组，电能在铁心中进行电磁转换到二次绕组，最后电能输出到出线端子，供电给负载使用。高温超导变压器与传统变压器最大的不同在于线圈结构和冷却系统，金属线圈改变为超导线圈，冷却介质从变压器油或空气改变为液氮。随着超导线材制造的产业化，高温超导变压器能够正常工作的液氮条件等技术难点的解决，高温超导变压器将会在实际电网中得到更为广泛的应用。

图 6-21　高温超导变压器

6.6　磁悬浮技术

磁悬浮技术实质上就是利用自然界两磁体之间“同性相斥，异性相吸”的特点，使其中的磁体能抵抗地球的引力，以达到与地面无接触式悬浮状态。

磁悬浮系统主要是由悬浮体、位置传感器、控制器、执行器组成，执行器又主要由电磁铁和功率放大器组成，较为简单的磁悬浮系统如图 6-22 所示。先令悬浮体位于某一假定的参考点，然后

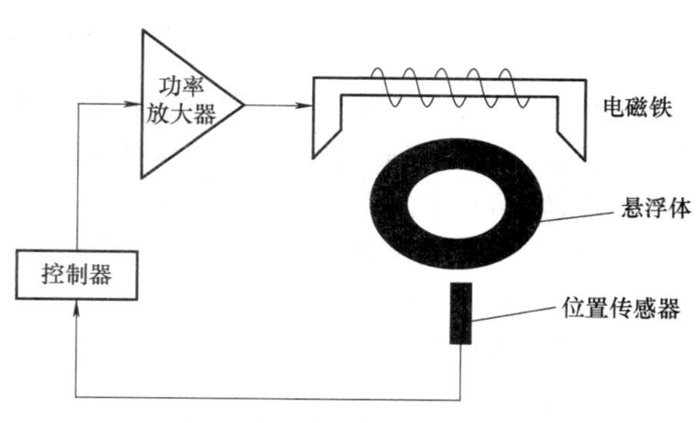

图 6-22　简单的磁悬浮系统

由于受到外界磁场的影响，它会偏离原先的参考点。此时，位置传感器能感应出悬浮体偏离参考点的距离，并将感应信号传达给控制器，控制器将感应信号加工处理后又传送到功率放大器。功率放大器将信号转化为相对应的电流信号，该信号会对电磁铁产生磁力，从而使悬浮体移回原来的参考点。因此，悬浮体始终能处于稳定的平衡状态。

磁力弹簧又是磁悬浮系统最为关键的元件之一，磁力弹簧按产生磁力的原理不同又可分为电磁弹簧和永磁弹簧。电磁弹簧通常是利用系统中带电线圈产生的电磁力来控制，而永磁弹簧主要是通过永磁体产生磁力来控制。在磁悬浮系统中，令磁力弹簧的刚度参数和阻尼参数的变化在合理范围之内，并使其与外界磁场的干扰相匹配，从而令悬浮体始终位于稳定的平衡状态。

由于磁悬浮系统正常运行时没有与地面进行机械接触，因此具有以下优点：①耐用性好、无污染，可长期应用于真空环境和化学腐蚀性介质环境；②无机械摩擦、噪声小、效率高，能处理高速机械工作时所产生的润滑和能耗问题，因此在高速交通工具的设计中得以广泛运用。

磁悬浮列车是利用电磁力将列车车厢悬浮于空中并通过线性电机对其进行驱动导向，使列车车厢不与地面直接接触，从而解决了传统高速列车能耗高、噪声大等缺点。磁悬浮系统又被分为电磁悬浮系统（EMS）和电力悬浮系统（EDS）。电磁悬浮系统利用列车底部的磁铁和铁磁轨道的极性相同产生排斥，使列车车厢悬浮运行；电力悬浮系统将磁体放入移动的列车上，从而在铁轨上产生电流，电流在移动磁场中会产生电磁力，为列车提供稳定的支撑。图 6-23 给出了两种磁悬浮系统的结构差别。

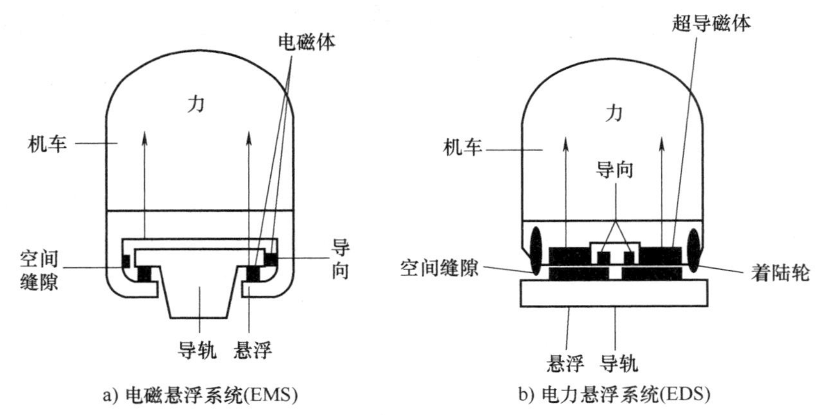

图 6-23　EMS 和 EDS 磁悬浮结构示意图

磁悬浮列车的导向系统有常导磁吸式和超导磁斥式这两种形式。常导磁吸式将多个用于导向的磁铁放置在列车侧面，当车辆行驶时发生左右摆动的情况时，列车侧面的导向磁铁会与铁轨相互作用产生排斥力，使车辆返回到正常位置运行。超导磁斥式的导向系统是将超导磁体（放于液氮存储槽中）安装在车辆底部，然后在轨道两边铺设一套铝制线圈，当列车偏离正常位置运行时，车辆底部的超导磁体会通电产生强磁场，轨道两边的铝环线圈就会对其产生排斥力，使列车保持正确的运行方向。这两种系统的技术指标见表 6-3。

表 6-3　常导型和超导型磁悬浮系统的技术对比

代表技术	类　型	浮起气隙/mm	基本轨型	运行速度/(km/h)
德国 TR	常导磁吸式	10	T 型	400 ~ 500
日本 ML	超导磁斥式	100	U 型	>500

超导磁悬浮列车系统如图 6-24 所示。

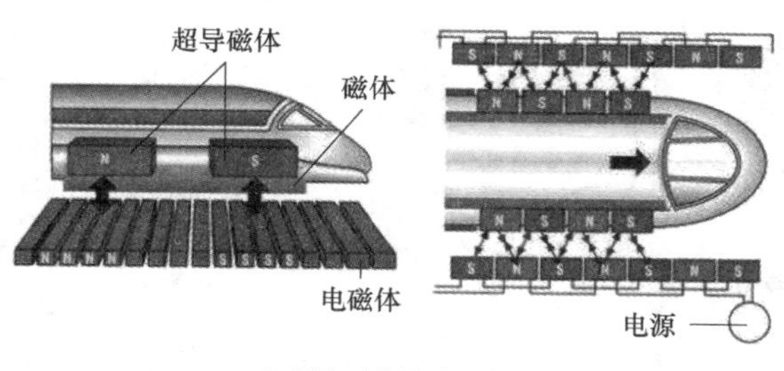

a) 超导型磁悬浮列车原理

b) 超导磁悬浮列车

图 6-24　超导磁悬浮列车系统

6.7　脉冲功率技术

脉冲功率技术又称高功率脉冲技术，主要研究在较长时间内将系统能量进行存储，通过一系列特殊过程将能量进行压缩变换，最后在极短的时间内释放给负载。所以脉冲功率技术具有高脉冲功率、短脉冲持续时间和高电压大电流的技术特征。

与常规技术相比，脉冲功率技术具有以下优势：①脉冲功率的作用时间比物体本身的时间常数（冷处理、电磁效应）短；②脉冲功率系统开关具有负电阻特性，当系统产生的功率越高，内部电能的损耗就越小，因此脉冲功率系统较为高效；③当输出同样大小的峰值功率时，脉冲功率系统的占地面积较小，绝缘耐压较高。脉冲功率技术参数的范围见表 6-4。

表 6-4　脉冲功率技术参数范围

主要参数	参数范围
能量/J	$10 \sim 10^{7}$
功率/kW	$10^{3} \sim 10^{11}$
电压/kV	$10 \sim 10^{4}$
电流/A	$10^{2} \sim 10^{7}$
电流密度/(A/mm^2)	$10 \sim 10^{5}$
脉冲宽度/ms	$10^{-7} \sim 10^{-2}$

脉冲功率系统由低功率水平的能量储存系统和高功率脉冲的输出系统两部分组成，如图 6-25 所示。在较长的时间内把初始能源进行低功率的储存，使其拥有充足的能量进行压缩和变换；其次对其进行脉冲放电得到高功率脉冲，并在极短的时间内快速释放给负载，形成激光、粒子束等。

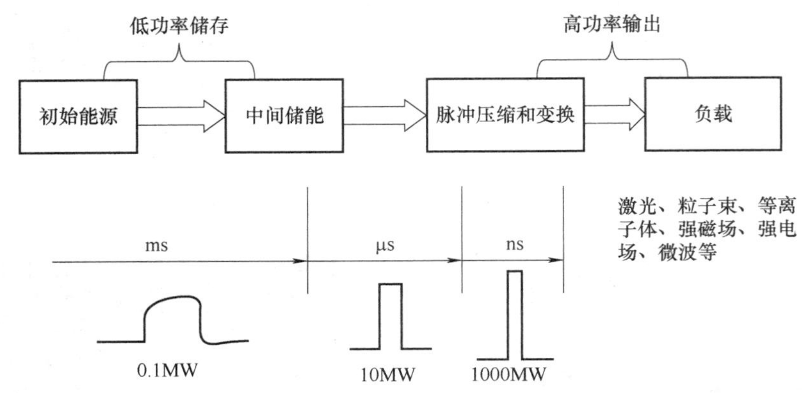

图 6-25　脉冲功率系统组成框图

对于脉冲功率系统，要形成高功率、波形陡的脉冲波，重点在于三个关键技术：

1）初始能源的储能技术。目前主要有三种方法对脉冲功率系统初始能源进行储存：将能源以电场形式储存的电容器、将能源以磁场方式储能的电感器、机械储能装置，其中电感储能还分为常规电感和超导电感，这三种储能技术的参数范围见表 6-5。

表 6-5　常用储能方式比较

储能方式	储能密度 /J·cm^{-3}	储能水平/J	产生的电脉冲参量	效率（%）	
			功率/W	能量传输	能量转换
电容	0.3～2	10^7～10^8	10^{10}～10^{14}	15～25	15～25
常规电感	3～20	10^8～10^{10}	10^9～10^{10}	10～20	10～20
超导电感	50～100	10^9～10^{14}	10^9～10^{10}	20～30	20～30
机械能	20～80	10^9～10^{11}	10^8～10^{10}	5～15	5～15

电容储能是研究技术最为成熟的储能方式，具有容量大、耐压高的优点，但它具有储能密度低、大功率使用场合不够经济的缺点。电感储能具有密度高、体积小、低成本的优点，在这三种储能技术中最具应用潜力，但技术也是最为复杂的。机械储能具有储能密度相对较高、系统结构紧凑、便于运输等优点，因此被广泛应用到军事领域中。

2）脉冲压缩成形技术。脉冲成形系统是利用脉冲变压器，在短时间内对能量进行压缩，使系统输出的功率脉冲产生变化，以达到负载所需要的脉冲功率值和脉冲波形。目前为止，脉冲功率装置一般采用的是 Blumlein 传输技术和磁脉冲压缩技术 Marx 发生器，产生高功率脉冲。

3）脉冲开关技术。脉冲开关是系统中最为关键的部件，开关性能的好坏直接会对脉冲功率装置的性能产生十分严重的影响。在脉冲功率装置中，开关能将脉冲功率系统中的充电回路和放电回路进行隔离，确保充放电的顺利进行；其次，当充电完成后，通过开关闭合，系统迅速开始放电，保证储能系统中的能量在极短的时间内向负载输出；也可以通过控制开关得到所需要的脉冲波形。

在脉冲功率系统中，常见的脉冲开关有油浸开关、火花隙开关、闸流管、真空开关（VI）、等离子体开关（POS），这些脉冲开关因发展较早，技术成熟，在脉冲功率系统中得到了广泛的应用。随着科技的发展，科学家们不断发明出新的脉冲开关，如磁开关、半导体开关，它们因为性能参数优越、成本较低，在未来有着广阔的应用前景。

常见脉冲开关的参数比较见表6-6。

表6-6 脉冲开关参数

名　称	工作电压/kV	峰值电流/kA	开关速度/级	重复频率/Hz	寿命/次
油浸开关	290	3	ms	200	短
火花隙开关	100	40	ns	125	短
闸流管	30	50	ms	10	中等
真空开关（VI）	50	100	ns	10	中等
等离子体开关（POS）	4250	750	ns	100	中等
磁开关	250	40	ns	1000	长
门级可开断晶闸管（GTO）	6.5	140	us	300	长
大功率绝缘栅晶体管（IGBT）	6.5	3	us	150	长
反向开关晶体管（RSD）	3.5	250	ns	1000	长

如今脉冲功率技术在工业交通、环境保护、高能物理、生物医疗、民用设备等各种领域得到广泛应用，如核聚变、粒子加速器、激光、脉冲强磁场、机械加工、材料处理、环境工程等。除此之外，脉冲功率技术在军事国防领域中也极为重要，一些以脉冲功率技术为核心的新型武器装备，如电磁发射武器、高能激光武器以及电磁弹射装置等有望成为未来的重要攻击力量。

电磁发射武器如电磁轨道炮，采用电磁力驱动电枢与弹丸前进，将电能不断转化为弹丸的动能，最终以动能实现对打击目标的有效摧毁，原理如图6-26所示。对比常规的发射类武器，电磁轨道炮具有很多优点，它的弹丸射程远，精度高，速度快，能够实现较好的毁伤效果。高能激光武器是定向能武器的一种，它采用高能的激光对远距离的目标进行精确打击，可以用于防御导弹，也称为战术高能激光（Tactical High Energy Laser，THEL）武器。

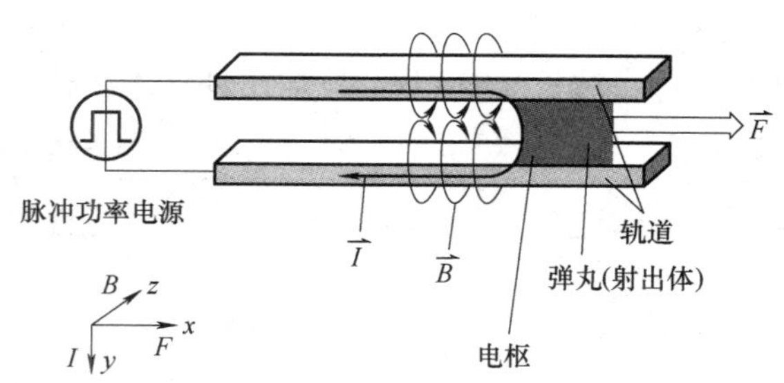

图6-26 电磁轨道炮原理示意图

这类新型装备是未来重要发展方向，目前各主要军事强国都在全力加强相关研究工作。这类武器的发展在很大程度上依赖于高功率脉冲电源的发展，而且对其技术参数要求都非常高。美国对这类武器的研究最早，例如美国海军最新的福特级航母已经采用电磁飞机弹射系统（Electromagnetic Aircraft Launch System，EMALS），EMALS相比蒸汽弹射器具有相当的优势，其对脉冲电源功率的需求达到60MW以上。

其他脉冲功率技术的应用有高压试验用脉冲电流发生器，如图6-27所示；飞行器电磁弹射，如图6-28所示；油田开采中的油井脉冲解堵技术、高压脉冲杀菌和体外冲击波碎石（Extracorporeal Shock Wave Lithotripsy，ESWL）技术等。

图 6-27 脉冲电流发生器

图 6-28 飞行器电磁弹射

6.8 生物电磁学

生物电磁学（Bioelectromagnetism）是研究非电离辐射电磁波（场）与生物系统相互作用规律及其应用的交叉学科，主要涉及电磁场与微波技术和生物学，是一门与生物医学、环境科学密切相关的新兴学科。研究生物电磁学的最终任务就是趋利避害，对其有利的正效应加以利用，对其有害的负效应进行去除或防护，从而达到服务于人类健康的目的。

电磁场的生物效应主要分为热效应、非热效应和累积效应三种。电磁生物效应研究最早起源于 19 世纪初期电磁辐射的研究，电磁波频率不同，电磁场对生物体的影响也不同。由于应用领域众多，对电磁波频谱的划分有多种方式，而今较为通用的电磁波频谱分段法是 IEEE 建立的，见表 6-7。当电磁波频率高于 300GHz 时，即进入亚毫米波段（300GHz ~ 3000GHz），波长 0.1 ~ 1mm，居于红外线波长范围（0.76μm ~ 1mm）内，属于远红外线。

表 6-7 常见电磁波频段的频率范围

频段名称	频率范围	频段名称	频率范围
极低频（ELF）	30Hz ~ 300Hz	高频（HF）	3MHz ~ 30MHz
音频（VF）	300Hz ~ 3kHz	甚高频（VHF）	30MHz ~ 300MHz
甚低频（VLF）	3kHz ~ 30kHz	超高频（UHF）	300MHz ~ 3000MHz
低频（LF）	30kHz ~ 300kHz	特高频（SHF）	3GHz ~ 30GHz
中频（MF）	300kHz ~ 3000kHz	极高频（EHF）	30GHz ~ 300GHz

1. 生物热效应

在高频电磁场的作用下，受电脑、手机、微波炉等设备产生电磁辐射的影响，生物体内会随之产生热效应；水、氨基酸等极性分子将根据电磁场极性改变做位置排列，生物体中分子会相互碰撞、摩擦而产生热量；同时体内可移动的离子会根据电磁场极性的改变而发生定向迁移，从而产生体内的传导电流，该传导电流通过体内组织也会产生热量，使其温度升高。由于电磁波是直接对生物体的内部组织进行加热，生物体表面不会发生变化，而体内组织细胞却因温度升高受损。

2. 生物非热效应

低频电磁场主要产生的是生物非热效应，它会对生物体本身所拥有的弱电磁场进行干扰，对体内组织细胞的功能产生破坏。生物体内由于存在弱电磁场，体内的组织和器官都是处于稳定有序的运行状态；组织细胞一旦受到外界电磁场的干扰，体内的弱电磁场的平衡性将会遭到破坏，组织和器官都会因此而受损。

非热效应有三个特点：相干性、窗特性和协同性。

1）相干性只有电磁波参数与生物体内组织器官所具有的弱电磁场参数满足一定关系时，才能产生非热效应。

2）窗特性又有频率窗和强度窗两种。频率窗是指生物体内的组织器官只受一些频率范围极小的电磁波影响；强度窗是指生物体内的组织器官只受一些场强范围极小的电磁波影响。

3）协同性指的是弱电磁场能与体内的组织细胞一同激发出较强的生物非热效应。

3. 累积效应

当生物热效应和生物非热效应对人体组织细胞造成损害后，如果体内组织细胞还未完全恢复好就再次受到电磁辐射的影响，它的受损就会加以累积，次数达到一定临界值，人体就会发病。

生物电磁场主要应用在医学检查技术和微波杀菌方面。核磁共振成像技术（MRI）是生物电磁学在医学中的最具代表性的应用，它是 20 世纪末计算机、自动控制、微电子技术发展的综合产物。自被人们正式应用以后，它直接提高了医生的初期诊断效率，使身体较为虚弱的病人在诊断初期避免严重检查。同时核磁共振成像技术不使用对人体组织细胞造成损坏的电磁辐射，因此对患者来说也是较为安全的。

微波杀菌技术是最近才出现的辐射灭菌技术。微波杀菌就是利用微生物吸收微波能量后产生生物热效应和生物非热效应使细菌死亡，它的主要过程如图 6-29 所示。

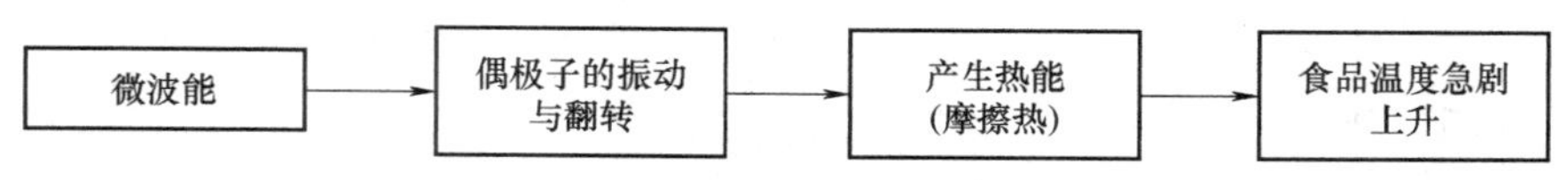

图 6-29　微波杀菌的主要过程

当微波能作用于细菌时，细菌体内的偶极子会产生振动和翻转，摩擦产生热能使其温度升高，进而使细菌变性凝固死亡。当微波作用在食品上时，食品和食品中的微生物同时吸收微波能，两者的温度在生物效应的影响下都会变高，而微生物的细胞分子会产生振动和翻转，随着生物效应的逐渐加重，微生物都会因温度过高而死亡。微波杀菌技术就是利用了电磁场的生物效应，使细菌失去活性而死亡，而且它杀菌温度低，只要在 80℃左右的环境下，大约经过两分钟就能使食品中的大部分细菌死亡。微波杀菌与常规技术相比，具有操作简单、加热时间短、食品营养成分破坏少和杀菌效率高等优点。

6.9　微机电系统

微机电系统（Micro-Electro-Mechanical System，MEMS）是将微电子技术和精密机械加工技术进行融合，实现微电子机械一体化的系统。微机电系统技术是近几十年来迅速发展的一门新技术，它主要涉及微机械学、微电子学、自动控制、物理、材料科学的研究领域。微机电系统技术的应用不仅能使常规机电系统的运行制造成本降低，还能完成传统机电系统所不能完成的任务，所以在生物医学、环境监控、军事领域中都具有十分广泛的应用前景。

1959年就有科学家提出微型机械的设想，但直到1962年才出现属于微机械范畴的产品—硅微型压力传感器。其后尺寸为50~500μm的齿轮、齿轮泵、气动涡轮及连接件等微型机构相继问世。而1987年加州大学伯克利分校留学生冯龙生等研制出了转子直径60μm和100μm的硅微型静电电机，如图6-30所示，显示出利用硅微加工工艺制作微小可动结构并与集成电路兼容制造微小系统的潜力。

图6-30 硅微型静电电机

1. 微机电系统的组成

微机电系统组成框图如图6-31所示，首先自然界存在的力、光、声、温度等作为输入信号送达给传感器，传感器会将其转化为模拟电信号；然后经过微机电系统处理电路的两次转换，这其中包括信号放大、计算等处理，最初的模拟电信号会被转换成微型执行器所接受的电信号；微型执行器就能根据接受的电信号完成所需要的操作。

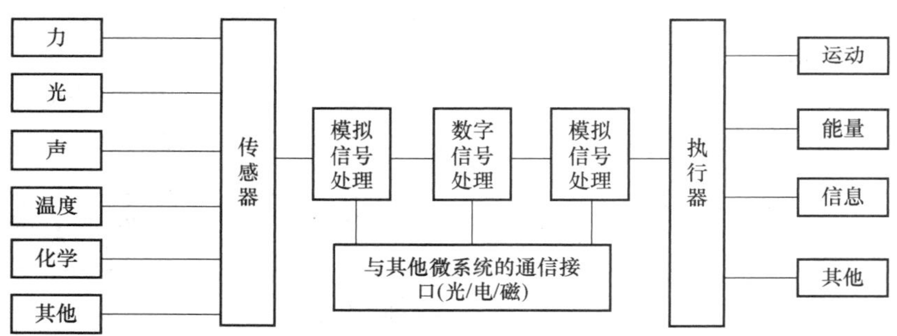

图6-31 微机电系统组成框图

微机电系统组成主要包含三大类：微型传感器、微数据处理电路和微型执行器。

1）微型传感器是微机电系统中最早实现产业化的器件，它的工作原理与常规传感器并没有太多的不同，只是尺寸缩小而已。但就是因为传感器几何尺寸变小，它的灵敏度、温度稳定性都得到了提高，工作频率范围变宽，系统的工作可靠性得以大大提高。

2）微数据处理电路首先对传感器输出的大量模拟信号进行处理，然后经过接口将数据输出到外部执行器，为执行器的控制做预处理。与传统数据处理电路相比，微数据处理电路能通过回归分析、特性曲线拟合等专业方法高效率地处理数据。

3）微型执行器是微机电系统另外一个重要的组成部分，若从原理上分析，微型执行器可以被认为是微型传感器的逆转换。微型执行器就是将模拟电信号转换为力矩、位移、尺寸等状态改变的物理量。利用微型执行器可以完成由数据处理电路确定的控制操作或常规测量。

2. 微机电系统的特征

微机电系统基本特征主要有：微型化、集成化、材料及加工的特殊性、可靠性高。

1）微型化。相比于常规机电系统，微机电系统器件具有尺寸小、重量轻、惯性小、谐振频率高等特点。在一个几平方厘米的芯片上，就能布置整个微机电系统。

2）集成化。微机电系统能将不同功能传感器或执行器集成到一个小芯片上，在这个芯片上就能完成系统功能的集成，甚至是整个微机电系统的集成。

3）材料及加工的特殊性。微机电系统大量应用厚度仅为几十纳米到几十微米的薄膜材料，这些薄膜材料的机械特性与常规材料有着很大的不同，而且这些材料的加工和制作的工艺也是大为不同。当材料几何尺寸减少到微米级时，材料的机械特性就会发生翻天覆地的变化，许多常规材料的理论和研究结果已不再适用于微材料特性的研究。

4）可靠性高。由于微机电系统的尺寸极小，根本不会受到热膨胀、噪声等环境因素的影响，系统工作可靠性得到了提高，以至于在恶劣的环境中都能稳定工作。

利用微机电系统技术可以制造出单芯片多模式化学气体检测系统，内部结构系统如图 6-32a 所示。它将四种传感器——质量块传感器、热传感器、电容传感器和温度传感器，集成到一个芯片上，而这四个传感器都是利用其自身的聚合层来检测挥发性的有机化合物。

这个芯片上还集成了许多微电子元件，其中模数转换器负责将传感器信号转换成数字电路能接受的电信号，数字总线接口负责将电信号传输到外控制单元进行加工处理，控制器能对传感器工作状况进行实时监控。

该 MEMS 可通过质量、热量、电容、温度的变化来检测气体和液体中的化学成分，与传统检测装置相比，具有体积小、功耗低、便于携带的优势。一张尺寸为 7mm × 7mm 的单芯片多模式的化学气体检测系统布局如图 6-32b 所示。该系统制造在一块硅芯片上，实现了系统的小型化，提高了可靠性，降低了成本。

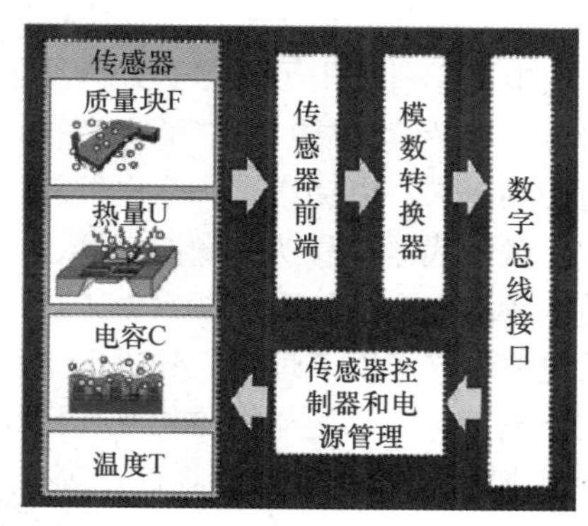

a) 系统框图

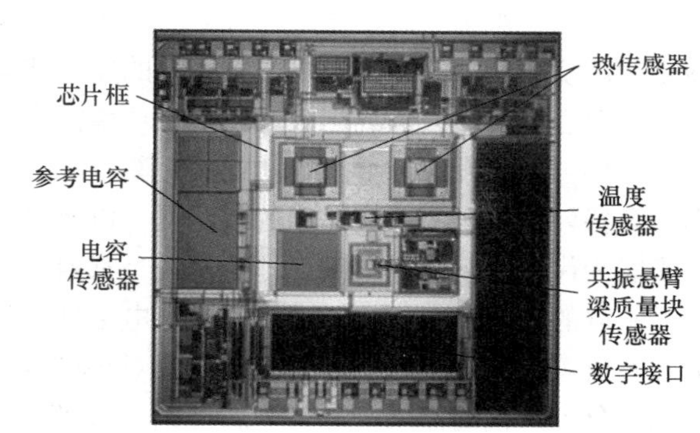

b) 系统布局

图 6-32　单芯片多模式化学气体检测 MEMS

微机电系统技术可在大部分行业领域中得到应用，医用微型机器人是受关注度最高的微机电系统，它可以悄无声息的进入到人体内部，按照医生的要求完成手术任务。微机电系统医疗应用主要有以下几方面：定向药物投放微型机器人、手术微型机器人、微型手术用内窥镜及钳子，一些医用微机电系统如图 6-33 所示。

生物细胞的尺寸大都在微米级别，而微机电系统的器件尺寸与生物细胞的尺寸相差无几，因此用于对生物细胞操作是十分合适的。另外，临床手术和医疗检查中所需要的各种微阀、微摄子、微器皿等都可用微加工技术制造。

a) 医用MEMS机器人

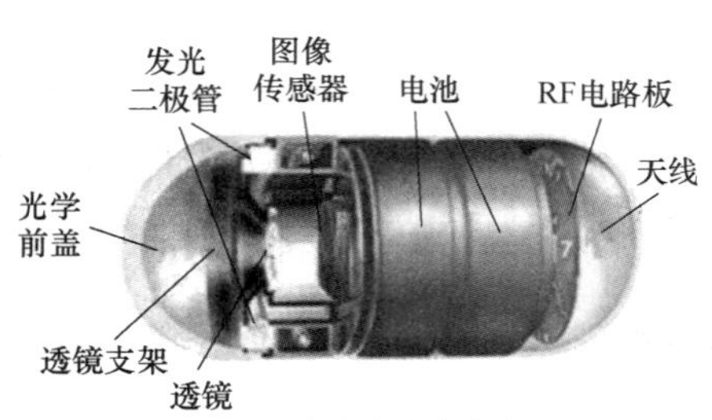

b) 自走式胶囊内镜

图 6-33　医用微机电系统

6.10　电工新技术展望

1. 电工新技术的发展动力

进入 21 世纪以来，发展低碳经济、建设生态文明、实现可持续发展，成为人类社会的普遍共识，世界能源发展格局因此发生重大而深刻的变化，新一轮能源革命的序幕已经拉开。发展清洁能源、保障能源安全、解决环保问题、应对气候变化，是本轮能源革命的核心内容。作为能源的重要供应环节和主要使用形式，电能对于清洁能源的发展至关重要，其对电机系统、电力电子、电力系统、高电压与绝缘、能源电工新技术和电能存储等电气工程及交叉研究提出了更高的需求，强劲地牵引着电气工程学科的发展。

我国一次能源的分布情况决定了在未来较长时期内必须采取在西部地区建设大型能源（火电、水电、风电、太阳能发电等）基地并采用远距离大容量的送电方式，所形成的跨越多种复杂环境和地域的超大规模电力系统的建设和运行，给电工学科提出了许多必须解决的新问题。我国能源消耗大但利用效率偏低，环境污染问题严重，可持续发展对电能的高效转换与输配、可再生能源发电、节能等新技术、新方法提出了迫切的需求。电动汽车、全电舰船、多电飞机等特种独立电源系统提出的新问题，以及以电磁炮、激光武器、高功率微波武器、电磁脉冲武器为代表的新概念电磁武器的实现，都给电工新技术领域提出新的需求。对电工理论与新技术领域的需求牵引，也形成了对支撑电工理论学科的电磁场与电网络理论、先进电工材料与电磁测量等电工理论基础的需求，以及对环境电工、超导电工等电磁场与物质相互作用领域中的相关分支学科的需求。同时，新理论（如博弈论、随机控制理论、鲁棒控制理论等）、新技术（如互联网、物联网、大数据技术等）、新材料（如压电材料、永磁材料、微纳米材料、超导材料、石墨烯等）、新器件（如碳化硅半导体、光电互感器、各种新型传感器等）等交叉学科新思路和新成果的引进，对电工理论与新技术领域的发展起着巨大的推动作用。

电磁场与物质相互作用领域涉及电磁场与各种物质及物质形态的作用，而且作用产生的效应涉及微观的分子组成和介观结构，宏观的力、声、热、电、磁、光、生物等效应，内涵特别丰富，包含的学科分支多，蕴藏的创新潜能大，领域内的互动及创新萌发力、向外拓展力都很强。发现新现象、提出新理论、建立新模型、开发新应用是本领域内涵萌发的特点。和电磁场与物质相互作用领域有着密切关系的交叉学科数量多，涉及面广，交叉学科对本领域发展的推动作用非常大。有些新现象、新应用最初是从交叉学科的相关发现、相关应用渗透过来，而在本领域内生长并开花结果的。对本领域发展的需求牵引大多来自高科技产业及高科技研发的需求，例如，新材料制备和表面处理、电子器件的微细加工对电磁场、电介质、放电等离子体技术的需求；生物医学中的电磁诱变、电磁诊断和电磁治疗技术的需求；环境保护方面对用静电技术、高电压技术、脉冲功率技术、放电等离子体技术处理废气、废水、废渣和放射性废弃物的需求，以及对电磁环境防护的需求；未来能源的受控核聚变研究对脉冲功率技术和等离子体技术的需求；国防高科技如电磁发射、高功率激光、高功率微波等对脉冲功率技术、放电与等离子体技术、电磁兼容技术的需求等。

2. 电工新技术的发展趋势

依据电工理论基础，电磁场与物质相互作用的新现象、新原理、新模型、新应用已成为电气工程领域的重要基础和创新源头。电气科学与环境科学、生命科学、信息科学等的交叉催生了生物电磁、电能存储、超导电工、气体放电与等离子体、能源电工新技术、环境电工新技术等新兴研究分支，已成为电气工程学科中的创新活跃区，正展现出强劲的发展势头。

脉冲功率技术将电磁能量在时间和空间上压缩形成脉冲功率，可产生强电磁场对物质的冲击作用，引发出常态下不易产生的新现象，在高科技和国防领域有着广阔的应用需求，已成为电磁场与物质相互作用领域中非常有活力的分支之一。高储能密度、高功率密度、高重复频率脉冲功率源，强脉冲放电下的介质效应，超高能量密度下超常物质状态的产生技术，脉冲功率在国防、新能源开发、航空航天、生物医疗、环境保护等方面的应用，是今后的研究热点和发展趋势。极弱磁场是深空环境的重要特征，是人类探知磁环境与生命、物质相关作用及相互影响的必要试验条件，也是磁探测、磁导航开发的必备环境，势必将引领和推动生物电磁、深空探测及国防应用的发展，已经成为极端电磁环境的热点之一。

生物电磁是运用电工理论的原理和方法，研究生命活动本身产生的电磁现象、特征及规律，外电磁场对生物体作用产生的反应及规律，并将这些规律应用于生物、医疗诊断和治疗技术中。生物电磁当前的发展趋势主要有以下几个方面：对生物体产生的电磁现象及规律的认识与调控，电磁场生物效应及其机制的研究，生物电磁信息的检测与利用，与人体健康有关的电磁效应、电磁诊断设备与电磁治疗手段的研究等。

电能存储是将电能转化成其他形式的能量存储起来并在必要时再将其转化回电能的技术统称，它被认为是能对电能应用形态产生颠覆性变革的重大技术之一。对于我国来说，它通过支撑可再生能源和电动汽车等的发展，而对于“推动能源供给革命、建立多元供应体系”和防治大气污染、缓解资源环境压力具有重大战略意义。电能存储的发展规律是不断提升效率、降低成本、增大规模和改善综合应用性能。它是当前的热门和前沿领域之一，发展态势良好。储能技术持续改进，推动储能应用不断丰富，储能产业迅速扩展。

超导电工是学科发展的前沿之一，高温超导的兴起使我国在高温超导研究方面进入世界先进行列，超导变压器、超导储能线圈、超导电缆、超导限流器及其在电力系统中的应用，超导磁悬浮在高铁中的应用，超导强磁体在高科技领域、未来能源开发领域及生物医疗领域中的应用，已成为超导电工发展的趋势。

气体放电与等离子体是电磁场与物质相互作用领域生长出来的一个非常活跃的分支，其中气体放电侧重于研究气体由不导电状态转变为等离子体态所用的方法及其过程或逆过程，等离子体侧重于其特性及应用。气体放电与等离子体这门学科虽然已经具有百年的发展历史，但随着持续的需求被赋予了新的研究活力，在社会经济发展和国防领域中有着广泛的应用。一方面，高压输变电设备以及脉冲功率装置等各类强电装备，都面临着高电压、强电场下电气绝缘的放电破坏问题，其绝缘部件往往是这类设备最薄弱的环节，制约其整体性能，需要从抑制放电角度来研究放电特性；另一方面，等离子体作为放电的产物，因其具有特殊的电、热、光及化学活性等性能而具有潜在的应用前景，需要从利用放电角度而研究放电等离子体特性。

能源电工新技术是为实现不同种类能源的综合利用，有必要深入研究不同形式的能量在电能转换、输运与存储的新原理、新方法与新技术。研究范围主要包括新型发电技术，新型电能转换技术，新型电能传输技术，一次能源勘探、开采中的电工新技术等。随着化石能源的严重污染和逐渐枯竭以及可再生能源与智能电网等的迅速发展，多种能源形式的综合利用已成为发展的趋势。在实际工程中，不同形式的能量在电能转换、输运、利用与存储等环节中必然存在能量损失，因而有必要通过新材料、新方法与新技术提高能效，研究面向用户需求的用电方式，实现节电。能源电工新技术在未来能源生产、转换、输送与分配、利用等各环节将发挥极其关键的作用，是未来能源领域不可或缺的基础共性科技之一。

环境电工新技术涉及的领域极为宽泛，其核心理论是电磁场理论，其发展规律始终是伴随电工技术的发展超前或同步发展，实践性非常强。依赖于理论和试验相结合的研究方法，同时具有明显的学科交叉特点。室外环境中的高压输电线、工作环境中的电磁设备、家庭环境中的家用电器，使现代人无法回避电磁环境问题，研究电磁环境的产生、危害及防护技术成为环境保护中的一个新问题。先进输变电装备、广域电磁系统、近距离大功率无线电能传输以及极端电磁条件、空间电站试验等电磁环境问题已成为新的研究热点。此外，现代工业中产生的大量废气、废水、废渣，用传统方法往往难以处理，这给电气工程学科在环境废物处理方面提供了用武之地。研究如何利用放电产生的低温等离子体进行烟气脱硫脱硝、处理有毒有害气体、净化污水，利用放电产生的热等离子体处理医用垃圾、放射性废弃物，研究新的电除尘技术以克服现有电除尘技术中效率不高的问题等，是国内外研究者十分关注的研究内容，相应的新原理、新方法与新技术也将会不断被研究人员发现。

思 考 题

6-1　电工理论与新技术的内涵和发展趋势是什么？

6-2　常见的新能源发电方式有哪些？其各自的应用特点是什么？

6-3　电力系统储能方式有哪些？其主要特点分别是什么？

6-4　无线电能传输的方式有哪些？其各自应用的场合和存在问题是什么？

6-5　超导材料的三种基本特性是什么？高温超导在电力系统中有哪些成功的应用？

6-6　磁悬浮技术在高速轨道交通领域的应用特点是什么？

6-7　脉冲功率技术应用中的关键技术有哪些？目前有哪些具体的应用？

6-8　微波杀菌的基本过程和实现原理是什么？

6-9　微机电系统的基本特征是什么？MEMS 基本组成包括哪三个方面？

参 考 文 献

[1] 国家自然科学基金委员会工程与材料科学部. 电气科学与工程学科发展战略报告（2016～2020）[M].

北京：科学出版社，2017.
[2] PREISACH F. Über die magnetische nachwirkung [J]. Zeitschrift Physik, 1935, 94 (5): 277-302.
[3] JILES D C, ATHERTON D L. Ferromagnetic hysteresis [J]. IEEE Transactions on Magnetics, 1983, 19 (5): 2183-2185.
[4] SODA N, ENOKIZONO M. E&S hysteresis model for two-dimensional magnetic properties [J]. Journal of Magnetism and Magnetic Materials, 2000, 215 (1): 626-628.
[5] JOHN S. Strong localization of photons in certain disordered dielectric superlattices [J]. Physical Review Letters, 1987, 58 (23): 2486-2489.
[6] YABLONOVITCH E. Inhibited spontaneous emission in solid-state physics and electronics [J]. Physical Review Letters, 1987, 58 (20): 2059-2062.
[7] SHELBY R A, SMITH D R, SCHULTZ S. Experimental verification of a negative index of refraction [J]. Science, 2001, 292 (5514): 77-79.
[8] PENDRY J B. Negative refraction makes a perfect lens [J]. Physical Review Letters, 2000, 85 (18): 3966-3969.
[9] PENDRY J B, SCHURIG D, SMITH D R. Controlling electromagnetic fields [J]. Science, 2006, 312 (5781): 1780-1782.
[10] MCCALL M W, FAVARO A, KINSLER P, et al. A space time cloak, or a history editor [J]. Journal of Optics, 2011, 13 (2): 024003.
[11] BARNES W L, DEREUX A, EBBESEN T W. Surface plasmon subwavelength optics [J]. Nature, 2003, 424 (6950): 824-830.
[12] ANKER J N, HALL W P, LYANDRES O, et al. Biosensing with plasmonic nanosensors [J]. Nature Materials, 2008, 7 (6): 442-453.
[13] CHEN Y L, ANALYTIS J G, CHU J H, et al. Experimental realization of a three-dimensional topological insulator, Bi_2Te_3 [J]. Science, 2009, 325 (5937): 178-181.
[14] SILVA A, MONTICONE F, CASTALDI G, et al. Performing mathematical operations with metamaterials [J]. Science, 2014, 343 (6167): 160-163.
[15] LECUN Y, BENGIO Y, HINTON G. Deep learning [J]. Nature, 2015, 521 (7553): 436-444.
[16] 于立军，周耀东，张峰源. 新能源发电技术 [M]. 北京：机械工业出版社，2018.
[17] 张波，黄润鸿，疏许健. 无线电能传输原理 [M]. 北京：科学出版社，2018.
[18] 郑殿春. 高电压应用技术 [M]. 北京：科学出版社，2016.
[19] A G. GAZARIAN T. 电力系统储能 [M]. 2 版. 周京华，陈亚爱，孟永庆，译. 北京：机械工业出版社，2013.
[20] KALSI S S. 高温超导技术在电力装备中的应用 [M]. 丘明，诸嘉慧，译. 北京：机械工业出版社，2017.
[21] 张欣，YAREMA K，许安. 稳态磁场的生物学效应 [M]. 张磊，刘娟娟，译. 北京：科学出版社，2019.
[22] CHANG L L. 微机电系统基础 [M]. 2 版. 黄庆安，译. 北京：机械工业出版社，2013.
[23] 王莹，等. 脉冲功率科学与技术 [M]. 北京：北京航空航天大学出版社，2010.

附　　录

附录 A　某国家级一流大学建设高校电气工程及其自动化专业人才培养方案

一、培养目标

以建设世界一流学科为目标、以引领国际电气工程教育为己任，着眼于能源变革和人类未来发展，立足于国家重大战略需求，以学生德智体美全面发展为导向，培养学生德智体美全面发展，具有社会责任感和国际视野，富有人文素质；扎实地掌握电气、自动化、电子与信息领域的基础理论、专业知识及基本技能；具有团队合作、项目管理、沟通交流、自主学习和创新创业能力；能够在电气工程、自动化、电子与信息、计算机应用等领域和行业从事教育、科研、工程设计、技术开发、系统运行、经济管理等工作；具有“起点高、基础厚、口径宽、实践强”的特质和国际竞争力的卓越领军人才，推动电气前沿科学进步，创造服务于社会的科技生产力。

根据本学科定位以及培养目标，将培养目标分解为 7 个子目标：

目标 1：社会责任感、富有人文素质。

目标 2：数学和逻辑学的基础知识、学科的基本研究方法。

目标 3：电气工程领域系统核心知识。

目标 4：发现、分析解决工程问题的能力、具有初步工程设计的能力。

目标 5：沟通交流能力，团队协作、组织管理能力，职业道德和规范意识。

目标 6：其他学科获取信息资源的能力，具有国际视野。

目标 7：具有科学精神、研究思维、终身学习能力。

二、毕业要求

根据毕业要求通用标准和电气工程专业培养目标的支撑关系，考虑培养目标的能力分解要素，在全覆盖认证通用标准的基础上，制定明确、公开、可衡量的电气工程专业毕业要求，实现对培养目标的完全支撑，从而形成以培养具有专业特色人才为目标，可实施、可考核的培养体系。毕业要求具体如下：

（1）工程知识与问题分析：广泛地掌握数学、自然科学、工程基础和专业知识，能够系统地运用以上知识对电气领域的复杂工程问题准确地识别与表述，并能够熟练开发、选择与使用恰当的技术、资源、现代工程工具和信息技术工具，在理解其局限性的基础上，针对电气领域的复杂工程问题开展全面的分析。

（2）研究/设计/开发解决方案：在国际化的背景下，综合考虑社会、健康、安全、法律、文化以及环境等因素，能够针对电气领域的复杂工程问题，熟练运用科学原理并采用科学方法进行深入地研究和探索，包括文献检索、设计实验、分析与解释数据以及信息综合，设计出具有创新性的解决方案，以及创造性地设计/开发出满足特定需求的系统、单元（部件）或工艺流程。

（3）工程与社会、环境及可持续发展：在广泛掌握社会、健康、安全、法律以及文化方面相关知识的基础上，能够基于电气领域工程相关背景知识进行合理分析，正确地评价电气专业工程实践和电气领域复杂工程问题的解决方案对以上几个方面的影响，并理解应承担的责任，掌握环境和社会可持续发展的内涵，能够客观地评价针对电气领域复杂工程问题的工程实践对其产生的影响。

（4）团队精神与职业规范：能够理解在多学科背景下团队中个体、团队成员以及负责人的角色职责，并能够承担起不同角色的职能要求，且具有人文社会科学素养、社会责任感，能够在电气领域工程实践中理解并遵守工程职业道德和规范，履行责任。

（5）沟通与管理：具备国际视野以及跨文化背景下沟通和交流能力，理解并掌握工程管理原理与经济决策方法，并能在多学科环境中应用，就电气领域复杂工程问题与业界同行及社会公众，通过撰写报告和设计文稿、陈述发言等形式，实现清晰表达或回应指令，从而进行有效的沟通和交流。

（6）终身学习：具有自主学习和终身学习的意识，对新事物、新方法和新形态的学习敏感性，在建立科学质疑意识的前提下，有不断学习和适应发展的能力，从而解决电气领域复杂工程问题中适应社会发展和实现个体发展的需要。

三、主干学科与相关学科

主干学科：电气工程

相关学科：控制科学与工程、计算机科学与技术、电子科学与技术、机械工程、材料科学与工程

四、学制、学位授予与毕业条件

学制 4 年，工学学士学位。

毕业条件：最低完成方案内 161.5-162.5 学分及课外实践 8 学分，军事训练考核合格，通过全国英语四级考试（CET-4），通过《国家学生体质健康标准》测试，方可获得学位证和毕业证。

五、专业大类基础课程

专业大类基础课程共计 24 学分，包括电路、模拟电子技术、信号与系统、工程制图、电磁场与波、数字电子技术与微处理器基础。

六、专业选修课程

专业选修课程的选择：分流后按照三大类（基础类、系统类、装备类）进行选课；学生根据未来学习和工作的意向，在指导教师帮助下选课，至少选修 10 学分。

七、主要实践环节

小学期实践环节包括基本技能训练、认知实习、生产实习、国内外知名教授开设前沿讲座等。

课程（项目）设计：配合教育部卓越工程师计划，在教学环节中增设项目设计环节，学生以小组为单位，在教师指导下完成自选或指定的工程设计、科学研究、科技竞赛等项目，培养学生的独立思考、团队协作、实际动手等能力。项目完成后，由指导教师组织考核。

专业实习：电气学院与企业合作广泛，关系密切。目前与本院在人才培养方面建立战略合作关系的企业超过 20 余家，其中包括：西电集团、中国电科院、罗克韦尔自动化公司、艾默生网络能源有限公司、西安爱科电子有限责任公司、特变电工股份有限公司、上海电气集团、国网陕西电力公司、许继电气股份有限公司、平高集团股份有限公司等。依托西电集团等战略联盟企业，建立了校外工程实践基地，通过专业的认知实习和生产实习等环节，参与企业课题与技术攻关等环节，探索高校与企业协同培养工程技术人才的模式，与工程实际和社会应用紧密结合的专业实践教育体系。

八、转专业课程补修原则

（1）按照学生当年执行的培养方案，转入学生如已通过学分不低于相关专业“应修课程表”中的同名课程，则该课程无需补修；如未修或虽已修、但学分低于“应修课程表”中的同名课程，则必须补修该课程。

（2）转专业学生必须在第 6 学期结束前修完需补修的全部课程，否则将不得参加当年研究生推免。

九、免修/免考与学分认定

依据学校相关规定执行。

十、选课说明与要求

1. 具体说明课程设置表中各模块选修课要求

（1）通识教育类课程共计 37 学分。其中政治思想课程、国防教育、体育及英语课程共计 25 学分，通识类核心课 6 学分（在经济类或管理类中至少选择 2 学分），通识类选修课 6 学分。

（2）大类平台课程共计 67 ~ 68 学分。其中，学科门类基础课程必修 43 ~ 44 学分；专业大类基础课程 24 学分。要求每位学生至少选修 1 门全英文课程或 1 门双语课程。

（3）专业课程共计 32 学分。其中专业核心课程 22 学分，专业选修课程至少修读 10 学分。

2. 集中实践的说明与要求

集中实践环节共计 24. 5 学分，包含基本技能训练 3 学分，专业实习 5 学分，军训 1 学分，毕业设计（论文）10 学分，项目设计 2 学分，综合性实践训练 3. 5 学分。

（1）基本技能训练包括电工实习和金工实习。学生通过在工程坊的实习，获得机械与电子方面的感性认识以及实际操作技能，由工程坊负责考核学生。电工实习和金工实习安排在二年级。

（2）专业实习包括专业实习 1 和专业实习 2。其中专业实习 1（认知实习）在大二结束后小学期进行；专业实习 2（生产实习）在大三结束后小学期进行。

（3）项目设计在第十学期共安排 7 门项目设计课，每个学生至少选修 1 门项目设计课程。让学生参与项目设计的全过程，以自学和动手为主要学习方式，教师起组织、协调、指导作用。

（4）毕业设计：从第十一学期正式进入毕业设计工作，在指导教师的指导下，确定任务书等，六月中下旬参加由院系组织的论文答辩。

（5）综合性实践训练：包含电子系统设计与实践课程 2.5 学分，以及创新设计与竞赛课程 1 学分，鼓励学生积极参加大学生创新创业项目、电子设计竞赛、数学建模等活动。

3. 思政课

《思想道德修养与法律基础》是《毛泽东思想和中国特色社会主义理论体系概论》的先修课，《中国近现代史纲要》是《马克思主义基本原理》的先修课，《思想道德修养与法律基础》《毛泽东思想和中国特色社会主义理论体系概论》在 1-1、2-1、3-1、4-1 学期均开设，《中国近现代史纲要》《马克思主义基本原理》在 1-2、2-2、3-2 学期均开设。

十一、课程的先修关系

需修完高等数学，大学物理、大学化学、概率论与数理统计、数学物理方程、复变函数与积分变换等基础课程后，进行专业课程学习。

十二、课程设置与学分分布（如图 A-1 所示）

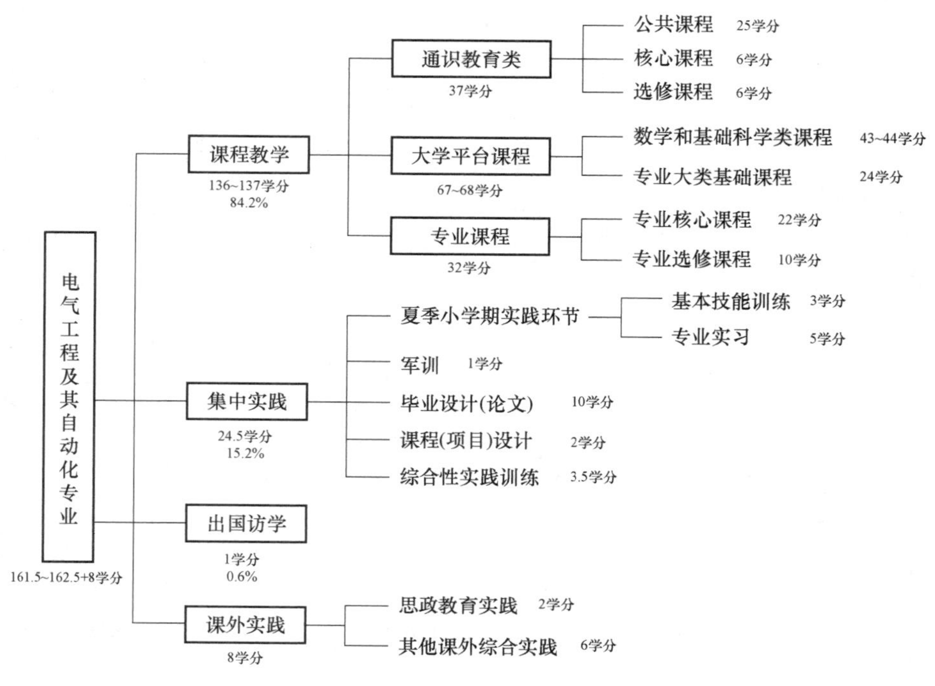

图 A-1　课程设置与学分分布

各类课程包含的具体课程、学分及学时等见表 A-1。

表 A-1　具体课程、学分及学时

课程类型	课程编码（暂不填写）	课程名称		学分	总学时	课内授课	课内实验	课内机时	课外实践	课外机时	必修/选修	开课学期	开课单位
公共课程		思想政治理论	思想道德修养与法律基础	3	48	48	0	0	0		必修 14 学分	1-1，2-1	马克思主义学院
			中国近现代史纲要	2	32	32	0	0	0			1-2，2-2	马克思主义学院
			毛泽东思想和中国特色社会主义理论体系概论	4	64	64	0	0	0			1-1，2-1	马克思主义学院
			马克思主义基本原理	3	48	48	0	0	0			1-2，2-2	马克思主义学院
			形势与政策	2	32	32	0	0	0			1-1 至 4-1	马克思主义学院
		国防	国防教育	1	32	32	0	0	0		必修 1 学分	1-1	军事教研室
		体育		2	128	128	0	0	0		必修 2 学分	1-1 至 2-2	体育部
		综合英语类									必修 4 学分	1-1、1-2	外国语学院
		拓展英语类									必修 4 学分	2-1	外国语学院
基础通识类课程				基础通识类选修课任选 6 学分，基础通识类核心课限选 6 学分（经管类课程二选一，至少 2 学分），共计 12 学分									
通识教育类小计				共计 37 学分									
数学和基础科学类课程/人文社科类基础课程	MATH200607	线性代数与空间解析几何Ⅱ		4	58	54	4	0	0	0	必修 43～44 学分	1-1	数学学院
	MATH200107	高等数学Ⅰ		13	220	196	24	0	0	0		1-1 至 1-2	数学学院
	PHYS260209	大学物理Ⅱ		8	128	128	0	0	0	0		1-2 至 2-1	理学院
	PHYS280109	大学物理实验Ⅰ		2	64	0	64	0	0	0		1-2 至 2-1	理学院
	MATH200907	概率论与数理统计		3	48	48	0	0	0	0		2-2	数学学院
	MATH201107	复变函数与积分变换		3	48	48	0	0	0	0		2-1	数学学院

（续）

<table>
<tr><th>课程类型</th><th>课程编码（暂不填写）</th><th colspan="2">课程名称</th><th>学分</th><th>总学时</th><th>课内授课</th><th>课内实验</th><th>课内机时</th><th>课外实践</th><th>课外机时</th><th>必修/选修</th><th>开课学期</th><th>开课单位</th></tr>
<tr><td rowspan="5">数学和基础科学类课程/人文社科类基础课程</td><td>MATH201607</td><td colspan="2">数学物理方程</td><td>2</td><td>32</td><td>32</td><td>0</td><td>0</td><td>0</td><td>0</td><td rowspan="5">必修43～44学分</td><td>2-1</td><td>数学学院</td></tr>
<tr><td rowspan="2"></td><td rowspan="2">二选一</td><td>生命科学基础Ⅰ</td><td>3</td><td></td><td></td><td></td><td></td><td></td><td></td><td>1-1</td><td>生命学院</td></tr>
<tr><td>大学化学Ⅰ</td><td>4</td><td>80</td><td>48</td><td>32</td><td>0</td><td>0</td><td>0</td><td>1-1</td><td>理学院</td></tr>
<tr><td>新增课</td><td colspan="2">大学计算机基础</td><td>2</td><td>40</td><td>24</td><td>16</td><td>0</td><td>0</td><td>0</td><td>1-1</td><td>计教中心</td></tr>
<tr><td>新增课</td><td colspan="2">程序设计基础</td><td>3</td><td></td><td></td><td></td><td></td><td></td><td></td><td>1-2</td><td>计教中心</td></tr>
<tr><td colspan="4">数学和基础科学类课程/人文社科类基础课程小计</td><td colspan="10">必修43～44学分</td></tr>
<tr><td rowspan="11">专业大类基础课程</td><td>ELEC321104</td><td colspan="2">电路</td><td rowspan="2">4.5</td><td>80</td><td>64</td><td>12</td><td>4</td><td>0</td><td>0</td><td rowspan="11">必修24学分</td><td>2-1</td><td>电气学院</td></tr>
<tr><td>ELEC321204</td><td colspan="2">Circuits</td><td>80</td><td>64</td><td>12</td><td>4</td><td>0</td><td>0</td><td>2-1</td><td>电气学院</td></tr>
<tr><td>EELC321804</td><td colspan="2">模拟电子技术</td><td rowspan="2">4</td><td>64</td><td>64</td><td>0</td><td>0</td><td>0</td><td>0</td><td>2-2</td><td>电气学院</td></tr>
<tr><td>EELC321304</td><td colspan="2">模拟电子技术
Analog electronics</td><td>64</td><td>64</td><td>0</td><td>0</td><td>0</td><td>0</td><td>2-2</td><td>电气学院</td></tr>
<tr><td>EELC422204</td><td colspan="2">数字电子技术与微处理器基础</td><td rowspan="2">4.5</td><td>72</td><td>72</td><td>0</td><td>0</td><td>0</td><td>0</td><td>3-1</td><td>电气学院</td></tr>
<tr><td>EELC422504</td><td colspan="2">数字电子技术与微处理器基础
Digital Electronic Technology and Fundamentals of Microprocessor</td><td>72</td><td>72</td><td>0</td><td>0</td><td>0</td><td>0</td><td>3-1</td><td>电气学院</td></tr>
<tr><td>EELC321404</td><td colspan="2">模电与大数电实验</td><td>1.5</td><td>48</td><td>0</td><td>48</td><td>0</td><td>0</td><td>0</td><td>2-2至3-1</td><td>电气学院</td></tr>
<tr><td>EELC422304</td><td colspan="2">信号与系统</td><td>3.5</td><td>52</td><td>44</td><td>8</td><td>0</td><td>0</td><td>0</td><td>2-2</td><td>电气学院</td></tr>
<tr><td>MACH300301</td><td colspan="2">工程制图</td><td>2</td><td>32</td><td>32</td><td>0</td><td>0</td><td>0</td><td>0</td><td>1-1</td><td>机械学院</td></tr>
<tr><td>ELEC321304</td><td colspan="2">电磁场与波</td><td>4</td><td>72</td><td>56</td><td>8</td><td>8</td><td>0</td><td>0</td><td>2-2</td><td>电气学院</td></tr>
<tr><td colspan="4">专业大类基础课程小计</td><td colspan="10">必修24学分，共计24学分</td></tr>
</table>

（续）

<table>
<tr><th>课程类型</th><th>课程编码（暂不填写）</th><th colspan="2">课程名称</th><th>学分</th><th>总学时</th><th>课内授课</th><th>课内实验</th><th>课内机时</th><th>课外实践</th><th>课外机时</th><th>必修/选修</th><th>开课学期</th><th>开课单位</th></tr>
<tr><td rowspan="12">专业核心课程</td><td>ELEC42 1104</td><td colspan="2">电机学</td><td rowspan="2">4.5</td><td>80</td><td>64</td><td>16</td><td>0</td><td>0</td><td>0</td><td rowspan="12">必修22学分</td><td>3-1</td><td>电气学院</td></tr>
<tr><td>ELEC42 1204</td><td colspan="2">电机学
Electric Machinery</td><td>80</td><td>64</td><td>16</td><td>0</td><td>0</td><td>0</td><td>3-1</td><td>电气学院</td></tr>
<tr><td>ELEC42 6004</td><td colspan="2">电力电子技术</td><td rowspan="2">3.5</td><td>64</td><td>48</td><td>16</td><td>16</td><td>0</td><td>0</td><td>3-1</td><td>电气学院</td></tr>
<tr><td>ELEC42 6104</td><td colspan="2">Power Electronics</td><td>64</td><td>48</td><td>16</td><td>16</td><td>0</td><td>0</td><td>3-1</td><td>电气学院</td></tr>
<tr><td>AUTO44 3604</td><td colspan="2">自动控制理论</td><td rowspan="2">3</td><td>52</td><td>48</td><td>12</td><td>0</td><td>0</td><td>0</td><td>3-1</td><td>电气学院</td></tr>
<tr><td>AUTO44 3504</td><td colspan="2">自动控制理论
Automatic Control Theory</td><td>52</td><td>48</td><td>12</td><td>0</td><td>0</td><td>0</td><td>3-1</td><td>电气学院</td></tr>
<tr><td></td><td colspan="2">电力系统稳态分析</td><td>4</td><td>68</td><td>64</td><td>0</td><td>4</td><td>40</td><td>0</td><td>3-2</td><td>电气学院</td></tr>
<tr><td></td><td colspan="2">高电压技术</td><td>3</td><td>48</td><td>48</td><td>0</td><td>0</td><td>0</td><td>0</td><td>3-1</td><td>电气学院</td></tr>
<tr><td rowspan="4">新增课</td><td rowspan="4">四选二</td><td>电力设备设计原理</td><td>2</td><td>32</td><td>32</td><td>0</td><td>0</td><td>0</td><td>0</td><td>3-2</td><td>电气学院</td></tr>
<tr><td>电气材料基础</td><td>2</td><td>32</td><td>32</td><td>0</td><td>0</td><td>0</td><td>0</td><td>3-1</td><td>电气学院</td></tr>
<tr><td>人工智能技术导论</td><td>2</td><td>32</td><td>32</td><td>0</td><td>0</td><td>0</td><td>0</td><td>3-2</td><td>电气学院</td></tr>
<tr><td>大数据科学与应用技术</td><td>2</td><td>32</td><td>32</td><td>0</td><td>0</td><td>0</td><td>0</td><td>3-2</td><td>电气学院</td></tr>
<tr><td colspan="4">专业核心课程小计</td><td colspan="10">必修22学分，共计22学分</td></tr>
<tr><td rowspan="4">基础类专业选修课程</td><td></td><td colspan="2">工业计算机控制技术</td><td>3</td><td>56</td><td>48</td><td>8</td><td>0</td><td>0</td><td>0</td><td rowspan="10">选修10学分</td><td>3-2</td><td>工企教研室</td></tr>
<tr><td></td><td colspan="2">电力拖动自动控制系统</td><td>4</td><td>72</td><td>56</td><td>16</td><td>0</td><td>0</td><td>0</td><td>4-1</td><td>工企教研室</td></tr>
<tr><td></td><td colspan="2">单片计算机原理及应用</td><td>2</td><td>36</td><td>32</td><td>4</td><td>0</td><td>0</td><td>0</td><td>3-2</td><td>工企教研室</td></tr>
<tr><td></td><td colspan="2">可编程控制器应用技术</td><td>2</td><td>40</td><td>32</td><td>8</td><td>0</td><td>0</td><td>0</td><td>3-2</td><td>工企教研室</td></tr>
<tr><td rowspan="6">系统类专业选修课</td><td></td><td colspan="2">电力系统继电保护原理</td><td>4</td><td>68</td><td>64</td><td>4</td><td>0</td><td>0</td><td>0</td><td>4-1</td><td>发电教研室</td></tr>
<tr><td></td><td colspan="2">电力系统暂态分析</td><td>2</td><td>32</td><td>32</td><td>0</td><td>0</td><td>0</td><td>0</td><td>4-1</td><td>发电教研室</td></tr>
<tr><td></td><td colspan="2">发电厂电气部分</td><td>2</td><td>36</td><td>32</td><td>0</td><td>4</td><td>0</td><td>0</td><td>3-2</td><td>发电教研室</td></tr>
<tr><td></td><td colspan="2">电力系统综合实验</td><td>2</td><td>64</td><td>0</td><td>64</td><td>0</td><td>0</td><td>0</td><td>4-1</td><td>发电教研室</td></tr>
<tr><td></td><td colspan="2">电力系统自动化</td><td>2</td><td>32</td><td>32</td><td>0</td><td>0</td><td>0</td><td>0</td><td>4-2</td><td>发电教研室</td></tr>
<tr><td></td><td colspan="2">电力系统新技术专题
New Technology of Power Systems</td><td>1</td><td>16</td><td>16</td><td>0</td><td>0</td><td>0</td><td>0</td><td>4-2</td><td>发电教研室</td></tr>
</table>

（续）

课程类型	课程编码（暂不填写）	课程名称	学分	总学时	课内授课	课内实验	课内机时	课外实践	课外机时	必修/选修	开课学期	开课单位
系统类专业选修课		电力系统仿真理论与实践	2	40	24	0	16	0	0	选修10学分	4-2	发电教研室
		新能源电力系统规划与运行	2	40	32	8	0	0	0		3-1	发电教研室
	新增课	电力系统控制与保护基础	2	32	32	0	0	0	0		4-1	发电教研室
		新能源与分布式发电	2	40	32	8	0	0	0		3-2	
		新能源电力接入与传输技术	3	48	48	0	0	0	0		3-2	
		新能源概论	2.5	48	40	8	0	0	0		3-2	
		风力发电与太阳能发电技术	2	32	32	0	0	0	0		3-2	工企教研室
装备类专业选修课程		电机的智能控制	2.5	48	32	16	0	0	0		3-2	电机教研室
		数字控制技术 Digital Control Systems Application	2	32	32	0	0	0	0		4-1	电机教研室
		控制电机	2.5	48	32	16	0	0	0		3-2	电机教研室
		电机测试技术	2	32	32	0	0	0	0		3-2	电机教研室
		电磁器件及系统的分析	2	32	32	0	0	0	0		4-1	电机教研室
		电机设计	2	40	24	16	0	0	0		3-2	电机教研室
		工程电介质物理学	3	48	48	0	0	0	0		3-2	绝缘教研室
		电气绝缘测试与诊断	2.5	48	40	8	0	0	0		3-2	绝缘教研室
		电气功能材料学	3.5	64	56	8	0	0	0		4-1	绝缘教研室
		电力设备绝缘设计原理	2.5	48	40	8	0	0	0		4-1	绝缘教研室
		电气绝缘技术训练	2	48	16	32	0	0	0		4-1	绝缘教研室
		放电等离子体基础及应用	2	32	32	0	0	0	0		4-1	电器教研室
	新增课	现代电力设备及智能化	2	32	32	0	0	0	0			电器教研室
		电器理论基础	2.5	48	32	16	0	0	0		3-2	电器教研室
		电力开关设备	2	32	32	0	0	0	0		3-2	电器教研室
		电器智能化原理及应用	2.5	48	32	16	0	0	0		3-2	电器教研室
		电气设备现代设计	2.5	48	32	0	16	0	0		4-1	电器教研室
		供配电系统	2	32	32	0	0	0	0		3-2	电器教研室
		成套电器设备状态检测技术	2	40	24	16	0	0	0		4-1	电器教研室
专业选修课程小计			选修10学分									

（续）

课程类型	课程编码（暂不填写）	课程名称	学分	总学时	课内授课	课内实验	课内机时	课外实践	课外机时	必修/选修	开课学期	开课单位
集中实践		军训	1	16	16	0	0	0	0	必修 22.5	1-1	军事教研室
		电工实习	1	0	0	0	0	0	0		2-1	工程坊
		金工实习	2	0	0	0	0	0	0		2-2	工程坊
		专业实习Ⅰ	2	0	0	0	0	0	0		2-2	电气学院
		专业实习Ⅱ	3	0	0	0	0	0	0		3-2	电气学院
		毕业设计	10	0	0	0	0	0	0		4-2	电气学院
		电子系统设计与实践	2.5	80	16	64	0	0	0		3-2	电气学院
	新增课	创新设计与竞赛课程	1								3-2	电气学院
		电机和控制系统的设计与应用	2	64	0	64	0	0	0	至少选修2学分	4-1	电气学院
		智能电器的设计与开发	2	64	0	64	0	0	0		4-1	电气学院
		自动化应用系统设计	2	64	0	64	0	0	0		4-1	电气学院
		发电厂电气设计	2	64	0	64	0	0	0		4-1	电气学院
		电网设计	2	64	0	64	0	0	0		4-1	电气学院
		智能高压设备的设计与开发	2	64	0	64	0	0	0		4-1	电气学院
		典型电力设备的绝缘设计	2	64	0	64	0	0	0		4-1	电气学院
集中实践小计			必修22.5学分，选修2学分，共计24.5学分									
出国出境交流			1								1-1至4-2	
总计			161.5～162.5学分									

十三、指导性教学计划（见表A-2）

表A-2　指导性教学计划

第一学期（1-1）			第二学期（1-2）		
课程编码	课程名称	学分	课程编码	课程名称	学分
	体育1	0.5		体育2	0.5
	大学英语Ⅳ	2		大学英语Ⅳ	2
	军训	1		中国近现代史纲要	2
	思想道德修养与法律基础	3		高等数学I2	6.5
	高等数学I1	6.5		大学物理Ⅱ1	4
	线性代数与空间解析几何Ⅰ	3.5		大学物理实验I1	1
二选一	大学化学Ⅰ	4		计算机程序设计	3
	生命科学导论	3		国防教育	1
	计算机基础	2		工程制图3	2
合计	必修22～23学分		合计	必修22学分	
＊本学期选课具体要求 ＊本学期必修总学分22～23学分			＊本学期选课具体要求 ＊本学期必修总学分22学分		

（续）

小学期（1）（1-3）		
课程编码	课程名称	学分
合 计	必修0学分	

* 本学期选课具体要求
* 本学期总学分0学分

第四学期（2-1）		
课程编码	课程名称	学分
	体育3	0.5
	大学物理Ⅱ2	4
	大学物理实验I2	1
	数学物理方程	2
	毛泽东思想和中国特色社会主义理论体系概论	4
	电路	4.5
	复变函数与积分变换	3
	英语选修	2
	电工实习	1
合 计	必修22学分	

* 本学期选课具体要求
* 本学期必修总学分22学分

第五学期（2-2）		
课程编码	课程名称	学分
	体育4	0.5
	马克思主义基本原理	3
	模电与大数电实验	0.75
	模拟电子技术	4
	信号与系统	3.5
	电磁场与波	4
	概率论与数理统计	3
	金工实习	2
	英语选修	2
合 计	必修22.75学分	

* 本学期选课具体要求
* 本学期必修总学分22.75学分

小学期（2）（2-3）		
课程编码	课程名称	学分
	专业实习1	2
合 计	必修2学分	

* 本学期选课具体要求
* 本学期必修总学分2学分

（续）

第七学期（3-1）		
课程编码	课程名称	学分
	电机学	4.5
	自动控制理论	3
	数字电子技术与微处理器基础	4.5
	模电与大数电实验	0.75
	电力电子技术	3.5
合 计	必修 16.25 学分	

* 本学期选课具体要求
* 本学期必修总学分 16.25 学分

第八学期（3-2）		
课程编码	课程名称	学分
	电力系统稳态分析	4
	高电压技术	3
四选二	电力设备设计原理	2
	电气材料基础	2
	大数据科学与应用技术	2
	人工智能技术导论	2
	专业选修课	10
	电子系统设计与实践	2.5
	创新设计与竞赛课程	1
合 计	必修 14.5 学分	

* 本学期选课具体要求
* 本学期必修总学分 14.5 学分，截止到第十一学期完成专业选修课至少 10 学分

小学期（3）（3-3）		
课程编码	课程名称	学分
	专业实习 2	3
合计	必修 3 学分	

* 本学期选课具体要求
* 本学期必修总学分 3 学分

第十学期（4-1）		
课程编码	课程名称	学分
	项目设计实践七选一	2
合计	必修 2 学分	

* 本学期选课具体要求
* 本学期选修 2 学分，截止第十一学期完成专业选修课至少 10 学分

第十一学期（4-2）		
课程编码	课程名称	学分
GRDE400102	毕业设计	10
	专业选修	10
合计	必修 10 学分，截止本学期完成专业选修课至少 10 学分	

* 本学期选课具体要求
* 本学期必修总学分 10 学分，截止第十一学期完成专业选修课至少 10 学分

	形势与政策 2 学分（分 7 个学期上完） 基础通识类选修课任选 6 学分，基础通识类核心课限选 6 学分（经管类课程二选一），共计 12 学分 出国交流访学 1 学分（在第十一学期前完成）	
合计	161.5～162.5 学分	

附录 B 某国家级一流学科建设高校电气工程及其自动化专业人才培养方案

学科门类：工学　　代码：08

类　　别：电气类　　代码：0806

专业名称：电气工程及其自动化　　代码：080601

一、学制与学位

学制：四年

学位：工学学士

二、培养目标

培养品德优良、身心健康，具有正确的人生观、高度的社会责任感和良好的人文素养；掌握扎实的基础和专业知识，具有自主学习能力和国际视野，有创新创业意识，在工程实践中体现较强的人际沟通、团队协作、组织管理能力；能够从事电气工程及相关领域的设计、制造、运行、科研和管理等方面工作的卓越工程技术人才。

培养目标对学生毕业 5 年左右应该具备的知识、能力和素养进一步可细分为：

目标 1：品德优良、身心健康，具有正确的人生观、高度的社会责任感和良好的人文素养。

目标 2：掌握扎实的基础和专业知识，具备解决电气工程领域复杂问题的能力。

目标 3：具备人际沟通、团队协作、组织管理能力。

目标 4：具备自主学习和国际视野，有创新能力。

目标 5：熟悉本行业的国内外发展形势及适应发展需求的能力。

三、专业培养基本要求

通过本专业的学习，毕业生应获得以下几个方面的知识、能力和素养：

（1）工程知识：掌握数学、自然科学、工程基础和专业知识，能够用于解决复杂电气工程问题。

（2）问题分析能力：能够应用数学、自然科学和工程科学的基本原理，识别、表达并通过文献研究分析复杂工程问题，能够给出合理的解决方案。

（3）设计/开发解决方案能力：能够设计针对复杂电气工程问题的解决方案，设计满足特定约束的生产流程和系统，并能够在设计环节中体现创新意识，同时考虑社会、健康、安全、法律、文化以及环境等因素。

（4）研究能力：能够基于科学原理并采用科学方法对复杂电气工程问题进行研究，包括设计实验、分析与解释数据，并通过信息综合得到合理有效的结论。

（5）使用现代工具的能力：能够针对复杂电气工程问题，开发、选择与使用恰当的技术、资源、现代工程工具和信息技术工具，包括对复杂工程问题的预测与模拟，并能够理解其局限性。

（6）认识工程与社会关系的能力：能够基于工程相关背景知识进行合理分析，评价电气工程专业实践和复杂工程问题解决方案对社会、健康、安全、法律以及文化的影响，并理解应承担的责任。

（7）环境和可持续发展理念：能够理解和评价针对复杂工程问题的专业工程实践对环境、社会可持续发展的影响。

（8）职业规范素养：具有人文社会科学素养、社会责任感，能够在工程实践中理解并遵守工程职业道德和规范，履行责任。

（9）个人和团队能力：能够在多学科背景下的团队中承担个体、团队成员以及负责人的角色。

（10）沟通能力：能够就复杂工程问题与业界同行及社会公众进行有效沟通和交流，包括撰写报告和设计文稿、陈述发言、清晰表达或回应指令，并具备一定的国际视野，能够在跨文化背景下进行沟通和交流。

（11）项目管理能力：理解并掌握电气工程管理原理与经济决策方法，并能在多学科环境中应用。

（12）终身学习能力：具有自主学习和终身学习的意识，有不断学习和适应发展的能力。

四、学时与学分（见表 B-1）

表 B-1　学时与学分

类别		学时	学分	比例
必修课	公共基础教育	464	29	16.62%
	工程基础	610	38	21.78%
	专业基础	620	38	21.78%
	专业核心	248	15.5	8.88%
	集中实践		29	16.62%
必修课小计		1942	149.5	85.67%
选修课		320	20	11.46%
课外实践学分			5	2.87%
总计		2262	174.5	100%

五、专业主干课程

1. 公共基础课程

包括思想政治理论、军事理论、形势与政策、大学英语和体育。

2. 大类平台课程

包括学科门类基础课程和专业类基础课程两部分。

（1）工程基础课程：高等数学、大学物理、高级语言程序设计 C、线性代数、概率论与数理统计、复变函数与积分变换、工程制图和电气工程概论等。

（2）专业类基础课程：模拟电子技术基础和数字电子技术基础、自动控制理论、信号分析与处理、电路理论、电机学、工程电磁场、电力电子技术、微机原理与接口技术等，以及电气工程前沿技术专题（报告形式）。

3. 专业核心课程

包括电力系统分析、电力系统继电保护原理、发电厂电气部分、高电压技术和电力系统经济与管理。

六、总周数分配（见表B-2）

表B-2 学期周数分配

教学环节	学期								
	一	二	三	四	五	六	七	八	合计
理论教学	16	16	16	16	16	16	16	0	112
复习考试	1	2	2	2	2	2	1	0	12
集中进行的实践环节	3	1	2	0	2	2	4	19	33
寒假	5		5		5		5		20
暑假		6		6		6			18

七、电气工程及其自动化专业必修课程体系及教学计划（见表B-3）

表B-3 必修课程及学时、学分安排

类别	课程编号	课程名称	学分	总学时	课内学时	实验学时	上机学时	课外学时	开课学期	必修选修
公共基础课程	00700972	中国近代史纲要	2	32	24			8	1	必修
	00701351	思想道德修养与法律基础	3	48	32			16	1	
	00700981	毛泽东思想和中国特色社会主义理论体系概论	6	96	64			32	4	
	00700971	马克思主义基本原理	3	48	32			16	2	
	00701650	形势与政策	2	32	12			20	1	
	01390011	军事理论	1	16	16				1	
	00801410	通用英语	4	64	48		16		1	
	00801400	学术英语	4	64	64				2	
	01000010	体育（1）	1	36	30			6	1	
	01000020	体育（2）	1	36	30			6	2	
	01000030	体育（3）	1	36	30			6	3	
	01000040	体育（4）	1	36	30			6	4	
	公共基础课程小计		29学分							

（续）

类别	课程编号	课 程 名 称	学分	总学时	课内学时	实验学时	上机学时	课外学时	开课学期	必修选修
工程基础课程	00900130	高等数学 B（1）	5.5	90	90				1	必修
	00900140	高等数学 B（2）	6	96	96				2	
	00900462	线性代数	3	48	48				2	
	00900111	概率论与数理统计 B	3.5	56	56				3	
	00900090	复变函数与积分变换	3	48	48				3	
	00900050	大学物理（1）	4	64	64				2	
	00900060	大学物理（2）	2.5	40	40				3	
	00900440	物理实验（1）	2	32	0	32			2	
	00900450	物理实验（2）	2	32	0	32			3	
	00600200	高级语言程序设计（C）	3.5	56	56		26		1	
	00600230	工程制图	2	32	32				2	
	00202090	电气工程概论	1	16	16				3	
	工程基础课程小计		38 学分							
专业基础课程	00500351	模拟电子技术基础	3	48	48				4	必修
	00500411	数字电子技术基础 B	2.5	40	40				5	
	00500190	模拟电子技术基础实验	1	20	0	20			4	
	00500180	数字电子技术基础实验	1	20	0	20			5	
	00200470	电路理论 A（1）	4	64	64				3	
	00200480	电路理论 A（2）	2	32	32				4	
	00200950	电路实验（1）	0.5	10	0	10			3	
	00200960	电路实验（2）	0.5	10	0	10			4	
	00200681	工程电磁场	3.5	56	52	2	2		4	
	00200161	电机学（1）	4	64	64				4	
	00200171	电机学（2）	2	32	32				5	
	00290320	电机实验	1	16	0	16			5	
	00200940	自动控制理论 B	2.5	40	40				5	
	00200860	信号分析与处理	3	48	44		4		5	
	00200190	电力电子技术	3	48	40	8			5	
	00200812	微机原理与接口技术	2.5	40	32	8			5	
	00200980	电气工程前沿技术专题（报告形式）	2	32	32				6	
	专业类基础课程小计		38 学分							

（续）

类别	课程编号	课 程 名 称	学分	总学时	课内学时	实验学时	上机学时	课外学时	开课学期	必修选修
专业核心课程	00200293	电力系统分析（1）	4	64	58		6		5	必修
	00200433	电力系统分析（2）	2	32	28		4		6	
	00200331	电力系统继电保护原理	3	48	42	2	4		6	
	00200600	发电厂电气部分	2	32	28		4		6	
	00200620	高电压技术	2.5	40	32	8			6	
	00202050	电力系统经济与管理	2	32	32				6	
	专业核心课程小计		15.5 学分							
	必修课程学分小计		120.5 学分							

八、电气工程及其自动化专业部分集中实践环节设置（见表 B-4）

表 B-4　实践环节设置情况

类别	课序号	环 节 名 称	学分	周数	学时数	开课学期	选课要求
必修	01390012	军事实践	2	2		1	必修 27 学分
	00190210	公益劳动	1	(1)			
	00390200	金工实习	2	2		3	
	00290291	认识实习	2	2		5	
	00290430	毕业实习	3	3		8	
	00290030	毕业设计	13	13		8	
	00290020	毕业教育	0	1		8	
	00291040	电气与电子工程综合实验	2	2		6	
	00290160	电力系统综合实验	2	2		8	
		必修小计	27 学分				
选修模块 A	00290130	电力系统课程设计	1	1		7	至少选修 1 个模块 2 个学分
	00290180	发电厂电气部分课程设计	1	1		7	
选修模块 B	00290260	继电保护定值计算	1	1		7	
	00290270	继电保护与自动化综合实验	1	1		7	
选修模块 C	00290220	高电压综合试验	1	1		7	
	00290210	高电压技术课程设计	1	1		7	
选修模块 D	00290070	电力电子技术课程设计	1	1		7	
	00290080	电力电子技术综合实验	1	1		7	
		选修小计	2 学分				
	集中实践小计		29 学分				

注：选修模块 A、模块 B、模块 C 和模块 D，4 选 1 共 2 学分。

九、电气工程及其自动化专业选修课程设置

选修课程分为通识教育课程、专业领域课程、其他专业课程、研究生学位课程 4 个部分，每个部分学分比例没有要求，学生可根据自身情况、兴趣爱好等进行选课，选修课总学

分不低于 20 学分。

1. 通识教育课程

通识教育课程包括人文社科、语言交流、文化艺术、科学技术、经济管理、创新创业等模块，学生从学校给定的通识教育课程中选择。

2. 专业领域课程

专业领域课程旨在培养学生在该专业某领域内具备综合分析、处理（研究、设计）问题的技能及专业前沿知识。本专业领域的选修课程见表 B-5。

表 B-5　选修课程设置情况

组别	课程编号	课程名称	学分	总学时	课内学时	实验学时	上机学时	课外学时	开课学期	课程模块
1	00900200	计算方法	2	32	32				4	专业基础选修
	10310170	工程力学基础	3	48	48				4	
	01590820	电化学基础	2	32	32				5	
	00201122	现代电气测量与仪器	2	32	28		4		5	
	00200091	电磁场数值计算	1.5	24	18		6		5	
	00201010	电力市场基础	2	32	32				5	
	00201180	超导电力技术应用	2	32	32				6	
	00202060	电工材料导论	2	32	32				7	
	00200730	控制电机	2	32	28	4			7	
	00200360	电力系统通信	2	32	32				7	
	00200931	专业英语阅读（电气）	2	32	32				7	
2	00200300	电力系统故障分析	2	32	32				6	专业选修
	00200450	电力系统自动化	2.5	40	36	4			6	
	00200420	电力系统远程监控原理	2	32	32				6	
	00200850	新能源发电技术	1.5	24	24				6	
	00200911	直流输电技术	2	32	28		4		6	
	00200641	高电压绝缘	2	32	28	4			6	
	00200371	电力系统微机保护	2	32	28	4			7	
	00200440	电力系统主设备保护	1.5	24	24				7	
	00200202	电力电子技术应用	2	32	28	4			7	
	00200310	电力系统规划与可靠性	2	32	32				7	
	00202070	智能配用电技术	2	32	32				7	
	00200061	大型电机运行与故障诊断	1.5	24	24				7	
	00200541	电能质量概论	2	32	32				7	
	00200320	电力系统过电压	2	32	28		4		7	
	00200650	高电压试验技术	2	32	26	6			7	
	00200580	电气设备在线监测与故障诊断	2	32	32				7	
	00202080	配售电企业管理与市场竞争	2	32	32				7	
	00200611	发电厂动力部分	2	32	32				7	
		专业选修课小计								

3. 其他专业课程

为了培养复合型人才，鼓励学生跨专业选修课程。学生可以选修我校开设的任何专业的课程。

4. 研究生学位课程

对于今后继续攻读研究生的学生可以选修研究生学位课程。

十、电气工程及其自动化专业分学期教学进程（见表B-6）

表 B-6　分学期教学安排

第一学年									
第一学期					第二学期				
课程性质	课程编号	课程名称	学分	课程类别	课程性质	课程编号	课程名称	学分	课程类别
必修	00900130	高等数学 B（1）	5.5	理论	必修	00900140	高等数学 B（2）	6	理论
	00801410	通用英语	4			00801400	学术英语	4	
	01000010	体育（1）	1			01000020	体育（2）	1	
	00600200	高级语言程序设计	3.5			00900462	线性代数	3	
	00701650	形势与政策	2			00700971	马克思主义基本原理	3	
	00700972	中国近代史纲要	2			00600230	工程制图	2	
	00701351	思想道德修养与法律基础	3			00900050	大学物理（1）	4	
	01390011	军事理论	1						
	01390010	军事实践	2	实践		00900440	物理实验（1）	2	实践
必修学分小计					必修学分小计				

第二学年									
第三学期					第四学期				
课程性质	课程编号	课程名称	学分	课程类别	课程性质	课程编号	课程名称	学分	课程类别
必修	01000030	体育（3）	1	理论	必修	01000040	体育（4）	1	理论
	00900111	概率论与数理统计	3.5			00500351	模拟电子技术基础 A	3	
	00900090	复变函数与积分变换	3			00200480	电路理论 A（2）	2	
	00900060	大学物理（2）	2.5			00200681	工程电磁场	3.5	
	00202090	电气工程概论	1			00200161	电机学（1）	4	
	00200470	电路理论 A（1）	4			00700981	毛泽东思想和中国特色社会主义理论体系概论	6	
	00200950	电路实验（1）	0.5	实践		00200960	电路实验（2）	0.5	实践
	00390200	金工实习	2			00500190	模拟电子技术基础实验	1	
	00900450	物理实验（2）	2						
必修学分小计					必修学分小计				
选修专业模块					选修专业模块				

（续）

第三学年

第五学期

课程性质	课程编号	课程名称	学分	课程类别
必修	00200171	电机学（2）	2	理论
	00500411	数字电子技术基础 B	2.5	
	00200940	自动控制理论 B	2.5	
	00200860	信号分析与处理	3	
	00200190	电力电子技术	3	
	00200812	微机原理与接口技术	2.5	
	00200293	电力系统分析（1）	4	
	00290320	电机实验	1	实践
	00500180	数字电子技术基础实验	1	
	00290291	认识实习	2	
必修学分小计				

第六学期

课程性质	课程编号	课程名称	学分	课程类别
必修	00200980	电气工程前沿技术专题（报告形式）	2	理论
	00200433	电力系统分析（2）	2	
	00200331	电力系统继电保护原理	3	
	00200600	发电厂电气部分	2	
	00200620	高电压技术	2.5	
	00202050	电力系统经济与管理	2	
	00291040	电气与电子工程综合实验	2	实践
必修学分小计				

第四学年

第七学期

课程性质	课程编号	课程名称	学分	课程类别
必修				理论
	00290130	电力系统课程设计	1	实践
	00290180	发电厂电气部分课程设计	1	
	00290260	继电保护定值计算	1	
	00290270	继电保护与自动化综合实验	1	
	00290220	高电压综合试验	1	
	00290210	高电压技术课程设计	1	
	00290070	电力电子技术课程设计	1	
	00290080	电力电子技术综合实验	1	
必修学分小计			2	
选修专业模块				

第八学期

课程性质	课程编号	课程名称	学分	课程类别
必修				理论
	00290430	毕业实习	3	实践
	00290160	电力系统综合实验	2	
	00290030	毕业设计	13	
	00290020	毕业教育	0	
必修学分小计			18	
选修专业模块				

附录C　某省级一流大学建设高校电气工程及其自动化专业人才培养方案

一、培养目标

培养具有良好的人文素养、职业道德和可持续发展理念，具有较扎实的自然科学知识、系统的专业基础理论、良好的专业技术和工程实践能力，并具备获取和综合运用知识与技能解决复杂工程问题的能力，毕业后可在电气装备制造与运行、电能传输或工业自动化等领域，从事技术开发、工程/产品设计、系统运行、试验/测试分析、科学研究、技术经济管理等工作，并具备创新精神和团队意识的高素质工程技术人才。

二、专业毕业要求

1. 工程知识

能够将数学、自然科学、工程基础和专业知识运用于工程实践中，通过研究与分析建立物理、数学模型，用于解决电气工程领域的复杂工程问题。

（1）掌握数学相关的基本概念、定义、定理等基础知识，具备一定的数学基本理论、运算技能和分析解决问题的能力，并能适当应用于复杂工程问题的表述。

（2）掌握自然科学相关学科的基本概念、基本原理等基础理论知识，理解分析自然科学问题的基本方法与过程，并能用于复杂工程问题的建模和求解。

（3）掌握电工基础、控制理论基础等学科的基础理论和基本技能，并能应用于电气工程领域复杂工程问题的建模和求解。

（4）掌握电气工程专业领域的核心专业知识。

1）能够用于电机电器及其控制相关复杂工程问题的表述、建模和求解；

2）能够用于电力系统及其自动化相关复杂工程问题的表述、建模和求解；

3）能够应用于电力电子与电力传动系统设计、电能变换和运动控制等复杂工程问题的表述、建模和求解；

4）能够应用于高压电力装备相关复杂工程问题的表述、建模和求解；

5）能够用于电气绝缘与电缆相关复杂工程问题的表述、建模和求解。

2. 问题分析

能够应用数学、自然科学和工程科学的基本原理，通过识别、表达和文献研究对电气工程领域相关复杂工程问题的特点或特征进行研究分析，并得到有效结论。

（1）能够运用数学的相关知识对复杂工程技术问题的关键环节和参数进行识别和表达。

（2）能够运用自然科学原理对电气工程领域的复杂问题进行识别和表达。

（3）能够运用工程科学原理对电气工程领域的复杂工程技术问题进行识别和表达。

（4）能够通过文献的搜集与分析，寻求电气工程领域复杂工程问题的解决方案。

（5）能够运用基本原理、文献资料及专业知识，分析解决电气工程领域复杂工程问题的影响因素，并获得有效结论。

3. 设计/开发解决方案

能够针对电气工程领域应用的特定需求，确定设计目标和技术方案，并设计实施技术方案所需的系统、单元（部件）、材料或工艺流程；能够在设计环节中体现创新意识，考虑社会、健康、安全、法律、文化以及环境等因素。

（1）能够根据电气工程领域复杂工程问题的特定需求，确定设计目标，并提出技术方案。

（2）能够利用技术评价手段对电气工程领域复杂工程问题的设计方案做可行性分析。

（3）能够设计实施技术方案所需的系统、单元（部件）、材料或工艺流程，并对实施方案进行改进，体现创新意识。

（4）能够在设计技术方案过程中综合考虑社会、健康、安全、法律、文化以及环境等因素。

4. 研究

能够基于基础理论与专业知识，采用科学方法对电气工程领域复杂工程问题进行研究，包括设计实验、分析与解释数据，并通过信息综合得到合理有效的结论。

（1）掌握材料、部件（元件）、设备、系统等性能测试分析与验证方法，并理解其适用范围。

（2）能够基于专业理论和科学方法设计针对特定研究需求的可行实验方案。

（3）能够根据实验方案构建实验系统，安全地开展实验，并准确地获取实验数据。

（4）能够对实验数据进行分析和解释，并通过信息综合得到合理有效的结论。

5. 使用现代工具

能够针对电气工程领域复杂工程问题，开发、选择与使用恰当的技术、资源、现代工程工具和信息技术工具，以达到对相关工程问题的模拟仿真与预测，并能够理解其局限性。

（1）能够结合信息与资源，针对电气工程领域复杂问题的特定需求，选择、使用或开发恰当的技术。

（2）能够将现代技术工具应用于复杂工程问题中，并能够对其可行性进行分析预测。

（3）能够应用现代工具和资源对复杂工程问题进行分析与建模，通过模拟仿真等手段分析电气工程领域的复杂问题，并能理解其局限性。

6. 工程与社会

能够基于电气工程领域背景知识对复杂工程问题进行合理分析，评价解决方案和工程实践对社会、健康、安全、法律以及文化的影响，并理解应承担的责任。

（1）具有在专业领域相关企业实践的经历，能从多渠道获得电气工程领域的背景知识。

（2）了解电气工程领域相关的基本技术规范及企业运行和管理体系。

（3）能够分析、评价电气工程领域问题的解决方案与工程实践对人文、社会、健康、安全、法律以及文化等的影响，并理解应承担的责任。

7. 环境与可持续发展

能够理解和评价电气工程领域复杂工程问题的工程实践对环境、社会可持续发展的影响。

（1）理解环境保护和社会可持续发展的内涵和意义。

（2）熟悉环境保护的相关法律法规，理解电气工程领域复杂问题的工程实践过程对环境与社会可持续发展可能产生的影响。

（3）能够根据环境和社会可持续发展的原则，对工程实践过程进行评价。

8. 职业规范

具有人文社会科学素养、社会责任感，能够在工程实践过程中理解并遵守工程职业道德和规范，履行责任。

（1）具有正确的世界观、人生观、价值观，具有较全面的人文社会科学知识和良好的个人修养。

（2）具有社会责任感与服务意识，熟悉并遵守职业道德规范和所属职业体系的职业行为准则，履行责任。

9. 个人与团队

能够在多学科背景下的团队中承担个体、团队成员以及负责人的角色。

（1）能够理解团队合作的意义，具有良好的集体观念和合作意识。

（2）能够胜任团队成员的角色与责任，独立完成团队分配的工作。

（3）能够根据团队需要承担相应的职责，组织协调团队成员开展工作。

10. 沟通

能够就电气工程领域复杂工程问题与业界同行及社会公众进行有效沟通和交流，包括撰写报告和设计文稿、陈述发言、清晰表达或回应指令。具备一定的国际视野，能够在跨文化背景下进行沟通和交流。

（1）能够就电气工程领域复杂问题与业界同行及社会公众进行有效沟通和交流。

（2）能够就电气工程领域复杂问题清晰地发表见解和意见，并回答相关问题。

（3）具备一定的国际视野，了解国内外电气工程领域科学发展趋势，能够在跨文化背景下就电气工程领域复杂问题进行沟通和交流。

（4）能够就电气工程领域复杂问题撰写实验报告、研究报告、说明书、项目计划书、学术论文等。

11. 项目管理

理解并掌握工程管理原理与经济决策方法，并能在电气工程领域相关学科环境中应用。

（1）理解工程活动涉及的管理学基本知识。

（2）理解并掌握工程活动涉及的经济学基本知识。

（3）从经济性的角度具有决策复杂多学科工程项目技术方案的意识。

12. 终身学习

具有自主学习和终身学习的意识，有不断学习和适应发展的能力。

（1）具有自主学习知识和终身学习的意识。

（2）掌握自主学习的方法，了解拓展知识和能力的途径。

（3）能够针对个人职业发展需求制定学习计划，有不断学习和适应发展的能力。

三、主干学科

电气工程、控制科学与工程。

四、主干课程

电路、电磁场、电子技术、电机学、自动控制原理、电力电子技术、电力工程、信号与系统、工厂电气控制技术、电气测试技术。

五、专业方向

①电机电器及其控制；②电力系统及其自动化；③电力电子与电力传动；
④高电压技术；⑤电气绝缘与电缆

六、学制

四年。

七、毕业条件

修满 176 学分（其中理论教学 138 学分，实践教学 38 学分）准予毕业。

八、授予学位

工学学士。

九、教学进程安排

（1）教学进程见表 C-1，包括：①通识课：通识必修课（自然科学类 + 人文、社科、经管类）+ 通识任选；②专业课：专业核心课（学科、专业基础课 + 专业课）+ 专业选修课（模块选修课 + 学科、专业基础任选课 + 模块任选课）。

（2）实践教学环节安排见表 C-2。

（3）总周数分配见表 C-3。

（4）学历表见表 C-4。

表 C-1 教学进程

课程					学分	门数/门次	集中考试	学时分配					学期、周数、周学时数							
种类	性质		课程编号	课程名称				总计	讲课	实验	上机	翻转、案例、实践、创新	一	二	三	四	五	六	七	八
													14	17	17	14	14	15	8	0
通识课	通识必修课	自然科学类	080115T001W	高等数学（一）-Ⅰ、Ⅱ	5+5	1/2	1，2	160	80+80			（12）	6	5×16						
			080115T007W	线性代数（二）	2	1/1		32	32			（4）	3×11							
			080115T008W	概率论与数理统计	2.5	1/1		40	40			（4）		4×10						
			080115T009W	复变函数、积分变换	2.5	1/1		40	40			（4）			4×10					
			080315T002W	大学物理（二）-Ⅰ、Ⅱ	3+3	1/2	2	96	48+48					3×16	3×16					
			080815S001W	物理实验-Ⅰ、Ⅱ	0+1.5	1/2		40		20+20				2×10	2×10					
			030115TI00W	大学化学	2	1/1		32	32				3×11							
			040315T001W	C语言程序设计	3.5	1/1		56	10	24		22		4×14						
			自然科学类小计		30	8/11	3	496	410	64	0	22/（24）	12	16	9	0	0	0	0	
		人文、社科、经管类	090515T001W	大学英语-Ⅰ、Ⅱ、Ⅲ	3.5+4+2	1/3	1，2，3	152	56+64+32				4	4×16	3×11					
			730115T001W	体育-Ⅰ、Ⅱ……	1+1+1	1/2		56	28+28			（56）	2	2×14	（2×7）	（2×7）	（2×7）	（2×7）		
			170115T001W	军事理论	1	1/1		28	28			（8）	2×14							
			180115T001W	思想道德修养与法律基础	2	1/1		32	32			（16）	3×11							
			180115T002W	马克思主义基本原理概论	2	1/1		32	32			（16）		2×16						

（续）

课程					学分	门数/门次	集中考试	学时分配					学期、周数、周学时数							
种类	性质		课程编号	课程名称				总计	讲课	实验	上机	翻转、案例、实践、创新	一	二	三	四	五	六	七	八
													14	17	17	14	14	15	8	0
通识课	通识必修课	人文、社科、经管类	180115T003W	中国近现代史纲要	1.5	1/1		24	24			(8)			2×12					
			180115T004W	毛中特概论	3.5	1/1		56	56			(34)				4×14				
			180115T005W	总书记讲话专题	1	1/1		16	16									2×8		
			910115T001W	信息检索与应用	1	1/1		16	16						2×8					
			060115T001W	创业基础	2	1/1		32	32								3×11			
			000115T001W	大学语文	2	1/1		32	32					2×16						
			060115T003W	项目管理与技术经济学	2	1/1		32	32										4×8	
			920115T001W	大学生健康教育	0			(16+4)					√							
			920115T003W	大学生就业指导	0			(16)	(12)			(4)						√		
			人文、社科、经管类小计		30.5	12/15	3	508	508	0	0	(142)	11	10	6	4	3	2	4	
		通识必修小计			60.5	20/26	6	1004	918	64	0	22/(166)	23	26	15	4	3	2	4	
	通识任选	选修课一1.5学分（第3学期）；选修课二1.5学分（第4学期）；选修课三1.5学分（第5学期）；选修课四1.5学分（第7学期）；选修课五1.5学分（第7学期）。（此模块由专业从通识选修课列表中挑选决定本专业学生的通识选修课，选课时间为2~7学期，每学期可选1~2门）																		
		通识任选小计			7.5	5/5	0	150	150				0	0	2	2	2	0	8	
	通识课合计				68	25/31	8	1154	1068	64	0	22/(166)	23	26	17	6	5	2	12	

专业课程	专业核心课	学科、专业基础	030115HI01W	电气工程专业导论	0			（16）						2×8						
			030115HI02W	企业家和名家讲座	0										√	√	√	√	√	
			030315HI01W	电路	2.5＋3.5	1/2	2，3	96	80	16				5×8	4×14					
			030315HI03W	电磁场	3.5	1/1	4	56	48	4	4					4				
			050515HO11W	电子技术	8	1/2	3，4	128	104	12/12					4×16	5×13				
			010715HO01W	工程制图 CAD 技术	3.5	1/1		56	46		10		4							
			030115HI05W	自动控制原理	4	1/1		64	54	6	4					5×13				
			160315HO11W	工程力学（二）	3	1/1		48	44	4					3×16					
			010615HO22W	机械设计基础	2.5	1/1		40	36	4						3				
			030115HI03W	信号与系统	2	1/1		32	28	4							3×11			
			030115HI04W	电力电子技术	3.5	1/1	5	56	48	8							4			
			030115HI06W	电机学	5	1/1	5	80	70	10							6			
			学科、专业基础课小计		41	10/12	7	656	558	80	18		4	5	11	17	13	0	0	
		专业平台	030115SI07W	电气工程创新实践课	2	1/1		32				32						3×11		
			030115HI08W	单片机原理及应用	3	1/1	4	48	40	8						4×12				
			030115HI09W	工厂电气控制技术	2.5	1/1	6	40	34	6								3×14		
			030115HI10W	电气测试技术	2.5	1/1	5	40	34	6							3			
			030115HI11W	电力工程	3	1/1		48	40	8							4×12			
			专业平台课小计		13	5/5	3	208	148	28	0	32	0	0	0	4	7	6	0	
		专业核心课小计			54	15/17	10	864	706	108	18	32	4	5	11	21	20	6	0	

（续）

课程					学分	门数/门次	集中考试	学时分配					学期、周数、周学时数							
种类	性质		课程编号	课程名称				总计	讲课	实验	上机	翻转、案例、实践、创新	一	二	三	四	五	六	七	八
													14	17	17	14	14	15	8	0
专业	专业	A 模块必选	030115XI12W	电机设计	2	1/1	6	50	50									4×13		
			030115XI13W	控制电机	2	1/1	6	40	36	4								3×14		
			030115XI14W	电机运动控制	2	1/1		40	36	4								3×14		
			030115XI15W	电机测试技术	2	1/1		40	34	6								3×14		
			030115XI16W	大电机技术	1.5	1/1		30	22			8						2		
			A 模块必选小计		9.5	5/5	2	200	178	14		8	0	0	0	0	0	15	0	
		B 模块必选	030115XI17W	电力系统暂态分析	2	1/1	6	40	34	6								3×14		
			030115XI18W	发电厂电气部分	2	1/1	6	40	36	4								3×14		
			030115XI19W	电力系统继电保护	2	1/1		50	20	8		22						4×13		
			030115XI20W	电力系统自动化（双语）	2	1/1		40	36	4								3×14		
			030115XI21W	新能源发电及控制技术	1.5	1/1		30	26	4								2		
			B 模块必选小计		9.5	5/5	2	200	152	26		22	0	0	0	0	0	15	0	
		C 模块必选	030115XI22W	电源变换技术	2	1/1	6	50	36	6		8						4×13		
			030115XI23W	运动控制系统	3	1/1	6	60	50	10								4		
			030115XI24W	电能质量及控制	1.5	1/1		30	24	6								2		
			030115XI25W	电力电子电路分析与仿真	1.5	1/1		30	12		8	10						2		
			030115XI26W	电动汽车新技术（双语）	1.5	1/1		30	26	4								2		
			C 模块必选小计		9.5	5/5	2	200	148	26	8	18	0	0	0	0	0	14	0	

课程	方向课	D模块必选	030115XI27W	电气绝缘结构设计原理	2.5	1/1	6	50	46	4								4×13		
		D模块必选	030115XI28W	电气绝缘测试及诊断技术	2.5	1/1		50	42	8							4×13			
		D模块必选	030115XI29W	高电压试验技术	3	1/1	6	60	50	10								4		
		D模块必选	030115XI30W	电力系统过电压及保护	2.5	1/1		42	42									3		
		D模块必选	030115XI31W	高压电器	2	1/1		42	42									3		
		D模块必选小计			12.5	5/5	2	244	222	22			0	0	0	0	4	14		
		E模块必选	030115XI32W	电缆材料	2.5	1/1		50	46	4							4×13			
		E模块必选	030115XI33W	电力电缆	2	1/1	6	40	38	2								3×14		
		E模块必选	030115XI34W	电气绝缘测试技术	2	1/1	6	40	34	6								3×14		
		E模块必选	030115XI35W	通信电缆	2	1/1		42	40	2								3×14		
		E模块必选	030115XI36W	电缆工艺原理	2	1/1		40	38	2								3×14		
		E模块必选	030115XI37W	光纤与光缆	2	1/1	7	32	30	2									4×8	
		E模块必选小计			12.5	6/6	3	244	226	18			0	0	0	0	4	12	4	
		模块必选小计			9.5/12.5	5/5	2	200/244	148/226	26/18	8	18	0	0	0	0	4	14	0	

（续）

课程					学分	门数/门次	集中考试	学时分配					学期、周数、周学时数							
种类	性质		课程编号	课程名称				总计	讲课	实验	上机	翻转、案例、实践、创新	一	二	三	四	五	六	七	八
													14	17	17	14	14	15	8	0
		学科、专业任选	030115XI38W	工业通信与网络技术	1.5	1/1		30	30									2		
			030115XI39W	计算机控制技术	1.5	1/1		30	26	4								2		
			030115XI40W	PLC 电气控制与组态设计	2	1/1	7	40	32	8									5×8	
			030115XI41W	电介质物理学	2.5	1/1	4	50	46	4						4×13	4×13			
			030115XI42W	电介质化学	2	1/1		40	40						3×14					
			010115XO01W	数控加工理论与编程技术	1.5	1/1		30											4×8	
			030115XI43W	TRIZ 创新方法	1	1/1		16	16										2×8	
			学科、专业任意选修小计		3.5/4.5	2/2	2	70/90	62/86	8/4			0	0	3	4	0	2	5	
			030115XI44W	创业实践课	1.5	1/1		30				30							4×8	
			030115XI45W	电机结构工艺学（双语）	1.5	1/1	7	30	16			14							4×8	
			030115XI46W	电机实践与仿真	1.5	1/1		30	10		20								4×8	
			030115XI47W	高电压技术	1.5	1/1	7	30	26	4									4×8	
			030115XI48W	电力系统通信技术	1.5	1/1		30	24	6									4×8	
			030115XI49W	新能源发电及控制技术	1.5	1/1	7	30	22	8									4×8	
			030115XI50W	电气 CAD 技术（双语）	1.5	1/1		30	20	10								2		
专业	专业	专业模	030115XI51W	电力变压器电磁计算	1.5	1/1	7	30	20			10							4×8	

课程	选修课	块任选	030115XI52W	物理场有限元分析（双语）	1.5	1/1		30	30										4 ×8	
			030115XI53W	聚合物绝缘材料结构分析（双语）	1.5	1/1		30	24	6								2		
			030115XI54W	电缆测试技术	1.5	1/1	7	30	20			10							4×8	
			030115XI55W	电缆机械设备	1.5			30											4×8	
			030115XI56W	单片机高级语言编程	1.5	1/1		30	22		8								4×8	
			030115XI57W	电机工程应用软件	1.5	1/1		30	30									2		
			030115XI58W	EDA 技术	1.5	1/1		30	22	8									4×8	
			030115XI59W	DSP 原理及应用	1.5	1/1		30	22		8						3×10			
			030115XI60W	嵌入式系统设计与应用	1.5	1/1		30	20		10							2		
			030115XI61W	电路计算机辅助设计	1.5	1/1		30	16		14							2		
			专业模块任意选修小计		3	2/2	1	60	42/50	18/0		0/10						2	4	
		专业选修课小计			16/20		3	330/394												
	专业课程合计				70	24/26	15	1194	958	160	26	50	4	5	11	21	20	24	9	0
合计	总学分、总学时、周学时				138			2348	2026	224	26	72	27	28	28	27	25	26	21	0
	集中考试课门数					21							2	4	3	3	3	3	3	0
	课程门数、课程门次数					49	57						8	10	10	7	7	10	5	0

表 C-2 实践教学环节安排

序号	课程编号	名称	内容	学期	周数	学分	次数	场所/性质
1	170115SO01W	军事技能训练	通过队列和军事体能的训练，增强学生爱国主义精神、国防意识、团队意识	1	2	2		校内
2	520115SO02W	工程训练	了解机械制造的一般过程及机械制造的基本工艺知识；熟悉简单零件加工方法，在主要工种上初步具有独立完成简单零件加工的实践能力；培养劳动观点、创新精神和理论联系实际的科学作风	4	3	3		校内工程训练中心
3	030315SI01W	电工实习	安全用电常识，电工仪表与电气元件使用与识别，常用导线认知与连接，家用电路的安装与调试，焊接练习及万用表的焊接实践	3	1	1		校内
4	030115SI62W	电力电子实习	电力电子元器件的识别、测试、焊接，电力电子变换电路的设计与调试	5	2	2		校内
5	030115SI63W	认识实习	了解专业特点、研究方向、应用领域和技术发展状况；了解专业方向课程体系；对专业相关实物进行初步认识	2	1	1		校内和市内
6	030115SI64W	学年设计（五选一）	A 电机设计及仿真 B 电力系统继电保护 C 直流开关电源 D 电气绝缘结构 E 电缆结构设计	7	2	2		校内
7	030115SI65W	生产实习	专题讲座、组织参观、车间实习等 （第 6 学期：D、E 前 3 周，A、B、C 后 3 周进行）	6	3	3		校内/市内/省内/省外
8	010615SO22W	课程设计	减速器轴系设计	4	1	1		校内
9	030115SI66W		单片机控制系统设计	5	2	2		校内
10	030115ZI67W	综合实践（自主学习）	科技实践	1 ~ 8	2	2		校内/校外
11	030115ZI68W		毕业设计 I	7	6	3		校内/校外

（续）

序号	课程编号	名　称	内　容	学期	周数	学分	次数	场所/性质
12	000115SO01W	课外科技活动	创新、创业与科技竞赛	1～7	(2)	0		校内/校外
13	180115SO06 W	社会实践	形势与政策	1～3		0	3	讲座形式
14	030115SI68W	毕业设计	毕业设计	8	16	16		校内/校外
	合计				41	38		
备注	1. 毕业设计安排在第七和第八两个学期0.75年制22周。第七学期期末提供开题报告并用PPT答辩；第八学期期末提交毕业论文并答辩。 2. 本专业毕业生需至少获得2个科技实践学分。 获取途径：1）科技竞赛获奖、发表研究论文、申请专利等，可以获得2学分；2）参加课外科技项目、大学生创新创业训练计划，结题可以获得2学分；3）申请大学生科研训练，并写出研究工作总结报告，经指导教师认定后可获得2学分。4）申请大学生企业实习，并写出实习工作总结报告，经企业和学校指导教师认定后可获得2学分。 科技实践中各项工作完成后需提交报告，由毕业设计指导教师核定学分并经系里审核，总科技实践学分达到或超过2学分者为合格。							

表 C-3　总周数分配

学期	理论教学	课程设计	工程训练	认识实习	电工实习	电力电子实习	生产实习	学年设计（论文）	综合实践（自主学习）	考试	军事技能训练	入学教育	毕业教育	毕业设计	运动会节假日	合计
一	14									1	2	1			1	19
二	17			1						1					1	20
三	17				1					1					1	20
四	14	1	3							1					1	20
五	14	2				2				1					1	20
六	15						3			1					1	20
七	8							2	8	1					1	20
八	0												1	16	1	18
总计	99	3	3	1	1	2	3	2	8	7	2	1	1	16	8	157

表 C-4　学历

学年	学期	1	2	3	4	5	6	7	8	9	10	11	12	13	14	15	16	17	18	19	20
一	一	—	○	★	★	□	□	□	□	□	□	□	□	□	□	□	□	□	□	∨	:
	二	□	□	□	□	□	□	□	□	□	□	□	□	□	□	□	□	□	♥	∨	:

（续）

学年	学期	1	2	3	4	5	6	7	8	9	10	11	12	13	14	15	16	17	18	19	20
二	三	⊗	□	□	□	□	□	□	□	□	□	□	□	□	□	□	□	□	□	∨	：
	四	×	×	×	□	□	□	□	□	□	□	□	□	□	□	□	□	□	※	∨	：
三	五	※	※	□	□	□	□	□	□	□	□	□	□	□	□	□	□	§	§	∨	：
	六	□	□	□	□	□	□	□	□	□	□	□	□	□	□	□	∨	：	△	△	△
四	七	□	□	□	□	□	□	□	□	∨	：	■	■	⊕	⊕	⊕	⊕	⊕	⊕	⊕	⊕
	八	*	*	*	*	*	*	*	*	*	*	*	*	*	*	*	*	∨	+	—	—

符号说明：

□ 理论教学 ※ 课程设计 — 空
♥ 认识实习 △ 生产实习 ： 考 试
× 工程训练 * 毕业设计 ○ 入学教育
+ 毕业教育 ⊗ 电工实习 ∨ 运动会、节假日
■ 学年设计（论文） ★ 军训 ⊕ 综合实践（自主学习）
§ 电力电子实习

附录 D 某应用型本科院校电气工程及其自动化专业人才培养方案

一、专业培养目标

本专业培养德智体美劳全面发展的社会主义事业合格建设者和可靠接班人，适应社会经济发展需要，具有良好的道德与修养，遵守法律法规，社会和环境意识强，具有电气工程领域相关知识和技能，具备工程实践能力和创新意识，能利用所学知识解决工程问题和构建工程系统，能在智能电气装备制造、智能电网等相关领域从事科技开发、技术改造、技术服务、运行管理和经营销售等工作的应用型高级专门人才。

培养的学生毕业后经过 5 年左右的实际工作，能够达到下列目标：

目标 1：具有良好的社会责任感，遵守职业道德，事业心强，拼搏进取。

目标 2：有创新意识，能独立分析和解决与智能电气装备制造和智能电网领域相关的工程问题。

目标 3：能从社会、环境、经济、文化等视角审视电气工程问题，并有效进行电气工程项目管理。

目标 4：能与同事、客户和公众有效沟通，能有效进行团队合作。

目标 5：能通过有目的地学习解决专业技术问题或适应职位发展。

二、学生毕业要求

通过大学阶段学习，学生毕业时应达到以下要求：

（1）能够将数学、自然科学、工程基础和专业基础知识用于解决电气工程领域工程问题。

1）能运用数学、物理、工程等专业科学语言进行工程问题的描述和建模；

2）能利用所学知识和恰当的边界条件对工程问题模型进行求解；

3）能利用模型方法解决电气工程领域的工程问题。

（2）能够应用数学、自然科学和工程科学的基本原理，识别、表达并通过文献研究分析智能电气装备制造、智能电网领域复杂工程问题，以获得有效结论。

1）能应用专业知识识别电气控制系统和电力系统复杂工程问题，并通过问题分解确定关键环节；

2）能正确表达和分析电气控制系统、电力系统及其功能单元的关键环节；

3）能通过查阅文献寻求解决电气控制系统和电力系统复杂工程问题的多种解决方案，并综合分析结果获得有效结论。

（3）能够针对智能电气装备制造、智能电网领域复杂工程问题，设计满足特定需求的解决方案，并能够在设计环节中体现创新意识，考虑社会、健康、安全、法律、文化以及环境等因素。

1）能通过需求分析，确定电气控制系统和电力系统设计目标；

2）能够在社会、法律、环境等因素的约束下，提出满足电气控制系统和电力系统设计目标的设计方案；

3）能在设计方案的开发和实现过程中正确应用电气工程技术规范和标准；

4）能根据设计方案，实现电气控制系统、电力系统和功能单元，在实现过程中有意识地进行优化与改进。

（4）能够基于科学原理并采用科学方法对智能电气装备制造、智能电网复杂工程问题进行研究，包括设计实验、分析与解释数据、并通过信息综合得到合理有效的结论。

1）能基于科学原理和方法，确定电气控制系统和电力系统研究对象并设计可行的实验方案；

2）能根据实验方案搭建实验系统，采用科学的实验方法开展实验，并能正确采集、整理实验数据；

3）能对实验数据和结果进行分析和解释，综合信息得到解决电气控制系统和电力系统复杂工程问题的有效结论。

（5）能够针对智能电气装备制造、智能电网领域复杂工程问题，开发、选用恰当的技术、资源、现代工程工具和信息技术工具，能对复杂工程问题进行预测与模拟，并能够理解其局限性。

1）明确用于电气控制系统和电力系统设计的常用软硬件工程工具的功能并能正确使用；

2）能使用工程和信息技术工具，对电气控制系统和电力系统及其功能单元进行预测与模拟；

3）能合理分析仿真结果，理解预测与模拟的局限性。

（6）能够基于智能电气装备制造、智能电网领域工程相关背景知识进行合理分析，评价专业工程实践和复杂工程问题解决方案对社会、健康、安全、法律以及文化的影响，并理解应承担的责任。

1）能分析电气控制系统和电力系统工程实践项目对全球、经济、环境和社会背景的影响，明确工程师责任；

2）能应用电气工程领域行业政策、知识产权和法律法规评价电气控制系统和电力系统解决方案对社会、健康、安全、法律以及文化的影响。

（7）能够理解和评价针对智能电气装备制造、智能电网领域复杂工程问题的工程实践对环境、社会可持续发展的影响。

1）能应用环境保护的相关法律法规，分析电气控制系统和电力系统对环境保护和社会可持续发展的影响；

2）能评价电气控制系统和电力系统项目对环境和社会的影响。

（8）具有人文社会科学素养、社会责任感，能够在工程实践中理解并遵守工程职业道德和规范，履行责任。

1）具有人文社会科学素养和社会责任感，能践行社会主义核心价值观；

2）能够在电气工程实践中遵守工程职业道德和行为规范，履行工程师责任。

（9）能够在多学科背景下的团队中承担团队成员以及负责人的角色。

1）身心健康，明确团队责任，能作为团队成员完成电气控制系统和电力系统工程实践项目团队任务；

2）能在多学科背景下，作为团队负责人组织团队开展工作。

（10）能够就智能电气装备制造、智能电网领域复杂工程问题与业界同行及社会公众进行有效沟通和交流，包括撰写报告和设计文稿、陈述发言、清晰表达或回应指令。并具备一定的国际视野，能够在跨文化背景下进行沟通和交流。

1）能够通过撰写报告和设计说明书等书面方式，描述电气控制系统和电力系统复杂工程问题及解决方案；

2）能通过答辩、陈述发言等方式清晰表达观点，并回应指令；

3）能应用外语进行沟通与交流，并就电气工程前沿问题表述自己的见解。

（11）理解并掌握智能电气装备制造、智能电网领域工程管理原理与经济决策方法，并能在多学科环境中应用。

1）能应用工程管理原理与经济决策方法，分析电气工程项目与解决方案；

2）能在多学科背景下，对电气工程问题提出合理的管理和经济解决方案。

（12）具有自主学习和终身学习的意识，有不断学习和适应发展的能力。

1）能在解决电气控制系统、电力系统工程实践项目的过程中明确学习的重要性并确定学习方向；

2）能主动规划个人职业，并使用有效的学习方法进行自主学习和终身学习，适应发展。

毕业要求与培养目标的关系矩阵见表 D-1。

表 D-1　毕业要求与培养目标的关系矩阵

培养目标 / 毕业要求	培养目标 1	培养目标 2	培养目标 3	培养目标 4	培养目标 5
毕业要求 1		●			
毕业要求 2		●		●	●
毕业要求 3	●	●	●	●	
毕业要求 4		●		●	
毕业要求 5		●			●
毕业要求 6	●	●	●		
毕业要求 7	●	●	●		
毕业要求 8	●		●		●
毕业要求 9	●			●	
毕业要求 10				●	●
毕业要求 11		●	●		
毕业要求 12	●				●

三、专业基本修业年限及修读学分规定

基本学制 4 年。本专业要求毕业生必须修满规定的 180 学分，其中必修课 146.5 学分、选修课 33.5 学分，完成规定的实践性教学环节 58.5 学分，成绩合格且毕业设计（论文）通过答辩，准予毕业。

四、授予学位

达到学校对“本科毕业生学士学位授予工作实施细则”规定的毕业生，授予工学学士学位。

五、支撑学科

电气工程、控制科学与工程。

六、核心课程

电路基础、模拟电子技术、数字电子与 EDA 技术、嵌入式系统原理与应用、信号与系统、自动控制原理、通信技术基础、传感器及电气测试技术、电机学、电力电子技术、电力系统基础、高电压技术、供配电系统、电气控制与 PLC 技术等。

七、课程与毕业要求的关系矩阵（见表D-2）

表D-2　课程与毕业要求的关系矩阵

课程模块	序号	课程名称	毕业要求1			毕业要求2			毕业要求3				毕业要求4			毕业要求5			毕业要求6		毕业要求7		毕业要求8		毕业要求9		毕业要求10			毕业要求11		毕业要求12	
			1.1	1.2	1.3	2.1	2.2	2.3	3.1	3.2	3.3	3.4	4.1	4.2	4.3	5.1	5.2	5.3	6.1	6.2	7.1	7.2	8.1	8.2	9.1	9.2	10.1	10.2	10.3	11.1	11.2	12.1	12.2
	1	思想道德修养与法律基础																					0.4									
	2	马克思主义基本原理概论																				0.2										
	3	中国近现代史纲要																				0.2										
哲学与社会	4	毛泽东思想和中国特色社会主义理论体系概论																				0.2										
	5	习近平新时代中国特色社会主义思想“四进四信”专题教学																				0.2										
	6	形势与政策																													0.3	
	7	思想政治理论课实践																				0.2										
文学与艺术	8	大学英语																								0.2		0.3				
	9	科技文体写作																								0.2						
	10	高等数学A1-2	0.2	0.2																												
	11	线性代数B	0.2																													
数学与	12	概率论与数理统计B		0.2																												

自然科学基础	13	复变函数与积分变换 B		0.2																													
	14	大学数学实验											0.2																				
	15	大学物理 A1-2	0.2	0.2																													
	16	大学物理实验 A												0.2																			
工程与文化	17	工程训练 C																0.2															
	18	电气工程概论																0.2	0.2	0.2			0.3										
人工智能与信息技术	19	大学计算机														0.2																	
	20	软件技术基础			0.2												0.3																
创新与创业	21	创业基础																						0.2									
	22	职业生涯规划与就业指导																													0.2	0.4
	23	电气工程前沿技术																			0.2										0.2	
健康与安全	24	大学体育																						0.2									
	25	大学生心理健康																						0.2									
	26	军事训练																						0.2									
	27	军事理论																						0.2									
工程素养	28	电气专业导论																		0.2	0.2											0.3
	29	职业认知实习																													0.3	
绘图能力	30	机械制图基础	0.2																													
	31	电气行业规范与CAD 实习													0.3											0.3						

（续）

课程模块	序号	课程名称	毕业要求1			毕业要求2			毕业要求3				毕业要求4			毕业要求5			毕业要求6		毕业要求7		毕业要求8		毕业要求9		毕业要求10			毕业要求11		毕业要求12	
			1.1	1.2	1.3	2.1	2.2	2.3	3.1	3.2	3.3	3.4	4.1	4.2	4.3	5.1	5.2	5.3	6.1	6.2	7.1	7.2	8.1	8.2	9.1	9.2	10.1	10.2	10.3	11.1	11.2	12.1	12.2
电路设计能力	32	电路基础A			0.3	0.2		0.2																									
	33	模拟电子技术A							0.2	0.2																							
	34	数字电子与EDA技术A			0.3	0.2																											
	35	模拟电子技术A实验												0.2		0.2																	
	36	数字电子与EDA技术B实验												0.2		0.2																	
	37	电子工艺实习														0.3					0.2	0.2						0.3					
计算机与网络应用能力	38	通信技术基础									0.2			0.2																			
	39	嵌入式系统原理与应用									0.2						0.2	0.2															
	40	嵌入式系统实习										0.2						0.3								0.2	0.3						
	41	电气系统建模与仿真技术													0.2							0.2											
信号检测与控制应用能力	42	自动控制原理				0.2		0.2									0.2																
	43	自动控制原理实验											0.3					0.2															
	44	信号与系统B				0.2		0.2																									
	45	传感器及电气测试技术					0.2	0.2																									
电能转	46	工程电磁场	0.2	0.2																													
	47	电机学					0.2			0.3																							
	48	电力电子技术			0.2		0.2														0.2												

换实现能力	49	电力系统基础							0.2		0.2																						
	50	电机学实验												0.2	0.2																		
	51	电力电子技术实验											0.3		0.2																		
	52	电力系统基础实验											0.2		0.2																		
电气控制技术	53	电气传动及其控制（双语教学）							0.2			0.2																	0.2				
	54	电气控制与 PLC 技术					0.2										0.2																
	55	电气控制与 PLC 技术实习								0.3							0.2																
	56	继电保护及自动装置（双语教学）				0.2	0.2																						0.2				
电网控制技术	57	供配电系统							0.2		0.2								0.2														
	58	高电压技术						0.2													0.2												
	59	电网实训							0.2				0.2													0.2							
综合设计能力	60	电气工程项目规划与管理																		0.2		0.2								0.3	0.3		
	61	专业综合实践										0.3							0.2							0.3				0.4	0.4		
	62	生产实习																	0.2	0.3				0.3		0.3							
	63	毕业设计及论文（含答辩）								0.2	0.2	0.3								0.3							0.3	0.4	0.3				
素质拓展能力	64	电气创新创业项目																												0.3	0.3		0.3

八、课程配置流程（见图 D-1）

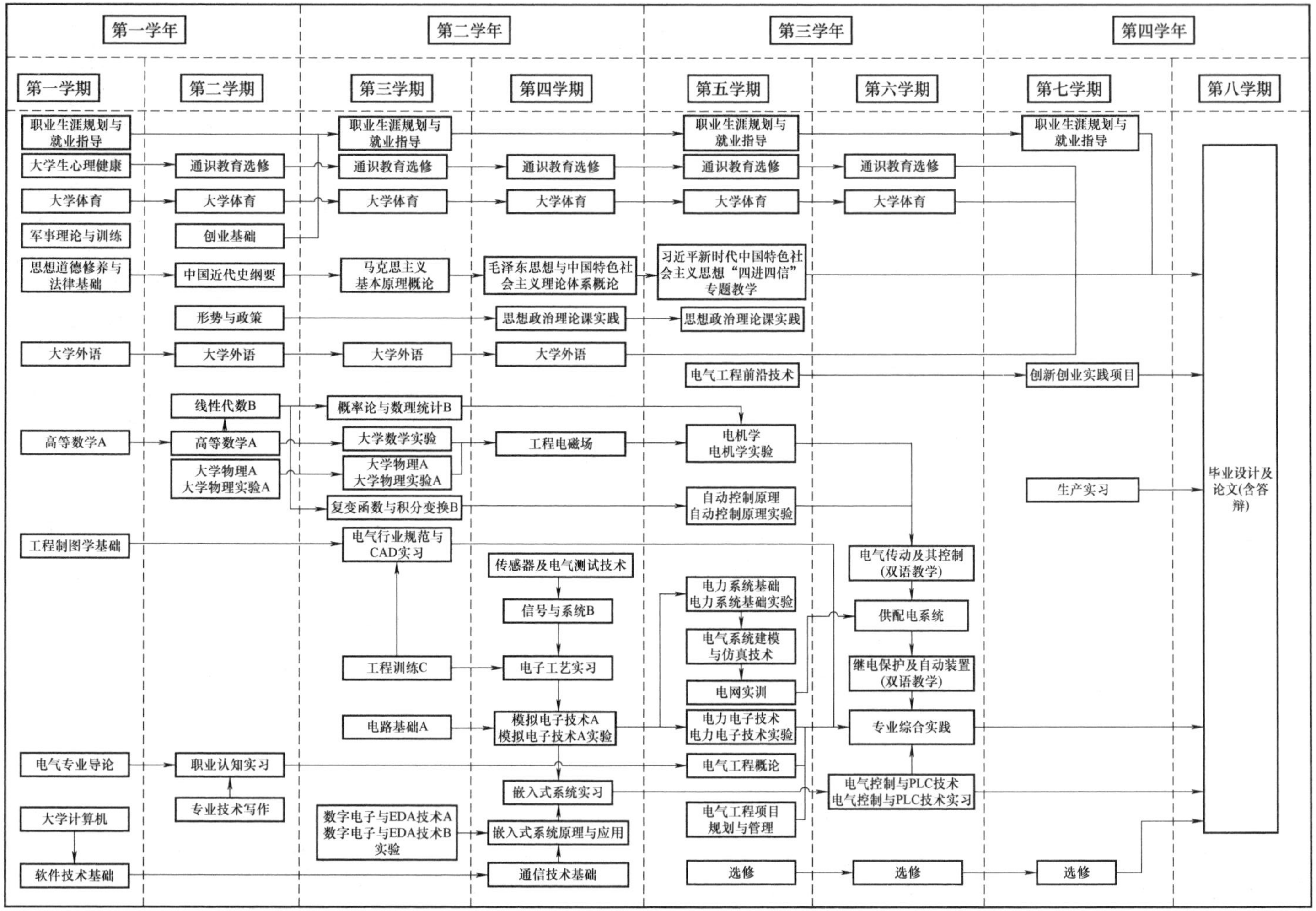

第一学年
第二学年
第三学年
第四学年

第一学期
职业生涯规划与就业指导
大学生心理健康
大学体育
军事理论与训练
思想道德修养与法律基础
大学外语
高等数学A
工程制图学基础
电气专业导论
大学计算机
软件技术基础

第二学期
通识教育选修
大学体育
创业基础
中国近代史纲要
形势与政策
大学外语
线性代数B
高等数学A
大学物理A
大学物理实验A
职业认知实习
专业技术写作

第三学期
职业生涯规划与就业指导
通识教育选修
大学体育
马克思主义基本原理概论
大学外语
概率论与数理统计B
大学数学实验
大学物理A
大学物理实验A
复变函数与积分变换B
电气行业规范与CAD实习
工程训练C
电路基础A
数字电子与EDA技术A
数字电子与EDA技术B实验

第四学期
通识教育选修
大学体育
毛泽东思想与中国特色社会主义理论体系概论
思想政治理论课实践
大学外语
工程电磁场
传感器及电气测试技术
信号与系统B
电子工艺实习
模拟电子技术A
模拟电子技术A实验
嵌入式系统实习
嵌入式系统原理与应用
通信技术基础

第五学期
职业生涯规划与就业指导
通识教育选修
大学体育
习近平新时代中国特色社会主义思想“四进四信”专题教学
思想政治理论课实践
电气工程前沿技术
电机学
电机学实验
自动控制原理
自动控制原理实验
电力系统基础
电力系统基础实验
电气系统建模与仿真技术
电网实训
电力电子技术
电力电子技术实验
电气工程概论
电气工程项目规划与管理
选修

第六学期
通识教育选修
大学体育
电气传动及其控制(双语教学)
供配电系统
继电保护及自动装置(双语教学)
专业综合实践
电气控制与PLC技术
电气控制与PLC技术实习
选修

第七学期
职业生涯规划与就业指导
创新创业实践项目
生产实习
选修

第八学期
毕业设计及论文(含答辩)

图 D-1　课程配置流程

九、课程设置及课时安排、教学进程

课程设置及学时、学分安排等见表 D-3。教学进程见表 D-4。

表 D-3　课程设置及学时、学分安排

课程类别	课程模块	序号	课程代码	课程名称	学分	学时分配		考核方式	修读方式	学期学时数分配								开课单位
										一年		二年		三年		四年		
						理论学时	实践学时			1	2	3	4	5	6	7	8	
										14	18	17	15	16	13	18	0	
通识教育	哲学与社会	1	131001A01	思想道德修养与法律基础	2.5	32	8	考查	必修	40								思政
		2	131002A01	中国近现代史纲要	2.5	32	8	考查	必修		40★							思政
		3	131003A01	马克思主义基本原理概论	3	48		考试	必修			48						思政
		4	131004A01	毛泽东思想和中国特色社会主义理论体系概论	3	48		考查	必修				48					思政
		5	131005A01	习近平新时代中国特色社会主义思想“四进四信”专题教学	1	16		考查	必修					16				思政
		6	131006A01	形势与政策	2	24	8	考查	必修		24	8（专题讲座）						思政
		7	131007E01	思想政治理论课实践	2		2周	考查	必修				√	√				思政
	文学与艺术	8	101001A01-4	大学英语	9	96	96	考试	必修	48	48	48	48					外语
			101002A01-4	大学日语														
			101003A01-4	大学俄语														
		9	051012A01	科技文体写作	1	16		考查	必修		16							电信
	数学与自然科学基础	10	111001A01	高等数学 A1	5.25	84		考试	必修	84★								理学
			111001A02	高等数学 A2	6.75	108		考试	必修		108★							理学
		11	111002A02	线性代数 B	2	32		考试	必修		32★							理学
		12	111003A02	概率论与数理统计 B	2.5	40		考试	必修			40★						理学

（续）

课程类别	课程模块	序号	课程代码	课程名称	学分	学时分配		考核方式	修读方式	学期学时数分配								开课单位
						理论学时	实践学时			一年		二年		三年		四年		
										1	2	3	4	5	6	7	8	
										14	18	17	15	16	13	18	0	
通识教育	数学与自然科学基础	13	111005E01	大学数学实验	0.5		16	考查	必修			16						理学
		14	111004A01	大学物理 A1	3	48		考试	必修		48★							理学
			111004A02	大学物理 A2	3	48		考试	必修			48★						理学
		15	111006E01	大学物理实验 A	1.5		48	考查	必修		24	24						理学
		16	111007A02	复变函数与积分变换 B	2.5	40		考查	必修			40						理学
	工程与文化	17	161001E03	工程训练 C	1		1 周	考查	必修			1 周						工训
		18	051031A01	电气工程概论	2	32		考查	必修					32				电信
	人工智能与信息技术	19	071001A01	大学计算机	1.5	16	8	考查	必修	24								计算机
		20	051013A01	软件技术基础	2	16	16	考试	必修		32							电信
	创新与创业	21	081001A01	创业基础	2	16	16	考查	必修		32							经管
		22	161004A01	职业生涯规划与就业指导	1.5	24		考查	必修	6		6		6		6		学工
		23	051032A01	电气工程前沿技术	1	16		考查	必修					16				电信
	健康与安全	24	141001A01	大学体育 1	4	128		考试	必修	32×4								体育
			141001A02	大学体育 2														
			141001A03	大学体育 3														
			141001A04	大学体育 4														
		25	121001A01	大学生心理健康	1	16		考查	必修	16								人文
		26	161003A01	军事理论	2	32		考查	必修	32								学工
		27	161002E01	军事训练	2		2 周	考查	必修	√								学工
	通识教育选修系列课程				10	160		考查	选修		32	32	32	32	32			
小计					83	1168	224/5 周			282/2 周	468	336/1 周	162/1 周	104/1 周	34	6		

专业教育	学科专业大类	工程素养	28	051033C01	电气专业导论	1	16		考查	必修	16								电信
专业教育	学科专业大类	工程素养	29	051014E01	职业认知实习（校企合作课程）	1		1 周	考查	必修		1 周							电信
专业教育	学科专业大类	绘图能力	30	041004B01	机械制图基础	2	32		考查	必修	32								机电
专业教育	学科专业大类	绘图能力	31	051034E01	电气行业规范与 CAD 实习	1		1 周	考查	必修			1 周						电信
专业教育	学科专业大类	电路设计能力	32	051001B01	电路基础 A	3.5	48	8	考试	必修			56★						电信
专业教育	学科专业大类	电路设计能力	33	051003B01	数字电子与 EDA 技术 A	3.5	56		考试	必修			56★						电信
专业教育	学科专业大类	电路设计能力	34	051006E02	数字电子与 EDA 技术 B 实验	0.5		16	考查	必修			16						电信
专业教育	学科专业大类	电路设计能力	35	051010E01	电子工艺实习	1		1 周	考查	必修				1 周					电信
专业教育	学科专业大类	电路设计能力	36	051002B01	模拟电子技术 A	3	48		考试	必修				48★					电信
专业教育	学科专业大类	电路设计能力	37	051005E01	模拟电子技术 A 实验	1		32	考查	必修				32					电信
专业教育	学科专业大类	计算机与网络应用能力	38	051035C01	通信技术基础	2	28	4	考查	必修				32					电信
专业教育	学科专业大类	计算机与网络应用能力	39	051036C01	嵌入式系统原理与应用	3	40	8	考试	必修				48★					电信
专业教育	学科专业大类	计算机与网络应用能力	40	051037E01	嵌入式系统实习	3		3 周	考查	必修				3 周					电信
专业教育	学科专业大类	计算机与网络应用能力	41	051038E01	电气系统建模与仿真技术	1		1 周	考查	必修					1 周				电信

（续）

课程类别	课程模块		序号	课程代码	课程名称	学分	学时分配		考核方式	修读方式	学期学时数分配								开课单位
							理论学时	实践学时			一年		二年		三年		四年		
											1	2	3	4	5	6	7	8	
											14	18	17	15	16	13	18	0	
	学科专业大类	信号检测与控制应用能力	42	051019B02	自动控制原理	2.5	40		考试	必修					40★				电信
			43	051020E02	自动控制原理实验	0.5		16	考查	必修					16				电信
			44	051015C02	信号与系统 B	2	32		考试	必修				32★					电信
			45	051039C01	传感器及电气测试技术	2	32		考查	必修				32					电信
		电能转换实现能力	46	051018C02	工程电磁场	2	32		考试	必修				32★					电信
			47	051040C01	电机学	3	48		考试	必修					48★				电信
			48	051041E01	电机学实验	0.5		16	考查	必修					16				电信
			49	051042C01	电力电子技术	2.5	40		考试	必修					40★				电信
			50	051043E01	电力电子技术实验	0.5		16	考查	必修					16				电信
			51	051044C01	电力系统基础	2.5	40		考试	必修					40★				电信
			52	051045E01	电力系统基础实验	0.5		16	考查	必修					16				电信
专业	电气控制技术	选修6学分	53	051046D01	电气控制与 PLC 技术	2	32		考查	选修						32			电信
				051047D01	电气传动及其控制（双语教学）	2	32		考查	选修						32			电信
			54	051048D01	交流调速	2	32		考查	选修							32		电信
				051049D01	电力拖动基础	2	32		考查	选修							32		电信
			55	051050D01	电源技术	2	32		考查	选修							32		电信

教育	专业方向	电网控制技术	选修 6 学分	56	051051D01	继电保护及自动装置（双语教学）	2	32		考查	选修						32			电信
					051052D01	供配电系统	2	32		考查	选修						32			电信
				57	051053D01	高电压技术	2	32		考查	选修							32		电信
					051054D01	电力系统暂态分析	2	32		考查	选修							32		电信
				58	051055D01	发电厂电气部分	2	32		考查	选修							32		电信
		电气设备制造	选修 4 学分	59	051056D01	电机设计技术	2	32		考查	选修					32				电信
					051057D01	机器人	2	32		考查	选修					32				电信
				60	051058D01	电机测试技术	2	32		考查	选修					32				电信
					051059D01	控制电机与特种电机	2	32		考查	选修					32				电信
		智能电网	选修 2 学分	61	051060D01	电网通信技术	2	32		考查	选修						32			电信
					051061D01	人工智能及计算机控制	2	32		考查	选修						32			电信
					051062D01	智能电网及新能源技术	2	32		考查	选修						32			电信
					051063D01	微电网技术	2	32		考查	选修						32			电信
		素质拓展	选修 2 学分	62	051064D01	电气工程材料及应用	2	32		考查	选修							32		电信
					051065D01	智能建筑与智能装备	2	32		考查	选修							32		电信
					051176D02	GE 控制技术	2	32		考查	选修							32		电信
					051066D01	MATLAB 仿真技术	2	32		考查	选修							32		电信

（续）

课程类别	课程模块		序号	课程代码	课程名称	学分	学时分配		考核方式	修读方式	学期学时数分配								开课单位
							理论学时	实践学时			一年		二年		三年		四年		
											1	2	3	4	5	6	7	8	
											14	18	17	15	16	13	18	0	
专业教育	专业方向	综合设计能力	63	051067E01	电气工程项目规划与管理	1		1周	考查	必修					1周				电信
			64	051068E02	电网实训	1		1周	考查	必修					1周				电信
			65	051069E01	电气控制与PLC技术实习	2		2周	考查	必修						2周			电信
			66	051070E01	专业综合实践（校企合作课程）	4		4周	考查	必修						4周			企业
			67	051021E01	生产实习A（校企合作课程）	2		2周	考查	必修							2周		企业
			68	051071E06	毕业设计及论文（含答辩）（校企合作课程）	16		16周	考查	必修								16周	电信
合计						91	852	132/33周			48	1周	128/1周	256/4周	296/3周	160/6周	96/2周	16周	
	创新创业实践项目		1	051022G01	校、省级创新创业项目、TRIZ等各类创新创业大赛，结合课程的创新实验等创新创业实践活动	2			考查	必修									
	劳动实践		2	051023G01	专业实践、勤工俭学、校园及社会公益等	0. 5			考查	必修									

综合教育	学科竞赛及科学技术	3	051024G01	单片机应用设计制造比赛	2			考查	选修									
			051024G01	PLC 控制工程设计比赛				考查										
				参加学术讲座、发表论文、科研项目、专利等				考查										
				全国大学生电子设计大赛				考查										
				其他学科竞赛				考查										
	校园文化	4	051025G01	德育教育主题实践活动、演讲、辩论、音乐、舞蹈、戏曲、书法、摄影、体育、社团活动等	0.5			考查										
	社会实践	5	051026G01	社会调查、“三下乡”活动、社区服务、志愿服务等	1			考查										
				企业实习				考查										
	职业技能及资格认证	6	051027G01	职业技能大赛、执业资格证书、国际认证等				考查										
小计					6													
平均周学时										23.6	26	27.3	27.9	25	14.9	5.7	0	
总学分/学时					180	2016	352/38 周			330/2 周	468/1 周	464/2 周	418/5 周	400/4 周	194/6 周	102/2 周	16 周	

表 D-4 教学进程

学年	学期	1	2	3	4	5	6	7	8	9	10	11	12	13	14	15	16	17	18	19	20	21	22	23	24	25	26
一	1			+	☆	☆	←				14									→	：	≡	≡	≡	≡	≡	≡
	2	←									18								→	RZ	：	≡	≡	≡	≡	≡	≡
二	3	←									17							→	▲	CAD	：	≡	≡	≡	≡	≡	≡
	4	DG	←								15						→	QR	QR	QR	：	≡	≡	≡	≡	≡	≡
三	5	←									16						→	DF	DX	DW	：	≡	≡	≡	≡	≡	≡
	6	←									13			→	PLC	PLC	ZZ	ZZ	ZZ	ZZ	：	≡	≡	≡	≡	≡	≡
四	7	←		SC	SC						18										→	≡	≡	≡	≡	≡	≡
	8	B	B	B	B	B	B	B	B	B	B	B	B	B	B	B	B	※	△	≡	≡	≡	≡	≡	≡	≡	≡

符号说明：+入学教育；☆军训；←→课堂教学；：考试；≡假期；▲工程训练 C；B 毕业设计（论文）；※毕业答辩；△ 毕业教育；RZ 电气工程认识实习；CAD 电气行业规范与 CAD 实习；DG 电子工艺实习；QR 嵌入式系统实习；DF 电气系统建模与仿真技术；DX 电气工程项目规划与管理；DW 电网实训；PLC 电气控制与 PLC 实习；ZZ 专业综合实践；SC 生产实习。

十、培养方案审核表（见表 D-5）

表 D-5　培养方案审核表

<table>
<tr><th>院系</th><th>电气与信息工程学院</th><th colspan="2">专业</th><th colspan="2">电气工程及其自动化</th><th>学科门类</th><th colspan="2">电气工程</th></tr>
<tr><td rowspan="4">制订人</td><td>负责人</td><td>×××</td><td>学历</td><td>硕士研究生</td><td>职称</td><td>讲师</td><td>职务</td><td>教研室主任</td></tr>
<tr><td>成员 1</td><td>×××</td><td>学历</td><td>硕士研究生</td><td>职称</td><td>高级电气工程师</td><td>职务</td><td>某集团
有限公司总经理</td></tr>
<tr><td>成员 2</td><td>×××</td><td>学历</td><td>博士研究生</td><td>职称</td><td>教授</td><td>职务</td><td>副院长</td></tr>
<tr><td>成员 3</td><td>×××</td><td>学历</td><td>硕士研究生</td><td>职称</td><td>副教授</td><td>职务</td><td>专业教师</td></tr>
<tr><td rowspan="2">审核人</td><td>专家 1</td><td>×××</td><td>学历</td><td>本科</td><td>职称</td><td>教授</td><td>职务</td><td>专业教师</td></tr>
<tr><td>专家 2</td><td>×××</td><td>学历</td><td>硕士研究生</td><td>职称</td><td>教授</td><td>职务</td><td>专业教师</td></tr>
<tr><td rowspan="11">主要指标</td><td colspan="2">通识教育</td><td>学分</td><td>83</td><td colspan="2">占总学分比例</td><td colspan="2">46.1%</td></tr>
<tr><td colspan="2">专业教育</td><td>学分</td><td>91</td><td colspan="2">占总学分比例</td><td colspan="2">50.6%</td></tr>
<tr><td colspan="2">综合教育</td><td>学分</td><td>6</td><td colspan="2">占总学分比例</td><td colspan="2">3.3%</td></tr>
<tr><td colspan="8">总学分 180</td></tr>
<tr><td rowspan="2">理论教学</td><td>理论学时</td><td>2008</td><td>学分</td><td>121.5</td><td>理论学分比例</td><td colspan="2">67.5%</td></tr>
<tr><td>课内实验学时</td><td>192</td><td>学分</td><td>9</td><td rowspan="4">实践学分比例</td><td colspan="2" rowspan="4">32.5%</td></tr>
<tr><td rowspan="4">实践教学</td><td>集中实践周数</td><td>38</td><td>学分</td><td>38</td></tr>
<tr><td>独立实验学时</td><td>176</td><td>学分</td><td>5.5</td></tr>
<tr><td>综合教育实践</td><td>—</td><td>学分</td><td>6</td></tr>
<tr><td colspan="2">校企合作实践</td><td>学分</td><td>24</td><td>占实践学分比例</td><td colspan="2">42.1%</td></tr>
<tr><td colspan="2">选修课总学分</td><td colspan="2">33.5</td><td colspan="2">占理论教学总学分比例</td><td colspan="2">27.6%</td></tr>
<tr><td>院系意见</td><td colspan="8">院（系）负责人签字：　　　　年　　月　　日</td></tr>
<tr><td>教务处意见</td><td colspan="8">教务处处长签字：　　　　年　　月　　日</td></tr>
<tr><td>教学指导委员会意见</td><td colspan="8">委员会主任委员签字：　　　　年　　月　　日</td></tr>
</table>